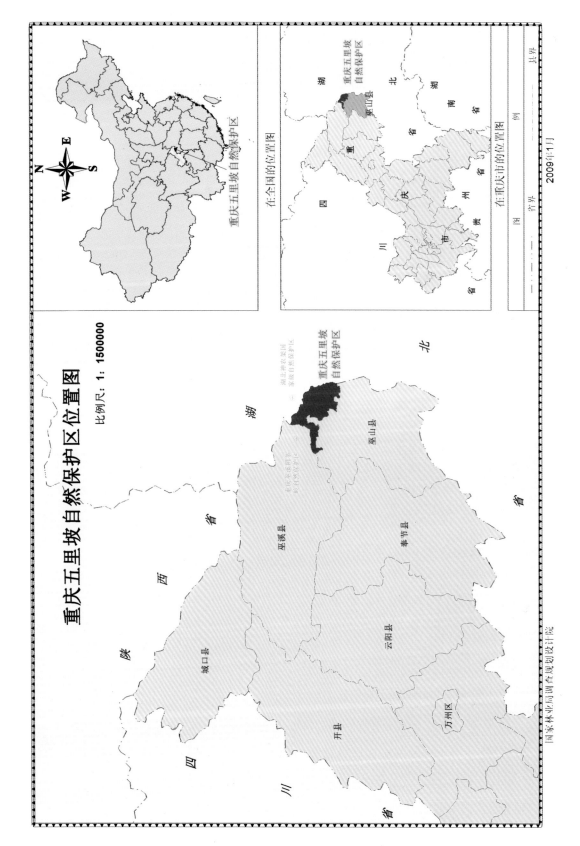

重庆五里坡自然保护区位置图

比例尺：1：1500000

在全国的位置图

在重庆市的位置图

2009年1月

国家林业局调查规划设计院

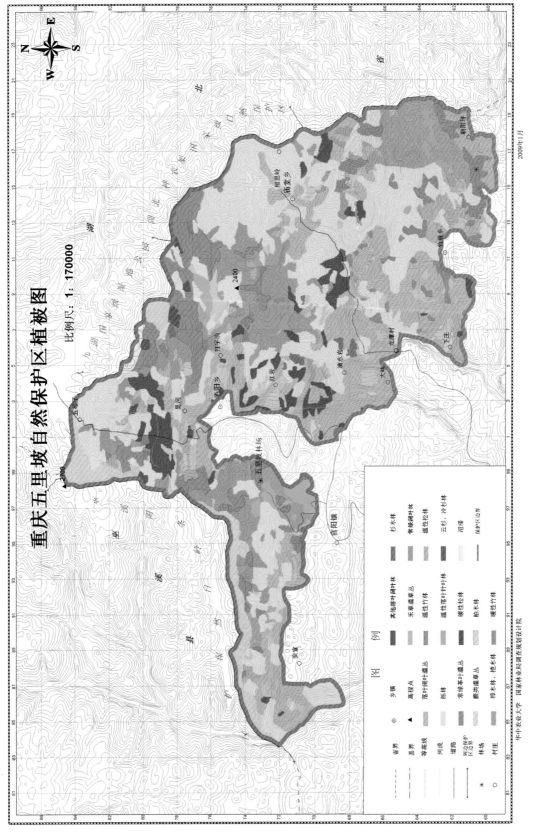

重庆五里坡自然保护区植被图

比例尺：1：170000

2009年1月

华中农业大学 国家林业局调查规划设计院

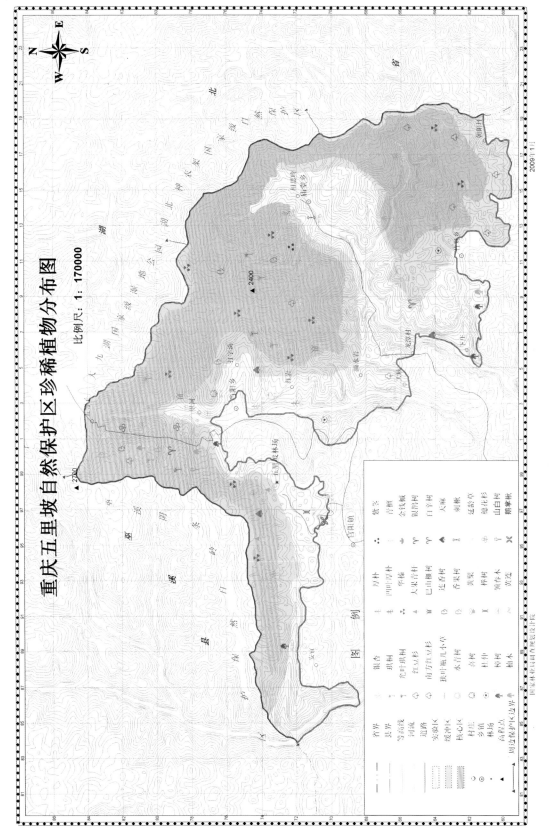

重庆五里坡自然保护区珍稀植物分布图

比例尺: 1: 170000

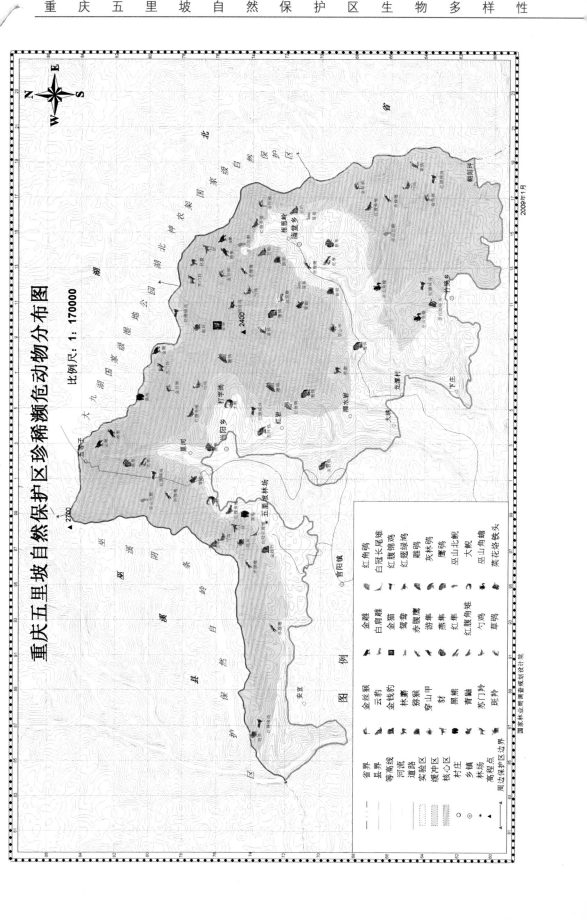

华山松混交林

落叶阔叶林

葱坪亚高山草甸

葱坪湿地——天池

实验区景观

珙桐

红豆杉

穗花杉

连香树

杉木（800年树龄）

银杏

杜鹃

大花杓兰

蕙兰

天麻

石斛

巴东荚蒾

黄连

七叶一枝花

伏毛金露梅

桔梗

川金丝猴

猕猴（首领雄猴）

蝙蝠

斑羚

毛冠鹿

小鹿

猪獾

刺猬

鼬獾

红腹角雉

环颈雉

红腹锦鸡

雕鸮

赤腹鹰

黄脚渔鸮

丝光椋鸟

白顶溪鸲

黄腹山雀

叉尾太阳鸟

绶带

眼纹噪鹛

巫山北鲵

大鲵

丽纹龙蜥

乌梢蛇

湍蛙　　　　　　　　　　　中华大蟾蜍

蓝凤蝶

玉带凤蝶

东亚矍眼蝶

二尾蛱蝶

黑尾灰蜻

Biodiversity of Chongqing Wulipo Nature Reserve

重庆五里坡自然保护区生物多样性

肖文发　陈龙清　苏化龙　林英华　聂必红　著

中国林业出版社

图书在版编目（CIP）数据

重庆五里坡自然保护区生物多样性/肖文发等著. 北京：中国林业出版社，2009.3

ISBN 978－7－5038－5353－1

Ⅰ. 重…　Ⅱ. 肖…　Ⅲ. 自然保护区-生物多样性-科学考察-重庆市　Ⅳ. S759.992.719

中国版本图书馆 CIP 数据核字（2009）第 024099

内容提要

　　巫山是我国华中地区生物多样性非常丰富的热点地区之一。本书依据大量翔实可靠的科学调查资料和数据，反映重庆五里坡自然保护区森林生态系统的自然景观、动植物区系、植被类型、珍稀动植物物种分布和种群现状等方面内容，论述并分析该森林生态系统在自然环境中的存在价值及保护意义，以及珍稀濒危动植物物种面临的生存前景、受威胁现状和地区水平濒危等级评估。在阻止物种灭绝、期望恢复生态系统中珍稀濒危动物物种的种群生存力、协调物种保护目标与当地社会发展需求而进行经济开发活动的关系等方面，进行了讨论和分析。

出　　版：中国林业出版社（100009　北京西城区德内大街刘海胡同 7 号）

网　　址：www.cfph.com.cn

E－mail：cfphz@ public. bta. net. cn　　电话：（010）83224477

发　　行：新华书店北京发行所

印　　刷：三河市祥达印装厂

版　　次：2009 年 3 月第 1 版

印　　次：2009 年 3 月第 1 次

开　　本：787mm×1092mm　1/16

印　　张：21

彩　　插：12

字　　数：520 千字

印　　数：1～1000 册

定　　价：85.00 元

《重庆五里坡自然保护区生物多样性》

中国林业科学研究院森林生态环境与保护研究所
主持单位　重庆五里坡自然保护区管理处
重庆市巫山县林业局

著者　肖文发　陈龙清　苏化龙　林英华　聂必红

参与撰写人员（按拼音顺序排列）

陈　兵　陈丹维　陈志远　郜二虎　韩官运
何亨晔　侯昆仑　季　华　李建文　刘　涛
刘秀群　刘玉成　吕国见　邵　莉　邱胜荣
孙玉春　王鹏程　王志坚　向　林　袁　玲
曾立雄　张培义　赵凯歌　郑　伟　周明芹

序

发源于世界屋脊的长江，是中华民族的母亲河。滚滚长江，也造就了鬼斧神工、浑然天成的自然景观。长江三峡闻名中外。巫峡的全部和瞿塘峡的大部分，就分布在这里。唐代诗人元稹的千古绝唱"曾经沧海难为水，除却巫山不是云"，就是对这人间胜景的精辟写照。巫山是重庆直辖市的东大门，是镶嵌在长江"黄金水道"要冲、三峡库区腹心的璀璨明珠。她的美是大自然的神奇造化和人类智慧创造的完美组合。

华中区三大山脉——巴山、巫山、七曜山交汇于巫山县，县境内90%以上地区属于巫山山脉，喀斯特地貌分布广泛，地表破碎，高差悬殊。最低海拔仅170m，而最高海拔达2680m，气候和植被的垂直差异较大。特殊的地形条件，加上北部秦岭、大巴山的屏障作用，形成复杂多样的生态环境，陆生动植物种类繁多，是生物多样性较高的"热点"地区之一。

重庆五里坡自然保护区占巫山县国土面积12.86%，自然地理景观独特，山势陡峻，重峦叠嶂，沟谷幽深；地表水源极为丰富，径流总量1.5亿m³，有当阳河、庙堂河2条主要河流，另有众多溪流遍布其中，均属长江干流水系。这些得益于森林生态系统涵养的丰富水源，长期以来是维系当地人文、经济发展须臾不可或缺的重要因素。

五里坡自然保护区地处中亚热带北缘和暖温带南端，热带植物的北移和温带植物的南迁均在此留下了"足迹"，本区处于华中地区与西南地区的交界地带，按照中国植物区系的分区，这里是位于中国—日本植物亚区华中地区，和中国—喜马拉雅植物亚区横断山脉地区的交界处。由于地形复杂、气候条件多样，为古老植物类型的保存提供了优越的条件。特别是第四纪大冰期，由于秦岭和大巴山脉的阻挡，减弱了冰川的危害，使这里成为植物的避风港，许多珍稀的古老植物得以幸存。如自然保护区的里河峡谷，现存有小片珙桐、红豆杉和穗花杉天然林，以及零散分布的银鹊树、香果树等；还有葱坪及其他地区发现的水青树、连香树、厚朴等珍稀植物。

复杂多样的地形地貌和植被类型，为不同类群的野生动物提供了良好的栖息条件。涉及中国动物地理区划，巫山县处于华中区西部山地高原亚区东北部，是华中区西部山地高原亚区中动物物种较为丰富的秦巴—武当省（亚热带落叶、常绿阔叶林动物群），五里坡自然保护区又位于巫山县东北部的大巴山南坡，与华中区的另一亚区东部丘陵平原亚区毗邻。大巴山是北亚热带与中亚热带的气候分界线，而其北面的秦岭南坡是北亚热带与暖温带的气候分界线，也是古北界与东洋界两大界动物区系的分界线；古北界华北区黄土高原亚区晋南—渭河伏牛省的暖温带森林—森林草原、农田动物群，与华中区西部山地高原亚区秦巴—武当省的亚热带落叶、常绿阔叶林动物群在此交汇。巫山县五里坡自然保护区所处的地理位置，在动物地理区划方面可以视为古北、东洋两界，并涉及3个亚区（古北界华北区的黄土高原亚区、东洋界华中区的西部山地高原亚区和东部丘陵平原亚区）的交汇地带，因而陆栖脊椎动物的物种多样性表现非常丰富，在生物多样性保护方面具有重要意义。

经过长期的经济开发，三峡库区生态环境改变很大，凡地势稍为平缓，或者有可能砍伐和开垦的地方，天然森林植被均已变为天然次生林、人工林或农耕区。多数生物群落损失严重，生态系统十分脆弱。巫山五里坡自然保护区由于其独特的地理位置和气候条件，目前野生动植物种质资源仍处于相对比较丰富的状态，这意味着它们还有恢复和发展的机会。对这些尚存的动植物群落及其生境进行系统的调查、监测与研究，施行科学合理的保护措施，使未被破坏的区域得到严格保护，已被破坏的生态系统逐渐恢复，使珍稀濒危物种不至于陷入灭绝境地，具有非常重要的科学意义和难以估量的生态效益。

巫山地处三峡库区腹地，是我国长江上游生态环境建设、水土保持的主要区域，也是我国"天然林保护工程"实施的重点区域。五里坡自然保护区分布有大面积森林植被，在调节改善当地小气候环境、水土保持、水源涵养等方面具有极其重要的作用，为当地经济发展和人民生活提供了生态保障。保护区及周边区域的生物多样性保护、生态环境的恢复和建设，将对三峡库区宏观尺度生态环境的保护和建设起到积极推动作用，减少水土流失和进入水库的泥沙量，能够为三峡工程发挥预期功能建立不可忽视的生态屏障。

《重庆五里坡自然保护区生物多样性》是经过肖文发、陈龙清等我所熟悉的学者和科技人员组成的团队多年科学调查和研究完成的，内容丰富，资料翔实，分析深刻，不仅提供了极为宝贵的自然地理环境、植物与植被、陆栖野生脊椎动物、鱼类、昆虫、地表无脊椎动物等科学资料，而且也对调查区的旅游资源、社区经济及其发展前景分析，以及对自然保护区的科学价值、自然保护和社会经济价值做出了全面的评价，还为自然保护区的管理提出了重要的建议。实际上，本书是自然保护区科学调查和生态、经济、社会评价和发展前景的极有价值的参考性文献，值得从事生物多样性研究、自然保护和管理的科技工作者和管理干部一读。

值此专著出版之际，欣然为序以贺之。

中国林业科学研究院研究员
中国科学院院士

2008.10

前　言

重庆五里坡自然保护区位于巫山县东北部，地处渝、鄂交界处，恰在大巴山弧和川东褶皱带的结合部，大多为低山和中山地形，海拔多在 1000～2000m 之间。地理坐标为东经 109°47′～110°10′，北纬 31°15′～31°29′，距县城约 120km。保护区内的最低点是脚步典，海拔 170m；最高点是太平山，也是巫山县的最高点，海拔 2680m。五里坡自然保护区为典型的中深切割中山地形，海拔高差 2510m。山脉多呈东西走向，形成平行岭谷，立体地貌景观颇具特色：一方面总体上表现为强烈切割，崇山峻岭连绵起伏，悬崖峡谷随处可见；另一方面是地形有明显的成层性，零星的低丘平坝展现在不同的夷平面上。气候具有亚热带湿润季风区山地气候特点，受地形地貌的影响，特殊的地形条件，加上北部秦岭、大巴山的屏障作用，形成复杂多样的生态环境，陆生动植物种类繁多，在三峡库区中是生物多样性丰度较高的"热点"地区之一。

该区域植物物种多样性丰富度很高，仅在 2006 年 5～10 月调查期间，采集并鉴定到维管植物标本有 2646 种（含种下等级），隶属于 196 科 894 属；其中蕨类植物 32 科 63 属 208 种，种子植物 164 科 831 属 2438 种。丰富的植物物种，体现了西南地区作为中国植物宝库的重要地位；其中尤其是裸子植物，科属种的占有比例（分别占中国裸子植物的 60%、58.82% 和 17.62%）远高于被子植物，是中国裸子植物种质的重要繁衍基地，对于裸子植物物种的保存而言具有重要意义。保护区自然植被可以划分为寒温性针叶林、温性针叶林、暖性针叶林、阔叶林、竹林、灌丛、灌草丛等 7 个植被型，59 个群系。

地形地貌和植被类型的复杂多样，为不同类群的野生动物提供了良好的生境条件。截至 2006 年的调查资料表明，保护区内陆栖野生脊椎动物物种总数与所属行政区相比，目、科、属、种分别占重庆市陆栖野生脊椎动物总数的 96.67%、89.52%、80.77%、69.75%，占三峡库区的 100%、94.00%、84.56%、73.39%。

陆栖野生脊椎动物中属于国家 I 级和 II 级重点保护野生动物共计 55 种（I 级保护动物 8 种，II 级保护动物 47 种），占野生动物物种总数的 13.03%；中国特有种分布有 70 种（仅分布于中国的有 41 种，主要分布于中国的有 29 种），占陆栖脊椎动物物种总数的 16.59%；国家级保护动物、中国特有种，以及被中国物种红色名录（2004 年）和 IUCN*

---

* 原名：国际自然与自然保护联盟（International Union for Conservation of Nature and Natural Resources），简称 IUCN；目前称：世界自然保护联盟（The World Conservation Union），仍简称 IUCN。

（1994～2003 年）濒危等级评估标准列为近危种（NT）以上等级的物种共计 145 种，占五里坡自然保护区陆栖野生脊椎动物物种总数的 34.36%。

在三峡库区 18 个区（县）中，重庆五里坡自然保护区分布的陆栖野生脊椎动物国家级保护物种和中国特有种的物种丰富程度，明显居于最高数值（达到 118 种），占重庆市国家级保护物种和中国特有种总数（172 种）的 68.60%，占三峡库区（162 种）的 72.84%。五里坡自然保护区陆栖野生脊椎动物物种的多样性在与其他保护区的比较中也可充分体现。与处于同一个动物地理省（秦巴武当省）的神农架国家级自然保护区相比较，五里坡自然保护区面积（316.43km^2）为神农架国家级自然保护区面积（704.67km^2）（朱兆泉等，1999）的 44.90%，其分布有野生动物目、科、属、种的数量与神农架的比值分别为 107.41%、109.30%、101.20%、94.62%。分布的国家 I、II 级保护动物的比值达到 79.71%，中国特有种比值达到 90.79%。中国特有种中的典型狭生境物种有爬行类中的宁陕小头蛇，两栖类中的巫山北鲵、巫山角蟾、利川齿蟾等分布于此。明显表现出这两个相邻的自然保护区在陆栖野生脊椎动物的物种多样性方面虽然具有很高的相似性，但由于其各自地貌、生境、小气候等方面差异（尽管从宏观尺度而言可能非常微小）形成的生境多样化，从而导致这两个自然保护区在物种分布方面表现出各具千秋的不同特征，在珍稀濒危物种和中国特有种方面最为明显。充分说明这两个自然保护区在陆栖野生脊椎动物的生物多样性保护方面具有同等重要的地位。

当野生动植物及其生存环境在受到人类活动的极大影响后，许多物种会陷入濒危状态而趋于灭绝境地，一些特殊的物种阶层由于其自身的生态生物学特征在面临灭绝时特别脆弱，因而在进行监测和实施保护措施时需要给予特别关注。例如仅分布于我国的特有种国家 I 级保护动物川金丝猴共有 3 个亚种，其中湖北亚种种群数量最低（1000 多只）、生境面积最小（神农架和小神农架的金丝猴生境面积大约 140km^2），巫山是川金丝猴湖北亚种的重要分布区之一，适于川金丝猴栖息的良好生境超过 50km^2，对于这种生存于狭生境而种群基数又很低的濒危物种的有效保护而言，具有不可忽视的重要意义。五里坡自然保护区面积在重庆市的 46 个自然保护区中居于第八位，在三峡库区 36 个自然保护区中居于第五位，而且核心区和实验区面积占有较高比例，足以有效维持其目前生态系统状况的结构和功能。

各级政府及相关部门，非常重视三峡库区生态环境的建设与保护，对处于生物多样性热点地区的自然保护区建设和发展，给予了相应的关注和支持。五里坡自然保护区成立于 2000 年，经巫山县人民政府批准为县级自然保护区。2002 年 12 月五里坡自然保护区升级为市级自然保护区。重庆市和巫山县各级政府、林业部门对保护区的建设和发展非常重视，依托科研单位和高等院校开展了大量科研工作，先后实施进行了《三峡库区陆生动植物生态监测调查》、《重点保护野生植物资源调查》、《重点保护野生动物资源调查》、《湿地动植物资源调查》、《重庆五里坡自然保护区植被调查》、《重庆五里坡自然保护区本底调查——植物区系及植被类型》、《重庆市巫山五里坡市级自然保护区生物资源（标本）调查与整合——科学考察》、《五里坡自然保护区地表无脊椎动物调查》、《大宁河鱼类资源调查》等项目。中国林业科学研究院森林生态环境与保护研究所、国家林业局调查规划设计院、中国科学院成都生物研究所、四川省林业科学研究院森林保护研究所、华中农业大学、重庆市林业规划设计院、重庆市自然博物馆、重庆市药物种植研究所、西南师范大学、西南农业大学、重庆大学等单位的科研人员和专家，对保护区的自然地理、动植物区系、植被类型、珍稀动植物生态、无脊椎动物等进行了考察工作，积累有大量数据资料，为制定科学合理的保护规划和措施提供了可靠依据。

《重庆五里坡自然保护区生物多样性》是对重庆五里坡自然保护区科考调研及保护管理工作的初步总结。五里坡自然保护区独具特色的自然景观、动植物群落、珍稀濒危物种等，尚有许多内容有待于进行深入系统的研究和探讨。勿庸置疑，随着我国科学技术和经济建设的不断发展，以及社会各界对自然生态环境和生物多样性保护事业的日益关注，今后重庆五里坡自然保护区将会有更多科考调研工作的新发现、新成果问世。

本书第一章由巫山县林业局孙玉春、聂必红、侯昆仑等编写；第二章由华中农业大学陈龙清、王鹏程、郑伟等和中国林业科学研究院肖文发编写，中国林业科学研究院李建文、西南大学刘玉成审阅修订；第三章由中国林业科学研究院苏化龙编写；第四章鱼类由西南大学王志坚，昆虫和地表无脊椎动物由中国林业科学研究院张培义、林英华、苏化龙编写；第五章由巫山县林业局孙玉春、聂必红等编写；第六章由巫山县林业局聂必红，中国林业科学研究院苏化龙编写；第七章由中国林业科学研究院苏化龙编写；第八章由国家林业局调查规划设计院郜二虎编写。保护区位置图、保护区珍稀植物分布图、保护区珍稀濒危动物分布图由国家林业局调查规划设计院邱胜荣制作，保护区植被图由华中农业大学王鹏程制作。全书统稿及修改负责人为中国林业科学研究院肖文发。

参加五里坡自然保护区2006年度植物调查工作的成员为：华中农业大学陈龙清、王鹏程、向林、周明芹、郑伟、陈兵、刘涛、邵莉、曾立雄等；巫山县林业局孙玉春、吕国见、何亨晔、韩官运等。室内标本制作与标本鉴定成员为：华中农业大学陈志远、陈龙清、赵凯歌、刘秀群、季华、郑伟、陈丹维、刘涛、邵莉、陈兵、周明芹、袁玲。

中国科学院动物研究所李枢强、王茜、张秀峰鉴定了全部的蜘蛛和部分多足类标本；中国林业科学研究院杨秀元、张培毅鉴定了部分昆虫标本。

中国林业科学研究院马强提供部分陆栖野生脊椎动物照片。

参与进行巫山五里坡自然保护区野外考察和调研工作的还有一些关注自然保护事业的非政府组织志愿者，他们是：重庆市绿色志愿者联合会张小蓉，北京市绿色北京赵怀东，云南省鸟类学会王英，山西省摄影家协会张文青、李大龙、张军、刘恒，太原市航模俱乐部张峰、戴骁军等，他们在鸟类调查、昆虫标本采集、景观和物种的拍照、航空摄影等方面做了很多工作。

谨此一并致谢！

著　者

2008.10

目　录

第1章　重庆五里坡自然保护区自然环境和社区概况

1.1　自然概况

1.1.1　地理位置及地形地貌

巫山县位于重庆市最东端，三峡库区腹心，素有"渝东门户"之称，是长江中、上游的结合点，华中区三大山脉——巴山、巫山、七曜山交汇于巫山县境内，是三峡水库重点淹没区之一。

重庆五里坡自然保护区位于巫山县东北部，地处渝、鄂交界处，恰在大巴山弧和川东褶皱带的结合部，大多为低山和中山地形，海拔多在1000~2000m之间。地理坐标为109°47′~110°10′E，31°15′~31°29′N，距县城约120km里程（路程）。保护区内的最低点是脚步典，海拔170m；最高点是太平山，也是巫山县的最高点，海拔为2680m。五里坡自然保护区为典型的中深切割中山地形，海拔高差2510m。山脉多呈东西走向，形成平行岭谷，立体地貌景观颇具特色：一方面总体上表现为强烈切割，崇山峻岭连绵起伏，悬崖峡谷随处可见；另一方面是地形有明显的成层性，零星的低丘平坝展现在不同的夷平面上。

地貌主要有4个基本类型：①山原，在顶部分布有大面积起伏和缓的山地，如葱坪；②山地，相对高度大于200m的起伏地面。根据海拔高度又可分为低山（<1000m）、低中山（1000~2000m）、中山（>2000m）；③丘陵，相对高度小于200m的起伏地面。巫山丘陵面积相对较少，大多分布在槽状谷地、宽阔河滩地周边；④台地，周边被沟谷切割，边沿呈陡崖和台阶状，顶面起伏和缓的高地，如梨子坪、骡坪等。

1.1.2　地质土壤

地质发育自震旦纪，在4亿~5亿年前的"加里东运动"中，成为华北、华中和狭义的长江流域地区惟一的一块加里东褶皱，因而地形险峻，地质丰富，地震危害极小，一般烈度小于6度，处于相对稳定状态。

五里坡自然保护区内土壤类型分布极为错综复杂，母岩主要有石灰岩、白云质灰岩、页岩和砂岩。从地质地貌、气候、植被等因素方面看，其土壤具有山地垂直分带的特点：海拔1500m以下为山地黄壤，1500~2100m为山地棕黄壤，2100~2400m为山地棕壤。此外还零星分布有潮土、紫色土和灰化土。

1.1.3　气候水文

五里坡自然保护区全年平均高于10℃的日数为225天左右；年降水量在1400mm左右，其中55%~60%的降水集中在夏季，雨季明显；夏秋季，在中国大陆台风路径图上，该地区位于台风路径影响之外，冬季该地区又未在寒潮影响区内；高山地区霜期较长；年平均相对湿度 85% 左右，年平均干燥度 1.0。优越的气候条件非常有利于植物生长、繁衍和生存，形成了区内特有的良好的森林生态环境和丰富的森林植被类型。

保护区地理景观山势陡峻，重峦叠嶂，沟谷幽深；地表水源极为丰富，径流总量达到 1.5 亿 m^3，有当阳河、庙堂河等 2 条主要河流，另有众多溪流遍布其中，均属长江干流水系。

1.2　生物资源

1.2.1　植物和植被

重庆五里坡自然保护区内有维管植物 2646 种（含种下等级），隶属 196 科、894 属。其中，蕨类植物 32 科 63 属 208 种；种子植物 164 科 831 属 2438 种，植物种类非常丰富，体现了西南地区作为中国植物宝库的重要地位，其中尤其是裸子植物，科、属、种的占有比例远高于被子植物（分别为 60%、58.82% 和 17.62%），是中国裸子植物种质的重要繁衍基地，对于裸子植物物种的保存而言具有战略性地位。

保护区自然植被可以划分为寒温性针叶林、温性针叶林、暖性针叶林、阔叶林、竹林、灌丛、灌草丛 7 个植被型，59 个群系。其中寒温性针叶林 1 个群系，温性针叶林 4 个群系，暖性针叶林 4 个群系，阔叶林（《中国植被》为植被型组，此处将其作为植被型对待）有 28 个群系，竹林有 7 个群系，灌丛 8 个群系，灌草丛 7 个群系（参见表 2-15）。

1.2.2　动物

地形地貌和植被类型的复杂多样，为不同类群的野生动物具备了良好的生境条件。截至 2006 年的调查资料表明，五里坡自然保护区分布有陆栖野生脊椎动物 422 种，分别属于 29 目 94 科 252 属。

兽类分布有 8 目 24 科 57 属 70 种，其中国家Ⅰ级保护动物 6 种，Ⅱ级保护动物 11 种；鸟类分布有 18 目 51 科 159 属 294 种，其中国家Ⅰ级保护动物 2 种，Ⅱ级保护动物 35 种；爬行类分布有 2 目 11 科 26 属 35 种（目前尚没有列入国家Ⅰ级保护动物和Ⅱ级保护动物的物种）；两栖类分布有 2 目 8 科 10 属 23 种，其中国家Ⅱ级保护动物 1 种；中国特有种中的典型狭生境物种有爬行类中的宁陕小头蛇，两栖类中的巫山北鲵、巫山角蟾、利川齿蟾等。

陆栖野生脊椎动物中属于国家Ⅰ级和Ⅱ级重点保护野生动物共计 55 种（Ⅰ级保护动物 8 种，Ⅱ级保护动物 47 种），占野生动物物种总数的 13.03%；中国特有种分布有 70 种，占野生动物物种总数的 16.59%。国家级保护动物、中国特有种，以及被中国物种红色名录（2004 年）和 IUCN（1994~2003 年）濒危等级评估标准列为近危种（NT）以上等级的物种共计 146 种，占保护区陆栖野生脊椎动物物种总数的 34.60%。

1.3　社会经济

1.3.1　行政区划和人口

重庆五里坡自然保护区包括五里坡林场、梨子坪林场朝阳坪管理站、当阳、庙堂、竹贤、平河、官阳、骡坪等 6 个乡镇的 20 个村，总面积 35276.6hm²（352.77km²），占巫山县总面积的 11.93%。

保护区内山势险要，地形复杂，只有少数河谷地区有人口居住，人烟极为稀少。根据调查统计，保护区内总人口目前为 2779 人。

1.3.2　道路与交通

保护区交通条件极差，有当阳乡—官阳镇—巫山，庙堂—平河乡—巫山，竹贤乡—巫山，五里坡—官阳的公路，全长约 300km，但公路等级低，多为晴通雨阻，给保护区各项工作的开展带来一定影响。由于山高崖陡，地势险要，严重地制约了交通条件的改善。目前，因行人稀少，林区小路路况极差，行走甚为艰难。

1.3.3　通讯状况

保护区内乡镇一级通讯状况已有明显改善，有线电话基本畅通。但区内大多乡村通讯设施落后，信息不灵，电话线路经常受到雨、雪、雾凇等天气因素的影响导致通话受阻。山体的阻挡作用，导致辖区内许多区域手机信号时断时续，核心区大多数区域无手机信号。因此，大力加强保护区内的通讯设施建设，提高保护区的通讯能力，已成当务之急。

1.3.4　资源权属

保护区涉及的 2 个林场 6 个乡镇中，资源权属只有国有和集体两部分，其中五里坡林场和梨子坪林场朝阳坪管理站属国有，而庙堂乡、当阳乡、平河乡、竹贤乡、官阳镇、骡坪镇的森林属集体所有。为利于保护工作的顺利开展，按照《中华人民共和国自然保护区条例》，保护区内的野生动、植物、土地（林地）、林木、矿藏等一切资源由五里坡自然保护区依法统一管理，其他权属保持不变。

1.3.5　经济状况

保护区内由于海拔差异较大，气候条件特殊，只适宜种植土豆、玉米、红薯等农作物，基本能满足当地农民的日常生活需求。

农民的主要副业是种植业和养殖业。种植业以当归、独活、冬花、木香等为主；养殖业以猪、羊、牛和马为主。种植业和养殖业是保护区人民生活的重要生活来源，也是主要经济来源。

乡镇居民日常生活燃料以煤炭、液化气为主，不通公路的村落仍以木柴、作物秸秆等作为家庭日常生活主要能源。推广高效简易节柴灶，合理利用生物质能源，是保护区今后需要进行的一项重要工作。

1.3.6　社区状况

重庆五里坡自然保护区人为活动较多的主要涉及官阳、当阳、竹贤 3 个乡镇，而林场、林区人为活动较少。其产业结构以农业、林业为主，辅以少量养殖业。当地居民的生活水平较低，还有部分居民不能解决基本生活所需。由于地形等因素的制约，当地人民受教育的程度低，连小学都很难普及，因为部分地方离学校太远。如庙堂乡的部分村落，距离学校 5km 之外，就学十分困难。区内的医疗、卫生条件也很差，很难满足维持当地居民的健康需求。就保护区的整体而言，其基本社会保障体系尚待完善，应在建设过程中适当调节，提高区内经济发展速度和人民生活水平，以保障保护区和社区经济的同步发展。

1.3.7　旅游现状

重庆五里坡自然保护区地形复杂，地势险要，处处茂林修竹，惊险绝伦，极富华山之韵，具有得天独厚的旅游优势。但由于目前区内交通、通信等基础设施落后，严重阻碍了旅游业的发展，使极富朝气的旅游业缺乏生机。因此，旅游业的发展对保护区来说是一项前景光明而又举步维艰的事业。

第 2 章 重庆五里坡自然保护区植物与植被

2.1 调查地点及调查方法

2.1.1 前期工作基础

华中农业大学植物考察组陈龙清、陈志远等于 1986 ~ 1990 年参加了国家重大科技攻关项目—神农架及三峡地区作物种质资源的考察（75 - 0 - 03 - 01 项目），对重庆市巫山、巫溪、奉节 3 个县以及邻近地区湖北省神农架国家级自然保护区、兴山、秭归、竹山、竹溪、房县，以及鄂西自治州等 8 个县的野生观赏植物资源进行了系统的考察，其中包括星斗山自然保护区、木林子自然保护区等，考察队对这一地区经济植物包括野生药用、蜜源、淀粉糖类、香料等资源也进行了考察与收集；对巫山、巫溪、奉节 3 个县的种子植物区系进行了研究；考察队编写了《神农架及三峡地区作物种质资源考察文集》，编写了植物标本名录、种质收集名录等，发表了一系列学术论文。当时调查显示巫山、巫溪、奉节 3 县具有种子植物 1311 种，其中观赏植物 798 种。项目获得农业部科技成果三等奖。

2003 ~ 2004 年，考察组对巫山邻近地区的湖北恩施市二蹬岩自然保护区、星斗山自然保护区等地进行植物资源调查，分析了其区系及台湾杉的资源状况。

华中农业大学考察组曾经对湖北省保康、黄石等地的植物资源及区系进行了系统的调查与研究，一项成果获得湖北省科技成果三等奖（1994 年）、一项成果被鉴定为国内领先水平（2005 年）。

西南师范大学的刘玉成教授对巫山的植物资源进行了初步的调查整理，共计 1600 多种。

前期的工作使项目组初步了解了这一地区的植物种类与资源状况，为本项目调查奠定了坚实的基础。

2.1.2 本项目的调查地点及调查方法

（1）调查地点

根据项目组前期的工作基础，对重庆五里坡自然保护区的植被分布状况有了初步的了解，在此基础上确定了调查地点，对于一般地域采取线路调查，对植被人为破坏较少的地域进行详细的调查，调查时兼顾植物的垂直分布。样线选择的海拔落差尽量大；样线经过地植被破坏程度尽量小，植物多样性尽量丰富；样线遍及整个保护区，样线间生态环境各具特色。

调查地点有：官阳镇、当阳乡、庙堂乡、五里坡林场、坪前管护站周边、梨子坪管护站周边、朝阳坪管护站周边、竹贤乡、骡坪及平河。

重点调查地域：当阳里河、当阳河、蜂桶坪、葱坪、五里坡林场、庙堂乡庙堂河谷、朝阳坪等地。

考察线路见图2-1。

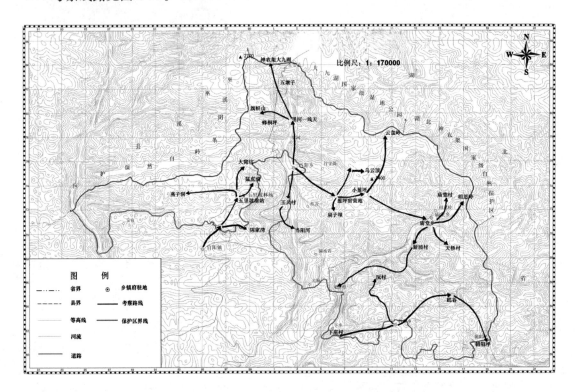

图2-1　重庆五里坡自然保护区考察线路图

（2）调查方法

在实地调查过程中，每种植物采集标本、同步拍摄照片，记录其形态特征及生境条件。由于部分植物分布稀少，为了尽可能详查该地的植物种类，聘请当地经验丰富的采药者作为向导。在进行植物种类调查时，同时记录植被类型及群落的物种组成。对典型群落进行GPS定位。

对古树、珍稀濒危和保护植物进行重点调查，记录古树名木的树高、胸径、冠幅及生长状况，并进行GPS定位。对濒危保护植物，进行GPS定位，记录其群落状况、伴生植物、生境条件等。

野外考察时间：2006年7月1日至8月30日。

标本制作及室内鉴定时间：2006年9月至2007年6月

2.1.3　标本鉴定与群落划分依据

标本鉴定参考书目以《中国植物志》（中国科学院中国植物志编辑委员会，2006）为主，同时参考《中国树木志》（中国树木志编辑委员会，1983）、《中国高等植物图鉴》（中国科学院植物研究所，2001）、《湖北植物志》（中国科学院武汉植物研究所，

2002）等。

根据吴征镒《中国植被》（吴征镒主编，1980）来划分群落类型。

2.2　调查结果与分析

2.2.1　植物区系分析

（1）概述

经过对重庆五里坡自然保护区进行实地调查，共采集植物标本 2300 多号 7000 余份，制作标本 6800 份，同步拍摄照片约 7000 张，鉴定标本 2100 余号（100 多号待鉴定）。

结合国家"七五"期间（1986～1990 年）对巫山、巫溪、奉节三县植物种质资源考察成果（见"川东三县种子植物名录"、"川东三县野生花卉植物标本名录"，神农架及三峡地区作物种质资源考察队编，1990）、西南大学（原西南师范大学）刘玉成教授等人对巫山植物考察纪录（见"重庆市五里坡市级自然保护区综合科考报告"），经整理，重庆市巫山五里坡自然保护区内有维管植物 2646 种（含种下等级），隶属 196 科、894 属。其中，蕨类植物 32 科 63 属 208 种；种子植物 164 科 831 属 2438 种（见附：植物名录）。

重庆五里坡自然保护区的植物种类与全国植物种类比较见表 2－1。

表 2－1　重庆五里坡自然保护区维管植物在中国所占比重

	五里坡科数	中国科数	五里坡占中国（%）	五里坡属数	中国属数	五里坡占中国（%）	五里坡种数	中国种数	五里坡占中国（%）
蕨类植物	32	63	50.79	63	230	19.69	208	2600	8.00
裸子植物	6	10	60.00	20	34	58.82	34	193	17.62
被子植物	158	291	54.30	811	2946	32.49	2404	24357	9.87
合计	196	364	53.85	894	3210	27.85	2646	27150	9.75

（2）与邻近地区自然保护区的总体比较

五里坡自然保护区植物种类相当丰富，与邻近地区的其他自然保护区维管植物进行比较，无论是植物种类还是所占有的科属数，均不相伯仲甚至更高。如湖北星斗山国家级自然保护区记录有植物 2033 种，湖北后河国家级自然保护区记录有植物 2088 种，均低于重庆五里坡自然保护区（表 2－2）。与五里坡自然保护区毗邻的神农架国家级自然保护区，记录了 2762 种维管植物。这是经过了许多高等院校及科研机构几十年数十次考察积累所获得的结果，而对五里坡自然保护区进行植物类的考察并不多，1986～1990 年期间由中国农业科学院组织全国的许多高等院校、科研院所对川东 3 个县进行了作物包括野生观赏植物、药用植物、蜜源植物等进行了综合性的考察；以后西南大学等又对巫山县的植物陆陆续续进行了多次的考察；而本项目系统地对五里坡自然保护区的植物进行深入的考察尚属首次，持续时间相对较长。截至目前的调查结果表明，重庆五里坡自然保护区在植物物种多样性上体现出相当高的丰富度，珍稀植物种类也相当多，充分说明了这一地区在植物多样性保护中所应具有的战略地位。勿庸置疑，今后随着考察工作的进一步深入，将会有更多的植物物种被发现。

表2-2　重庆五里坡自然保护区与邻近地区自然保护区维管植物多样性之比较

地区	科数	总属数	总种数
重庆五里坡	196	894	2646
湖北神农架[1]	199	872	2762
湖北后河[2]	194	819	2088
湖北星斗山[3]	200	843	2033

[1]朱兆泉，宋朝枢（1999）；[2]宋朝枢，刘胜祥（2000）；[3]刘胜祥，瞿建平（2003）。

（3）蕨类植物区系分析

①科序及科的分布区类型：重庆五里坡自然保护区的蕨类植物共有32科63属208种，按其种数多少排序列于表2-3中。从表中可知，种数最多的是鳞毛蕨科 Dryopteridaceae（5属44种），占本区系全部蕨类植物种类的21.15％；其次为水龙骨科 Polypodiaceae（8属29种），占13.94％；蹄盖蕨科 Athyriaceae（6属19种），占9.13％。3个科共占本区系蕨类植物种类的44.23％，它们在本地区整个维管植物中也占有较大比重。这3科构成了本地区蕨类植物区系的主体。

表2-3　重庆五里坡自然保护区蕨类植物科序及其分布类型

科　　名	属　数	种　数	占总属（％）	占总种（％）	主要分布区类型
鳞毛蕨科 Dryopteridaceae	5	44	7.94	21.15	温带—亚热带分布
水龙骨科 Polypodiaceae	8	29	12.70	13.94	全球广布
蹄盖蕨科 Athyriaceae	6	19	9.52	9.13	温带—亚热带分布
凤尾蕨科 Pteridaceae	2	10	3.17	4.81	全球广布
卷柏科 Selaginellaceae	1	10	1.59	4.81	全球广布
裸子蕨科 Hemionitidaceae	2	9	3.17	4.33	热带—亚热带分布
铁角蕨科 Aspleniaceae	1	9	1.59	4.33	全球广布
金星蕨科 Thelypteridaceae	7	9	11.11	4.33	热带—亚热带分布
中国蕨科 Sinopteridaceae	4	8	6.35	3.85	热带—亚热带分布
铁线蕨科 Adiantaceae	1	8	1.59	3.85	热带—亚热带分布
石松科 Lycopodiaceae	1	7	1.59	3.37	全球广布
木贼科 Equisetaceae	1	5	1.59	2.40	全球广布
瓶尔小草科 Ophioglossaceae	1	4	1.59	1.92	热带—亚热带分布
石杉科 Huperziaceae	1	4	1.59	1.92	全球分布
姬蕨科 Dennstaedtiaceae	3	4	4.76	1.92	热带—亚热带分布
阴地蕨科 Botrychiaceae	1	3	1.59	1.44	温带分布
乌毛蕨科 Blechnaceae	2	3	3.17	1.44	泛热带分布

（续）

科　名	属数	种数	占总属（%）	占总种（%）	主要分布区类型
球子蕨科 Onocleaceae	1	3	1.59	1.44	北温带—亚热带分布
岩蕨科 Woodsiaceae	1	3	1.59	1.44	北温带—南部亚洲分布
里白科 Gleicheniaceae	2	2	3.17	0.96	热带—亚热带分布
槲蕨科 Drynariaceae	1	2	1.59	0.96	泛热带分布
剑蕨科 Loxogrammaceae	1	2	1.59	0.96	热带—亚热带亚洲分布
三叉蕨科 Aspidiaceae	1	2	1.59	0.96	泛热带分布
膜蕨科 Hymenophyllaceae	1	1	1.59	0.48	热带分布
书带蕨科 Vittariaceae	1	1	1.59	0.48	热带—亚热带分布
睫毛蕨科 Pleurosoriopsidaceae	1	1	1.59	0.48	东亚—东北亚亚热带—温带分布
满江红科 Azollaceae	1	1	1.59	0.48	全球分布
紫萁科 Osmundaceae	1	1	1.59	0.48	热带—亚热带分布
鳞始蕨科 Lindsaeaceae	1	1	1.59	0.48	热带—亚热带分布
海金沙科 Lygodiaceae	1	1	1.59	0.48	热带—亚热带分布
苹科 Marsileaceae	1	1	1.59	0.48	全球广布
槐叶苹科 Salvinaceae	1	1	1.59	0.48	全球广布

　　鳞毛蕨科、水龙骨科和蹄盖蕨科所占的高比例在中国蕨类植物区系中具有很强的普遍性。其数值的大小，明显存在着从西到东逐渐减小的规律。因此可以认为，上述3科种数占其总种数的比例能够代表地区蕨类植物区系的一个重要特征，且数值的大小可作为不同蕨类区系相似性的一个重要参考指标。重庆五里坡自然保护区的比值和湖北省神农架、后河、木林子等自然保护区的数值最为接近，间接表明其区系性质具有密切的同一性；与西藏、安徽、甘肃、江苏、陕西、河南、贵州、云南等地区也有相近的高比例，反映出本区系与这些地区的蕨类区系在起源和迁移性质上的同一性，或有密切联系性，而与广西、台湾、河北、内蒙古有着较大的差异。这3科所占的高比例无疑为中国西南、华中、华东地区蕨类植物区系的重要特征，表明本区在中国蕨类植物区系中具有典型性或代表性。从全国范围来看，此3科种数约占蕨类总种数的比例远高于世界蕨类区系中所占的比例，这正是中国蕨类植物区系的一个重要标志。

　　大巴山—秦岭—大别山是西南植物成分向东分布的通道之一，这可从这3科所占的比例中得到启示，因此，秦仁昌将重庆五里坡及鄂西划入西南区（吴兆洪、秦仁昌，1991）。全世界鳞毛蕨科有14属约1700种，广布于世界范围的温带和亚热带高山。中国有13属约700种，分布于全国各地，以江南最为丰富。其中耳蕨属 Polystichum 等大属以川滇一带为其分布中心。水龙骨科约40余属600种，广布全球，主产热带和亚热带地区。中国有27属约250种，主产江南。水龙骨科被认为有2个分布中心：一个在东南亚或喜马拉雅，另一个在热带美洲。可以认为喜马拉雅是水龙骨科在东南亚的集中中心或分化中心。水龙骨科为热带、亚热带性质的世界性分布大科，鳞毛蕨科为温带和亚热带性质科，使得本蕨类植物区系不可避免地打上了热带、亚热带性质的烙印。这些主体科在演化系统中都有比较高的地位，并非古老类群，尤其像水龙骨科更是公认的高级类群。分化活跃的水龙骨科从全国蕨类植物区系排行第四跃居本区系第二，也给这一结论提供了佐证。

②属的组成与区系分析：保护区内的蕨类植物组成，根据蕨类植物的多少分为单种属、寡种属、中等属和大型属（表2-4），可以看出，单种属和寡种属所占比例较大，共占总属数的90.03%，且古老科占很大比例，这也说明本区系具有较大的古老性和残遗性。

表2-4　重庆五里坡自然保护区蕨类植物属的大小统计

类别	单种属（1种）	寡种属（2~5种）	中等属（6~10种）	大型属（10种以上）
属数	26	25	10	2
占总属数（%）	41.27	39.68	15.87	3.17

属的分类学特征相对稳定，占有比较稳定的分布区，在区系地理分析中占有重要的地位。参照《中国蕨类植物科属志》（吴兆洪等，1991），对重庆五里坡自然保护区蕨类植物属的区系地理特征进行了分析。重庆市五里坡蕨类植物属的分布区可以分为11个类型。以下为一些非世界广布属的典型分布类型：

泛热带分布型：属于此分布区类型的有里白属 *Hicriopteris*、乌蕨属 *Stenoloma*、海金沙属 *Lygodium*、凤尾蕨属 *Pteris*、短肠蕨属 *Allantodia*、金星蕨属 *Parathelypteris*、假毛蕨属 *Pseudocyclosorus*、复叶耳蕨属 *Arachniodes*。其中有些属的起源非常古老，如凤尾蕨属可能起源于中生代三迭纪等。

亚洲热带、亚热带分布型：有金粉蕨属 *Onychium*、凤丫蕨属 *Coniogramme*、线蕨属 *Colysis*、假瘤蕨属 *Phymatopteris*、石韦属 *Pyrrosia* 等。

旧大陆热带分布型：其中分布在热带亚洲至热带大洋洲的有新月蕨属 *Pronephrium* 和介蕨属 *Dryoathyrium*，分布于亚洲和非洲的有星蕨属 *Microsorium*。以上3属主要分布在亚洲热带和亚热带，而且都不同程度地以我国为分布中心，如新月蕨属20种，我国16种，重庆五里坡自然保护区1种；星蕨属40种，我国18种，重庆五里坡自然保护区1种。

世界温带分布型：共3属35种，即鳞毛蕨属 *Dryopteris*、耳蕨属 *Polystichum* 和蹄盖蕨属 *Athyrium*。其中鳞毛蕨属和耳蕨属虽只占总属的3.03%，但种数却占16.51%。我国各地蕨类植物统计资料表明，重庆五里坡自然保护区与我国西南、华中、华东地区一样。以上2属的种数比例都比较高，因此，孔宪儒把从喜马拉雅经我国西南至华东而达日本这一蕨类植物区系称为"耳蕨—鳞毛蕨类植物区系"。显然，重庆五里坡自然保护区乃至鄂西属于这一区系。

北温带分布型：属于此分布类型的有问荆属 *Equisetum*、紫萁属 *Osmunda*、岩蕨属 *Woodsia*、卵果蕨属 *Phegopteris* 和荚果蕨属 *Matteuccia* 等。从本分布类型种的结构看，它们大都是一些广布种，如问荆属广布于北温带与北寒带，说明本区系的北温带成分带有普遍性。

东亚分布型：喜马拉雅山、重庆五里坡自然保护区、日本有的有贯众属 *Cyrtomium*、瓦韦属 *Lepisorus*、骨牌蕨属 *Lepidogrammitis* 等，这表明重庆五里坡自然保护区与喜马拉雅山、日本蕨类植物区系联系紧密，成为二区系成分相互渗透的重要通道。此外，同种子植物一样，蕨类植物也存在着间断分布，如峨眉蕨属 *Lunathyrium* 属于东亚—北美间断分布类型。

③重庆五里坡自然保护区蕨类植物区系特点

重庆五里坡自然保护区的蕨类植物种类十分丰富，区系起源古老，但次生成分突出：蕨类植物科在演化上呈现明显的两极分化——一方面是一些古老的科如石松科、石杉科、卷柏科、木贼科以及紫萁科、里白科、海金沙科等的存在，并且有些科属得到发展（如石松科、卷柏科、石杉科的种类都比较多）；另一方面，一些较进化的科如水龙骨科、铁角蕨科、裸子蕨科等种族兴旺，具有较为明显的优势。

优势科、属比较明显：重庆五里坡自然保护区蕨类植物种在各科属中的分配很不均匀，鳞毛蕨科、水龙骨科构成了本地区蕨类植物区系的主体。两科种数占其总种数的比例，是代表地区蕨类植物区系的一个重要特征，可作为不同区系相似性的一个重要参考指标。鳞毛蕨属和耳蕨属集中了众多的种类，与"耳蕨—鳞毛蕨类植物区系"的组成特点一致，本区也属于该蕨类植物区系。

丰富的地理成分及种、属的多样性：五里坡自然保护区蕨类植物有 32 科 63 属 208 种，有 11 个属的分布区类型，具有较丰富地理成分。这可能与重庆五里坡自然保护区地处亚热带北缘，位于中国—喜马拉雅与中国—日本区域以及西南和华中区域的交接地带，各种地理成分得以相互渗透有关。

地理区系成分以热带、亚热带占主导地位，但温带成分也居重要地位：从科、属的分析来看本保护区蕨类植物的地理区系成分中热带、亚热带成分占明显优势，但从种的角度分析，除热带、亚热带成分的优势地位外，温带成分也占有很重要的地位。其与西南区的相似率大于与华中区及与其他区的相似率，因而赞同秦仁昌将川东划入西南区的观点。

保护区垂直地势明显，生态系统复杂，蕨类植物的垂直分布表现突出：尤其是低海拔 300m 左右的地方，由于光热充足，一些多分布于华南的蕨类植物，在保护区内能找到少量种类及其分布，如胄叶线蕨 *Colysis hemitoma* 等主要分布于华南，但在五里坡自然保护区内的庙堂乡庙堂河两岸有分布。

保护植物引人注目：狭叶瓶尔小草 *Ophioglossum thermale* 为厚囊蕨纲的小型成员，对研究蕨类系统发育有一定价值，同时也是一种十分珍贵的中草药。调查组仅在官阳镇海拔 1000m 的山谷见到极少分布，分布极为稀少。由于其药用价值，该种在保护区已濒临灭绝，因而应加强保护力度。

（4）种子植物区系分析

①重庆五里坡自然保护区种子植物科的分级及科的大小顺序排列：重庆五里坡自然保护区共有种子植物 164 科 831 属 2438 种，根据各科含种的多少，可以划分为 5 个等级——单种科、寡种科、中等科、较大科和大科（表 2-5）。单种科和寡种科的科、属、种所占相应总科、属、种的比例呈现明显的下降趋势，而中等科的科、属、种所占比例基本保持平稳，较大科的科、属、种所占比例呈现大致的缓慢上升趋势，大科的科到属的比例有一个明显的跳跃性，而属和种之间相差无几，这显示了各种科在五里坡自然区护区系中所起的作用和所处的地位显著不同。

表 2-5　重庆五里坡自然保护区种子植物科的分级

	单种科 （含 1 种）			寡种科 （含 2~10 种）			中等科 （含 11~20 种）			较大科 （含 21~50 种）			大科 （含 50 种以上）		
	科	属	种	科	属	种	科	属	种	科	属	种	科	属	种
裸子植物	1	1	1	4	11	18	1	8	15	0	0	0	0	0	0
被子植物	31	31	31	71	156	384	27	127	423	18	147	569	11	350	997
双子叶植物	25	25	25	64	143	349	24	118	382	17	139	541	8	220	730
单子叶植物	6	6	6	7	13	35	3	9	41	1	8	28	3	130	267
合计	32	32	32	75	167	402	28	135	438	18	147	569	11	350	997
科占总科数(%)	19.51			45.73			17.07			10.98			6.71		
属占总属数(%)	3.85			20.10			16.25			17.69			42.12		
种占总种数(%)	1.31			16.49			17.97			23.34			40.89		

　　本区系中含 50 种以上的大科是樟科（Lauraceae，8 属，51 种）、毛茛科（Ranunculaceae，21 属，85 种）、蔷薇科（Rosaceae，33 属，155 种）、蝶形花科（Papilionaceae，33 属，82 种）、伞形科（Umbelliferae，25 属，58 种）、唇形科（Labiatae，31 属，73 种）、忍冬科（Caprifoliaceae，8 属，59 种）、菊科（Compositae，61 属，167 种）、百合科（Liliaceae，28 属，90 种）、兰科（Orchidaceae，29 属，58 种）、禾本科（Gramineae，73 属，119 种），这 11 科中菊科和禾本科是世界种子植物中含万种以上的特大科，蔷薇科是主要分布于温带的世界第五大科，百合科也是我国含 300 多种的大科，这 11 个大科虽只占科总数的 6.71%，但属（350 属）、种（997 种）却分别占总数的 42.12% 和 37.68%，均超过 1/3，充分显示了这些大科在本区系组成中占据了首要地位。

　　另外，这 11 大科在我国的属数分别为 32 属、108 属、200 属、37 属、90 属、90 属、18 属、220 属、60 属、161 属和 200 属，本区属数占相应科我国总属数的 25.00%、19.44%、16.50%、81.19%、27.78%、34.44%、44.44%、27.73%、46.67%、18.01% 和 36.50%，体现出五里坡自然保护区种子植物区系在我国植物区系中的重要地位。

　　其他较大科有玄参科（Scrophulariaceae，15 属，47 种）、蓼科（Polygonaceae，9 属，42 种）、壳斗科（Fagaceae，6 属，41 种）、荨麻科（Urticaceae，13 属，39 种）、卫矛科（Celastraceae，5 属，39 种）、槭树科（Aceraceae，2 属，37 种）、大戟科（Euphorbiaceae，17 属，34 种）、鼠李科（Rhamnaceae，7 属、34 种）、小檗科（Berberidaceae，5 属，30 种）、葡萄科（Vitaceae，6 属，28 种）、榆科（Ulmaceae，6 属，21 种）等，这些科也是本植物区系的重要组成部分，构成了本区系植物组成的多样性和丰富性（表 2-6）。

　　冬青科（Aquifoliaceae）、榛科（Corylaceae）、漆树科（Anacardiaceae）和桦木科（Betulaceae）等科虽然种数少于 20 种，但是它们在五里坡自然保护区植被组成中常常以优势种甚至是建群种的成分出现，对于植被的组成起着重要作用，对于群落的发展演化也有一定的决定性影响作用。

表 2-6　重庆五里坡自然保护区种子植物科内属数与种数的大小顺序排列（≥15 种）

科　名	属数/种数	科　名	属数/种数
裸子植物 GYMNOSPERMAE*		小檗科 Berberidaceae	5/30
松科 Pinaceae	8/15	莎草科 Cyperaceae	8/28
柏科 Cupressaceae	4/6	葡萄科 Vitaceae	6/28
杉科 Taxodiaceae	3/4	木犀科 Oleaceae	6/28
三尖杉科 Cephalotaxaceae	1/4	莎草科 Cyperaceae	8/28
红豆杉科 Taxaceae	3/4	芸香科 Rutaceae	9/27
银杏科 Ginkgoaceae	1/1	五加科 Araliaceae	9/25
被子植物 ANGIOSPERMAE		报春花科 Primulaceae	3/25
100 种以上的科		茜草科 Rubiaceae	12/23
菊科 Compositae	61/167	榆科 Ulmaceae	6/21
蔷薇科 Rosaceae	33/155	石竹科 Caryophyllaceae	9/21
禾本科 Gramineae	73/119	杨柳科 Salicaceae	2/20
含 60~99 种的科		桑科 Moraceae	4/20
百合科 Liliaceae	28/90	景天科 Crassulaceae	5/20
毛茛科 Ranunculaceae	21/85	**含 15~19 种的科**	
蝶形花科 Papilionaceae	33/82	堇菜科 Violaceae	1/19
唇形科 Labiatae	31/73	杜鹃花科 Ericaceae	4/19
含 20~59 种的科		马鞭草科 Verbenaceae	7/19
忍冬科 Caprifoliaceae	8/59	虎耳草科 Saxifragaceae	9/19
兰科 Orchidaceae	29/58	龙胆科 Gentianaceae	7/18
伞形科 Umbelliferae	25/58	茄科 Solanaceae	8/18
樟科 Lauraceae	8/51	葫芦科 Cucurbitaceae	7/17
玄参科 Scrophulariaceae	15/47	马兜铃科 Aristolochiaceae	3/16
蓼科 Polygonaceae	9/42	菝葜科 Smilaceae	2/15
壳斗科 Fagaceae	6/41	天南星科 Araceae	6/15
荨麻科 Urticaceae	13/39	榛科 Corylaceae	2/15
卫矛科 Celastraceae	5/39	山茶科 Theaceae	5/15
槭树科 Aceraceae	2/37	冬青科 Aquifoliaceae	1/15
大戟科 Euphorbiaceae	17/34	桔梗科 Campanulaceae	5/15
鼠李科 Rhamnaceae	7/34	苦苣苔科 Gesneriaceae	11/15

* 重庆五里坡自然保护区裸子植物全部列入表中。

②重庆五里坡自然保护区种子植物科的分布区类型：科是植物分类学中实际上最大的自然单位，在植物区系的研究中也有一定的参考价值，五里坡自然保护区 156 科（去掉 8 个人工栽培科）（表 2-7）可以分为世界或亚世界分布科、热带分布科、温带分布科、间断分布科、特有科和特殊分布科 6 种类型。

表 2-7　重庆五里坡自然保护区种子植物 156 科的统计与分布（去掉 8 个人工栽培科）

科名	拉丁名	五里坡含属/种	世界分布区域
松科	Pinaceae	6/12	全世界
杉科	Taxodiaceae	2/3	主产北温带
柏科	Cupressaceae	3/5	全世界
三尖杉科	Cephalotaxaceae	1/4	东亚
红豆杉科	Taxaceae	3/4	主产北半球
木兰科	Magnoliaceae	3/8	泛热带至亚热带
八角科	Illiciaceae	1/1	亚洲东部和北美东南部
五味子科	Schisandraceae	1/7	亚州东南部和北美东南部
水青树科	Tetracentraceae	1/1	我国特产
领春木科	Eupteleaceae	1/1	东亚
连香树科	Cercidiphyllaceae	1/1	东亚
樟科	Lauraceae	8/51	泛热带至亚热带
毛茛科	Ranunculaceae	21/85	全世界，主产温带
芍药科	Paeoniaceae	1/2	主产北温带
小檗科	Berberidaceae	5/30	主产北温带
南天竹科	Nandinaceae	1/1	东亚
木通科	Lardizabalaceae	5/7	东亚
大血藤科	Sargentodoxaceae	1/1	东亚
防己科	Menispermaceae	5/9	泛热带至亚热带
马兜铃科	Aristolochiaceae	3/16	泛热带至温带
胡椒科	Siperaceae	2/3	泛热带至亚热带
三白草科	Saururaceae	2/2	东亚、北美
金粟兰科	Chloranthaceae	2/6	热带至亚热带
罂粟科	Papaveraceae	5/6	北温带
紫堇科	Fumariaceae	1/9	北温带
十字花科	Cruciferae	9/14	泛热带至温带
堇菜科	Violaceae	1/19	全世界
远志科	Polygalaceae	1/6	泛热带至温带
景天科	Crassulaceae	5/20	全世界
虎耳草科	Saxifragaceae	9/19	全温带
山梅花科	Philadelphaceae	2/8	泛热带至温带
绣球科	Hydrangeaceae	3/10	全世界
鼠刺科	Escalloniaceae	1/1	全世界
醋栗科	Grossulariaceae	1/7	全世界
石竹科	Caryophyllaceae	9/21	全世界

（续）

科名	拉丁名	五里坡含属/种	世界分布区域
蓼科	Polygonaceae	9/42	全世界，主产温带
商陆科	Phytolaccaceae	1/1	亚、非、拉丁美洲
藜科	Chenopodiaceae	2/3	全世界，主产中亚—地中海
苋科	Amaranthaceae	5/7	泛热带至温带
牻牛儿苗科	Geraniaceae	1/6	泛热带至温带
酢浆草科	Oxalidceae	1/3	泛热带至温带
凤仙花科	Balsaminaceae	1/7	亚热带—热带非洲
千屈菜科	Lythraceae	2/2	主产热带、亚热带
柳叶菜科	Onagraceae	3/9	全世界，主产北温带
瑞香科	Thymelaeaceae	3/8	泛热带至温带
马桑科	Coriariaceae	1/1	温带
海桐科	Pittosporaceae	1/9	主产大洋洲
大风子科	Flacourtiaceae	4/6	热带、亚热带
柽柳科	Tamaricaceae	1/1	北半球温带
葫芦科	Cucurbitaceae	7/17	泛热带至温带
秋海棠科	Begoniaceae	1/3	热带、亚热带
山茶科	Theaceae	5/13	亚热带至热带美洲
猕猴桃科	Actinidiaceae	2/14	主产热带、亚热带
金丝桃科	Hyperiaceae	1/7	泛热带至温带
椴树科	Tiliaceae	3/12	泛热带至亚热带
梧桐科	Sterculiaceae	1/1	主产热带、亚热带
锦葵科	Malvalceae	4/6	泛热带至温带
大戟科	Euphorbiaceae	15/33	泛热带至温带
交让木科	Daphniphyllaceae	1/3	泛热带至亚热带
蔷薇科	Rosaceae	31/153	全世界、主产温带
蜡梅科	Calycanthaceae	1/1	主产温带
含羞草科	Mimosaceae	1/3	全世界，主产热带、亚热带及温带
苏木科	Caesalpiniaceae	3/7	主产热带和亚热带
蝶形花科	Papilionaceae	29/77	全世界，主产北温带
旌节花科	Stachyuraceae	1/5	东亚
西番莲科	Passifloraceae	1/1	热带、亚热带
金缕梅科	Hamamelidaceae	7/14	东亚
杜仲科	Eucommiaceae	1/1	特产我国
黄杨科	Buxaceae	3/10	泛热带至亚热带
杨柳科	Salicaceae	2/20	北温带

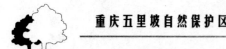

（续）

科名	拉丁名	五里坡含属/种	世界分布区域
桦木科	Betulaceae	2/7	北温带
榛科	Corylaceae	2/15	北温带
壳斗科	Fagaceae	6/39	全世界，主产温带及热带地区
榆科	Ulmaceae	6/21	泛热带至温带
桑科	Moraceae	4/20	泛热带至亚热带
大麻科	Cannabidaceae	1/1	泛热带至亚热带
荨麻科	Urticaceae	13/39	泛热带至亚热带
铁青树科	Olacaceae	1/1	热带、亚热带
茶茱萸科	Icacinaceae	1/1	全世界
冬青科	Aquifoliaceae	1/15	泛热带至温带，主产东亚
卫矛科	Celastraceae	5/39	全世界（除北极）
桑寄生科	Loranthaceae	1/2	泛热带、亚热带
檀香科	Santalaceae	1/1	泛热带至温带
蛇菰科	Balanophoraceae	1/2	热带、亚热带
鼠李科	Rhamnaceae	6/33	泛热带、温带
胡颓子科	Elaeagnaceae	1/9	亚热带至温带
葡萄科	Vitaceae	6/28	泛热带至亚热带
芸香科	Rutaceae	9/26	泛热带至温带
苦木科	Simarbaceae	2/3	泛热带至亚热带
楝科	Meliaceae	2/4	泛热带至亚热带
无患子科	Sapindaceae	3/5	主产热带
七叶树科	Hippocastanaceae	1/1	北温带
槭树科	Aceraceae	2/37	北温带，主产东亚
清风藤科	Sabiaceae	2/12	主产亚洲及热带美洲
省沽油科	Staphyleaceae	3/4	北温带
漆树科	Anacardiaceae	6/13	主产热带、亚热带
胡桃科	Juglandaceae	4/7	泛热带至温带
山茱萸科	Cornaceae	5/13	北温带至热带
青荚叶科	Helwingiaceae	1/6	东亚
鞘柄木科	Toricelliaceae	1/2	北温带至热带
鹿蹄草科	Pyrolaceae	3/4	北温带至寒带
水晶兰科	Monotropaceae	1/3	北温带至寒带
八角枫科	Alangiaceae	1/4	东亚、大洋洲及非洲
蓝果树科	Nyssaceae	1/1	泛热带
珙桐科	Davidiaceae	1/2	特产我国
五加科	Araliaceae	9/24	泛热带至温带
伞形科	Umbelliferae	23/56	全温带

（续）

科名	拉丁名	五里坡含属/种	世界分布区域
桤叶树科	Clethraceae	1/1	泛热带至亚热带
杜鹃花科	Ericaceae	4/19	全世界，主产南非及喜马拉雅地区
越橘科	Vacciniaceae	1/5	全世界
柿树科	Ebenaceae	1/2	泛热带至亚热带
紫金牛科	Myrsinaceae	3/3	泛热带至亚热带
安息香科	Styracaceae	3/8	亚洲、美洲东部
山矾科	Symplocaceae	1/8	热带、亚热带
马钱科	Loganiaceae	2/5	泛热带至亚热带
木犀科	Oleaceae	6/28	泛热带至温带
夹竹桃科	Apocynaceae	2/4	泛热带至亚热带
萝藦科	Asclepiadaceae	5/10	泛热带至温带
茜草科	Rubiaceae	12/23	泛热带至温带
忍冬科	Caprifoliaceae	8/59	北温带和热带山区
败酱科	Valerianaceae	2/10	北温带
川续断科	Dipsacaceae	2/3	地中海、亚洲和非洲南部
菊科	Compositae	59/163	全世界
龙胆科	Gentianaceae	7/18	全温带
报春花科	Primulaceae	3/25	全温带
车前草科	Plantaginaceae	1/3	全世界，主产热带
桔梗科	Campanulaceae	5/15	全世界，主产温带
半边莲科	Lobeliaceae	1/2	泛热带和亚热带
花荵科	Polemoniaceae	1/1	主产北美西部
紫草科	Boraginaceae	7/10	全世界，主产温带
茄科	Solanaceae	8/17	热带至温带
旋花科	Convolvulaceae	3/5	泛热带至温带
玄参科	Scrophulariaceae	15/47	全世界，主产温带
苦苣苔科	Gesneriaceae	11/15	泛热带至亚热带
紫葳科	Bignoniaceae	1/1	热带至亚热带
列当科	Orobanchaceae	3/3	主产旧大陆温带
爵床科	Acanthaceae	4/5	泛热带至亚热带
马鞭草科	Verbenaceae	7/19	泛热带至温带
唇形科	Labiatae	30/72	全世界，主产地中海
泽泻科	Alismataceae	2/5	北温带，大洋洲
鸭跖草科	Commelinaceae	3/4	泛热带至温带
雨久花科	Pontederiaceae	1/1	热带、亚热带
谷精草科	Eriocaulaceae	1/2	热带、亚热带
百合科	Liliaceae	22/88	全世界，主产温带、亚热带

（续）

科名	拉丁名	五里坡含属/种	世界分布区域
延龄草科	Trilliaceae	1/1	全世界，主产温带、亚热带
菝葜科	Smilaceae	2/15	全世界，主产温带、亚热带
天南星科	Araceae	5/14	泛热带至温带
香蒲科	Typhaceae	1/3	全世界
石蒜科	Amaryllidaceae	2/3	全温带
鸢尾科	Iridaceae	2/7	泛热带至温带
百部科	Stemonaceae	1/1	亚洲、美洲、大洋洲
薯蓣科	Dioscoreaceae	1/11	泛热带至温带
兰科	Orchidaceae	29/58	全世界
灯心草科	Juncaceae	2/10	全温带
莎草科	Cyperaceae	8/28	全世界，主产温带及寒带地区
禾本科	Gramineae	69/113	全世界

　　五里坡自然保护区的世界分布科有蝶形花科、唇形科、玄参科、菊科、禾本科、莎草科 Cyperaceae、石竹科 Caryophyllaceae、伞形科、毛茛科、十字花科 Cruciferae、蔷薇科、蓼科和报春花科 Primulaceae 等。

　　热带分布科有含羞草科 Mimosaceae、苏木科 Caesalpiniaceae、爵床科 Acanthaceae、樟科、苦苣苔科 Gesneriaceae、天南星科 Araceae、夹竹桃科 Apocynaceae、桑科 Moraceae、紫金牛科 Myrsinaceae 和大风子科 Flacourtiaceae 等。

　　温带分布科有小檗科、杨柳科 Salicaceae、胡桃科 Juglandaceae、榆科、槭树科、桦木科、榛科和胡颓子科 Elaeagnaceae 等。

　　间断分布科有山茶科 Theaceae、木兰科 Magnoliaceae、蓝果树科 Nyssaceae、三白草科 Saururaceae、五味子科 Schisandraceae、七叶树科 Hippocastanaceae、安息香科 Styracaceae、省沽油科 Staphyleaceae、金粟兰科 Chloranthaceae 和山矾科 Symplocaceae 等。

　　特有科有珙桐科 Davidiaceae、百部科 Stemonaceae、清风藤科 Sabiaceae、猕猴桃科 Actinidiaceae、交让木科 Daphniphyllaceae、连香树科 Cercidiphyllaceae、杜仲科 Eucommiaceae、大血藤科 Sargentodoxaceae、水青树科 Tetracentraceae 和旌节花科 Stachyuraceae 等。

　　特殊分布科有川续断科 Dipsacaceae、柽柳科 Tamaricaceae、凤仙花科 Balsaminaceae 和黄杨科 Buxaceae 等。

　　③重庆五里坡自然保护区种子植物属的分级及属的排列顺序：重庆五里坡自然保护区共有831属（表2-8），其中裸子植物、双子叶植物和单子叶植物分别有20、644和167属，分别占属总数的2.53%、77.50%和20.10%，可见双子叶植物是构建植物区系整体的生力军。单种属、少种属和多种属各为409、310和112属，占属总数的49.22%、37.30%和13.48%。植物区系的属内种数较少，一方面说明属的构成比种的构成更加影响区系植物的组成特征，植物的差异性大，多样性高，另一方面也表现出该区系植物起源古老的特点。

表 2 - 8　重庆五里坡自然保护区种子植物属的分级

	单种属 （含 1 种）	少种属 （含 2~5 种）	多种属 （6 种及以上）	合　计
裸子植物	12	8	0	20
被子植物	397	302	112	811
双子叶植物	302	244	99	644
单子叶植物	95	58	13	167
合　计	409	310	112	831
属占总属数（%）	49.22	37.30	13.48	100%

　　重庆五里坡自然保护区被子植物中的 42 属为主要属（表 2 - 9），含 646 种，占总属数的 5.05%，占总种数的 26.50%。属内含种数差异较大，有些属含种数很多，甚至达 20 种以上，如蔷薇科的悬钩子属 Rubus、卫矛科的卫矛属 Euonymus 和槭树科的槭树属 Acer 等，而有些属仅含 1 种，如梧桐科 Sterculiaceae 的梧桐属 Firmiana、蔷薇科的桂樱属 Laurocerasus、蝶形花科的百脉根属 Lotus 等。

表 2 - 9　重庆五里坡自然保护区含 10 种以上的属

属　名	种　数	属　名	种　数
槭树属 Acer	36	鼠李属 Rhamnus	14
卫矛属 Euonymus	27	乌头属 Aconitum	14
蓼属 Polygonum	24	菝葜属 Smilax	13
悬钩子属 Rubus	23	唐松草属 Thalictrum	13
忍冬属 Lonicera	23	风毛菊属 Saussurea	13
荚蒾属 Viburnum	23	百合属 Lilium	12
铁线莲属 Clematis	22	葱属 Allium	12
蔷薇属 Rosa	21	五加属 Acanthopanax	12
蒿属 Artemisia	20	花椒属 Zanthoxylum	12
堇菜属 Viola .	19	马先蒿属 Pedicularis	12
珍珠菜属 Lysimachia	17	薯蓣属 Dioscorea	11
栎属 Quercus	16	木姜子属 Litsea	11
枸子属 Cotoneaster	15	委陵菜属 Potentilla	11
绣线菊属 Spiraea	15	榕属 Ficus	11
柳属 Salix	15	猕猴桃属 Actinidia	11
冬青属 Ilex	15	细辛属 Asarum	11
小檗属 Berberis	15	胡枝子属 Lespedeza	10
景天属 Sedum	15	野豌豆属 Vicia	10
薹草属 Carex	14	鹅耳枥属 Carpinus	10
山胡椒属 Lindera	14	楼梯草属 Elatostema	10
杜鹃属 Rhododendron	14	海桐花属 Pittosporum	10

④种子植物属的分布区类型：植物分布区是指某一植物分类单位——种、属或科分布的区域，即它们分布于一定空间的总合。它是由于植物种的发生历史对环境的长期适应，以及许多自然因素对它们影响的结果。五里坡自然保护区共有种子植物 796 属（去掉 35 个人工栽培属），参考《中国种子植物属的分布区类型专辑》（吴征镒，1992），五里坡自然保护区种子植物各属可以划分为 15 个类型及 20 个变型（表 2－10）。

表 2－10　重庆五里坡自然保护区种子植物属的地理分布区类型统计

序号	分布区类型及其变型	单种属	少种属	多种属	合计	属数率（%）
一、	1. 世界分布	8	28	18	54	6.78
二、	泛热带分布及其变型					
	2. 泛热带	41	41	18	100	12.56
	2－1. 热带亚洲、大洋洲、南美洲（墨西哥）间断	5	0	0	5	0.63
	2－2. 热带亚洲、非洲和南美洲间断	3	2	0	5	0.63
三、	3. 热带亚洲和热带美洲间断分布	4	4	3	11	1.38
四、	旧世界热带分布及其变型					
	4. 旧世界热带	14	8	4	26	3.27
	4－1. 热带亚洲、非洲和大洋州间断	5	0	0	5	0.63
五、	热带亚洲至热带大洋洲分布及其变型					
	5. 热带亚洲至热带大洋洲	10	10	1	21	2.64
	5－1. 中国（西南）亚热带和新西兰间断	1	0	0	1	0.13
六、	热带亚洲至热带非洲分布及其变型					
	6. 热带亚洲至热带非洲	16	3	1	20	2.51
	6－1. 华南、西南到印度和热带非洲间断	2	0	0	2	0.25
	6－2. 热带亚洲和东非间断	1	1	0	2	0.25
七、	热带亚洲分布及其变型					
	7. 热带亚洲（印度—马来西亚）	19	19	3	41	5.15
	7－1. 爪哇、喜马拉雅和华南、西南星散	4	1	0	5	0.63
	7－2. 热带印度至华南	1	0	0	1	0.13
	7－3. 缅甸、泰国至华西南	2	1	0	3	0.38
	7－4. 越南（或中南半岛）至华南（或西南）	5	3	0	8	1.01
八、	北温带分布及其变型					
	8. 北温带	55	55	36	146	18.34
	8－2. 北极—高山	2	1	0	3	0.38
	8－4. 北温带—南温带（全温带）间断	10	17	5	32	4.02
	8－5. 欧亚和南美洲温带间断	1	1	0	2	0.25
	8－6. 地中海、东亚、新西兰和墨西哥到智利间断	1	0	0	1	0.13
九、	东亚和北美洲间断分布及其变型					
	9. 东亚和北美洲间断	35	25	8	68	8.54
	9－1. 东亚和墨西哥间断	0	1	0	1	0.13

（续）

序号	分布区类型及其变型	单种属	少种属	多种属	合计	属数率（%）
十、	旧世界温带分布及其变型					
	10. 旧世界温带	16	19	6	41	5.15
	10 - 1. 地中海区、西亚和东亚间断	3	6	1	10	1.26
	10 - 3. 欧亚和南非洲（有时也在大洋州）间断	3	2	0	5	0.63
十一、	11. 温带亚洲分布	12	3	0	15	1.88
十二、	12. 地中海区、西亚至中亚分布	1	0	0	1	0.13
	12 - 3. 地中海区至温带、热带亚洲，大洋洲和南美洲间断	1	0	0	1	0.13
十三、	13. 中亚分布	1	0	0	1	0.13
	13 - 2. 中亚至喜马拉雅	1	0	0	1	0.13
十四、	东亚分布及其变型					
	14. 东亚（东喜马拉雅—日本）	23	23	6	52	6.53
	14 - 1. 中国—喜马拉雅	21	11	0	32	4.02
	14 - 2. 中国—日本	21	16	0	37	4.65
十五、	15. 中国特有分布	33	4	0	37	4.65
	总计	381	305	110	796	100

　　世界分布属：该类型指几乎遍布世界各大洲而没有特殊分布中心的属，或虽有一个或几个分布中心而包含世界分布种的属。五里坡自然保护区有该分布 54 属，其中单种属 8 属，少种属 28 属，多种属 18 属，占五里坡总属数的 6.78%，在各种分布区类型中居于第 4 位。

　　世界分布属中有草本属 48 属，占到本类型属数的 88.89%，如银莲花属 Anemone、繁缕属 Stellaria、酸模属 Rumex、商陆属 Phytolacca、老鹳草属 Geranium、黄芪属 Astragalus、飞蓬属 Erigeron、千里光属 Senecio、龙胆属 Gentiana、珍珠菜属 Lysimachia、香蒲属 Typha、灯心草属 Juncus 等。而木本属只有铁线莲属 Clematis、远志属 Polygala、金丝桃属 Hypericum、悬钩子属、槐属 Sophora、鼠李属 Rhamnus 6 属，其中只有槐属 1 属包含大乔木。这与植物世界分布的特性要求相符合，进化的草本由于适应能力比较强，往往在世界分布属里占主要地位，说明五里坡自然保护区是一个具有普遍进化的代表性的植物区系。

　　本类型中含 10 种以上的属有 7 属，分别是铁线莲属 22 种、鼠李属 14 种、蓼属 Polygonum 24 种、堇菜属 Viola 19 种、悬钩子属 23 种、珍珠菜属 17 种以及薹草属 Carex 14 种，这些属种在本区系中有非常广泛的分布。

　　泛热带分布属：该类型指普遍分布于东、西两半球热带，和在全世界热带范围内有一个或数个分布中心，但在其他地区也有一些种类分布的热带属，其中有不少属广布于热带、亚热带甚至到温带。此类型的属在本区有 100 属，占五里坡分布属总数的 12.56%，在各种分布中居于第 2 位，低于北温带分布类型 5.78 个百分点。

　　本类型中含 10 种以上的属有 6 个，分别是榕属 Ficus、冬青属 Ilex、卫矛属、花椒属 Zanthoxylum、菝葜属 Smilax 和薯蓣属 Dioscorea。五里坡自然保护区所有的泛热带分布属没有纯热带分布属，而是以热带—亚热带分布属为主的。如防己科的木防己属 Cocculus、山矾科的山矾属 Symplocos，还有不少由热带经亚热带延伸到北温带南端的属，如凤仙花属

Impatiens、冬青属、卫矛属以及榕属。

由于五里坡自然保护区的地形复杂，海拔差异大，生态环境多样，泛热带属在生活型上也是多种多样的，乔、灌、草、藤本皆有。乔木属有柞木属 *Xylosma*、乌桕属 *Sapium*、黄檀属 *Dalbergia*、朴属 *Celtis*、榕属、冬青属、柿属 *Diospyros*、山矾属等；如冬青属，中国约有 118 种，五里坡有 15 种，是较低海拔区群落中构建灌木层的主要树种，在未来演化中有望占据乔木层；朴属我国有 20 种，五里坡有 7 种，是群落乔木层中的常见树种。灌木属有花椒属、卫矛属、栀子属 *Gardenia*、紫珠属 *Callicarpa*、牡荆属 *Vitex*、算盘子属 *Glochidion* 等；草本属有金粟兰属 *Chloranthus*、冷水花属 *Pilea*、凤仙花属、泽兰属 *Eupatorium* 等，尤其是冷水花属和凤仙花属，在比较阴湿的地方往往成为林下的主要生活者；藤本属有马兜铃属 *Aristolochia*、崖豆藤属 *Millettia*、南蛇藤属 *Celastrus*、木防己属、鹅绒藤属 *Cynanchum*、牵牛属 *Pharbitis* 等。

其中单种属 41 属，少种属 41 属，大型属仅 18 属，单种属和少种属占本类型总属数的 82%，鉴于单种属和少种属在进化上有进化时间短，处于比较孤立的地位的特点，可以推断此分布类型在进化上具有一定的古老性。

泛热带分布类型主要起源于古南大陆，其现代分布中心都在热带范围内，五里坡自然保护区系成分中泛热带分布属占有很重要的地位，由此可见本区系种子植物在起源和演化上都受到古热带植物区系的深远影响。

此类型下还有两个变型：第一，热带亚洲、大洋洲、南美洲（墨西哥）间断，共有 5 属，全部为单种属，分别是西番莲属 *Passiflora*、糙叶树属 *Aphananthe*、核子木属 *Perrottetia*、五叶参属 *Pentapanax* 和烟草属 *Nicotiana*；第二，热带亚洲、非洲和南美洲间断，共有 5 属，3 属为单种属，分别是桂樱属、绣球防风属 *Leucas* 和蔗茅属 *Erianthus*，2 属为少种属，分别是雾水葛属 *Pouzolzia* 和箣竹属 *Bambusa*。这些也从一个角度证明了此分布类型在起源上的古老特点。

热带亚洲和热带美洲间断分布属：该类型指间断分布于美洲和亚洲温暖地区的热带属，在东半球从亚洲可能延伸到澳大利亚东北部或西南太平洋岛屿。五里坡自然保护区有该分布类型 11 属，仅占五里坡属总数的 1.38%，其中单种属 4 属，分别为苦木科（Simarbaceae）的苦木属 *Picrasma*、桤叶树科（Clethraceae）的桤叶树属 *Clethra*、玄参科的过江藤属 *Phyla* 和禾本科的玉蜀黍属 *Zea*；少种属 4 属，分别是樟科的楠木属 *Phoebe*、山茶科的柃木属 *Eurya*、卫矛科的假卫矛属 *Microtropis* 和无患子科（Sapindaceae）的无患子属 *Sapindus*；多种属 3 属，为樟科的木姜子属 *Litsea*、鼠李科的雀梅藤属 *Sageretia* 和清风藤科的泡花树属 *Meliosma*。虽然该类型的属在本区系所有属中占的比例较小，但是它们同样清楚地反映了本区系与世界各植物区系的重要联系；另一方面这 11 属的种全部都是木本植物，特别是木姜子属和柃木属，在保护区众多群落中占据优势种的地位。

旧世界热带分布属：该类型范围包括亚洲、非洲和大洋洲热带地区及其临近岛屿，统称古热带。此类型分布属在本区系中有 26 属，占属总数的 3.27%，其中单种属 14 属，有五月茶属 *Antidesma*、白桐树属 *Claoxylon*、美登木属 *Maytenus*、黄皮属 *Clausena*、楝属 *Melia*、玉叶金花属 *Mussaenda*、厚壳树属 *Ehretia*、短冠草属 *Sopubia*、雨久花属 *Monochria*、虎舌兰属 *Epipogium*、尖稃草属 *Acrachne*、细柄草属 *Capillipedium*、拟金茅属 *Eulaliopsis* 和杜茎山属 Maesa；少种属有 8 属，包括千金藤属 Stephania、马绞儿属 Zehneria、扁担杆属 Grewia、合欢属 Albizia、桑寄生属 Loranthus、乌蔹莓属 Cayratia、吴茱萸属 Evodia、八角枫属 Alangium；多种属仅有 4 属，有海桐花属 Pittosporum、野桐属 Mallotus、楼梯草属 Elatostema 和香茶菜属 Isodon。

本类型下还有一个变型，热带亚洲、非洲和大洋洲间断，共 5 属，全部为单种属：青牛胆属 Tinospora、百蕊草属 Thesium、飞蛾藤属 Porana、爵床属 Rostellularia 和山珊瑚属 Galeola。

热带亚洲至热带大洋洲分布属：该分布类型位于旧世界热带分布的东翼，其西端有时可达马达加斯加，但一般不到非洲大陆。此类型的属在本区系中有 21 属，占属总数的 2.64%，其中单种属 10 属，包括雀舌木属 Leptopus、白接骨属 Asystasiella、百部属 Stemona、毛兰属 Eria、天麻属 Gastrodia、石仙桃属 Pholidota、淡竹叶属 Lophatherum、旋蒴苣苔属 Boea 和结缕草属 Zoysia 等；少种属 10 属，有荛花属 Wikstroemia、栝楼属 Trichosanthes、蛇菰属 Balanophora、猫乳属 Rhamnella、崖爬藤属 Tetrastigma、臭椿属 Ailanthus、香椿属 Toona、通泉草属 Mazus、兰属 Cymbidium 和阔蕊兰属 Peristylus；多种属仅樟属 Cinnamomum 1 属。

本类型下还有一个变型——中国（西南）亚热带和新西兰间断，仅有 1 属 1 种，即五加科 Araliaceae 梁王茶属 Pseudopanax 的异叶梁王茶 Pseudopanax davidii。

热带亚洲至热带非洲分布属：该类型位于旧世界热带分布区类型的西翼，从热带非洲至印度—马来西亚，有的属也分布到斐济等南太平洋岛屿。五里坡有该类型 20 属，占属总数的 2.51%，其中单种属 16 属，包括杯苋属 Cyathula、水麻属 Debregeasia、假楼梯草属 Lecanthus、飞龙掌血属 Toddalia、常春藤属 Hedera、铁仔属 Myrsine、杠柳属 Periploca、水团花属 Adina、鱼眼草属 Dichrocephala、菊三七属 Gynura、九头狮子草属 Peristrophe、臭黄荆属 Premna、荩草属 Arthraxon、莠竹属 Microstegium、筒轴茅属 Rottboellia 和大豆属 Glycine 等；少种属 3 属，包括蝎子草属 Girardinia、芒属 Miscanthus 和菅属 Themeda；多种属只有赤瓟属 Thladiantha 1 属。

本类型下有两个变型——华南、西南到印度和热带非洲间断，含 2 属，为萝藦科（Asclepiadaceae）南山藤属 Dregea 和漆树科的三叶漆属 Terminthia；热带亚洲和东非间断，也有 2 属，为山茶科的杨桐属 Adinandra 和爵床科的马蓝属 Pteracanthus。

以上的热带亚洲和热带美洲间断分布、旧世界热带分布、热带亚洲至热带大洋洲分布和热带亚洲至热带非洲分布四个分布类型属一共 88 属，仅占属总数的 11.06%，在整个五里坡自然保护区系中所占的比例较小。

热带亚洲（印度—马来西亚）分布属：热带亚洲（印度—马来西亚）是旧世界热带的中心部分，其范围包括印度、斯里兰卡、缅甸、泰国、中南半岛、印度尼西亚、加里曼岛、菲律宾及新几内亚等。东部可达斐济等南太平洋岛屿，北部边缘到达我国西南、华南及台湾。五里坡有该类型 41 属，占本区系属总数的 5.15%，其中单种属 19 属，少种属 19 属，多种属仅 3 属。各种生活类型均具备，乔木属有新木姜子属 Neolitsea、黄肉楠属 Actinodaphne、润楠属 Machilus、交让木属 Daphniphyllum、构属 Broussonetia 和柑橘属 Citrus 等；灌木属有山胡椒属 Lindera、山茶属 Camellia、蚊母树属 Distylium 等；草本属有草珊瑚属

Sarcandra、唇柱苣苔属 *Chirita*、糯米团属 *Gonostegia*、石斛属 *Dendrobium*、斑叶兰属 *Goodyera* 等。藤本属有轮环藤属 *Cyclea*、鸡矢藤属 *Paederia*、绞股蓝属 *Gynostemma* 等。

本类型下的第一个变型是爪哇、喜马拉雅和华南、西南星散分布，属于这一类型的有木荷属 *Schima*、重阳木属 *Bischofia*、松风草属 *Boenninghausenia*、金钱豹属 *Campanumoea* 和冠唇花属 *Microtoena*；第二种变型是热带印度至华南，有独蒜兰属 *Pleione*；第三种变型是缅甸、泰国至华西南，有穗花杉属 *Amentotaxus*、来江藤属 *Brandisia* 和粗筒苣苔属 *Briggsia* 等；最后一种变型是越南（或中南半岛）至华南（或西南），包括山羊角树属 *Carrierea*、任豆属 *Zenia*、毛药藤属 *Sindechites*、陀螺果属 *Melliodendron*、半蒴苣苔属 *Hemiboea*、水竹叶属 *Murdannia*、天门冬属 *Asparagus* 和竹根七属 *Disporopsis*。

热带亚洲分布及其变型中保存着许多第三纪古热带植物区系的残遗或后裔，代表属有新木姜子属、润楠属、山羊角树属、构属、清风藤属、山茶属和山胡椒属，它们起源于古热带，但在亚热带到温带都有自己的代表种。热带亚洲分布及其变型中单种属共计 31 属，占该类型属总数（表 2－10 中，7. 热带亚洲…、7－1. 爪哇…、7－2 热带印度…、7－3. 缅甸…、7－4. 越南…，合计 58 属）的 53.45%，单种属和少种属一共 55 属，占该类型属总数的 94.83%，可以证明本区系此类型分布属起源的古老性。

北温带分布属：该类型指那些广泛分布于欧洲、亚洲和北美洲温带地区的属。五里坡自然保护区有该类型 146 属，占全区系属总数的 18.34%，居所有分布区类型第一位，是五里坡自然保护区系的最重要的组成部分，也是该林区常绿落叶阔叶林的主要组成成分。

本区系含北温带分布属较多的有毛茛科、虎耳草科 Saxifragaceae、十字花科、蔷薇科、伞形科、菊科和禾本科。

本类型属中含有 10 种以上的属有 18 属（表 2－11），有槭树属（36 种）、忍冬属 *Lonicera*（23 种）、荚蒾属 *Viburnum*（23 种）、蔷薇属 *Rosa*（21 种）、蒿属 *Artemisia*（20 种）、栎属 *Quercus*（16 种）、小檗属 *Berberis*（15 种）、栒子属 *Cotoneaster*（15 种）、绣线菊属 *Spiraea*（15 种）、柳属 *Salix*（15 种）、乌头属 *Aconitum*（14 种）、杜鹃花属 *Rhododendron*（14 种）、风毛菊属 *Saussurea*（13 种）、马先蒿属 *Pedicularis*（12 种）、百合属 *Lilium*（12 种）、细辛属 *Asarum*（11 种）、委陵菜属 *Potentilla*（11 种）、鹅耳枥属 *Carpinus*（10 种），这些属种在五里坡自然保护区中无论是水平分布还是垂直分布上都十分普遍，是各种植物群落乔木、灌木和草本层的优势种。

另外还有一些属，虽然其属种数不高，但是分布广泛，在群落中的多度和频度很高，对于五里坡自然保护区整体植物群落的构建发挥重大作用。如桦木属 *Betula*、榛属 *Corylus*、水青冈属 *Fagus*、榆属 *Ulmus* 树种常成为群落的建群种，甚至形成单优势群落，如光叶水青冈 *Fagus lucida* 林，栓皮栎 *Quercus variabilis* 林，红桦 *Betula albo - sinensis* 林等，而绣线菊属、茶藨子属 *Ribes* 成为众多群落的灌木层优势种，紫菀属 *Aster*、风毛菊属、马先蒿属等草本属在阳坡地带大面积分布。

本分布类型中乔木属有红豆杉属 *Taxus*、冷杉属 *Abies*、圆柏属 *Sabina*、栗属 *Castanea*、胡桃属 *Juglans*、梾木属 *Swida*、七叶树属 *Aesculus*、桑属 *Morus*、省沽油属 *Staphylea*、梣属 *Fraxinus* 等；灌木属有胡颓子属 *Elaeagnus*、小檗属、山楂属 *Crataegus*、山梅花属 *Philadelphus* 等；草本属有楼斗菜属 *Aquilegia*、乌头属、细辛属、荠属 *Capsella*、车轴草属 *Trifoli-*

um、藁本属 *Ligusticum*、独活属 *Heracleum*、香青属 *Anaphalis*、鼠麴草属 *Gnaphalium*、苦苣菜属 *Sonchus*、蒿属等；藤本属 2 属，为葎草属 *Humulus* 和葡萄属 *Vitis*。所有属在生活型上的发展比较均衡。

表 2-11　五里坡自然保护区北温带分布属（≥10 种）

科名	属名	中国种数	五里坡种数
槭树科	槭树属 *Acer*	150 ±	36
忍冬科	忍冬属 *Lonicera*	100 ±	23
忍冬科	荚蒾属 *Viburnum*	70 +	23
蔷薇科	蔷薇属 *Rosa*	100	21
菊科	蒿属 *Artemisia*	200 +	20
壳斗科	栎属 *Quercus*	140	16
蔷薇科	栒子属 *Cotoneaster*	50	15
蔷薇科	绣线菊属 *Spiraea*	57	15
杨柳科	柳属 *Salix*	200	15
小檗科	小檗属 *Berberis*	250 ±	15
杜鹃花科	杜鹃花属 *Rhododendron*	600 ±	14
毛茛科	乌头属 *Aconitum*	100 +	14
菊科	风毛菊属 *Saussurea*	300	13
玄参科	马先蒿属 *Pedicularis*	330 ±	12
百合科	百合属 *Lilium*	39	12
蔷薇科	委陵菜属 *Potentilla*	100	11
马兜铃科	细辛属 *Asarum*	30	11
桦科	鹅耳枥属 *Carpinus*	22	10

北温带分布类型在本区系分布类型中所占的比例表现为种高于属，前者为 27.15%，后者为 18.34%，属内种非常丰富，这一特点在各分布类型中是独一无二的，反映了北温带成分在本区系中有很好的发展。

本类型下有 4 个变型，其中北极—高山、欧亚和南美洲温带间断以及地中海、东亚、新西兰和墨西哥到智利间断分布这三个变型属数比较少，作用和影响小，而北温带—南温带（全温带）间断比较丰富，共有 32 属，占到五里坡区系总属数的 4.02%。

东亚和北美间断分布属：该类型指间断分布于东亚和北美洲温带及亚热带地区的属。从发展的观点看，间断分布是古代历史时期连续分布的片段和残余，古地质的研究表明，北美和亚欧大陆曾是统一的整体，在第三纪后逐渐分离，东亚植物区系和北美温带亚热带植物区系因此关系密切，加之自然条件的相似，使得东亚北美间断分布属发展良好，拥有众多属。五里坡自然保护区有该类型共计 68 属，占属总数的 8.52%，仅次于泛热带分布和北温带分布居于第 3 位，并且从其属型（单种属较多）的分布上，也可以看出植物起源的古老性，不乏古老、残遗植物，如木兰属 *Magnolia*、八角属 *Illicium*、五味子属 *Schisandra*、石楠属 *Photinia* 和十大功劳属 *Mahonia* 等。

本区系分布类型中单种属 35 属，如榧树属 *Torreya*、鹅掌楸属 *Liriodendron*、八角属、

檫木属 *Sassafras*、三白草属 *Saururus*、紫茎属 *Stewartia*、皂荚属 *Gleditsia*、马醉木属 *Pieris*、延龄草属 *Trillium* 等，少种属 25 属，如木兰属、十大功劳属、落新妇属 *Astilbe*、柘树属 *Cudrania*、人参属 *Panax*、络石属 *Trachelospermum*、粉条菜儿属 *Aletris* 等；多种属 8 属，分别是五味子属、绣球属 *Hydrangea*、胡枝子属 *Lespedeza*、柯属 *Lithocarpus*、勾儿茶属 *Berchemia*、蛇葡萄属 *Ampelopsis* 和蟹甲草属 *Parasenecio* 等。

东亚—北美间断分布类型中有些属的近代分布中心偏向东亚、有些偏向于北美，前者如红豆杉科的榧树属、木兰科的木兰属、八角科的八角属、五味子科的五味子属和五加科的楤木属 *Aralia*）等，后者如蝶形花科的胡枝子属、延龄草科（Trilliaceae）的延龄草属等。

本类型下有一个变型——东亚和墨西哥间断，仅有六道木属 *Abelia* 的 1 属 5 种。

旧世界温带分布属：这一分区类型一般是指广泛分布于欧洲、亚洲中——高纬度的温带和寒温带或最多有个别种延伸到亚洲—非洲热带山地甚至澳大利亚的属。五里坡共有该类型分布属 41 属，占总属数的 5.15%，其中单种属 16 属，有獐耳细辛属 *Hepatica*、鹅肠菜属 *Myosoton*、水柏枝属 *Myricaria*、羊角芹属 *Aegopodium*、牛蒡属 *Arctium*、侧金盏花属 *Adonis* 和夏至草属 *Lagopsis* 等；少种属有 19 属，包括石竹属 *Dianthus*、荞麦属 *Fagopyrum*、瑞香属 *Daphne*、草木樨属 *Melilotus*、川续断属 *Dipsacus*、菊属 *Dendranthema*、旋覆花属 *Inula*、筋骨草属 *Ajuga*、香薷属 *Elsholtzia*、野芝麻属 *Lamium* 和萱草属 *Hemerocallis* 等；多种属仅有淫羊藿属 *Epimedium*、天名精属 *Carpesium*、橐吾属 *Ligularia*、沙参属 *Adenophora*、葱属 *Allium* 和重楼属 *Paris* 6 属。

本类型中草本属众多，木本植物属少，仅有瑞香属、水柏枝属、梨属 *Pyrus*、丁香属 *Syringa* 4 属。

旧世界温带分布具有两个变型，地中海区、西亚和东亚间断以及欧亚和南非洲（有时也在大洋州）间断。地中海区、西亚和东亚间断有桃属 *Amygdalus*、火棘属 *Pyracantha*、榉属 *Zelkova*、马甲子属 *Paliurus*、窃衣属 *Torilis*、连翘属 *Forsythia*、女贞属 *Ligustrum*、鸦葱属 *Scorzonera*、天仙子属 *Hyoscyamus* 和牛至属 *Origanum* 10 属；欧亚和南非洲（有时也在大洋州）间断有百脉根属、苜蓿属 *Medicago*、前胡属 *Peucedanum*、莴苣属 *Lactuca* 和绵枣儿属 *Scilla* 5 属。

温带亚洲分布属：该类型包括仅分布于亚洲温带地区的属。五里坡有 15 属，占总属数的 1.88%，包括瓦松属 *Orostachys*、岩白菜属 *Bergenia*、防风属 *Saposhnikovia*、亚菊属 *Ajania*、马兰属 *Kalimeris*、山牛蒡属 *Synurus*、女菀属 *Turczaninowia*、翼蓼属 *Pteroxygonum*、附地菜属 *Trigonotis* 和大油芒属 *Spodiopogon* 等，多属于古北大陆起源的属。

地中海区、西亚至中亚分布属：该类型指分布于现代地中海周围，经西亚或西南亚至前苏联中亚和我国新疆、青藏高原及蒙古高原一带的属。五里坡中该类型仅有糖芥属 *Erysimum* 1 属，占总属数的 0.13%。

该类型下有一个亚型，地中海区至温带、热带亚洲，大洋洲和南美洲间断，仅有黄连木属 *Pistacia* 1 属。

中亚分布属：该类型指只分布于中亚而不见于西亚及地中海周围的属。五里坡区系中该分布类型属仅诸葛菜 1 属。另有一个亚型，中亚至喜马拉雅分布，仅假百合属 *Notholiri-*

on 1 属。

以上的温带亚洲分布属、地中海区、西亚至中亚分布属和中亚分布属及它们的亚型在五里坡自然保护区植物区系所有属中仅占 0.25%，不能反映五里坡植物区系的特点。

东亚分布属：本类型指从东喜马拉雅一直分布到日本的一些属。本区系东亚分布类型有 52 属，占五里坡总属数的 6.53%，次于北温带分布、泛热带分布、东亚北美间断分布和世界分布而居于第 5 位。本区系东亚分布属绝大多数为单种属和少种属，仅溲疏属 *Deutzia*、猕猴桃属 *Actinidia*、蜡瓣花属 *Corylopsis*、青荚叶属 *Helwingia*、五加属 *Acanthopanax* 和莸属 *Caryopteris* 为含 6 种以上的多种属。单种属有领春木属 *Euptelea*、蕺菜属 *Houttuynia*、檵木属 *Loropetalum*、贴梗海棠属 *Chaenomeles*、开口箭属 *Tupistra*、泥胡菜属 *Hemistepta*、油点草属 *Tricyrtis* 等；少种属有三尖杉属 *Cephalotaxus*、绣线梅属 *Neillia*、桃叶珊瑚属 *Aucuba*、吊钟花属 *Enkianthus*、党参属 *Enkianthus*、山麦冬属 *Liriope*、石蒜属 *Lycoris* 等。

所属各科中含 3 属以上的科是百合科（8 属），菊科（6 属），兰科（3 属），含 2 属的科有蔷薇科、金缕梅科（Hamamelidaceae）、唇形科、山茱萸科（Cornaceae）和禾本科。本区还有领春木科（Eupteleaceae）、三尖杉科（Cephalotaxaceae），以及被某些学者从原所属科中分离出来的青荚叶科（Helwingiaceae），都是东亚的特征科，皆为古老科，为五里坡自然保护区染上了原始神秘的色彩。

根据吴征镒对中国植物区系的分区，五里坡自然保护区位于中国—日本森林植物亚区的最西端，并与中国—喜马拉雅森林植物亚区的东部相邻，这种地理位置决定了五里坡自然保护区是两个亚区区系的过渡地带，两个亚区在此融汇为一体。东亚分布的两个变型中国—喜马拉雅变型和中国—日本变型在此汇集。

中国—喜马拉雅变型共有 32 属，占属总数的 4.02%，全部为单种属和少种属，没有多种属，包括水青树属 *Tetracentron*、猫儿屎属 *Decaisnea*、鬼臼属 *Dysosma* 等古老属，还有八月瓜属 *Holboellia*、裂瓜属 *Schizopepon*、雪胆属 *Hemsleya*、梧桐属、南酸枣属 *Choerospondias*、双蝴蝶属 *Tripterospermum*、阴行草属 *Siphonostegia*、吊石苣苔属 *Lysionotus*、火把花属 *Colquhounia* 和射干属 *Belamcanda* 等。

中国—日本变型共有 37 属，占属总数的 4.65%，亦全部为单种属和少种属，没有多种属，有连香树属 *Cercidiphyllum*、南天竹属 *Nandina*、风龙属 *Sinomenium*、棣棠花属 *Kerria* 等残遗植物属；还有天葵属 *Semiaquilegia*、木通属 *Akebia*、博落回属 *Macleaya*、鬼灯檠属 *Rodgersia*、山桐子属 *Idesia*、假奓包叶属 *Discocleidion*、鸡眼草属 *Kummerowia*、枳椇属 *Hovenia*、野鸭椿属 *Euscaphis*、化香树属 *Platycarya*、白辛树属 *Pterostyrax*、白马骨属 *Serissa* 和锦带花属 *Weigela* 等。

中国特有属：第四纪冰川期使曾经繁盛于地球大陆的第三纪植物遭到了空前的灾难，大部分都消亡了，但是五里坡自然保护区位于秦巴山区东段，受冰川影响较弱，成为古代植物天然的"避难所"，这里保存了不少中国特有的种子植物。特有属指仅分布于我国范围内，或该属所有种类均分布于我国，但其中某一种同时分布于邻近地区的属，按照这一定义，五里坡自然保护区分布有 36 个特有属（表 2－12），占总属数的 4.52%，单种属 33 属，占这一分布类型总属数的 91.67%。

表 2-12　分布在五里坡自然保护区的中国特有属

科　名	属　名	中国种数	五里坡种数
杉科	杉属 Cunninghamia	2	1
蜡梅科	蜡梅属 Chimonanthus	3	1
毛茛科	星果草属 Asteropyrum	2	1
毛茛科	黄三七属 Souliea	1	1
木通科	串果藤属 Sinofranchetia	1	1
大血藤科	大血藤属 Sargentodoxa	1	1
马兜铃科	马蹄香属 Saruma	1	1
罂粟科	血水草属 Eomecon	1	1
蓼科	翼蓼属 Pteroxygonum	1	1
大风子科	山拐枣属 Poliothyrsis	1	1
葫芦科	假贝母属 Bolbostemma	2	1
猕猴桃科	藤山柳属 Clematoclethra	26	3
大戟科	地构叶属 Speranskia	1	1
金缕梅科	牛鼻栓属 Fortunearia	1	1
金缕梅科	山白树属 Sinowilsonia	1	1
杜仲科	杜仲属 Eucommia	1	1
榆科	青檀属 Pteroceltis	1	1
芸香科	裸芸香属 Psilopeganum	1	1
槭树科	金钱槭属 Dipteronia	1	1
省沽油科	瘿椒树属 Tapiscia	1	1
珙桐科	珙桐属 Davidia	2	2
五加科	通脱木属 Tetrapanax	2	1
伞形科	羌活属 Notopterygium	4	1
茜草科	香果树属 Emmenopterys	1	1
菊科	紫菊属 Notoseris	12	2
菊科	华蟹甲属 Sinacalia	5	1
紫草科	车前紫草属 Sinojohnstonia	1	1
紫草科	盾果草属 Thyrocarpus	3	1
茄科	天蓬子属 Atropanthe	1	1
苦苣苔科	直瓣苣苔属 Ancylostemon	1	1
唇形科	异野芝麻属 Heterolamium	1	1
唇形科	动蕊花属 Kinostemon	2	1
唇形科	斜萼草属 Loxocalyx	2	1
兰科	瘦房兰属 Ischnogyne	1	1
禾本科	镰序竹属 Drepanostachyum	6	1
禾本科	筇竹属 Qiongzhuea	8	1

在追朔一个植物区系的历史时，古特有种可用来作为重要的标志物种，五里坡自然保护区的特有属均为单种属或少种属，在进化上是古老或原始的类型，其中不少是残遗属，如珙桐属 Davidia、大血藤属 Sargentodoxa、杜仲属 Eucommia、金钱槭属 Dipteronia 等，这些属的存在为五里坡自然保护区系起源的古老性提供了重要证据。

　　⑤种子植物区系基本特征：古生代末期，本区系所在的秦岭—大巴山隆起，中生代白垩纪开始了褶皱运动，到了白垩纪末期大巴山形成。第四纪以来，虽然由于新构造运动和气候的变迁，大巴山也发生了一定程度的山岳冰川，五里坡是大巴山和巫山的交汇点，自然地理成分复杂，在雪线以下的南坡地区，水热条件较优越，多层次的立体气候和复杂环境，利于植物生存发展，使本区成为众多有名的第三纪植物的庇护所。

　　保护区内地势垂直落差特别明显，河流峡谷众多，其中里河一线天是小小三峡的源头，庙堂河、当阳河等是小三峡的支流。地形切割明显，河谷两侧海拔突然上升，出现海拔 2000m 左右的山峰，并在山顶形成了葱坪等亚高山无人区草甸，最高海拔达 2680m。同时，保护区内有 150km^2 无人区，原生植被保存比较完好，如里河、葱坪、太平山、云盘岭、乌云顶、铁磁沟等，植物多样性丰富，生态系统复杂，是保护区的核心部分。

　　植物种类丰富：五里坡自然保护区地处北亚热带与暖温带、华中地区与西南地区的过渡地带，地形复杂，海拔差异大，气候条件多样，这对于创造新类型、保存古老类型以及接纳迁移种都是极其有利的。五里坡有原生种子植物 156 科 796 属 2381 种，并且这只是初步考察的结果，随着考察的进一步深入，必将有更多的植物被发现。

　　起源古老：五里坡自然保护区系的古老性是明显的，表现在如下两个方面：

　　第一，单种科、单种属、少种属丰富，古孑遗植物多：五里坡自然保护区有单种科 32 科，占总科数的 20.51%；单种属 409 属，占总属数的 51.38%；少种属 310 属，占总属数的 38.94%，占据了植物区系整体的很大一部分。单种科如连香树科、水青树科、珙桐科、大血藤科和杜仲科，还有从小檗科中分离出来的南天竹科（Nandinaceae）等。这些单种科在分类上是孤立的，在进化上处于原始阶段，往往呈现孤立的残遗分布或间断分布，这些科集中的汇集在本区系中强有力的证明了五里坡自然保护区的古老性。与单种科一样，单种属在进化上也是原始的，或多或少地反映了植物区系的古老性。五里坡的单种属包括瘿椒树属 Tapiscia、金钱槭属、香果树属 Emmenopterys、筇竹属 Qiongzhuea、异野芝麻属 Heterolamium、双盾木属 Dipelta、八月瓜属、鬼灯檠属 Rodgersia、鬼臼属、狗筋蔓属 Cucubalus、吊石苣苔属、刺楸属 Kalopanax、野鸭椿属等。少种属一般是古老或残遗的类群，本区系有相当多的少种属，著名的有木通属、博落回属、旌节花属 Stachyurus、四照花属 Dendrobenthamia、黄檗属 Phellodendron、白马骨属、木兰属（栽培种除外）等。

　　第二，第三纪古老植物丰富：五里坡的地理条件为第三纪植物躲避冰川的侵袭提供了天然的保护地。本区系有众多第三纪时期就建立的古老科，如槭树科、山茱萸科、天南星科、五加科、大戟科、小檗科、壳斗科、桦木科、胡桃科、樟科、木兰科、杨柳科、桑科、无患子科、椴树科（Tiliaceae）、七叶树科、安息香科、珙桐科、杜仲科和八角枫科（Alangiaceae）等。裸子植物中的松属、云杉属 Picea、榧树属、三尖杉属、油杉属 Keteleeria 和冷杉属等产生于白垩纪。五里坡自然保护区种子植物区系中的大部分植物是第三纪和第三纪以前古老种类延续和繁衍的后裔。

地理成分复杂，温带成分占据一定优势：重庆五里坡自然保护区地处北亚热带北缘和暖温带南端，热带植物的北移和温带植物的南迁均在此留下了"足迹"，亦是华中地区与西南地区的交界地带，按照吴征镒（1979，1983）对中国植物区系的分区，其位于中国—日本森林植物亚区华中地区和中国—喜马拉雅森林植物亚区横断山脉地区的交界处，并且由于地形、气候复杂多样，各种地理成分有其适宜的生态条件，得到了良好的发展。根据对五里坡种子植物属的分布区类型进行详细分析，热带成分共 256 属，占总属数的32.16%；温带成分共 449 属，占总属数的 56.41%，从中可以明显看出温带成分占据了一定优势。

五里坡自然保护区温带成分占优势有其复杂的历史背景和生态原因。首先，川东—鄂西一带是温带成分的发源地，比如属于北温带分布属的槭树属，在五里坡自然保护区有 36 种，其中飞蛾槭 Acer oblongum 和紫果槭 A. Cordatum 属于全缘叶组，是原始的类型，同样属于北温带分布属的鹅耳枥属，在本区也有原始的类型。其次，起源于热带、亚热带其他地区的温带成分从东、西、南三面向本区汇集。最后，五里坡自然保护区位于亚热带北缘，温带地区植物区系中的温带成分渗透到本区中，有些还通过本区系继续南下。这样，东西南北四方交汇，加上本地起源，就使五里坡植物区系中的温带成分极大地丰富起来。

本区系温带成分不仅来源广泛，且由于优越的地理环境为这些成分的定居和发展创造了条件。五里坡自然保护区有许多海拔在 1500m 以上的中、高山区，这里的植被保存完好，植物种类丰富，植被的垂直地带性使温带成分随着海拔的升高而呈现渐增趋势。

珍稀植物丰富，特有种独放异彩：五里坡自然保护区地处北亚热带与暖温带、华中地区与西南地区的过渡地带，且地形复杂，海拔差异大，气候条件多样，为古老植物类型的保存提供了优越的条件。特别是第三纪冰川运动，由于秦岭和大巴山脉的阻隔作用，减弱了冰川的危害，成为第三纪植物的避风港，而使许多珍稀的古老植物得以保存并延续下来。如五里坡自然保护区里河现存大片的珙桐 Davidia involucrata、红豆杉 Taxus chinensis var. chinensis 和穗花杉 Amentotaxus argotaenia 天然林，以及星散分布的瘿椒树 Tapiscia sinensis、香果树 Emmenopterys henryi 等；葱坪发现星散分布的水青树 Tetracentro sinense 和连香树 Cercidiphyllum japonicum，其他地方亦发现有红豆杉 Taxus spp.、水青树、厚朴 Magnolia officinalis、香果树等珍稀植物的零星分布。

自然保护区内常见的中国特有种有：杉木 Cunninghamia lanceolata、黄三七 Souliea vaginata、神农架唐松草 Thalictrum shennongjiaense、星果草 Asteropyrum peltatum、八角莲 Dysosma versipellis、串果藤 Sinofranchetia chinensis、大血藤 Sargentodoxa cuneata、马蹄香 Saruma henryi、血水草 Eomecon chionantha、翼蓼 Pteroxygonum giraldii、齿叶凤仙花 Impatiens odontophylla、山拐枣 Poliothyrsis sinensis、假贝母 Bolbostemma paniculatum、杨叶藤山柳 Clematoclethra actinidioides var. populifolia、猕猴桃藤山柳 C. actinidioides、尖叶藤山柳 C. faberi、广东地构叶 Speranskia cantonensis、牛鼻栓 Fortunearia sinensis、山白树 Sinowilsonia henryi、杜仲 Eucommia ulmoides、青檀 Pteroceltis tatarinowii，裸芸香 Psilopeganum sinense、金钱槭 Dipteronia sinensis、瘿椒树、喜树 Camptotheca acuminata、珙桐、光叶珙桐

Davidia involucrata var. *vilmoriniana*、通脱木 *Tetrapanax papyrifer*、陀螺果 *Melliodendron xylocarpum*、宽叶羌活 *Notopterygium forbesii*、香果树、双盾木 *Dipelta floribunda*、西南圆头蒿 *Artemisia sinensis*、细梗紫菊 *Notoseris gracilipes*、多裂紫菊 *N. henryi*、短蕊车前紫草 *Sinojohnstonia moupinensis*、车前紫草 *S. plantaginea*、盾果草 *Thyrocarpus sampsonii*、天蓬子 *Atropanthe sinensis*、矮直瓣苣苔 *Ancylostemon humilis*、半蒴苣苔 *Hemiboea henryi*、毛蕊金盏苣苔 *Isometrum giraldii*、细齿异野芝麻 *Heterolamium debile*)、动蕊花 *Kinostemon ornatum*、斜萼草 *Loxocalyx urticifolius*、瘦房兰 *Ischnogyne mandarinorum*、巴山木竹 *Bashania fargesii*、平竹 *Qiongzhuea communia* 等。

对五里坡自然保护区而言，这些特有种的存在给保护区增添了色彩，有些特有种在中国分布比较稀少，因此，保护这些特有种的生态环境是十分重要的。

垂直分布明显，区系组成兼有华中地区、华北地区和西南地区的血脉：五里坡是大巴山和巫山的交汇点，生态系统复杂，地形切割明显，沟壑密布，山峦起伏，高差悬殊，海拔幅度 170~2680m，气候垂直变化明显，植被也根据海拔高度的不同呈现出显著的垂直变化。海拔 170m 之处，由于光热充足，植物的区系成分偏向湿热成分，一些分布于西南地区的植物，在保护区内能找到少量分布。

在海拔 1300m 以下为低山具亚热带温暖湿润的生态环境，并且有一定的农业植被，许多华中地区的草本植物分布在田间地头。海拔 1300~2000m 的中高山区有很多我国特有的珍贵、稀有植物，如珙桐、水青树、连香树、鹅掌楸 *Liriodendron chinense* 等。海拔 2000~2680m 的亚高山常绿针叶林带和高山草甸，是五里坡自然保护区最高的植被垂直带。环境冷湿多云雾，雨量丰富，以高山杜鹃 *Rhododendron* spp. 和亚高山草甸为主，偶有少量巴山冷杉 *Abies fargesii* 林分布，同时分布了一些华北地区的植物。

（5）国家珍稀濒危保护植物

①保护植物概述：重庆五里坡自然保护区中被列入《国家重点保护野生植物名录（第一批）》（林业部、农业部令，1999）的维管植物有 19 种（含 3 变种，表 2 - 13），分属于 14 科 17 属。其中很多是单种科，如珙桐、水青树和连香树都是著名的单种科植物，这些植物在植物分类学上的地位重要，对于研究植物进化具有不可替代的作用（银杏、厚朴在五里坡自然保护区为栽培种，本次不列为保护植物）。

表 2 - 13　重庆五里坡自然保护区国家重点保护植物

一级保护植物	二级保护植物
珙桐 *Davdia involucrata*	水青树 *Tetracentro sinense*
光叶珙桐 *D. involucrata* var. *vilmorimiana*	大叶榉树 *Zelkova schneideriana*
红豆杉 *Taxus chinensis* var. *chinensis*	喜树 *Camptotheca acuminata*
南方红豆杉 *T. chinensis* var. *mairei*	樟树 *Cinnamomum camphora*
	楠木 *Phoebe zhennan*
	鹅掌楸 *Liriodendron chinense*
	金荞麦 *Fagopyrum dibotrys*
	巴山榧树 *Torreya fargesii*

（续）

一级保护植物	二级保护植物
	连香树 *Cercidiphyllum japonicum*
	香果树 *Emmenopterys henryi*
	秦岭冷杉 *Abies chensiensis*
	红豆树 *Ormosia hosiei*
	川黄檗 *Phellodendron chinense*
	篦子三尖杉 *Cephalotaxus oliveri*
	大果青杆 *Picea neoveitchii*

濒危野生动植物种国际贸易公约附录 Ⅱ 将兰科植物全部列为控制进出口的保护植物，我国是参约国，因此，我国的兰科植物也都是受到国家保护的珍稀植物。

五里坡自然保护区的兰科植物有 29 属 58 种（参见附：植物名录。）。

按照 1991 年《中国植物红皮书》（傅立国主编）、2001 年的《国家重点保护野生植物名录（第二批）》调整意见稿，五里坡自然保护区内一级保护植物中裸子植物有 2 变种（表2－14），被子植物 1 种 1 变种，分别占中国保护植物相应类型总数的 13.3% 和 6.06%，可以看出本区系中兴盛于第三纪的裸子植物有很好的保存；二级保护植物共有 15 种，占中国二级保护植物总数的 7.94%，亦占有较大比例。兰科植物有 58 种。在五里坡自然保护区共有国家保护植物 77 种，珍稀保护植物数量众多。

表 2－14　重庆五里坡自然保护区珍稀植物分析

	一级保护植物			二级保护植物		
	五里坡	中国	百分比（%）	五里坡	中国	百分比（%）
裸子植物	2	15	13.3	4	25	16
被子植物	2	33	6.06	11	164	6.71
合　计	4	48	8.33	15	189	7.94

在本区系亦还发现了如下一些保护植物：杜仲 *Eucommia ulmoides*、独花兰 *Changnienia amoena*、山白树 *Sinowilsonia henryi*、狭叶瓶尔小草 *Ophioglossum thermale*、金钱槭 *Dipteronia sinensis*、领春木 *Euptelea pleiosperma*、紫茎 *Stewartia sinensis*、瘿椒树 *Tapiscia sinensis*、白辛树 *Pterostyrax psilophyllus*、青檀 *Pteroceltis tatarinowii*、黄连 *Coptis chinensis*、华榛 *Corylus chinensis*、八角莲 *Dysosma versipellis*、天麻 *Gastrodia elata*、延龄草 *Trillium tschonoskii*、穗花杉 *Amentotaxus argotaenia*、中华猕猴桃 *Actinidia chinensis*、宜昌橙 *Citrus ichangensis*、盾叶薯蓣 *Dioscorea zingiberensis*、穿龙薯蓣 *D. nipponica*、木通马兜铃 *Aristolochia manshuriensis*、麦吊云杉 *Picea brachytyla* 等，合计 22 种。

②保护植物分述：红豆杉是十分珍贵的药材，含紫杉醇等抗癌成分。常和巴山榧树 *Torreya fargesii* 伴生，主要分布在坪前林场、竹贤乡、庙堂乡、当阳乡里河、葱坪铁磁沟等地方海拔 1300～2000m 的沟边或河谷两岸。南方红豆杉 *Taxus wallichiana* var. *mairei* 列为国家一级保护植物，本次调查中虽没有发现，但巫山县林业局有资料记载曾经采集过

标本。

珙桐、光叶珙桐、连香树和蓖子三尖杉 Cephalotaxus oliveri 为原生物种，主要分布于葱坪铁磁沟、当阳乡里河村峡谷两侧的山坡上或悬崖山脚，海拔范围为 1700～2000m，常与三尖杉 C. Fortunei 等伴生。

楠木 Phoebe zhennan、香果树常与穗花杉、金钱槭、瘿椒树等伴生，主要分布在里河海拔 1300m 的峡谷两侧。

水青树仅见于铁磁沟，海拔为 1900m，分布极为稀少。

大叶榉树 Zelkova schneideriana、华榛 Corylus chinensis 为原生，分布于当阳乡里河村一线天及五墩子，海拔为 1700m 左右。

鹅掌楸产秦岭、淮河以南各地。巫山县没有分布记载。调查中见于五里坡林场海拔 1800m 的地方，此次发现为新分布。

喜树和樟树 Cinnamomum camphora 多栽培于居住区附近，但野外也见分布，可能为栽培种逸生成为野生种，是否为原生种，还有待进一步考察。

川黄檗 Phellodendron chinense 和红豆树 Ormosia hosiei 多分布于当阳乡玉灵村当阳河两岸及竹贤乡夏庄村海拔 300～500m 的地方。

秦岭冷杉 Abies chensiensis 在葱坪乌云顶、云盘岭等地有少量分布，海拔 2100m 左右，常与铁杉 Tsuga chinensis、巴山冷杉、红桦等伴生。

银杏 Ginkgo biloba 在巫山栽培甚多，且有上千年的古树存在，如：当阳乡有一株约 1500 年的银杏古树，每年结果，而周边没有银杏栽培。据巫山县庙堂乡当地居民介绍，有原生的野生银杏群落存在，但由于时间及交通等原因，调查组没有深入进行实地考察。据此只将银杏作为栽培种，但是否存在原生群落有待进一步考察。

兰科植物资源丰富：五里坡自然保护区的兰科植物有 29 属 58 种（参见附：植物名录）。常见的种类有：黄花白芨 Bletilla ochracea、剑叶虾脊兰 Calanthe davidii、麦斛 Bulbophyllum inconspicuum、蕙兰 Cymbidium faberi、春兰 C. goeringii、扇脉杓兰 Cypripedium japonicum、大花杓兰 C. macranthum、细叶石斛 Dendrobium hancockii、小花火烧兰 Epipactis helloborine、天麻 Gastrodia elata、云南石仙桃 Pholidota yunnanensis、小斑叶兰 Goodyera repens、见血清 Liparis nervosa、香花羊耳蒜 Liparis odorata、羊耳蒜 L. japonica、独蒜兰 Pleione bulbocodioides、绿花阔蕊兰 Peristylus goodyeroides、小花阔蕊兰 P. affinis、裂唇舌喙兰 Hemipilia henryi 等。

调查中发现保护区内有不少居民从野外采挖与收集兰科植物，可见，当地居民对收集兰花十分的热衷，外地的一些兰花爱好者也常到此地收购野生兰花。如果不加以保护，许多珍贵的兰花资源将从这一区域内消失。因此，建立国家级自然保护区，并及时有效的制止兰花资源的采挖，才是野生兰花资源保存的最好办法。

调查中发现，保护区内的无人区兰花资源破坏程度要小一些，特别是葱坪乌云顶、铁磁沟、里河、下庄及其他植被保存相对完好的山头及河谷。

2.2.2　植被群落及其特征

重庆五里坡自然保护区地形复杂，沟壑密布，山峦起伏，高差悬殊，海拔高度 170～

2680m，气候垂直变化明显，植被也根据海拔高度的不同呈现出显著的垂直变化。

在海拔1300m以下为低山常绿阔叶林、常绿针叶林带，具亚热带温暖湿润的生态环境，现为主要的农耕区域，农业发达。地带性植被多被破坏，但在一些河谷、陡坡残存有壳斗科栲属、青冈属、柯属以及樟科和山茶科等常绿树种组成极其珍贵的小块常绿阔叶林。由于常绿阔叶林破坏严重，而代之以较大面积马尾松 *Pinus massoniana*、柏木 *Cupressus funebris* 和杉木等亚热带常绿针叶林或灌丛、草丛。

海拔1300～1700m为中山常绿阔叶与落叶阔叶混交林带，受人为干扰相对较轻，植物种类丰富，除部分壳斗科常绿树种外，以落叶植物为主。其中有很多我国特产的珍贵、稀有植物，如珙桐、水青树、连香树、鹅掌楸等。

海拔1700～2000m，为中山含有针叶林的落叶阔叶林带，属落叶阔叶林向寒温性针叶林的过渡带，随海拔高度的上升，阔叶树种减少而针叶树种增加。主要植物为华山松 *Pinus armandii*、巴山松 *P. henryi*、铁杉、槭 *Acer* spp.、红桦、杨 *Populus* spp.、柳 *Salix* spp.，另外，由于本区人工造林较多，天然植被有一定破坏，人工林以日本落叶松 *Larix kaempferi* 为主。

海拔2000～2680m为亚高山常绿针叶林带和亚高山草甸，是五里坡自然保护区植被垂直带谱最高的一层。环境冷湿多云雾，雨量丰富，以多种杜鹃和亚高山草甸为主，偶有少量巴山冷杉林分布。主要群落有巴山冷杉、四川杜鹃 *Rhododendron sutchuenense* 林、箭竹 *Sinarundinaria nitida* 林、红桦林、华中山楂 *Crataegus wilsonii* 林、橐吾草 *Ligularia* spp. 丛等。

本区中低海拔区域具有一定范围的农业植被，以马铃薯 *Solanum tuberosum*、红薯 *Ipomoea batatas*、玉米 *Zea mays*、油菜 *Brassica campestris*、花生 *Arachis hypogaea* 等为主。

本区在《中国植被》（吴征镒主编，1980）的区划上属于亚热带常绿阔叶林区域，植被类型分为5个植被型组、7个植被型、59个群系（表2-15）。

表2-15 重庆五里坡自然保护区植被类型

植被型	植被亚型	群系组	群系
Ⅰ. 寒温性针叶林	一、寒温性常绿针叶林	云杉、冷杉林	1. 巴山冷杉林
Ⅱ. 温性针叶林	二、温性常绿针叶林	温性松林	2. 华山松林
			3. 巴山松林
			4. 油松林
	三、温性落叶针叶林	落叶松林	5. 日本落叶松林
Ⅲ. 暖性针叶林	四、暖性常绿针叶林	暖性松林	6. 马尾松林
		铁杉林	7. 铁杉林
		杉木林	8. 杉木林
		柏木林	9. 柏木林
Ⅳ. 阔叶林		润楠林	10. 楠木、栲栎林
			11. 青冈林
	五、典型常绿阔叶林	青冈林	12. 曼青冈林

（续）

植被型	植被亚型	群系组	群系
		栲树林	13. 栲树林
			14. 巴东栎林
	六、山地硬叶栎类林		15. 刺叶栎林
	七、其他常绿阔叶林	杜鹃林	16. 粉红杜鹃林
			17. 喇叭杜鹃林
			18. 栓皮栎林
			19. 麻栎林
	八、典型落叶阔叶林	栎林	20. 枹栎林
			21. 锐齿槲栎林
			22. 短柄枹栎林
IV. 阔叶林	九、水青冈林		23. 米心水青冈林
			24. 光叶水青冈林
		山杨林	25. 山杨林
	十、山地杨、桦林		26. 红桦林
		桦木林、桤木林	27. 亮叶桦林
	十一、一般落叶阔叶林		28. 化香林
			29. 领春木林
			30. 珙桐林
			31. 连香树林
			32. 漆林
			33. 朴树林
			34. 枫香林
	十二、栗类林		35. 茅栗林
			36. 锥栗林
	十三、山地落叶、常绿阔叶混交林	水青冈、常绿阔叶林	37. 红桦、曼青冈林
	十四、温性竹林	山地竹林	38. 箬竹林
			39. 箭竹林
			40. 糙花箭竹林
V. 竹林		丘陵、低山、河谷、平地竹林	41. 水竹林
	十五、暖性竹林		42. 坝竹林
		丘陵、低山竹林	43. 南竹［毛竹］林
			44. 慈竹林
	十六、常绿革叶灌丛	常绿杜鹃灌丛	45. 四川杜鹃灌丛
VI. 灌丛	十七、常绿阔叶灌丛	河谷、低山常绿阔叶灌丛	46. 四川山矾灌丛
			47. 檵木灌丛

（续）

植被型	植被亚型	群系组	群系
Ⅵ. 灌丛	十八、落叶阔叶灌丛	山地中生落叶阔叶灌丛	48. 美丽胡枝子灌丛
			49. 盐肤木灌丛
			50. 马桑灌丛
		石灰岩山地落叶阔叶灌丛	51. 黄荆灌丛
			52. 马棘灌丛
Ⅶ. 灌草丛	十九、暖性灌草丛	禾草灌草丛	53. 长穗三毛草［紫羊茅］草丛
			54. 白茅草草丛
			55. 斑茅草草丛
		蕨类灌草丛	56. 蕨类草丛
			57. 凤仙花草丛
		其他灌草丛	58. 橐吾草丛
			59. 马蔺 + 橐吾草丛

（1）针叶林

重庆五里坡自然保护区范围内的针叶林指以针叶树为建群种形成的森林群落（多为单纯林，但也形成混交林或散生于阔叶林中）。针叶林包括寒温性常绿针叶林、温性针叶林和暖性针叶林3个植被型。它们对生态环境条件要求各不相同，既有喜阴、耐冷湿的耐荫树种，又有喜阳、耐干旱的喜光树种，有的在干热的环境里生长旺盛，有的在冷湿的条件下苍劲挺拔。

本区常绿针叶林的垂直分布从海拔170m的长江河谷到海拔2680m的葱坪顶，成为森林的上限植物群落。根据自然植被的分类原则，五里坡自然保护区的针叶林可划分为3种植被型9个群系。

①寒温性针叶林：寒温性针叶林仅1个群系，即巴山冷杉林，喜温凉湿润的气候，主要分布在海拔2000～2500m的地带。

巴山冷杉林（Form. *Abies fargesii*）：巴山冷杉林在重庆五里坡自然保护区海拔2000m以上开始有分布，形成小片或带状纯林，而且多生长于山头或山脊处。在本次调查中也仅在葱坪顶有群落分布，其他地区分布零星，生长地土壤为棕色森林土或山地棕色灰化土。

巴山冷杉系耐荫、耐寒、抗风、喜冷湿树种，树冠稠密，树干挺拔，郁闭度较大，可达0.85。幼树在密林中能顺利生长。巴山冷杉在林中能自然整枝，枝下高常为树高之半。但在疏林中或稀树灌丛中的枝粗大，不能自然整枝。林地阴湿，枯枝落叶多，腐殖质分解一般或不良。

该群落乔木层多伴生有巴山松、华山松等针叶树和糙皮桦 *Betula utilis*、红桦 *B. albo-sinensis*、陕甘花楸 *Sorbus koehneana*、椅杨 *Populus wilsonii*、山杨 *P. davidiana*、槭树 *Acer* spp.、亮叶桦 *Betula luminifera*、华西枫杨 *Pterocarya insignis*、刺叶栎 *Quercus spinosa* 和米心水青冈 *Fagus engleriana* 等落叶阔叶树。由于这些种类的伴生，使乔木层结构复杂多样。

林下灌木种类也因分布区海拔高度和坡向的不同而不同，自下而上种类逐渐减少。常见的有细枝茶藨 *Ribes tenue*、秦岭小檗 *Berberis circumserrata*、粉红杜鹃 *Rhododendron oreodosxa* var. *fargesii*、枸子 *Cotoneaster* spp. 、箭竹、黄杨 *Buxus sinica*、绣线菊 *Spiraea* spp. 、四川忍冬 *Lonicera szechuanica*、蔷薇 *Rosa* spp. 等植物。

　　草本层植物常见的有黄水枝 *Tiarella polyphylla*、铜钱细辛 *Asarum debile*、华细辛 *A. sieboldii*、延龄草 *Trillium tschonoskii*、天蓝韭 *Allium cyaneum*、太白韭 *A. prattii*、大花花锚 *Halenia elliptica* var. *grandiflora*、薹草 *Carex* spp. 、高山露珠草 *Circaea alpina*、类叶升麻 *Actaea asiatica*、美观马先蒿 *Pedicularis decora*、东方草莓 *Fragaria orientalis*、风毛菊 *Saussurea* spp. 、七筋姑 *Clintonia udensis* 等种类。偶尔能见到成片的石松 *Lycopodium* spp. 分布。不过这些草本植物的分布视灌木种类和其盖度而异，若为密集的箭竹丛或繁茂的杜鹃灌丛、黄杨灌丛等，则草本植物较稀疏，甚至极少有草本植物存在。但在不同坡向，一般草本植物的种类差异不大。

　　层间植物有狗枣猕猴桃 *Actinidia kolomikta*、绣球藤 *Clematis montana* 等植物。

　　②温性针叶林：温性针叶林在本区有 4 群系，即华山松林、铁杉林、巴山松林、日本落叶松林。

　　华山松林（Form. *Pinus armandii*）：华山松在五里坡自然保护区分布于海拔 1000～2200m 的山坡中上部、山顶或山脊，有些地段也可下降到海拔 900m 处。群落的分布高度一般在海拔 1200～2200m，华山松喜温凉湿润的环境，多见于坡度较平缓的阴坡或半阴坡。在生境多雨、多雾、气温较低、较潮湿处生长更佳。目前华山松尚未见形成大面积纯林。林内乔木层常混生有各种针、阔叶树种，但华山松在群落内占优势。土壤为山地棕壤或灰化棕色森林土，pH6～7.5，枯枝落叶层较厚，有机质分解不良。在生态条件较好的沟谷、山坡或山脊中，生长发育良好。

　　群落外貌绿色，树冠呈塔形或圆锥形，天然生长的华山松林林冠不整齐，林内较稀疏、透光，林木总郁闭度 0.3～0.6，最高达 0.7 左右。由于华山松林分布广泛，分布区生态环境、海拔高度各不相同，表现在群落结构和组成上也不同。

　　乔木层伴生树种，常有铁杉、巴山冷杉、青杆 *Picea wilsonii*、巴东栎 *Quercus engleriana*、锐齿槲栎 *Q. aliena* var. *acutesrrata*、刺叶栎、米心水青冈、湖北花楸 *Sorbus hupehensis*、石灰花楸 *S. folgneri*、糙皮桦、红桦、亮叶桦、山杨、鹅耳枥 *Carpinus* spp. 、野漆 *Toxicodendron succedaneum* 等树种，偶见交让木 *Daphniphyllum macropodum*。

　　灌木种类较多，主要的有灯笼花 *Enkianthus chinensis*、小檗 *Berberis* spp. 、顶花板凳果 *Pachysandra terminalis*、黄杨、鄂西绣线菊 *Spiraea veitchii*、狭叶绣线菊 *S. japonica* var. *acuminata*、野梦花 *Daphne tangutica* var. *wilsonii*、刺果卫矛 *Euonymus acanthocarpus*、华中山楂、楤木 *Aralia chinensis*、宜昌木姜子 *Litsea ichangensis*、三桠乌药 *Lindera obtusiloba*、密毛灰枸子 *Cotoneaster acutifolius* var. *villosulus*、峨眉蔷薇 *Rosa omeiensis*、悬钩子 *Rubus* spp. 、川榛 *Corylus heterophylla* var. *sutchuenensis*、荚蒾 *Viburnum* spp. 、猫儿刺 *Ilex pernyi*、卫矛 *Euonymus alatus*、杜鹃 *Rhododendron simsii*、木姜子 *Litsea pungens*、蓪梗花 *Abelia engleriana*、美丽胡枝子 *Lespedeza formosa*、胡颓子 *Elaeagnus* spp. 和箭竹等种类。

　　草本植物有赤胫散 *Polygonum runcinatum*、支柱蓼 *Polygonum suffultum*、鹅观草 *Roegne-*

ria kamoji、多花落新妇 *Astilbe rivularis*、大火草 *Anemone tomentosa*、藜芦 *Veratrum nigrum*、万寿竹 *Disporum cantoniense*、玉竹 *Polygonatum odoratum*、沿阶草 *Ophiopogon bodinieri*、圆锥南芥 *Arabis paniculata*、费菜 *Sedum aizoon*、华细辛、大叶马蹄香 *Asarum maximum*、茗叶细辛 *Asarum himalaicum*、风毛菊、橐吾 *Ligularia* spp. 和蕨类植物等种类。偶见八角莲在阴湿的生境中，尚有藓类所构成的地被层。

层间植物丰富，有菝葜 *Smilax* spp.、皱果赤瓟 *Thladiantha henryi*、京梨猕猴桃 *Actinidia callosa* var. *henryi*、硬毛猕猴桃 *A. chinensis* var. *hispida*、狗枣猕猴桃、五味子 *Schisandra* spp.、粗齿铁线莲 *Clematis argentilucida*、瓜叶乌头 *Aconitum hemsleyanum*、葛藟葡萄 *Vitis flexuosa*、忍冬 *Lonicera* spp.、串果藤等藤本植物悬挂于树上。

油松林（Form. *Pinus tabulaeformis*）：分布在海拔 1000~1600m 地段，土壤多为棕色森林土，油松因其适应性强而在土层瘠薄和比较干旱的山地上生长十分良好。不过现存的油松林大部分为天然次生或人工营造，在自然保护区有大规模的种植。

群落乔木层郁闭度在 0.7~0.8 之间，以油松为主形成单优势种，其他较常见的有化香 *Platycarya strobilacea*、红桦、青冈栎 *Cyclobalanopsis glauca*、野漆等。灌木层物种稀少，总盖度在 40%~50% 之间。以荚蒾和杜鹃为常见种；其他还有尖连蕊茶 *Camellia cuspidata*、海桐类 *Pittosporum* spp.、山鸡椒 *Litsea cubeba*、绣球 *Hydrangea* spp. 等。草本层总盖度在 30%~40% 之间，本层以楼梯草属植物、金腰属植物 *Chrysosplenium* spp.、蕨类植物为主，箬竹属植物 *Indocalamus* spp.、薹草、鹿蹄草 *Pyrola calliantha* 等也分布较多，早熟禾 *Poa* spp.、落新妇 *Astilbe chinensis* 等也有少量分布。

巴山松林（Form. *Pinus henryi*）：巴山松是油松向南分布的替代种，是分布范围较狭的亚热带山地常绿针叶树种，不过在鄂西北和川东北较常见，一般分布于海拔 2000m 左右，个别植株可分布至更高海拔，在 2000m 以上易形成以巴山松为绝对优势的群落。常生长于呈酸性至中性的山地黄壤或山地黄棕壤上。较耐瘠薄，在土层深厚、排水良好的生境中，不论低海拔还是高海拔均生长较快。

巴山松较喜光，多生长于山顶，偶见其扎根于峭壁或陡坡砾石堆中，树冠覆盖度达70%。树干一般挺直，自然整枝较好。巴山松除小块纯林外，林内常含有少量落叶阔叶树和针叶树种，有时伴生树种还可以达到较大比例，组成以巴山松为主的针叶阔叶混交林。乔木层常伴生有华山松、铁杉等针叶树与常见的阔叶树种，如光皮桦［亮叶桦］、红桦、米心水青冈、鹅耳枥、锐齿槲栎、湖北花楸、川榛、巴东栎、化香树 *Platycarya strobilacea*、苦槠 *Castanopsis sclerophylla*、色木 *Acer mono* 等，偶见白桦 *Betula platyphylla* 存在。

灌木层主要有披针叶胡颓子 *Elaeagnus lanceolata*、箭竹、卫矛、毛黄栌 *Cotinus coggygria* var. *pubescens*、宜昌荚蒾 *Viburnum erosum*、木姜子、山胡椒 *Lindera glauca*、耳叶杜鹃 *Rhododendron auriculatum*、粉红杜鹃、灯笼花、华中山楂、城口桤叶树 *Clethra fargesii*、盐肤木 *Rhus chinensis*、鼠李 *Rhamnus* spp.、川榛、猫儿刺、栒子和蔷薇等植物。

草本层以穿心莛子藨 *Triosteum himalayanum*、大花花锚、红花龙胆 *Gentiana rhodantha*、深红龙胆 *G. rubicunda*、淫羊藿 *Epimedium* spp.、藜芦 *Veratrum* spp.、万寿竹 *Disporum* spp、黄花油点草 *Tricyrtis maculata*、七叶一枝花 *Paris polyphylla* 等种类。

层间植物有菝葜、硬毛猕猴桃、鸡矢藤 *Paederia scandens*、以及五叶鸡爪茶 *Rubus play-*

fairianus 等藤本植物。

日本落叶松林（Form. *Larix kaempferi*）：日本落叶松在五里坡自然保护区有较大规模的种植，从 1200～2000m 范围内均有。随着海拔的升高，环境条件的变化，群落结构和物种组成具有较大的变化。由于种植密度的不同，群落建群种具较大差异，既能形成以日本落叶松为单优势种的纯林，也能形成混生其他树种的混生林。

在海拔 1200m 分布的日本落叶松林调查显示，林木生长良好，密度较大，郁闭度在 0.6 以上，群落内混生有华山松、山油麻 *Trema cannabina* var. *dielsiana*、亮叶桦、栓皮栎、槲栎 *Quercus aliena* 等乔木。

灌木层物种较多，以盐肤木、野桐 *Mallotus japonicus* var. *floccosus*、马桑 *Coriaria nepalensis*、火棘 *Pyracantha fortuneana*、杜鹃等为主，层盖度在 40%～50% 之间。草本层盖度在 30%～40% 之间，以蕨类植物为主，常见种有金星蕨 *Parathelypteris glanduligera*、鳞毛蕨 *Dryopteris* spp. 等，其他分布有薹草、珍珠菜 *Lysimachia* spp.、夏枯草 *Prunella vulgaris*、淫羊藿、荩草 *Arthraxon hispidus* 等。

在海拔 1800m 栽培的日本落叶松人工林，栽植密度高，结构和物种组成简单，由日本落叶松为单优势种形成纯林，林冠郁闭，郁闭度达 0.9 以上，林下透光性差，光照不足，灌木层和草本层物种稀少，偶尔有分布，盖度在 10% 以下。不过生长环境不同，林下植物也具差异。在湿润的沟谷边，凤仙花 *Impatiens* spp.、珍珠菜、箬竹 *Indocalamus* spp、楼梯草 *Elatostema* spp.、冷水花 *Pilea* spp.、大叶金腰 *Chrysosplenium macrophyllum* 等分布普遍，生长良好。

层间植物有猕猴桃 *Actinidia* spp.、五味子、绞股蓝 *Gynostemma pentaphyllum* 等。

③暖性针叶林：保护区内暖性针叶林主要分为 4 群系，即铁杉林、马尾松林、杉木林和柏木林，一般分布在海拔 800～1800m 之间，在居民区附近的山地丘陵或田间地头也有分布，林分呈自然状态，林内常混生其他树种。

铁杉林（Form. *Tsuga chinensis*）：铁杉分布于海拔 1300～2400m 的山坡中、上部，通常散生于阔叶林中。在重庆五里坡自然保护区山脉主体部分（海拔 2000～2400m）的西侧南坡分布较多，常形成铁杉纯林或与桦木 *Betula* spp. 组成混交林。铁杉林多生长于峭壁或陡坡砾石堆中。

铁杉林为喜光稳定群落。生境多雨、多雾、气温较低、较潮湿，林中树种较复杂，林地枯枝落叶多，有机质分解不良，土壤呈酸性的棕色森林土。铁杉较耐荫，耐干燥瘠薄，抗风力强。树冠较宽，狭卵形，林冠总覆盖度 75%～85%，层次分明。乔木层除建群种铁杉外，常和巴山冷杉、华山松、青杆、红桦、花楸 *Sorbus* spp.、刺叶栎、米心水青冈、野漆、槭树等树种混生。下木层有杜鹃、箭竹、灯笼花、绣线菊、溲疏 *Deutzia* spp.、小檗、三桠乌药、蔷薇、荚蒾 *Viburnum*、猫儿刺、卫矛 *Euonymus* spp. 等种类。

草本层常见的种类有蕨类植物、毛叶藜芦 *Veratrum grandiflorum*、婆婆纳 *Veronica* spp.、委陵菜 *Potentilla* spp.、沿阶草、东方草莓等。并有丰富的苔藓植物，有时厚达数厘米。

层间植物有硬毛猕猴桃、绣球藤、薯蓣 *Dioscorea* spp. 和菝葜等，树干上有苔藓。

马尾松林（Form. *Pinus massoniana*）：马尾松林是我国亚热带东部湿润地区分布最广、

资源最丰富的森林群落。在五里坡自然保护区多分布于海拔1200m以下山坡中、下部或短坡面的全部，以至低山的上部或顶部。常见坡向为阳坡，能形成林相整齐的森林群落，海拔1000m以下生长较好。在海拔1200m以上没有马尾松林，即使个别植株可分布到更高海拔，其长势也不好。马尾松林多为原生的森林群落遭到砍伐后次生的，有的为飞播后养护而成的，成林后多为半自然生长状态。

马尾松性喜温暖湿润气候，所在地的土壤为各种酸性基岩发育的黄褐土、黄棕壤，经淋溶已久的石灰岩上也能生长。由于马尾松生长快，能长成大径材。在自然条件下，当阔叶林屡遭砍伐后，光照增强，土壤干燥，马尾松首先侵入，逐渐形成天然马尾松林。但马尾松作为一种先锋植物群落，发展到一定阶段，它的幼苗不能在自身林冠下更新，阔叶树又逐渐侵入，代替了马尾松而取得优势。

马尾松林冠疏散，翠绿色，自然整枝良好。在生境条件优越的地方，常与多种阔叶树种生成混交林。乔木层常见的有亮叶桦、栓皮栎、茅栗 *Castanea seguinii*、短柄枹栎 *Quercus serrata* var. *brevipetiolata*、漆 *Toxicodendron vernicifluum*、含羞草叶黄檀 *Dalbergia mimosoides*、刺柏 *Juniperus formosana* 和杉木等树种。在稀疏的林分内，茅栗有时形成第二层。下木层植物中，马尾松幼苗在林下成丛状，更新生长一般较好。

灌木种类主要有马桑、美丽胡枝子、毛黄栌、山胡椒、山矾 *Symplocos* spp.、算盘子 *Glochidion puberum*、枸子、白马骨 *Serissa serissoides*、火棘、细圆齿火棘 *Pyracantha crenulata*、马棘 *Indigofera pseudotinctoria*、小檗等种类。

草本层主要以委陵菜 *Potentilla* spp.、薹草和蕨类植物为主，常见的有翻白草 *P. discolor*、莓叶委陵菜 *P. fragarioides*、三叶委陵菜 *P. freyniana*，还有白茅 *Imperata cylindrica*、大油芒 *Spodiopogon sibiricus*、早熟禾、腺药珍珠菜 *Lysimachia stenosepala*、蒿属植物 *Artemisia* spp. 等种类。

层间植物有悬钩子、南蛇藤 *Celastrus orbiculatus*、哥兰叶 *C. gemmatus* 等植物缠绕于灌木上。

杉木林（Form. *Cunninghamia lanceolata*）：杉木是我国特有的植物种类，材质优良，生长迅速，广泛分布于亚热带的东部地区，尤以闽、浙、赣、粤交界的武夷山区、南陵山区、和湘、黔、桂交界的山区生长最好，为杉木林中心产区。五里坡自然保护区杉木林多分布在海拔1200m以下的山坡中、下部，目前尚未见到大面积的纯林，其多位于阴坡或半阳坡，土壤层较厚，常有马尾松和其他阔叶树种伴生或混交。

杉木幼龄树较耐荫，后期较喜光，喜温凉、湿润的静风环境。萌芽力极强，即使百年老树被伐后，仍有萌芽更新能力，而且生长较快。树冠狭窄，常为塔形或狭卵形，郁闭度可达0.7，层次分明。乔木层除杉木外，常见有马尾松、亮叶桦、短柄枹栎、栓皮栎、茅栗、柏木等树种。

灌木层主要有平枝枸子 *Cotoneaster horizontalis*、匍匐枸子 *C. adpressus*、绣线菊、火棘、细圆齿火棘、盐肤木、扁担木 *Grewia biloba* var. *parvifolia*、山胡椒、构树 *Broussonetia papyrifera*、小构［楮］*B. kazinoki*、满山红 *Rhododendron mariesii*、杜鹃、宜昌荚蒾、柃木 *Eurya* spp.、马桑等种类。草本层有莎草 *Cyperus* spp.、薹草、蕨类、鱼腥草［蕺菜］*Houttuynia cordata*、珍珠菜、东方草莓等。

层间植物有多花勾儿茶 *Berchemia floribunda*、薜荔 *Ficus pumila*、菝葜、南蛇藤、哥兰叶、金樱子 *Rosa laevigata* 等藤本植物。

柏木林（Form. *Cupressus funebris*）：柏木林分布在五里坡自然保护区的当阳、大昌、官阳、骡坪、庙堂、平河等地。生长在海拔 1000m 以下的低山丘陵地区的各类土壤上，以石灰岩山地钙质土壤上生长最好。柏木林外貌苍翠，林冠整齐，群落结构简单，层次分明。种类组成和群落结构随生境的变化和人为因素的影响而异。

乔木层主要由柏木为主组成优势种，伴生有马尾松、化香、野漆、栓皮栎等。灌木层种类较多，主要有马桑、瓜木 *Alangium platanifolium*、山胡椒、黄荆 *Vitex negundo*、扁担木、香叶子 *Lindera fragrans* 等。草本层发育良好，盖度在 50% 左右，主要植物种类有薹草、中日金星蕨 *Parathelypteris nipponica*、狗脊 *Woodwardia japonica*、蜈蚣草 *Pteris vittata*。层间植物有忍冬［金银花］*Lonicera japonica*、络石 *Trachelospermum jasminoides*、菝葜。

（2）阔叶林

五里坡自然保护区内山体复杂，高差变化明显，在不同的垂直带和不同的生态条件下，阔叶林类型较多。根据群落的外貌和结构，群落生态和地理分布，五里坡自然保护区内的阔叶林有 28 个群系。

①常绿阔叶林：常绿阔叶林是我国亚热带地带性最典型的木本植物群落类型。主要由壳斗科、樟科和山茶科的一些常绿树种为建群种。由于亚热带常绿阔叶林所在地区条件优越，是发展农业生产的好地方，导致大部分常绿阔叶林分布的地方成为主要的农业耕作区，常绿阔叶林只在交通不便的地方有少量残存。重庆五里坡自然保护区内的常绿阔叶林是在人为因素强烈影响下，破碎零星残存下来的半天然林。根据生境条件的特点，分为 7 个群系。

楠木 + 栲栎林（Form. *Machilus*，*Phoebe* + *Castanopsis*，*Quercus*）：此群落在五里坡自然保护区见于海拔 1000m 以下的低山，生长在气候温暖、湿润、避风山坡中下部，尤其是沟谷两侧。林地土壤为山地黄褐土。

群落外貌暗绿色，并杂有绿色、黄绿色团状斑块，林冠不整齐，郁闭度在 0.5 左右。组成种类以常绿阔叶树种为主。乔木层以楠木、紫楠 *Phoebe sheareri*、白楠 *P. neurantha*、巴东栎为建群种外，还伴生有交让木、三尖杉、红豆杉、穗花杉、巴山榧树、肉花卫矛 *Euonymus carnosus*、四照花 *Dendrobenthamia* spp.、香叶子、猴樟 *Cinnamomum bodinieri*、天师栗 *Aesculus wilsonii*、八角枫 *Alangium chinense*、枇杷 *Eriobotrya japonica*、光皮桦、黄檀 *Dalbergia hupeana* 等种类。由于生态条件和人为影响已无原始林存在。由于生境的改变，群落中伴生树种也有变化。

灌木层植物有连蕊茶 *Camellia* spp.、枸木、青荚叶 *Helwingia* spp.、顶花板凳果、蕊帽忍冬 *Lonicera pileata*、宜昌橙 *Citrus ichangensis*、山楠 *Phoebe chinensis*、异叶梁王茶、皱叶荚蒾、短柱柃 *Eurya brevistyla*、崖花子 *Pittosporum truncatum*、棱果海桐 *Pittosporum trigonocarpum*、铁仔 *Myrsine africana*、石楠 *Photinia* spp.、百两金 *Ardisia crispa*、红茴香 *Illicium henryi* 等。

草本层植物种类较单纯，一般为耐荫的蕨类、石菖蒲 *Acorus tatarinowii*、天南星 *Arisaema* spp.、忽地笑 *Lycoris aurea*、石蒜 *L. radiata*、蝴蝶花 *Iris japonica*、蓼 *Polygonum* spp.、

虎耳草 *Saxifraga stolonifera*、金粟兰 *Chloranthus* spp.、动蕊花、鸭跖草 *Commelina communis*、竹叶子 *Streptolirion volubile*、重楼 *Paris* spp.、珍珠菜、华中山楂、淫羊藿、楼梯草等种类。

层间植物有青蛇藤 *Periploca calophylla*、紫花络石 *Trachelospermum axillare*、常春藤 *Hedera nepalensis* var. *sinensis*、五味子、硬毛猕猴桃、苦皮藤 *Celastrus angulatus*、木通 *Akebia* spp. 和菝葜等。

青冈栎林（Form. *Cyclobalanopsis glauca*）：主要分布于海拔 1000m 以下的山地，土壤以石灰岩为主。群落内建群种为青冈栎，高 5 ~ 15m。乔木层郁闭度 0.9 左右，伴生种有小叶青冈 *Cyclobalanopsis myrsinifolia*、亮叶桦、野鸭椿 *Euscaphis japonica* 等。

灌木层高度在 0.5 ~ 2.5m 之间，盖度约 50%，优势种为檵木 *Loropetalum chinense*，其他主要组成物种有香叶子、杜鹃、菝葜、野花椒 *Zanthoxylum simulans*、青冈栎幼苗等。草本层高 0.2 ~ 0.5m，盖度在 25% 左右，优势种主要为薹草，其次有蝴蝶花等。

曼青冈林（Form. *Cyclobalanopsis oxyodon*）：分布于五里坡自然保护区燕子洞一带，海拔 1700 ~ 1800m 的山坡中部，土层深厚，湿润肥沃。乔木层以曼青冈 *Cyclobalanopsis oxyodon* 为主，多种常绿和落叶植物伴生其中，如青冈栎、白辛 *Pterostyrax psilophyllus*、领春木 *Euptelea pleiospermum*、亮叶桦、华山松等，层郁闭度 80% 以上。

灌木层主要以箬竹为主，其次为尖连蕊茶、荚蒾、青荚叶、四川杜鹃、胡颓子、枪木、异叶梁王茶、山胡椒等，层盖度在 40% ~ 50% 之间。

草本层物种丰富，覆盖度大，在 50% ~ 60% 之间。以冷水花、薹草类为主，其次有狗脊、淡竹叶 *Lophatherum gracile*、鹿蹄草、落新妇等。

栲树林（Form. *Castanopsis fargesii*）：本群系分布于海拔 1500m 以下的丘陵中山带，土壤类型主要为红壤和山地黄壤。群落外貌暗灰绿色，总郁闭度 0.7 ~ 0.9 之间。乔木层组成物种以栲树 *Castanopsis fargesii* 为主，其他物种还有青冈栎、曼青冈、润楠 *Machilus* spp.、苦槠等。其他频度较低的有小叶青冈、山楠、川桂 *Cinnamomum wilsonii*、香叶子等。灌木层主要成分为枪木，崖花海桐［海金子］*Pittosporum illicioides*、五叶鸡爪茶 *Rubus playfairianus*、异叶梁王茶、杜茎山 *Maesa hupehensis*、胡颓子、乌药 *Lindera* spp. 也有少量分布。草本层分布稀疏，层盖度在 20% ~ 30% 之间，以蕨类植物为主，如里白 *Hicriopteris glauca*、狗脊、瓦韦 *Lepisorus thunbergianus*、江南星蕨 *Microsorium fortunei*、美丽复叶耳蕨 *Arachniodes speciosa* 等，珍珠菜、莎草、麦冬 *Ophiopogon japonicus*、淡竹叶、蝴蝶花、宝铎草 *Disporum sessile*、金粟兰也分布较多。

层间分布有香花崖豆藤 *Millettia dielsiana* var. *dielsiana*、小木通 *Clematis armandii*、山木通 *C. finetiana*、珍珠莲 *Ficus sarmentosa*、常春藤、猕猴桃等多种植物，一般缠绕或攀援生长。

巴东栎林（Form. *Quercus engleriana*）：在五里坡自然保护区巴东栎林分布于海拔 1500m 以下坡度较大的山坡中下部或沟谷两侧，尤其是沟谷两侧，常形成以巴东栎为建群种的群落。通常有其他阔叶树种和常绿树种伴生或成混交状，或与常绿栎类和樟科树种组成常绿阔叶林。所在地土壤为山地黄褐土、黄棕壤。土层较薄，常有岩石裸露，枯枝落叶多，分解不良。

群落外貌较整齐，林冠浑圆，呈灌木状，总盖度 85%～95%，群落组成成分较复杂，在不同的生境条件下混生不同的植物，乔木层以巴东栎为建群种外，常见的植物有领春木、米心水青冈、鹅耳枥、锐齿槲栎、石栎［柯］ Lithocarpus glaber、青冈栎、椴 Tilia spp.、漆、巴山榧树等。

下木层有常绿杜鹃 Rhododendron spp.、杭子梢 Campylotropis macrocarpa、黄花远志［荷包山桂花］Polygala arillata、多齿十大功劳 Mahonia polydonta、华中栒子 Cotoneaster silvestrii、猫儿屎 Decaisnea insignis、木姜子、三桠乌药、山梅花 Philadelphus incanus、小檗、短柱柃、毛黄栌、绣线菊、溲疏属植物 Deutzia spp. 及悬钩子等种类。

草本层有粉条儿菜 Aletris spicata、黄连 Coptis chinensis、大百合 Cardiocrinum giganteum、玉簪 Hosta plantaginea、吉祥草 Reineckia carnea、黄花油点草、川鄂獐耳细辛 Hepatica henryi、类叶升麻、细辛 Asarum spp.、淫羊藿、橐吾、盾叶唐松草 Thalictrum ichangense、重楼、麦冬等种类。

层间植物有抱茎铁线莲［宽柄铁线莲］Clematis otophora、绣球藤、青牛胆 Tinospora sagittata、金线吊乌龟 Stephania cepharantha、异叶马兜铃 Aristolochia kaempferi f. heterophylla、五味子属植物 Schisandra spp.、猕猴桃、常春藤等。

刺叶栎林（Form. Quercus spinosa）：分布于当阳、梨子坪等地，面积较小，生长于海拔 1600～1800m 山坡地中部山脊或土层瘠薄的陡坡峭壁，喜光。乔木层以刺叶栎为优势种，树体低矮扭曲，分枝多而枝下高低。层郁闭度 60%～80%，伴生有四川杜鹃 Rhododendron sutchuenense、亮叶桦等。

灌木层总盖度 30%～50% 之间，种类较少，常见的种类有青荚叶、中华旌节花 Stachyurus chinensis、荚蒾、竹类等。

草本层总盖度在 30%～50% 之间，分布不均匀，常见种类有薹草、蕨类植物、淫羊藿、双蝴蝶 Tripterospermum spp. 等。

层间植物有中华猕猴桃 Actinidia chinensis、五味子、常春藤等。

粉红杜鹃林（Form. Rhododendron oreodoxa var. fargesii）：粉红杜鹃林多分布于海拔 1800～2200m 之间的山坡中部，在五里坡、葱坪、梨子坪等有分布，乔木层以粉红杜鹃为优势种，红桦、灯台树 Bothrocaryum controversum 散生林间，层郁闭度 60%～70% 之间。

灌木层总盖度在 50%～60% 之间，物种丰富，多以箬竹为优势种，此外是白檀 Symplocos paniculata、花楸、山鸡椒、荚蒾、华中山楂、中华旌节花、山胡椒、栒子等。

草本层盖度在 40%～50% 之间，物种丰富，以凤仙花、薹草、蕨类植物等为优势种，在不同地区具有一定差异，零星分布有淫羊藿、冷水花、七叶一枝花、七叶鬼灯檠 Rodgersia aesculifolia、地榆 Sanguisorba officinalis、落新妇等植物。

喇叭杜鹃林（Form. Rhododendron discolor）：主要分布在五里坡、葱坪、梨子坪海拔 1600～1800m 的山坡中上部。乔木层以喇叭杜鹃 Rhododendron discolo 为优势种，野漆、灯台树、红桦、青冈栎等混生其间，层郁闭度在 50%～70% 之间。

灌木层总盖度在 50%～60% 之间，种类较多，以杜鹃、中华旌节花为优势种，其他常见的种类有青荚叶、荚蒾、木姜子、鸡爪茶 Rubus spp.、箬竹、胡颓子、缫丝花、山矾等。

草本层物种丰富，生长良好，耐荫植物众多，层盖度在 40%～50% 之间。以落新妇、淫羊藿为优势种，伴生种类有凤仙花、绞股蓝、金星蕨、芒萁 *Dicranopteris dichotoma*、蕨、薹草类等植物。

层间植物有三叶木通 *Akebia trifoliata*、络石、中华猕猴桃等。

②落叶阔叶林：落叶阔叶林在五里坡自然保护区分布广泛，垂直分布幅度也较大，在海拔 170～2000m 均有分布。组成该区落叶阔叶林的乔木树种主要是桦木科的桦木属 *Betula*，杨柳科的杨属 *Populus*，胡桃科化香属 *Platycarya*，壳斗科的水青冈属、栎属，领春木科的领春木属等。根据建群种的不同，分为 19 系。

栓皮栎林（Form. *Ouercus variabilis*）：栓皮栎林是重庆五里坡自然保护区山地比较稳定的植物群落。对环境条件要求不严，生长较快，多生长于山地海拔 400～1500m 的向阳山坡中、上部以及近脊部，多为纯林或与茅栗混生。栓皮栎喜生长于阳光充足、排水良好的黄褐土上，根系深，耐旱，耐瘠薄。萌芽力很强。

群落外貌黄绿色，林木分布较均匀。乔木层栓皮栎占绝对优势外，伴生树种有茅栗、短柄枹栎、鹅耳枥、槲栎、黄檀、黄连木 *Pistacia chinensis*、以及马尾松、杉木等。

灌木层较稀疏，优势种不明显，常见的有毛黄栌、中华胡枝子 *Lespedeza chinensis*、烟管荚蒾 *Viburnum utile*、皱叶荚蒾 *V. rhytidophyllum*、胡颓子、探春花 *Jasminum floridum*、马桑、山胡椒、狭叶绣线菊、忍冬、女贞属植物 *Ligustrum* spp.、马棘、野蔷薇 *Rosa* spp.、悬钩子、白檀等。

草本层主要有白茅、湖北三毛草 *Trisetum henryi*、高山梯牧草 *Phleum alpinum*、薹草、蒿类、淫羊藿等植物。

层间植物有忍冬、盘叶忍冬 *Lonicera tragophylla*、苦皮藤、络石、萝藦 *Metaplexis japonica*、铁线莲 *Clematis* spp. 和葛藤 *Pueraria lobata* 等。

麻栎林（Form. *Quercus acutissima*）：麻栎林主要分布于海拔 170～1500m 之间的广大区域，以土地黄壤和山地紫色土为主。麻栎林外貌呈黄绿色，林冠整齐，林分组成简单，乔木层建群种以麻栎 *Quercus acutissima* 为主，次优势种为栓皮栎和马尾松，层郁闭度在 0.7～0.9 之间。

灌木层植物主要有檵木、金樱子、菝葜、小果蔷薇 *Rosa cymosa* 等，层盖度在 30% 之间，高度 0.5～1.5m。

草本层植物常见种类有薹草、荩草、海金沙 *Lygodium japonicum*、芒 *Miscanthus sinensis*、香青 *Anaphalis sinica* 等，层高度在 0.2～0.8m 之间，盖度在 30% 左右。

枹栎林（Form. *Quercus serrata*）：枹栎 *Quercus serrata* 主要分布于海拔 950m 的低山、丘陵区，土壤以山地紫色土为主。林分乔木层以单优势种枹栎为主，层郁闭度在 0.6～0.8 之间。

灌木层盖度在 70%～80% 之间，常见种类有杜鹃、檵木、悬钩子、野蔷薇等。

草本层盖度在 40%～50% 之间，优势种为蕨类植物，常见植物有狗脊、金星蕨、鳞毛蕨、麦冬、薹草、芒等。

锐齿槲栎林（Form. *Quercus aliena* var. *acuteserrata*）：锐齿槲栎林在重庆五里坡自然保护区分布于海拔 500～2000m，在海拔 1000～1500m 较平缓的山坡上，往往能形成大面积的森林群落，通常有其他落叶阔叶树种和常绿树种散生其间。

锐齿槲栎分布广泛，适应性强，耐干旱瘠薄土壤，且喜光照充足的环境，所以多生于阳坡，甚至是多裸露岩石的山坡上。生长茂盛，群落外貌比较整齐，树干端直，枝下高约等于树高之半或过半，萌芽力极强。林木的组成比较单纯，乔木层在不同的生境条件下混生不同的植物，通常有栓皮栎、茅栗、短柄枹栎、光叶水青冈、鹅耳枥、亮叶桦、山合欢 *Albizia kalkora*、紫荆 *Cercis chinensis*、铜钱树 *Paliurus hemsleyanus*、皂柳 *Salix wallichiana*、鸡桑 *Morus australis* 及华山松等针叶、阔叶树种与其混生。

灌木层主要有四川蜡瓣花 *Corylopsis willmottiae*、美丽胡枝子、中华胡枝子、杭子梢、平枝栒子、短柱柃、三桠乌药、杜鹃、鄂西绣线菊、钻地风 *Schizophragma integrifolium*、猫儿刺、川榛、皱叶荚蒾等，还有小构［楮］、城口桤叶树、直穗小檗 *Berberis dasystachya*、绣球、瓜木、蔷薇、盐肤木和白檀等种类。

草本植物主要有薹草、白茅、湖北三毛草、夏枯草 *Prunella vulgaris*、香青、鼠曲草 *Gnaphalium affine*、沿阶草、华北楼斗菜 *Aquilegia yabeana*、淫羊藿、重楼、红毛七 *Caulophyllum robustum*、堇菜 *Viola* spp.、黄水枝、过路黄 *lysimachia* spp. 等。

层间植物有香花崖豆藤、葛藤、羊乳 *Codonopsis lanceolata*、薜荔、南蛇藤、哥兰叶、菝葜等种类。

短柄枹栎林（Form. *Quercus serrata* var. *brevipetiolata*）：本群落在五里坡自然保护区分布于海拔1000～1500m的山坡脊部及两侧，以阳坡、半阳坡为主。林地土壤为山地黄棕壤。地表常有岩石裸露。群落种类组成比较简单，伴生种类有锐齿槲栎、栓皮栎、茅栗、山杨、光皮桦、椴树 *Tilia tuan*、槭树、化香树、大穗鹅耳枥［雷公鹅耳枥］*Carpinus viminea*、三桠乌药等。

灌木层常见的有美丽胡枝子、猫儿刺、胡颓子、海州常山 *Clerodendrum trichotomum*、大青 *C. cyrtophyllum*、紫珠 *Callicarpa* spp.、荚蒾、杜鹃、满山红、山胡椒、白檀、马桑、盐肤木、马棘、石灰花楸、四照花、美丽马醉木 *Pieris formosa* 等。

草本层有薹草、禾草、白茅、蒿、大火草、腺药珍珠菜 *Lysimachia stenosepala*、淫羊藿等种类。

层间植物有葛藤、猕猴桃、金银花 *Lonicera japonica*、茜草 *Rubia cordifolia* 和菝葜等。

米心水青冈林（Form. *Fagus engleriana*）：米心水青冈林在重庆五里坡自然保护区分布于海拔1000～2200m山坡的中、上部或山脊，有的地方几乎为纯林。此群落在海拔1600m以上比较常见。米心水青冈为典型的暖温带树种，林木耐荫，喜气候湿润、排水良好的山地粗腐殖质棕壤上，在重庆市五里坡山脉的南坡，由于气温偏高，湿度较低，故很少成林，其多生长在北坡。

群落外貌高大挺直，呈黄绿色。林内的植株常在离地不高处形成多干型，林冠较宽大，所以有时呈波浪状，郁闭度较大。乔木层可分为两个亚层，第一亚层以光叶水青冈为建群种外，主要伴生种有米心水青冈、红椋子 *Swida hemsleyi*、花楸、红桦、山杨等，还有色木槭、野漆、化香树、鄂椴［粉椴］*Tilia oliveri*。此外，偶尔有巴山冷杉星散分布其间。第二亚层有秀雅杜鹃 *Rhododendron concinuum*、耳叶杜鹃、粉红杜鹃、四蕊槭 *Acer tetramerum* 等树种；灌木以箭竹、杜鹃为优势种，常见的灯笼花、南烛 *Vaccinium bracteatum*、猫儿刺、城口桤叶树、胡颓子、巴东荚蒾 *Viburnum henryi*、刺果卫矛、栓翅卫矛 *Euonymus phellomanus*、青荚叶、短柱柃、小檗、三桠乌药、猫儿屎、宜昌木姜子、白檀、六道木 *Abelia* spp.、多种茶藨子 *Ribes* spp. 等种类。

草本层植物十分丰富。有莲叶点地梅 *Androsace henryi*、鹿药 *Smilacina japonica*、藜芦、万寿竹、粉条儿菜、鹤草 *Silene fortunei*、细辛、红毛七、类叶升麻、黄水枝、七叶一枝花 *Paris* spp.、动蕊花、深山堇菜 *Viola selkirkii*、风毛菊、獐芽菜 *Swertia bimaculata*、龙胆 *Gentiana* spp.、黄花油点草、大落新妇 *Astilbe grandis*、湖北三毛草等。

层间植物主要有刺葡萄 *Vitis davidii*、复叶葡萄 *V. piasezkii*、大血藤、串果藤、瓜叶乌头、常春藤、长叶赤爬 *Thladiantha longifolia*、猕猴桃、五味子、鹰爪枫 *Holboellia coriacea* 以及菝葜等植物。

光叶水青冈林（Form. *Fagus lucida*）：以光叶水青冈为主的落叶阔叶林主要分布在海拔 1800m 以上地带，分布区的土壤类型为山地黄棕壤，乔木层优势种光叶水青冈高大茂密，郁闭度可达 70% 以上，常见的伴生物种有巴东栎、野漆、领春木、川榛、红桦、山杨、四照花等。

灌木层盖度在 30% 左右，高度多在 2m 以下，以箭竹为主，其次有杜鹃类、白檀、多种茶藨子、卫矛、腊莲绣球［莼兰绣球］*Hydrangea longipes*、宜昌木姜子、猫儿屎、胡颓子等。

草本层较稀疏，种类较少，常见的有羽裂蟹甲草［华蟹甲］*Sinacalia tangutica*、风毛菊、类叶升麻、莎草、酢浆草 *Oxalis corniculata*、开口箭 *Tupistra chinensis*、薹草、多种蕨类植物等，层盖度在 10%～20% 之间。

山杨林（Form. *Populus davidiana*）：在重庆五里坡自然保护区主要分布在海拔 800～1800m 的山地，少数植株可分布到海拔 2000m。在海拔 1500m 以上地段可成林。山杨林要求湿润生境，但也耐干燥、瘠薄，对于土壤类型要求不严格，棕色森林土、淋溶褐色土上都能生长，山地草甸土也有分布。在土壤肥沃、水分充足的生境中，生长良好。反之则生长较差。

山杨多与响叶杨 *Populus adenopoda* 组成阔叶混交林，又是落叶阔叶林或华山松林砍伐迹地或火烧迹地形成起来的天然次生植被。山杨的结实率高，种子多、小而轻，萌发和扎根能力很强，所以能在森林被砍伐后的空地上很快发育起来。不过大都是幼林，胸径在 30cm 以上的极少见。山杨寿命短，当生境荫蔽后，很快被其他树种所代替，五里坡自然保护区所见的山杨林多为零星小块状。

乔木层以山杨为建群种，群落外貌浅绿色，林冠参差不齐，树干通直。常见的伴生树种有响叶杨、椅杨、大叶杨 *Populus lasiocarpa*、领春木、湖北花楸、石灰花楸、红桦、锐齿槲栎、光叶水青冈和华山松等种类。

灌木层植物有皂柳、紫枝柳 *Salix heterochroma*、黄花远志［荷包山桂花］、绣线菊、长叶冻绿 *Rhamnus crenata*、白背叶 *Mallotus apelta*、华中山楂、美丽胡枝子、平枝栒子、卫矛、野蔷薇等。

草本植物有薹草 *Carex* spp.、蒿 *Artemisia* spp.、狗筋蔓 *Cucubalus baccifer*、珍珠菜、堇菜、西南大戟 *Euphorbia hylonoma*、类叶升麻等。

层间植物有复叶葡萄、鸡矢藤、茜草、南蛇藤、猕猴桃、五味子、金银花等种类。

红桦林（Form. *Betula albo - sinensis*）：在重庆五里坡自然保护区主要分布于海拔 1500~2000m 的地带，个别植株可分布到海拔 2200m 左右，但在海拔 2000m 以下最常见。林地土壤为山地弱化棕色森林土。红桦要求温凉、湿润的山地生境，常生长于中山向亚高山过渡地带的山坡下部或中部，上与巴山松林相接，下连华山松与落叶栎类组成的混交林，是一种相对稳定的植物群落。红桦是一种忌风的喜光树种。因此，在山坡的迎风面很少分布，在某些地段，特别是当森林被破坏后，很容易被耐瘠薄、适应性强的山杨所取代。

群落外貌呈绿色，林冠较整齐，结构较简单。植株侧枝较粗壮，枝下高近于树高之半，干形较直，自然更新较好，郁闭度 0.5~0.6，层次分明。乔木层以红桦、糙皮桦为建群种，生长良好。伴生树种在上部常见的有巴山冷杉、铁杉、湖北花楸、石灰花楸；下部种类较多，有华山松、槭树、陕甘花楸、野漆、泡花树 *Meliosma cuneifolia*、千筋树［川陕鹅耳枥］*Carpinus fargesiana*、领春木、刺叶栎、鄂椴等。

灌木种类较多，在生境条件较阴湿地段，箬竹、箭竹常为灌木层的优势种，其地段则以白檀、绣线菊、黄杨、多种杜鹃、峨眉蔷薇、淡红忍冬 *Lonicera acuminata*、竹叶花椒 *Zanthoxylum armatum*、栒子等为优势。其他有木姜子、川榛、三桠乌药、小檗、青荚叶、山梅花等种类。

草本植物常见的有鹤草、黄水枝、七叶鬼灯檠、八角莲、华细辛、唐松草 *Thalictrum spp.*、藜芦、穿心莛子藨、风毛菊、薹草等。还有藓类的生长。

层间植物有三叶木通、白木通 *Akebia trifoliata*、五味子、紫花络石、绣球藤、猕猴桃等种类。

亮叶桦林（Form. *Betula luminifera*）：分布于保护区海拔 1600m 左右的中山地带，土壤类型为山地黄壤。林分乔木层主要由亮叶桦，其他物种还有巴山松、华山松、灯台树、槭树类等，层郁闭度在 60% 以上。灌木层盖度在 0.3~0.4 之间，常见物种有腊莲绣球、小果蔷薇、平枝栒子、爬藤榕［珍珠莲］*Ficus sarmentosa*、胡颓子、荚蒾、卫矛等，组成物种较少，覆盖较稀疏。草本层覆盖度在 30% 左右，组成物种有芒、野古草 *Arundinella anomala*、薹草、落新妇、金星蕨等多种蕨类植物。层间植物有华中五味子 *Schisandra sphenanthera*、猕猴桃、蛇葡萄 *Ampelopsis brevipedunculata* 等。

化香林（Form. *Platycarya strobilacea*）：化香在在较低海拔的地方最常见，往往生长在沟谷、山坡的中下部，甚至近山脊处或宽阔的峭壁上，多生长于阳坡或半阳坡。土壤以山地黄褐土及石质壤土，经常有岩石裸露或石块堆积，枯枝落叶层较厚，有机质分解不良。

在不同的生境条件下，树种的组成也不同。乔木层除化香树外、常伴生有构树、小构、柘树 *Cudrania tricuspidata*、鸡桑、蒙桑 *Morus mongolica*、华桑 *M. cathayana*、鹅耳枥、楤木、槭树，还有光皮桦、灯台树、茅栗、短柄枹栎、锐齿槲栎、紫荆、野漆等树种组成。

灌木层因生境的不同，植物种类变化也较大。常见的有冬青 *Ilex spp.*、城口桤叶树、荚蒾、雀梅藤 *Sageretia thea*、胡枝子 *Lespedeza spp.*、五加 *Acanthopanax spp.*、腊莲绣球、绣线菊、杜鹃、桑 *Morus spp.*、小檗、木姜子、三桠乌药、棣棠花 *Kerria japonica*、中华旌节花、猫儿刺、披针叶胡颓子等种类。

草本层植物有薹草、窃衣 *Torilis scabra*、当归 *Angelica sinensis*、野胡萝卜 *Daucus carota*、防风 *Saposhnikovia divaricata*、独活 *Heracleum* spp.、大火草、香青 *Anaphalis* spp.、山牛蒡 *Synurus deltoides*、多须公 *Eupatorium chinense*、黄花油点草、藜芦、变豆菜 *Sanicula chinensis*、茖葱 *Allium victorialis*、山蚂蝗 *Desmodium* spp.、芒草和蕨类植物等。

层间植物有哥兰叶、华中五味子、菝葜、茜草等。

领春木林（Form. *Euptelea pleiospermum*）：领春木为落叶小乔木，在该区海拔 1200 ~ 1800m 分布极为普遍，如五里坡林场。一般生长于气候温凉、湿润、土层深厚的阴湿沟谷两旁、山坡等处，土壤多为山地棕壤和黄棕壤。

群落外貌绿色，乔木层以领春木为优势种，伴生树种有川榛、白蜡 *Fraxinus* spp.、红桦、华山松、白檀等。

灌木层较稀疏，优势种不明显，常见的有杜鹃类、胡颓子、木姜子类、卫矛、柃木等。

草本层植物较稀疏，盖度 30% 左右，主要有乌头 *Aconitum* spp.、落新妇、白茅、地榆、橐吾等，其他零星分布有山酢浆草 *Oxalis acetosella*、黄花油点草、薹草、蕨类植物等。

珙桐林（Form. *Davidia involucrata*）：间断性分布于巫山里河、朝阳坪海拔 1700 ~ 1800m 的中山地带，土壤为山地棕壤。组成乔木层的主要物种是珙桐、米心水青冈等，其他物种包括灯台树、四照花、泡花树、中华槭 *Acer sinense*、红豆杉、连香树等，层郁闭度达 0.65 以上。灌木层组成物种种类较少，层盖度在 0.2 ~ 0.3 之间，主要植物有猫儿刺、胡颓子、腊莲绣球；草本层的高度在 0.1 ~ 0.5m 之间，主要植物有鳞毛蕨、凤仙花、落新妇、薹草、楼梯草类、冷水花类等植物，层盖度在 20% ~ 30%。

连香树林（Form. *Cercidiphyllum japonicum*）：以连香树、华中樱桃 *Cerasus conradinae* 为主的落叶阔叶林，分布于海拔 1300 ~ 1800m 的沟谷两侧，林内潮湿，土壤为黄棕壤。群落内连香树分布较少，但树体较大，胸径达 40cm 左右，乔木层郁闭度可达 70% ~ 80%，以连香树为优势种，其他常见植物有红豆杉、华中樱桃等，另外青冈栎、米心水青冈、建始槭 *Acer henryi*、领春木等也较为常见。

灌木层盖度可达 0.5 左右，主要植物有茶藨子、箬竹、溲疏、卫矛、接骨木 *Sambucus williamsii*、棣棠花等，白辛、金钱槭等的幼苗也有分布。草本层植物种类丰富，层盖度达 0.4 ~ 0.5，主要植物有大叶金腰、水金凤 *Impatiens noli-tangere*、山飘风 *Sedum majus* 等，尚有少量变豆菜、金粟兰、薹草、凤仙花、蕨类等。

野漆林（Form. *Toxicodendron succedaneum*）：野生漆林在重庆五里坡自然保护区分布于海拔 1500 ~ 2000m，常见于山坡中下部、沟谷旁或村庄旁。在海拔 1600 ~ 1900m 左右常以野生漆为建群种的落叶阔叶林。乔木层通常伴生有华西枫杨、枫杨 *Pterocarya stenoptera*、红桦、亮叶桦、灯台树、四照花、锐齿槲栎、房县槭 *Acer franchetii*、椴树等阔叶树和华山松等针叶树一起伴成或组成混交林。

野生漆较喜温暖、潮湿生境，土层深厚、肥沃，在有机质分解较好的石灰质土壤上生长良好，速度较快；在黏土、瘠薄地方则生长不良。由于群落生境较阴湿，林下灌木和草本植物以较耐荫种类较多。常见的有青荚叶、中华青荚叶 *Helwingia chinensis*、高丛珍珠梅 *Sorbaria arborea*、黄杨、具柄冬青 *Ilex pedunculosa*、水马桑 [半边月] *Weigela japonica* var. *sinica*、茶薦子、金叶柃 *Eurya aurea*、川鄂连蕊茶 *Camellia rosthorniana* 等。

草本植物有虎耳草、蓼、牛膝 *Achyranthes bidentata*、凤仙花 *Impatiena* spp. 、穿心莛子蔗、唐松草、红毛七等。

层间植物有京梨猕猴桃、狗枣猕猴桃、栝楼 *Trichosanthes kirilowii*、长叶赤飑、雪胆 *Hemsleya chinensis*、常春藤等。

朴树林（Form. *Celtis sinensis*）：朴树林分布于海拔 600m 以下的低山地带，分布零星，土壤为灰棕紫色土。群落乔木层建群种为朴树 *Celtis sinensis*，其他种类有山油麻、樟树、女贞 *Ligustrum* spp. 、苦楝 *Melia azedarach*、枫香 *Liquidambar formosana* 等，层郁闭度在 0.6～0.7。

灌木层植物组成简单，层盖度在 20～30% 之间，主要物种有黄荆、爬藤榕、火棘、女贞、六道木等，草本层植物覆盖度在 40%～50% 之间，常见物种有紫菀 *Aster* spp. 、蜈蚣草、金星蕨、苔草、薹草、白茅等。

枫香林（Form. *Liquidambar formosana*）：枫香林分布较少，主要分布在海拔 600m 以下的低山区，主要土壤类型为山地黄壤。群落乔木层以枫香为主，层郁闭度 0.7 左右，其他零星分布有马尾松、枹栎、黄连木等物种。林下灌木组成简单，总盖度在 30%～50% 之间，常见植物有南天竹 *Nandina domestica*、枹栎、檵木、悬钩子、小果蔷薇等。草本层盖度 10%～30% 之间，组成物种有冷水花、苔草、卷柏 *Selaginella* spp. 、牛膝、金星蕨、薹草等。

茅栗林（Form. *Castanea seguinii*）：分布于海拔 1000～1500m 的中山地带，土壤为山地黄棕壤。群落乔木层郁闭度在 0.6 左右，优势种为茅栗，伴生有少量华山松、山合欢、华中樱桃、化香、锐齿槲栎、马尾松等，一般伴生种高于群落优势种。

灌木层以美丽胡枝子、绿叶胡枝子 *Lespedeza buergeri*、宜昌木姜子等树种为主，层盖度在 10%～30% 之间，另外还分布有少量盐肤木、胡颓子、卫矛等。草本层物种较少，层盖度在 10% 左右，主要物种有中日金星蕨、蕨、芒、薹草等。

锥栗林（Form. *Castanea henryi*）：主要分布于海拔 1500m 左右的中山地带，土壤是山地黄壤。乔木层建群种为锥栗 *Castanea henryi*，伴生有光皮桦、华山松、化香等，层郁闭度在 0.8 左右。灌木层覆盖度在 60%，层片优势种为短柄枹栎，次优势种为锥栗，其他常见种有溲疏、火棘、绣线菊、美丽胡枝子、枸骨 *Ilex* spp. 、马桑、木姜子、荚蒾等。

草本层物种丰富，层盖度在 45% 以下，主要组成种类有蕨、芒、薹草、苔草、金星蕨、鳞毛蕨、宝铎草等。

③常绿落叶阔叶混交林：常绿落叶阔叶混交林是常绿阔叶林和落叶阔叶林之间的过渡类型，是亚热带地区地带性植被之一。在海拔 1500m 以下的山体，主要常绿阔叶树种有青冈栎、绵槠 *Lithocarpus brevicaudatus*、水丝梨 *Sycopsis sinensis*、山楠、交让木等，主要落叶阔叶树种有栓皮栎、灯台树、锥栗、桦木、化香、领春木、山油麻等。这种植被类型具有明显的季相变化，外貌上林冠层次不齐。

红桦 + 曼青冈林（Form. *Betula albo - sinensis* + *Cyclobalanopsis oxyodon*）：分布在当阳里河海拔 1400～1800m 地带，多生于山坡中部，土层较薄。乔木层主要是红桦、米心水青冈、曼青冈、灯台树、领春木等组成，层郁闭度 70%～80%。

灌木层物种丰富，层盖度在50%～60%之间，常见的物种为栲木、四川山矾 *Symplocos setchuensis*、交让木、城口桤叶树、荚蒾等。其他物种还有腊莲绣球、山鸡椒、箬竹、十大功劳 *Mahonia* spp.、异叶榕 *Ficus heteromorpha* 等。

草本层以耐荫的植物为主，层盖度60%～70%之间，以楼梯草、冷水花、大叶金腰、鳞毛蕨、薹草为常见种，其他还有淫羊藿、苦苣苔类 *Gesneriaceae*、紫萁 *Osmunda japonica*、沿阶草、狗脊、山酢浆草等。

层间植物有绣球藤、京梨猕猴桃、五味子、三叶木通等。

（3）竹林

①温性竹林

箬竹林（Form. *Indocalamus tessellatus*）：箬竹林在五里坡自然保护区分布广泛，在海拔1000～2000m均有分布，主要分布于湿润的环境，在河谷或者路两侧形成单优势种群落。外貌整齐、结构单一，生长旺盛，以箬竹 *Indocalamus latifolius* 为优势种，群落上层零星分布有山杨、红桦等乔木，林内分布有荚蒾、中华旌节花等其他灌木种类。草本层种类稀少，覆盖稀疏，常见植物有芒、蛇莓、车前 *Plantago asiatica*、落新妇、过路黄 *Lysimachia nummularia*、薹草、蕨类植物等。

箭竹林（Form. *Sinarundinaria nitida*）：本群落主要分布于重庆五里坡自然保护区海拔2000m以上的山地。生长在开阔、宽大的山坡或顶部，由于地处亚高山，气候条件较为特殊，空气湿度较大，气温低寒，故多于阳坡、半阳坡。所在地土壤多为山地灰棕壤和山地草甸灰棕壤，土层厚度约80cm，地表有竹根密织形成毡毛层，腐殖质较厚，但有机质分解不良。竹林隙地为草本植物所覆盖，几乎没有水土流失现象。

群落植株高达3m，郁闭度在0.8～0.9，组成单纯，箭竹占绝对优势，为大片或块状成丛，稠密生长，形成"竹海"。在箭竹分布区有散生单株巴山冷杉，但生长低矮，尖削度大，柳垛状生长，偶尔遇到小片的粉红杜鹃和巴山松等。

在群落的间隙中常有良好的巴山冷杉幼树苗更新。在林间隙地草本植物常见有大花花锚、红花龙胆、深红龙胆、獐芽菜、湖北双蝴蝶 *Tripterospermum discoideum*、天蓝韭、野葱 *Allium* spp.、七筋姑、藜芦、早熟禾、酸模 *Rumex acetosa*、紫菀以及蕨类等等。

层间植物有绣球藤、瓜叶乌头和川鄂乌头 *Aconitum henryi* 等。

糙花箭竹林（Form. *Fargesia scabrida*）：本群落分布于海拔1500～2000m的沟谷及山坡中、下部。没有箭竹那样集中，成块状分布。有时成为一些阔叶林的下层。糙花箭竹林稠密、郁闭，竹林下一般没有草本层。落叶层极厚。林缘有串果藤、鸡矢藤、小檗、八角莲、开口箭等植物。

②暖性竹林

水竹林（Form. *Phyllostachys heteroclada*）：水竹林在保护区分布广泛，多分布在土壤湿润、肥沃深厚的沟谷两侧缓坡。群落外貌绿色，较整齐，物种单一，结构层次简单，多形成以水竹 *Phyllostachys heteroclada* 为优势种的纯林，总盖度达70%～80%。林下灌木在不同的群落内具有一定的差异，常见的有胡枝子、火棘。

坝竹林（Form. *Drepanostachyum microphyllum*）：坝竹 *Drepanostachyum microphyllum* 在河岸两侧分布较多，如庙堂等地，多生长于岩石裸露，立地条件较差的地方。群落外貌绿色，枝条下垂，呈丛状生长。盐肤木、朴树、山油麻等散生其间，灌木层主要以低矮的植物为主，有南天竹、牡荆 *Vitex negundo* var. *cannabifolia* 等，生长稀疏。草本层植物较少，多生长在石灰岩上，常见的有狗脊、莎草、鬼灯檠、金星蕨、薹草、冷水花、楼梯草、芒。

南竹［毛竹］林（Form. *Phyllostachys heterocycla*）：南竹 *Phyllostachys heterocycla* 主要集中在海拔 1000m 以下的低山、丘陵地带，分布区坡度平缓，且多为山麓、谷地和丘陵，土壤主要为紫色土。

南竹林多为人工栽培群落，结构单纯，灌木层不明显，但草本层发育良好，生长繁茂。乔木层以南竹为优势种，常混生有马尾松、杉木、楠木、枫香等，这些树种树体高大突出，多高出南竹。层郁闭度达 0.85 以上，竹竿高 10 ~ 15m。灌木层高度 0.1 ~ 1.0m，盖度在 20% 以下，常见种类有山矾、油茶、悬钩子、寒莓 *Rubus buergeri*、紫珠等。草本层盖度在 60% ~ 80% 之间，分布较均匀，常见种类有里白、芒、楼梯草、麦冬、卷柏、鸢尾 *Iris tectorum*、冷水花、金粟兰、酢浆草、狗脊等。

慈竹林（Form. *Neosinocalamus affinis*）：慈竹 *Neosinocalamus affinis* 多分布于住宅周围，生长于石灰岩上，土层瘠薄，岩石多，多呈块状分布，群落外貌绿色，结构单一，较整齐。上层是慈竹，混生有少量其他树种，如朴树、山油麻、锥栗、板栗 *Castanea mollissima* 等。灌木层物种以火棘、马桑、牡荆、香叶子等耐瘠薄的树种为主，层盖度在 40% ~ 50% 之间。草本层以楼梯草、冷水花、鳢肠 *Eclipta prostrata*、薹草、蕨类植物为常见种。其他植物如插田泡 *Rubus coreanus*、高粱泡 *R. lambertianus*、蛇莓、一年蓬 *Erigeron annuus*、鱼腥草、窃衣等偶有分布。

（4）灌丛

保护区的灌丛是以灌木占优势的植物组成的植被类型。其成因包括两种，一种是由于自然环境恶劣，植物生长受到限制而成；另一种是由于植被遭受严重破坏后发育起来的次生类型。在海拔 400 ~ 800m 之间人类活动频繁的地域，灌丛林分布非常广泛，在海拔 1800 ~ 2500m 之间由于环境恶劣，灌丛林也分布广泛。灌丛林的种类组成与生长环境、破坏前的植被类型和植物种类密切相关。根据优势种的不同，本区的灌丛林包括常绿革叶林灌丛、常绿阔叶林灌丛和落叶阔叶林灌丛 3 种类型。

①常绿革叶林灌丛

四川杜鹃灌丛（Form. *Rhododendron sutchuenense*）：四川杜鹃在葱坪分布广泛，大面积分布于山脊、山坡等土壤深厚、地势低缓的地区。海拔高度在 1800 ~ 2500m 之间。

四川杜鹃总盖度在 60% ~ 80% 之间，分布较均匀，乔木层零星分布有桦木、冷杉、灯台树等植物。灌木层以四川杜鹃为绝对优势种，箬竹、白檀、绣线菊、峨眉蔷薇、枸子、木姜子、川榛、三桠乌药、小檗、青荚叶、山梅花等分布零星。

草本植物常见的有七叶鬼灯檠 *Rodgersia aesculifolia*、楼梯草、穿心莛子藨、薹草、画眉草 *Eragrostis pilosa* var. *pilosa*、落新妇、柴胡 *Bupleurum chinense* 等。还有藓类的生长。

层间植物有三叶木通、五味子、猕猴桃等种类。

②常绿阔叶林灌丛

四川山矾灌丛（Form. *Symplocos setchuensis*）：主要分布于低山、丘陵地段，是常绿阔叶林被破坏后形成的次生灌丛，多在阴坡和半阴坡，土壤以山地黄壤为主。该灌丛外貌深绿色或黄绿色，呈团块或丛状生长，结构零乱，灌木优势种为四川山矾，高度在 2～3.5m 之间，盖度在 40%左右，除此之外，还有柃木、宜昌荚蒾、木姜子、寒莓、油茶 *Camellia oleifera* 等种类。草本层植物生长稀疏，层盖度 10%左右，高度 0.2～1.0m 之间，主要物种有鸢尾、鳞毛蕨、马兜铃 *Aristolochia* spp.、薹草等。

檵木灌丛（Form. *Loropetalum chinense*）：檵木灌丛主要分布于海拔 400～600m 的低山地区，主要为黄色石灰土，灌木层盖度达 90%，优势种为檵木，其他组成种类有雀梅藤、南天竹、香叶树 *Lindera communis*、黄荆、铁仔、绣线菊、腊莲绣球、勾儿茶 *Berchemia* spp.、盐肤木、化香幼苗等。草本层覆盖度较小，在 20%左右，其主要组成种类有薹草、蕨类、腹水草 *Veronicastrum* spp.、狗脊、野菊花 *Dendranthema indicum* 等。

③落叶阔叶林灌丛

美丽胡枝子灌丛（Form. *Lespedeza formosa*）：在五里坡自然保护区美丽胡枝子主要分布在海拔 500～1500m 山坡阳坡或半阳坡，在海拔 1000m 左右常见以美丽胡枝子为建群种的灌丛群落。因为美丽胡枝子耐干旱瘠薄，不择土壤，适应性强，所以常见其在砍伐的空地上生成次生林。

群落外貌黄绿色，林冠低矮稠密整齐，平均高度 2.5m，盖度大于 80%。该灌丛除美丽胡枝子为建群种外，其他伴生种有盐肤木、毛黄栌、城口桤叶树、短柄枹栎、檵木、化香、细圆齿火棘、火棘、针齿冬青［华中枸骨］*Ilex centrochinensis*、猫儿刺、冻绿 *Rhamnus* spp.、雀梅藤、披针叶胡颓子、满山红、杜鹃等。

草本植物有唐松草、宽叶缬草 *Valeriana officinalis* var. *latifolia*、缬草 *V. officinalis*、一枝黄花 *Solidago decurrens*、一年蓬、香青、茵陈蒿 *Artemisia capillaris*、艾蒿 *A. argyi*、薹草等。

层间植物主要有铁线莲和鸡矢藤等。

盐肤木灌丛（Form. *Rhus chinensis*）：主要分布于海拔 170～500m 的低山丘陵区，土壤以山地黄壤为主。灌丛优势种为盐肤木，盖度 50%左右，灌木层除盐肤木外，还有构树、水竹、铁仔、爬藤榕、黄荆、算盘子、胡枝子、勾儿茶、崖豆藤、紫珠、化香等。草本层较稀疏，层盖度 30%～70%，主要组成物种有白茅、腹水草、海金沙、艾蒿、蜈蚣草等。

马桑灌丛（Form. *Coriaria nepalensis*）：本群落分布于海拔 500～1000m，局部分布至海拔 1300m 的山坡中下部或整个短坡面，在海拔 800m 以下较常见。地表多有裸露，其至土壤层被冲刷殆尽，以致岩石突兀，寸草不生。土壤为山地黄褐土，土层厚度不一，腐殖质含量少。

散生于群落中的乔木种类有马尾松、栓皮栎、短柄枹栎、漆、茅栗、化香、亮叶桦、山合欢、唐棣 *Amelanchier sinica* 等。群落中以马桑、毛黄栌为多，常见的还有盐肤木、细圆齿火棘、火棘、马棘、山胡椒、胡枝子、蔷薇等。

草本植物有薹草、打破碗花花 *Anemone hupehensis*、野豌豆 *Vicia* spp.、还有蒿类等。

黄荆灌丛（Form. *Vitex negundo*）：主要分布在低山、丘陵等低海拔地区，土壤为黄壤、山地黄壤和石灰土。群落外貌绿色而差参不齐。灌木层盖度在 75%以上，由萌生能力强的黄荆为主，在群落内还有少量火棘、铁仔、探春花、雀梅藤、盐肤木等。草本层盖度在 20%～40%之间，主要优势种为白茅、荩草、薹草、蕨、野菊 *Dendranthema indicum*、莎草、卷柏等。

马棘灌丛（Form. *Indigofera pseudotinctoria*）：马棘是一种半灌木植物，在保护区低山地带分布广泛，生于灌丛林下或者成为群落，但通常是在人为干扰较大的灌丛中形成特征不明显的群落。马棘群落结构简单，层盖度在40%～50%之间，主要伴生植物有火棘、盐肤木、水竹、雀梅藤、猫乳 *Rhamnella franguloides*。草本层主要有荩草、芒、艾蒿、薹草等，层盖度在20%左右。

（5）灌草丛

长穗三毛草［紫羊茅］草丛（Form. *Trisetum clarkei*）：长穗三毛草 *Trisetum clarkei* 分布于重庆五里坡自然保护区海拔2000m以上的亚高山山坡上部及顶部，气候寒冷多雾，相对湿度大。地势开阔平缓，一般坡度在10°～45°。群落所在地土壤以山地草甸灰棕壤为主，坡度较大时常有砾岩裸露。

群落中零星散布一些较矮小的树种，有湖北山楂 *Crataegus hupehensis*、陕甘花楸、荚蒾、四川忍冬、粉红杜鹃和箭竹等。还有极少数巴山松单独生长其中。群落建群种多成垫状植被层，有栗草 *Milium effusum*、早熟禾、东方草莓、高山梯牧草、湖北老鹳草 *Geranium rosthornii*、大黄 *Rheum officinale*、珠芽蓼 *Polygonum viviparum*、扭旋马先蒿 *Pedicularis torta*、圆锥南芥、银叶委陵菜 *Potentilla leuconota*、华中碎米荠、中华花葱 *Polemonium coeruleum*、鹤草、线叶鹤草［湖北蝇子草］*Silene linearifolia*［*Silene hupehensis*］等。

白茅草草丛（Form. *Imperata cylindrica*）：广泛分布于保护区海拔170～1200m的低山、丘陵地带，土壤以灰棕色土为主，优势种为白茅，层盖度在90%以上，高度在0.5m以上，其他伴生物种有野菊、狗牙根 *Cynodon dactylon*、芒、金发草 *Pogonatherum paniceum*、艾蒿、野棉花 *Anemone vitifolia* 等，在群落内还分布有少量黄荆、盐肤木、紫荆等。

斑茅草丛（Form. *Saccharum arundinaceum*）：主要分布于保护区海拔170～600m之间的低山、丘陵、河谷周边，土壤为紫色土，优势种为白茅，盖度90%以上，高度在2.5m左右。草丛中其他常见的种类有木贼、野菊、荩草、鸡眼草 *Kummerowia striata*、海金沙等。草丛中零星分布的灌木种类有黄荆、马桑、醉鱼草 *Buddleja* spp.、爬藤榕等种类，盖度5%左右。

蕨类草丛（Form. *Pteridium* spp.）：分布于保护区海拔400～1500m的广大地区，土壤类型为山地黄棕壤，优势种为蕨类植物，层盖度达40%，蕨类植物主要有里白、金星蕨、复叶耳蕨 *Arachniodes* spp.、卷柏、紫萁等，此外还有荩草、芒、楼梯草等。在草丛中还零星分布有马桑、黄荆、南天竹等灌木。

凤仙花草丛（Form. *Impatiens* spp.）：该群落主要分布在保护区海拔1500m左右的沟谷两旁或林缘，高度1m左右，盖度90%。组成种类除凤仙花外，还有楼梯草和冷水花等。

橐吾草丛（Form. *Ligularia* spp.）：橐吾集中分布在五里坡自然保护区海拔1800～2500m的葱坪上部，气候湿润，地势开阔，土层深厚。群落多呈块状分布，与其他植物混生在一起。除优势种橐吾外，群落内还分布有地榆、落新妇、川续断 *Dipsacus asperoides*、獐牙菜、双蝴蝶、画眉草、荙葱等草本植物，在群落上层还零星分布有华中山楂、杜鹃、荚蒾、花楸、红桦等植物，箬竹也偶有成片分布。

马蔺+橐吾沼泽（Form. *Iris lactea* var. *chinensis* + *Ligularia* spp.）：本群落分布于保护

区海拔 2000m 以上较平坦的凹地或盆地中，地势低洼平坦，地表经常有积水，排水性差，但阳光充足。如本次考察的葱坪、燕子洞所在地就为草甸沼泽。

群落大致可分为两个亚层，上层以离舌囊吾［蹄叶囊吾］*Ligularia fischeri* 和巴山囊吾［矢叶囊吾］*L. fargesii* 为主，并伴生有地榆、柴胡 *Bypleurum* spp. 等植物。下层以马蔺 *Iris lactea* var. *Chinensis* 为主，并伴生有野灯心草 *Juncus setchuensis*、笄石菖 *Juncus prismato-carpus* 外，常见的还有多种薹草等。在地势较高处，散生有华中山楂、湖北山楂等。草本植物有黄花鸢尾 *Iris wilsonii*、七筋姑、马先蒿 *Pedicularis* spp. 等。

2.2.3 植物多样性的特色分析

（1）区系地理成分复杂，植物多样性相当高

重庆五里坡自然保护区内有维管植物 2646 种（含种下等级），隶属 196 科、894 属。科数占全国植物科数的 50% 以上，属的种类占 25% 以上。与邻近地区的其他自然保护区维管植物进行比较，无论是植物种类还是所占有的科属数，均不相伯仲甚至更高。如湖北星斗山国家级自然保护区记录有维管植物 2033 种，湖北后河国家级自然保护区记录有维管植物 2088 种，均低于重庆五里坡自然保护区的种数。与五里坡自然保护区毗邻的神农架国家级自然保护区记录了 2762 种维管植物。这是经过了许多高等院校及科研机构几十年数十次考察积累所获得的结果，而对五里坡自然保护区进行植物类的考察并不多，而本次系统的对五里坡自然保护区的植物进行专门的考察尚属首次，持续时间也比较短。今后随着考察工作的进一步深入，将会有更多的植物物种被发现，可见其物种极其丰富。

从生态型来看，五里坡自然保护区有常绿乔木、落叶乔木、灌木、半灌木、草本植物、藤本植物和竹类植物，类型齐全。

五里坡自然保护区有各种类型的资源植物，包括野生、半野生资源植物、经济林木和经济作物等。资源植物类别齐全，种类繁多，有 1000 多种，其中有食用植物、用材树种、药材植物、纤维植物、糖类植物、观赏植物、防护林植物、橡胶植物和油脂植物，还有芳香油、栲胶、果类、树脂、树胶、色素和其他用途植物。

此外，该区植被类型也较多，初步调查显示该区具有 5 个植被型组、7 个植被型、59 个群系，比临近神农架自然保护区的 6 个植被型、31 个群系及湖北后河国家级自然保护区的 10 个植被型和 35 个群系略高。这与该地区的地理地形变化等密不可分，五里坡是大巴山和巫山的交汇点，生态系统复杂，地形切割明显，沟壑密布，山峦起伏，高差悬殊，海拔幅度为 170～2680m，植被根据海拔高度的不同呈现出显著的垂直变化。临近的湖北后河国家自然保护区海拔幅度 1036.7～1934m，湖北木林子自然保护区海拔幅度 1110～2095.6m，神农架自然保护区海拔幅度为 420～3105.4m，湖北星斗山国家自然保护区也是大于 1000m 以上的地区，可见五里坡自然保护区海拔幅度下限明显低于临近地区现有的自然保护区。此外五里坡位于中国—日本森林植物亚区华中地区和中国—喜马拉雅森林植物亚区横断山脉地区的交界处。所以各种地理成分有其适宜的生态条件，得到了良好的发展。

（2）核心区域自然植被保存完好，原始性强

五里坡自然保护区内，里河一线天是小小三峡的源头，庙堂河、当阳河等是小三峡的支流。地形切割明显，河谷两侧海拔突然上升，出现海拔 2000m 左右的山峰，并在山顶形成了葱坪等亚高山无人区草甸，最高海拔达 2680m。保护区内 173.23km² 的核心区和 65.56km² 的缓冲区无人居住，113.98km² 的实验区人口密度仅为 24.38 人/km，原生植被保存比较完好，如里河、葱坪、太平山、云盘岭、乌云顶、铁磁沟等，植物多样性丰富，森林生态系统复杂，是保护区的核心部分。核心区内森林原始性强，类型多样，蕴藏丰富的古老孑遗植物资源和繁多的特有、珍稀、濒危植物。如里河蜂桶坪至五墩子一线有珙桐、光叶珙桐、红豆杉、连香树、香果树、巴山榧、大叶榉树等国家保护植物的分布，以及瘿椒树、金钱槭、领春木、天师栗、青檀、天麻、延龄草、穗花杉等古老孑遗植物。正是其完整而且相对稳定的生态系统为这些珍稀濒危植物或古老孑遗植物提供了良好的庇护所，也是第三纪孑遗珍稀濒危植物集中分布的典型群落在此得以生息繁衍而保存的重要原因之一。

里河一带完整而且相对稳定的生态系统对小小三峡、小三峡甚而三峡库区的水土保持、水源涵养等起着不可估量的作用。里河水清澈见底，在里河蜂桶坪一线天一带，河中水温低于 10℃，夏天水从洞中流出，由于水温与空气中温度差异较大，形成了如云似雾宛若仙境的景观。

（3）起源古老，珍稀濒危及特有植物丰富

五里坡自然保护区地处北亚热带与暖温带、华中地区与西南地区的过渡地带，且地形复杂，海拔差异大，气候条件多样，为古老植物类型的保存提供了优越的条件。特别是第三纪冰川运动，由于秦岭和大巴山脉的阻隔作用，减弱了冰川的危害，成为第三纪植物的避风港，而使许多珍稀的古老植物得以保存并延续下来。如里河现存大片的珙桐、红豆杉和穗花杉天然林，以及星散分布的瘿椒树、香果树等，葱坪发现星散分布的水青树和连香树，其他地方亦发现有红豆杉、水青树、香果树等珍稀植物的零星分布。根据《中国重点保护植物名录（第一批）》（国家林业局，农业部 1997），该区域的保护植物有 19 种（含 3 变种，表 2-13），分属于 14 科 17 属。其中，还有很多未被列入上述名录的稀有濒危植物，有些种类在神农架也未发现，如狭叶瓶尔小草等。

（4）兰科植物资源丰富并颇具特色

濒危野生动植物种国际贸易公约附录 2 将兰科植物全部列为控制进出口的保护植物。目前的调查显示五里坡自然保护区内有兰科植物 29 属 58 种，由于交通不便，很多兰科植物生存的栖息地荒无人烟，受到破坏程度相对较轻，所以兰科植物资源得到了较好的保护，其蕴藏量相比临近地区处于较高水平。

（5）中亚热带常绿阔叶林成分较多

五里坡自然保护区最低海拔为 170m，远低于临近地区国家级自然保护区的海拔幅度下限，如湖北星斗山、后河等国家级自然保护区最低海拔均高于 1000m，神农架绝大部分地区也在海拔 1000m 以上，即使最低处也在海拔 420m 以上。所以在巫山五里坡自然保护区低海拔地区，特别是海拔 300m 以下区域，中亚热带常绿阔叶林类型分布较多，分布面

积大。特别是庙堂、当阳等低海拔地区，常绿阔叶林面积大，加之险峻地势的阻隔而导致很多区域无人居住，植被基本保持原始状态＊。这些区域由于光热充足，植物的区系偏向湿热成分，一些分布于南部地区的植物，在保护区内有少量分布，如主要分布于华南的物种胄叶线蕨等。到目前为止，对重庆五里坡自然保护区的考察较为粗浅，尚待今后开展更为深入细致的调查以期了解中亚热带常绿阔叶林更多的植物成分和植被群落类型。

综上所述，重庆五里坡自然保护区不但植物种类丰富，地理成分复杂，起源古老，而且特有植物和珍稀濒危植物种类多，有《国家重点保护野生植物名录（第一批）》19 种，兰科植物 58 种，共计 77 种。另有《中国植物红皮书（珍稀濒危植物）》和《国家重点保护野生植物名录（第二批）》调整意见的通知中的保护植物，合计 22 种。总计达到 99 种。栽培种尚未列入，如银杏、厚朴。从植被类型来看，自海拔 1000m 以下的低山直达 2200m 的区域都能见到残存的常绿阔叶林。地球上亚热带区域的常绿阔叶林受到的破坏极其严重，已所剩无几，这里的常绿阔叶林就显得尤为珍贵。这些常绿阔叶林在保护区内有广阔的发展空间，必将不断扩大其种群面积，逐步恢复常绿阔叶林区的历史面貌。这在三峡库区、在我国、甚至在全世界都显得十分重要。

＊ 这一区域的考察较为粗浅，尚待今后开展深入系统的野外调查工作，以期了解更多的植物群落类型和新的植物成分。

附：植物名录[*]

一、蕨类植物 Pteridophytes

1. 石杉科 Huperziaceae

石杉属 *Huperzia* Bernh.

皱边石杉 *Huperzia crispata*（Ching）Ching WSFI

湖北石杉 *Huperzia hupehensis* Ching WSFI

蛇足石杉 *Huperzia serrata*（Thunb.）Trevis WSFI

四川石杉 *Huperzia sutchueniana*（Herter）Ching WSFI

2. 石松科 Lycopodiaceae

石松属 *Lycopodium* L.

多穗石松 *Lycopodium annotinum* L. WSFI, CDDQ

石子藤石松 *Lycopodium casuarinoides* Spring CDDQ

东北石松 *Lycopodium clavatum* Linn. CDDQ

地刷子石松 *Lycopodium complanatum* L. CDDQ

石松 *Lycopodium japonicum* Thunb. ex Murray ● WSI – 1264（2）

笔直石松 *Lycopodium obscurum* L. f. strictum（Milde）Nakai ex Hara WSFI

玉柏石松 *Lycopodium obscurum* L. WSII – 1271（1）

3. 卷柏科 Selaginellaceae

卷柏属 *Selaginella* P. Beauv.

蔓出卷柏 *Selaginella davidii* Franch. WSIII – 0048（1），WSI – 1223（2）

薄叶卷柏 *Selaginella delicatula*（Desv.）Alston WSII – 0686（3），WSI – 1092（1）

兖州卷柏 *Selaginella involvens* Spring WSI – 1094（1），WSIII – 0041（2）

---

* 1. "★"示栽培种。

2. 主要资源植物：■示食用植物；◆示药用植物；▲示工业用植物；●示防护和改造环境植物。依据何明勋编《资源植物学》（上海华东师范大学出版社，1996）。

3. 名录来源：本名录主要以本考察队实地调查与采集的标本为主要依据编制；在此基础上，根据神农架及三峡地区作物种质资源考察队对川东三县的考察成果（本考察队陈龙清参加，时间：1986～1990 年，项目来源：国家科技重点攻关项目，编号为 75 – 01 – 03 – 01）以及"重庆市五里坡市级自然保护区综合科考报告"的植物名录，将本次考察未发现的种类补充入本名录。名录后字母的代号及其意义如下：

（1）本考察队实地调查标本采集编号为："WSI – "为考察队第一组采集号；"WSII – "为考察队第二组采集号；"WSIII – "为考察队第三组采集号。

（2）CDSX：来源于"川东三县（巫山、巫溪、奉节）种子植物名录"（神农架及三峡地区作物种质资源考察队编，1990）。

（3）CDDQ：来源于"川东地区（巫山、巫溪、奉节）野生花卉植物标本名录"（神农架及三峡地区作物种质资源考察队编，1990）。

（4）WSFI：来源于"重庆市五里坡市级自然保护区综合科考报告"（重庆市林业规划设计院，2002）。

4. 本名录蕨类植物按秦仁昌的系统（1991）、裸子植物按郑万钧系统（1978 年）、被子植物按哈钦松（Hutchinson）系统（1959 年）编排，科中属、种按英文字母先后顺序排列。

细叶卷柏 *Selaginella labordei* Hieron WSI－1392（1），WSII－0703（1），WSI－1390（1）

江南卷柏 *Selaginella moellendorffii* Hieron. WSFI，CDDQ

伏地卷柏 *Selaginella nipponica* Franch. et Sav. WSI－0582（2）

峨眉卷柏 *Selaginella omeiensis*（Ching）H. Selaginella Kung WSFI

垫状卷柏 *Selaginella pulvinata*（Hook. et Grev.）Maxim. WSFI

卷柏 *Selaginella tamariscina*（P. Beauv.）Spring WSIII－0059（1）

翠云草 *Selaginella uncinata*（Desv.）Spring ● WSI－1092（1）

4. 木贼科 Equisetaceae

问荆属 *Equisetum* L.

问荆 *Equisetum arvense* L. WSII－0481（2）

披散木贼 *Equisetum diffusum*（D. Don）Ching WSFI

木贼 *Equisetum hiemale* L. WSI－0556（3）

节节草 *Equisetum ramosissimum* Desf. ● WSII－0709（2）

笔管草 *Equisetum ramosissimum* subsp. debile（Roxb. ex Vauch.）WSFI

5. 阴地蕨科 Botrychiaceae

阴地蕨属 *Botrychium* Sw.

药用阴地蕨 *Botrychium officinale* Ching WSFI

阴地蕨 *Botrychium ternatum*（Thunb.）Sw. WSFI

蕨萁 *Botrychium virginianum*（Linn.）Sw. WSFI

6. 瓶尔小草科 Ophioglossaceae

瓶尔小草属 *Ophioglossum* L.

尖头瓶尔小草 *Ophioglossum pedunculosum* Desv. WSFI

心脏叶瓶尔小草 *Ophioglossum reticulatum* Linn. WSI－1053（4）

狭叶瓶尔小草 *Ophioglossum thermale* Kom. ◆ WSI－1054（1）

瓶尔小草 *Ophioglossum vulgatum* Linn. WSI－1055（1）

7. 紫萁科 Osmundaceae

紫萁属 *Osmunda* Linn.

紫萁 *Osmunda japonica* Thunb. ● WSI－0020（3）

8. 里白科 Gleicheniaceae

芒萁属 *Dicranopteris* Bernh.

芒萁 *Dicranopteris dichotoma*（Thunb.）Bernh. ● WSII－1021（2）

里白属 *Hicriopteris* Presl

里白 *Hicriopteris glauca*（Thunb.）Ching WSI－0204（2），WSII－0535（1）

9. 海金沙科 Lygodiaceae

海金沙属 *Lygodium* Sw.

海金沙 *Lygodium japonicum*（Thunb.）Sw. WSI－0710（3）

10. 膜蕨科 Hymenophyllaceae

膜蕨属 *Hymenophyllum* Sm.

华东膜蕨 *Hymenophyllum barbatum* Bak. WSFI

11. 姬蕨科 Dennstaedtiaceae

碗蕨属 *Dennstaedtia* Berth.

细毛碗蕨 *Dennstaedtia pilosella*（Hook.）Ching WSFI

溪洞碗蕨 *Dennstaedtia wilfordii*（Moore）Christ WSFI

鳞盖蕨属 *Microlepia* Presl

边缘鳞盖蕨 *Microlepia marginata*（Houtt.）C. Chr. WSFI

姬蕨属 *Hypolepis* Bernh.

姬蕨 *Hypolepis punctata*（Thunb.）Mett. WSFI

12. 鳞始蕨科 Lindsaeaceae

乌蕨属 *Stenoloma* Fée

乌蕨 *Stenoloma chusanum*（Linn.）Ching WSII－0961（3）

13. 凤尾蕨科 Pteridaceae

蕨属 *Pteridium* Scop.

蕨 *Pteridium aquilinum*（L.）Kuhn var. *latiusculum*（Desv.）Underw. WSFI

毛轴蕨 *Pteridium revolutum*（Bl.）Nakai WSFI

凤尾蕨属 *Pteris* L.

猪鬃凤尾蕨 *Pteris actiniopteroides* Christ WSFI

粗糙凤尾蕨 *Pteris cretica* var. *Laeta*（Wall. ex Ettingsh.）C. Chr. et Tard.－Blot WSFI

凤尾蕨 *Pteris cretica* var. *nervosa*（Thunb.）Ching et S. H. Wu ● WSII－1177（4），WSII－0914（1）

岩凤尾蕨 *Pteris deltodon* Bak. WSI－1204（3）

溪边凤尾蕨 *Pteris excelsa* Gaud. WSII－073（2）

井栏边草 *Pteris multifida* Poir. ● WSII－0721（2）

蜈蚣草 *Pteris vittata* L. WSI－0037（3）

西南凤尾蕨 *Pteris wallichiana* Agardh WSFI

14. 中国蕨科 Sinopteridaceae

粉背蕨属 *Aleuritopteris* Fée

银粉背蕨 *Aleuritopteris argentea*（Gmel.）Fée ● WSI－1480（3）

湖北粉背蕨 *Aleuritopteris hupehensis* D. S. Jiang WSIII－0039（3）

粉背蕨 *Aleuritopteris pseudofarinosa* Ching et S. K. Wu WSII－1257（3）

碎米蕨属 *Cheilosoria* Trev.

毛轴碎米蕨 *Cheilosoria chusana*（Hook.）Ching et Shing WSFI

金粉蕨属 *Onychium* Kaulf.

栗柄金粉蕨 *Onychium japonicum*（Thunb.）Kunze var. *lucidum* Christ WSFI

野鸡尾 *Onychium japonicum*（Thunb.）Kze. WSI－0188（2）

宝兴金粉蕨 *Onychium moupinense* Ching WSII－0667（2）

旱蕨属 *Pellaea* Link

宜昌旱蕨 *Pellaea patula*（Bak.）Ching WSFI

15. 铁线蕨科 Adiantaceae

铁线蕨属 *Adiantum* L.

团羽铁线蕨 *Adiantum capillus – junonis* Rupr. WSI – 1387（3）

条裂铁线蕨 *Adiantum capillus – veneris* L. f. dissectum（Mart. et Galeot.）Ching WSIII – 0038（5）

铁线蕨 *Adiantum capillus – veneris* L. ● WSI – 0048（2）

白背铁线蕨 *Adiantum davidii* Franch. WSIII – 0097（1）

月芽铁线蕨 *Adiantum edentulum* Christ WSI – 0298（1）

肾盖铁线蕨 *Adiantum erythrochlamys* Diels WSFI

小铁线蕨 *Adiantum mariesii* Bak. WSII – 0058（1）

掌叶铁线蕨 *Adiantum pedatum* L. ● WSII – 0907（3）

16. 裸子蕨科 Hemionitidaceae

凤丫蕨属 *Coniogramme* Fée

尾尖凤丫蕨 *Coniogramme caudiformis* Ching et Shing WSII – 0221（1）

无毛凤丫蕨 *Coniogramme intermedia* Hieron. var. glabra Ching WSII – 0949（1）

普通凤丫蕨 *Coniogramme intermedia* Hieron. var. pulchra Ching et Shing WSFI

凤丫蕨 *Coniogramme japonica*（Thunb.）Diels WSII – 0072（3）

黑轴凤丫蕨 *Coniogramme robusta* Christ WSFI

乳头凤丫蕨 *Coniogramme rosthornii* Hieron. WSII – 0221（1）

疏网凤丫蕨 *Coniogramme wilsonii* Hieron. WSFI

金毛裸蕨属 *Gymnopteris* Bernh.

川西金毛裸蕨 *Gymnopteris bipinnata* Christ WSFI

耳叶金毛裸蕨 *Gymnopteris bipinnata* Christ var. auriculata（Franch.）Ching WSFI

17. 书带蕨科 Vittariaceae

书带蕨属 *Vittaria* Sm.

平肋书带蕨 *Vittaria fudzinoi* Makino WSFI

18. 蹄盖蕨科 Athyriaceae

短肠蕨属 *Allantodia* R. Br. emend. C

中华短肠蕨 *Allantodia chinensis*（Bak.）Ching WSI – 0054（1），WSI – 0863（2），WSI – 1308（1）

黑鳞短肠蕨 *Allantodia crenata*（Sommerf.）Ching WSFI

有鳞短肠蕨 *Allantodia squamigera*（Mett.）Ching WSFI

假蹄盖蕨属 *Athyriopsis* Ching

假蹄盖蕨 *Athyriopsis japonica*（Thunb.）Ching WSFI

蹄盖蕨属 *Athyrium* Roth

短叶蹄盖蕨 *Athyrium brevifrons* Nakai WSII – 1571（1），WSII – 1281（1）

麦秆蹄盖蕨 *Athyrium fallaciosum* Milde WSFI

蹄盖蕨 *Athyrium filix – foemina*（Linn.）Roth WSFI

鄂西蹄盖蕨 *Athyrium neowardee* Ching WSFI

华东蹄盖蕨 *Athyrium niponicum*（Mett.）Hance WSI – 1445（3）

峨眉蹄盖蕨 *Athyrium omeiense* Ching WSFI

光蹄盖蕨 *Athyrium otophorum* （Miq.）Kiodz. WSFI

介蕨属 *Dryoathyrium* Ching

鄂西介蕨 *Dryoathyrium henryi*（Bak.）Ching WSFI

华中介蕨 *Dryoathyrium okuboanum*（Makino）Ching WSII－0990（3）

川东介蕨 *Dryoathyrium stenopteron*（Bak.）Ching WSFI

峨眉介蕨 *Dryoathyrium unifurcatum*（Bak.）Ching WSII－1198（3）

峨眉蕨属 *Lunathyrium* Koidz.

峨眉蕨 *Lunathyrium acrostichoides*（Sw.）Ching WSI－0609（2）

华中峨眉蕨 *Lunathyrium centro－chinense* Ching WSFI

陕西峨眉蕨 *Lunathyrium giraldii*（Christ）Ching WSFI

假冷蕨属 *Pseudocystopteris* Ching

大叶假冷蕨 *Pseudocystopteris atkinsonii*（Bedd.）Ching WSI－0387（3）

19. 金星蕨科 Thelypteridaceae

金星蕨属 *Parathelypteris*（H. Ito）Ching

金星蕨 *Parathelypteris glanduligera*（Kze.）Ching WSII－1549（1）

中日金星蕨 *Parathelypteris nipponica*（Franch. et Sav.）Ching WSII－0241（1）

毛蕨属 *Cyclosorus* Link

渐尖毛蕨 *Cyclosorus acuminatus*（Houtt.）Nakai WSFI

干旱毛蕨 *Cyclosorus aridus*（Don）Tagawa WSFI

方杆蕨属 *Glaphylopteridopsis* Ching

方杆蕨 *Glaphylopteridopsis erubescens*（Wall.）Ching WSFI

卵果蕨属 *Phegopteris* Fée

延羽卵果蕨 *Phegopteris decursive－pinnata*（van Hall）Fée WSI－0040（3）

新月蕨属 *Pronephrium* Presl

披针新月蕨 *Pronephrium penangianum*（Hook.）Holtt. WSI－1091（3），WSII－1146（1）

假毛蕨属 *Pseudocyclosorus* Ching

普通假毛蕨 *Pseudocyclosorus subochthodes*（Ching）Ching WSII－1198（1），WSII－0504（2）

紫柄蕨属 *Pseudophegopteris* Ching

紫柄蕨 *Pseudophegopteris pyrrhorachis*（Kunze）Ching WSFI

20. 铁角蕨科 Aspleniaceae

铁角蕨属 *Aspleniaceae* L.

城口铁角蕨 *Asplenium chengkouense* Ching et X. X. Kong WSFI

阴地铁角蕨 *Asplenium fugax* Christ WSFI

虎尾铁角蕨 *Asplenium incisum* Thunb. WSII－0293（1）

北京铁角蕨 *Asplenium pekinense* Hance WSI－1546（2）

长叶铁角蕨 *Asplenium prolongatum* Hook. WSI－0590（2）

华中铁角蕨 *Asplenium sarelii* Hook. WSII－0404（1）

铁角蕨 *Asplenium trichomanes* L. WSII－0963（2），WSII－0964（1）

三翅铁角蕨 *Asplenium tripteropus* Nakai WSII－1108（4）

变异铁角蕨 *Asplenium varians* Wall. ex Hook. et Grev. WSFI

21. 睫毛蕨科 Pleurosoriopsidaceae

睫毛蕨属 *Pleurosoriopsis* Fomin

睫毛蕨 *Pleurosoriopsis makinoi*（Maxim.）Fomin WSFI

22. 球子蕨科 Onocleaceae

荚果蕨属 *Matteuccia* Todaro

华中荚果蕨 *Matteuccia intermedia* C. Chr. WSFI

东方荚果蕨 *Matteuccia orientalis*（Hook.）Trev. WSFI

荚果蕨 *Matteuccia struthiopteris*（L.）Todaro ● WSI – 0834（1）

23. 岩蕨科 Woodsiaceae

岩蕨属 *Woodsia* R. Br.

耳羽岩蕨 *Woodsia polystichoides* Eaton WSFI

陕西岩蕨 *Woodsia shensiensis* Ching WSFI

神龙岩蕨 *Woodsia shennongensis* D. S. Jiang WSII – 0962（3）

24. 乌毛蕨科 Blechnaceae

荚囊蕨属 *Struthiopteris* Scopoli

荚囊蕨 *Struthiopteris eburnea*（Christ）Ching WSFI

狗脊属 *Woodwardia* Smith

狗脊 *Woodwardia japonica* Sm. WSFI

顶芽狗脊 *Woodwardia unigemmata*（Makino）Nakai WSI – 0032（2）

25. 鳞毛蕨科 Dryopteridaceae

鳞毛蕨属 *Dryopteris* Adanson

尖齿鳞毛蕨 *Dryopteris acutodentata* Ching WSFI

暗鳞鳞毛蕨 *Dryopteris atrata*（Kunze）Ching WSI – 0403（3）

阔鳞鳞毛蕨 *Dryopteris championii*（Benth.）C. Chr. ex Ching WSII – 0589（2），WSIII – 0085（1），

绵马鳞毛蕨 *Dryopteris crassirhizoma* Nakai WSII – 1196（3），WSI – 0703（3）

黑足鳞毛蕨 *Dryopteris fuscipes* C. Chr. WSI – 0435（1），WSII – 1449（2）

湖北鳞毛蕨 *Dryopteris hupehensis* Ching WSFI

假异鳞毛蕨 *Dryopteris immixta* Ching WSFI

齿头鳞毛蕨 *Dryopteris labordei*（Christ）C. Chr. WSII – 1041（2）

狭顶鳞毛蕨 *Dryopteris lacera*（Thunb.）O. Ktze. WSI – 0627（1）

单脉鳞毛蕨 *Dryopteris polylepis*（Franch et Sav.）C. Chr. WSFI

微孔鳞毛蕨 *Dryopteris porosa* Ching WSFI

川西鳞毛蕨 *Dryopteris rosthornii*（Diels）C. Chr. WSFI

两色鳞毛蕨 *Dryopteris setosa*（Thunb.）Akasawa WSFI

复叶耳蕨属 *Arachniodes* Bl.

尾形复叶耳蕨 *Arachniodes caudata* Ching WSFI

镰羽复叶耳蕨 *Arachniodes estina*（Hance）Ching WSFI

斜方复叶耳蕨 *Arachniodes rhomboidea*（Wall.）Ching WSFI

长尾复叶耳蕨 *Arachniodes simplicior*（Makino）Ohwi WSFI

美丽复叶耳蕨 *Arachniodes speciosa* （D. Don）Ching WSFI

贯众属 *Cyrtomium* Presl

镰羽贯众 *Cyrtomium balansae* （Christ）C. Chr. WSI－0009 （1）

刺齿贯众 *Cyrtomium caryotideum* （Wall. ex Hook, et Grev.）Presl. WSII－0891 （2）

全缘贯众 *Cyrtomium falcatum* （L. f.）Presl WSII－1572 （1）

贯众 *Cyrtomium fortunei* J. Sm. ● WSII－0322 （3）

多羽贯众 *Cyrtomium fortunei* J. Sm. f. polypterum （Diels）Ching WSI－1156 （2），WSI－0009 （1），WSII－1164 （3）

大叶贯众 *Cyrtomium macrophyllum* （Makino）Tagawa WSFI

楔基贯众 *Cyrtomium macrophyllum* （Makino）Tagawa var. muticum WSII－1176 （2）

硕羽贯众 *Cyrtomium megaphyllum* Ching et Shing WSFI

齿盖贯众 *Cyrtomium tukusicola* Tagawa WSFI

阔羽贯众 *Cyrtomium yamamotoi* Tagawa WSII－1507 （1）

毛枝蕨属 *Leptorumohra* H. Ito

毛枝蕨 *Leptorumohra miqueliana* （Maxim.）H. Ito WSFI

耳蕨属 *Polystichum* Roth

尖齿耳蕨 *Polystichum acutidens* Christ WSII－0863 （3）

多鳞耳蕨 *Polystichun aquarrosum* Fée WSII－0638 （1）

鞭叶耳蕨 *Polystichun craspedosorum* （Maxim.）Diels WSII－0960 （3）

圆片耳蕨 *Polystichum cyclolobum* C. Chr. WSFI

对生耳蕨 *Polystichum deltodon* （Bak.）Diels WSII－1307 （1）

黑鳞耳蕨 *Polystichum makinoi* （Tagawa）Tagawa WSI－0591 （1）

革叶耳蕨 *Polystichum nakenense* Ching WSII－1241

新裂耳蕨 *Polystichum neolobatum* Nakai WSFI

南湖耳蕨 *Polystichum prescottianum* （Wall. ex Mett.）Moore WSFI

倒鳞耳蕨 *Polystichum retroso－paleaceum* （Kodama）Tagawa WSFI

陕西耳蕨 *Polystichum shensiense* Christ WSFI

中华耳蕨 *Polystichum sinense* Christ WSFI

狭叶芽胞耳蕨 *Polystichum stenophyllum* Christ WSFI

三叉耳蕨 *Polystichum tripteron* （Kze.）Presl WSFI

对马耳蕨 *Polystichun tsus－simense* （Hook.）J. Sm. WSI－0063 （3）

26. 三叉蕨科 Aspidiaceae

肋毛蕨属 *Ctenitis* （C. chr.）C. chr.

阔鳞肋毛蕨 *Ctenitis maximowicziana* （Mig. ）Ching WSFI

虹鳞肋毛蕨 *Ctenitis rhodolepis* （Clarke）Ching WSII－0917 （2）

27. 水龙骨科 Polypodiaceae

线蕨属 *Colysis* C. Presl

曲边线蕨 *Colysis flexiloba* （Christ）Ching WSFI

胄叶线蕨 *Colysis hemitoma* （Hance）Ching ● WSII－1686 （1），WSII－1524 （1）

矩圆线蕨 *Colysis henryi* （Baker）Ching WSIII－0005 （1）

骨牌蕨属 *Lepidogrammitis* **Ching**

披针骨牌蕨 *Lepidogrammitis diversa*（Ros.）Ching WSII – 1217（1）

抱石莲 *Lepidogrammitis drymoglossoides*（Baker）Ching WSII – 0921（3）

盾蕨属 *Neolepisorus* **Ching**

盾蕨 *Neolepisorus ovatus*（Bedd.）Ching WSFI

瓦韦属 *Lepisorus*（**J. Sm**）**Ching**

二色瓦韦 *Lepisorus bicolor* Ching WSII – 0333（1）

光瓦韦 *Lepisorus calvata*（Bak）Ching WSII – 1690（3）

扭瓦韦 *Lepisorus contortus*（Christ）Ching WSFI

大瓦韦 *Lepisorus macrosphaerus*（Baker）Ching WSFI

多鳞瓦韦 *Lepisorus oligolepidus*（Bak.）Ching WSFI

神农架瓦韦 *Lepisorus patungensis* Ching et S. K. Wu WSFI

瓦韦 *Lepisorus thunbergianus*（Kaulf.）Ching WSFI

乌苏里瓦韦 *Lepisorus ussuriensis*（Regel）Ching WSII – 1383（2）

星蕨属 *Microsorium* **Link**

攀援星蕨 *Microsorium buergerianum*（Miq.）Ching WSII – 0864（3）

江南星蕨 *Microsorium fortunei*（T. Moore）Ching WSII – 0931（2），WSII – 0631（2）

假瘤蕨属 *Phymatopteris* **Pic. Serm.**

灰鳞假瘤蕨 *Phymatopteris albopes*（C. Chr. et Ching）Pic. Serm. WSII – 0556 – 1（1）

宽底假瘤蕨 *Phymatopteris majoensis*（C. Chr.）Pic. Serm. WSII – 0976（3）

陕西假瘤蕨 *Phymatopteris shensiensis*（Christ）Pic. Serm. WSFI

水龙骨属 *Polypodiodes* **Ching**

日本水龙骨 *Polypodiodes niponica*（Mett.）Ching WSII – 0556（2），WSII – 1410

石韦属 *Pyrrosia* **Mirbel**

相异石韦 *Pyrrosia assimilis*（Bak.）Ching WSFI

光石韦 *Pyrrosia calvata*（Baker）Ching WSFI

华北石韦 *Pyrrosia davidii*（Baker）Ching WSII – 0952（2）

西南石韦 *Pyrrosia gralla*（Gies.）Ching WSFI

石韦 *Pyrrosia lingua*（Thunb.）Farwell WSFI

矩圆石韦 *Pyrrosia martinii*（Christ）Ching WSFI

柔软石韦 *Pyrrosia mollis*（Kunze.）Ching WSII – 1697（3）

有柄石韦 *Pyrrosia petiolosa*（Christ）Ching WSII – 0714（2）

庐山石韦 *Pyrrosia sheareri*（Baker）Ching WSII – 0314（3）

28. 槲蕨科 Drynariaceae

槲蕨属 *Drynaria*（**Bory**）**J. Sm.**

中华槲蕨 *Drynaria baronii*（Christ）Diels WSFI

槲蕨 *Drynaria roosii* Nakaike WSII – 0637（1）

29. 剑蕨科 Loxogrammaceae

剑蕨属 *Loxogramme*（**Blume**）**C. Presl**

柳叶剑蕨 *Loxogramme salicifolia*（Makino）Makino WSFI

黑足剑蕨 *Loxogramme saziran* Tagawa WSFI

30. 苹科 Marsileaceae

苹属 *Marsilea* L.

苹 *Marsilea quadrifolia* L. WSFI

31. 槐叶苹科 Salvinaceae

槐叶苹属 *Salvinia* Adans.

槐叶苹 *Salvinia natans*（L.）All. WSFI

32. 满江红科 Azollaceae

满江红属 *Azolla* Lam.

满江红 *Azolla pinnata* R. Brown. WSFI

二、裸子植物 Gymnospermae

33. 银杏科 Ginkgoaceae

银杏属 *Ginkgo* Linn.

银杏 *Ginkgo biloba* Linn. ★ CDDQ，CDSX，WSFI

34. 松科 Pinaceae

冷杉属 *Abies* Mill.

秦岭冷杉 *Abies chensiensis* Van Tiegh. ▲ WSFI，CDDQ

巴山冷杉 *Abies fargesii* Franch. ▲ WSII – 1357（2）

雪松属 *Cedrus* Trew.

雪松 *Cedrus deodara*（Roxb.）G. Don ★ CDDQ，

油杉属 *Keteleeria* Carr.

铁坚油杉 *Keteleeria davidiana*（Bertr.）Beissn. ▲ WSII – 1592（2），WSII – 1088（3），WSII – 1290（2）

海南油杉 *Keteleeria hainanensis* Chun et Tsiang WSII – 0809（2）

落叶松属 *Larix* Mill.

日本落叶松 *Larix kaempferi*（Lamb.）Carr. ★ WSI – 0513（3）

云杉属 *Picea* Dietr.

麦吊云杉 *Picea brachytyla*（Franch.）Pritz. ▲ WSFI，CDSX

大果青杆 *Picea neoveitchii* Mast. ▲ WSI – 0384（4），WSII – 1702（1）

青杆 *Picea wilsonii* Mast. ▲ WSII – 0245（3），WSII – 0500（1）

松属 *Pinus* Linn.

华山松 *Pinus armandii* Franch. ★ WSI – 0541（1），WSI – 0161（1），WSII – 0094（1）

巴山松 *Pinus henryi* Mast. ▲ WSII – 1351（2），WSII – 1253（3）

马尾松 *Pinus massoniana* Lamb. WSII – 0260（2）

油松 *Pinus tabulaeformis* Carr. WSFI，CDDQ

黄杉属 *Pseudotsuga* Carr.

黄杉 *Pseudotsuga sinensis* Dode WSII – 1356（1）

铁杉属 *Tsuga* Carr.

铁杉 *Tsuga chinensis*（Franch.）Pritz. WSI – 1475（3），WSI – 1504（1），WSII – 0475（2）

35. 杉科 Taxodiaceae

柳杉属 *Cryptomeria* D. Don

日本柳杉 *Cryptomeria japonica*（Linn. f.）D. Don ▲ WSI－0939（3）

柳杉 *Cryptomeria fortunei* Hooibrenk ex Otto et Dietr ▲ WSFI

杉木属 *Cunninghamia* R. Br

杉木 *Cunninghamia lanceolata*（Lamb.）Hook. ▲ WSI－0151（2）

水杉属 *Metasequoia* Miki ex Hu et Cheng

水杉 *Metasequoia glyptostroboides* Hu et Cheng ★ WSFI

36. 柏科 Cupressaceae

柏木属 *Cupressus* Linn.

柏木 *Cupressus funebris* Endl. ▲ WSI－0967（2），WSI－0626（3）

刺柏属 *Juniperus* Linn.

刺柏 *Juniperus formosana* Hayata ▲ CDDQ, CDSX, WSFI

侧柏属 *Platycladus* Spach

侧柏 *Platycladus orientalis*（Linn.）Franco ★ WSI－1006（3），WSII－0320（3）

圆柏属 *Sabina* Mill.

圆柏 *Sabina chinensis*（Linn.）Ant. WSII－1618（2）

香柏 *Sabina pingii* var. *wilsonii*（Rehd,）Cheng et L. K. Fu CDSX, CDDQ, WSFI

高山柏 *Sabina squamata*（Buch－Hamilt.）Ant. WSII－1370（3），WSI－1271（1）

37. 三尖杉科 Cephalotaxaceae

三尖杉属 *Cephalotaxus* Sieb. et Zucc. ex Endl.

三尖杉 *Cephalotaxus fortunei* Hook. f. ◆▲ WSI－0549（3），WSII－0906（3），WSII－0852（3）

篦子三尖杉 *Cephalotaxus oliveri* Mast. ◆▲ WSFI

粗榧 *Cephalotaxus sinensis*（Rehd. et Wils.）Li ◆▲ WSII－0416（3），WSI－0833（3）

宽叶粗榧 *Cephalotaxus sinensis* var. *latifolia* Cheng et L. k. Fu ◆▲ WSFI, CDSX

38. 红豆杉科 Taxaceae

穗花杉属 *Amentotaxus* Pilger.

穗花杉 *Amentotaxus argotaenia*（Hance）Pilger ▲ WSII－1165（3）

红豆杉属 *Taxus* Linn.

红豆杉 *Taxus chinensis*（Pilger）Rehd. var. *chinensis* ◆▲ WSI－0471（4），WSI－1319（3），WSII－0877（3），WSII－1683（2），WSI－1470（1），WSI－1258（1）

南方红豆杉 *Taxus chinensis*（Pilger）Rehd. var. *mairei*（Lemée et Lévl.）Cheng et L. K. Fu ▲◆ WSFI

榧树属 *Torreya* Arn.

巴山榧树 *Torreya fargesii* Franch. ▲ WSII－1185（3），WSI－1235（2），WSII－1166（3），WSI－1582（1），WSI－1356（1）

三、被子植物 Angiospermae

双子叶植物纲 DICOTYLEDONEAE

Division I　Lignosae 木本支

39. 木兰科 Magnoliaceae

鹅掌楸属 *Liriodendron* Linn.

鹅掌楸 *Liriodendron chinense*（Hemsl.）Sargent. ●▲ CDSX

木兰属 *Magnolia* Linn.

天目玉兰 *Magnolia amoena* Cheng WSI – 0895（3）

凹叶厚朴 *Magnolia biloba*（Rehd. et Wils）Law. ★◆ WSII – 0733（2）

望春玉兰 *Magnolia biondii* Pampan. ●▲ WSFI

玉兰 *Magnolia denudata* Desr. ● WSII – 1615（2）

荷花玉兰 *Magnolia grandiflora* Linn. ★

紫玉兰 *Magnolia liliflora* Desr. ● CDDQ，CDSX

厚朴 *Magnolia officinalis* Rehd. et Wils. ★◆ WSII – 0776（3）

武当木兰 *Magnolia sprengeri* Pampan. ●▲ WSI – 1322（3）

木莲属 *Manglietia* BL.

川滇木莲 *Manglietia duclouxii* Finet et Gagnep. ●▲ WSII – 1175（3）

木莲 *Manglietia fordiana* Oliv. WSII – 1168（3）

40. 八角科 Illiciaceae

八角属 *Illicium* L.

红茴香 *Illicium henryi* Diels ◆▲ WSI – 0622（3）

41. 五味子科 Schisandraceae

五味子属 *Schisandra* Michx.

金山五味子 *Schisandra glaucescens* Diels WSII – 0350（2）

翼梗五味子 *Schisandra henryi* Clarke ◆ WSFI

合蕊五味子 *Schisandra propingua*（Wall.）Baill. WSII – 1128（1）

铁箍散 *Schisandra propinqua*（Wall.）Baill. var. *sinensis* Oliv. WSI – 0452 – 1（1），WSII – 0969（1），WSII – 1132（2），WSII – 0720（1）

红花五味子 *Schisandra rubriflora*（Franch.）Rehd. et Wils. WSI – 0453（1）

华中五味子 *Schisandra sphenanthera* Rehd. et Wils. ◆▲ WSI – 1002（1）

绿叶五味子 *Schisandra viridis* A. C. Smith WSII – 0436（3）

42. 连香树科 Cercidiphyllaceae

连香树属 *Cercidiphyllum* Sieb. et Zucc.

连香树 *Cercidiphyllum japonicum* Sieb. et Zucc. ●▲ WSII – 0979（3）

43. 樟科 Lauraceae

黄肉楠属 *Actinodaphne* Nees

红果黄肉楠 *Actinodaphne cupularis*（Hemsl.）Gamble ▲◆ WSII – 1206（2），WSII – 1079（1）

扬子黄肉楠 *Actinodaphne lancifolia* Meissn var. *sinensis* Allen WSI – 1031（1），WSII – 1532（2）

隐脉黄肉楠 *Actinodaphne obscurinervia* Yang et P. H. Huang WSFI

峨眉黄肉楠 *Actinodaphne omeiensis*（Liou）Allen WSFI

黄肉楠 *Actinodaphne reticulata* Meissn. WSII – 0692（1），WSI – 1032（1），WSII – 0692（2）

樟属 *Cinnamomum* Trew

猴樟 *Cinnamomum bodinieri* Lévl. ▲ CDDQ, WSFI

狭叶阴香 *Cinnamomum burmannii*（C. G. et . Th. Nees）Bl. f. *heyneanum*（Nees）H. W. Li ▲ WSFI

樟 *Cinnamomum camphora*（Linn.）Presl ▲● WSFI

黄樟 *Cinnamomum porrectum*（Roxb.）Kosterm. ▲ WSI－1040（2），WSI－1042（1），WSII－0674（3）

银木 *Cinnamomum septentrionale* H.－M. WSII－0777（4）

香桂 *Cinnamomum subavenium* Miq. ▲ WSII－1219（1）

川桂 *Cinnamomum wilsonii* Gamble ▲ WSII－1211（3），WSIII－0082（2），WSII－1143（1），WSI－0283（1），WSI－0749（2）

山胡椒属 *Lindera* Thunb.

狭叶山胡椒 *Lindera angustifolia* Cheng ▲ CDSX

香叶树 *Lindera communis* Hemsl. ▲ WSII－1201（3），WSI－0993（1）

红果山胡椒 *Lindera erythrocarpa* Makino WSI－0305（1），WSI－0314（1），WSI－0446（1）

香叶子 *Lindera fragrans* Oliv. ◆▲ WSII－0684（2），WSI－0992（1），WSII－0684（1）

绿叶甘橿 *Lindera fruticosa* Hemsl. var. *fruticosa* ▲ WSIII－1519（3），WSIII－0010（3），WSII－1212（3）

山胡椒 *Lindera glauca*（Sieb. et Zucc.）Bl. ◆▲ WSI－0076（2）

广东山胡椒 *Lindera kwangtungensis*（Liou）Allen ▲ WSII－0419（3）

黑壳楠 *Lindera megaphylla* Hemsl. f. *megaphylla* ▲ WSII－0789（1）

三桠乌药 *Lindera obtusiloba* Bl. var. *obtusiloba* ▲ WSII－0427（3），WSI－0902（2）

香粉叶 *Lindera pulcherrima*（Wall.）Benth. var. *attenuata* Allen ◆▲ WSFI

山橿 *Lindera reflexa* Hemsl. ◆▲ WSI－0826（2），WSI－0993（1）

四川山胡椒 *Lindera setchuenensis* Gamble CDSX, CDDQ

长尾钓樟 *Lindera thomsonii* Allen var. *vernayana*（Allen）H. P. Tsui WSFI

三股筋香 *Lindera thomsonii* Allen WSI－1086（3），WSI－0283（3）

木姜子属 *Litsea* Lam.

高山木姜子 *Litsea chunii* Cheng var. *chunii* ▲ WSII－0446（1），WSI－0468（1）

豹皮樟 *Litsea coreana* Lévl. var. *sinensis*（Allen）Yang et P. H. Huang ◆ WSI－1042（2）

山鸡椒 *Litsea cubeba*（Lour.）Pers. var. *cubeba* ▲ CDDQ, CDSX, WSFI

黄丹木姜子 *Litsea elongata*（Wall. ex Nees）Benth. et Hook. f. ▲ WSFI

湖北木姜子 *Litsea hupehana* Hemsl CDSX, CDDQ, WSFI

宜昌木姜子 *Litsea ichangensis* Gamble ▲ WSI－0458（1）

毛叶木姜子 *Litsea mollis* Hemsl. ◆▲ CDDQ, CDSX, WSFI

四川木姜子 *Litsea moupinensis* Lec. var. *szechuanica*（Allen）Yang et P. H. Huang ▲ WSII－0230（1），WSII－0854（3）

木姜子 *Litsea pungens* Hemsl. WSI－0181（3），WSI－0422（2）

绢毛木姜子 *Litsea sericea*（Nees）Hook. f. WSI－0912（5），WSI－0086（2）

钝叶木姜子 *Litsea veitchiana* Gamble var. *veitchiana* WSFI

润楠属 *Machilus* Nees.

宜昌润楠 *Machilus ichangensis* Rehd. et Wils. ▲◆ CDDQ, CDSX

薄叶润楠 *Machilus leptophylla* Hanel－Mzt. WSI－1085（2），WSII－0874（3），WSI－0693（1），WSII－0079（1），WSII－0074（1）

小果润楠 *Machilus microcarpa* Hemsl. var. *microcarpa* CDSX, WSFI

柳叶润楠 *Machilus salicina* Hance WSII－0937（2），WSII－0839（3），WSII－0859（3），WSII－1179（3）

刨花楠 *Machilus pauhoi* Kamchira WSII－1172（2），WSI－0654（2），WSII－1206（1）

新木姜子属 *Neolitsea* Merr.

粉叶新木姜子 *Neolitsea aurata*（Hay.）Koidz. var. *glauca* Yang WSII－1169（2）

簇叶新木姜子 *Neolitsea confertifolia*（Hemsl.）Merr. ▲ WSII－0878（2）

凹脉新木姜子 *Neolitsea impressa* Yang WSII－0749（1）

巫山新木姜子 *Neolitsea wushanica*（Chun）Merr. var. *wushanica* WSFI

楠木属 *Phoebe* Nees.

山楠 *Phoebe chinensis* Chun ▲● WSI－1328（2）

白楠 *Phoebe neurantha*（Hemsl.）Gamble ▲ WSII－0649（3）

紫楠 *Phoebe sheareri*（Hemsl.）Gamble ▲ WSI－1326（2），WSII－1024（2）

楠木 *Phoebe zhennan* S. Lee et F. N. We ▲● WSI－0873（2），WSI－0678（2），WSI－1530（1），WSII－0872（1），WSII－1531（1）

檫木属 *Sassafras* Trew.

檫木 *Sassafras tzumu*（Hemsl.）Hemsl. ▲●◆ CDDQ，WSFI

44. 马桑科 Coriariaceae

马桑属 *Coriaria* L.

马桑 *Coriaria nepalensis* Wall. ▲ WSI－0060（3）

45. 蔷薇科 Rosaceae

龙芽草属 *Agrimonia* Linn.

龙芽草 *Agrimonia pilosa* Ledeb. ◆ WSI－0019（3），WSI－1183（1）

唐棣属 *Amelanchier* Medic.

唐棣 *Amelanchier sinica*（Schneid.）Chun ●◆ WSII－1262（1），WSI－0940（3）

桃属 *Amygdalus* L.

桃 *Amygdalus persica* L. ■● WSII－0228（2）

杏属 *Armeniaca* Mill.

梅 *Armeniaca mume* Sieb. ● WSII－0756－1（1）

杏 *Armeniaca vulgaris* Lam. ●◆ WSII－0756（2）

假升麻属 *Aruncus*（*L*.）*Schaeff*.

假升麻 *Aruncus sylvester* Kostel. WSFI

樱属 *Cerasus* Mill.

微毛樱桃 *Cerasus clarofolia*（Schneid.）Yǔ et Li WSFI

华中樱桃 *Cerasus conradinae*（Koehne）Yǔ et Li WSII－1296（3）

尾叶樱桃 *Cerasus dielsiana*（Schneid.）Yǔ et Li CDDQ

盘腺樱桃 *Cerasus discadenia*（Koehne）Li et Jiang CDDQ

樱桃 *Cerasus pseudocerasus*（Lindl.）G. Don■●◆ WSFI

山樱花 *Cerasus serrulata*（Lindl.）G. Don ● WSFI

刺毛樱桃 *Cerasus setulosa*（Batal.）Yǔ et Li WSII－1596（2）

四川樱桃 *Cerasus szechuanica*（Batal.）Yǔ et Li WSFI

贴梗海棠属 *Chaenomeles* Lindl.

芒齿贴梗海棠 *Chaenomeles cathayensis*（Hemsl.）Schneid. WSII－0770（2）

枸子属 *Cotoneaster* B. Ehrhart.

密毛灰枸子 *Cotoneaster acutifolius* Turcz. var. *villosulus* Rehd. et Wils. ◆● WSI－0474（2），WSI－0391（2），WSI－0401（2）

匍匐枸子 *Cotoneaster adpressus* Bois ● WSII－0061（3）

川康枸子 *Cotoneaster ambiguus* Rehd. et Wils. CDDQ

泡叶枸子 *Cotoneaster bullatus* Bois CDDQ，CDSX

木帚枸子 *Cotoneaster dielsianus* Pritz. WSFI

散生枸子 *Cotoneaster divaricatus* Rehd. et Wils. WSII－1457（2）

麻核枸子 *Cotoneaster foveolatus* Rehd. et Wils. WSI－0381（2）

粉叶枸子 *Cotoneaster glaucophyllus* Franch. WSFI

细弱枸子 *Cotoneaster gracilis* Rehd. et Wils. WSII－0939（2），WSII－0207（3）

平枝枸子 *Cotoneaster horizontalis* Dcne. ◆● WSI－0174（3），WSII－1145（1）

小叶平枝枸子 *Cotoneaster horizontalis* Dcne. var. *perpusillus* Schneid. WSI－0919（3），WSII－0538（3）

宝兴枸子 *Cotoneaster moupinensis* Franch. WSFI

柳叶枸子 *Cotoneaster salicifolius* Franch. WSFI

皱叶柳叶枸子 *Cotoneaster salicifolius* Franch. var. *rugosus*（Pritz.）Rehd. et Wils. WSII－1237（3）

华中枸子 *Cotoneaster silvestrii* Pamp. CDDQ，WSFI

山楂属 *Crataegus* L.

野山楂 *Crataegus cuneata* Sieb. et Zucc. ■◆ CDDQ，CDSX

湖北山楂 *Crataegus hupehensis* Sarg. ■◆ CDDQ，WSFI

华中山楂 *Crataegus wilsonii* Sarg. WSI－0490（3），WSII－0543（3），WSII－1279（2）

蛇莓属 *Duchesnea* Smith

蛇莓 *Duchesnea indica*（Andr.）Focke

枇杷属 *Eriobotrya* Lindl.

枇杷 *Eriobotrya japonica*（Thunb.）Lindl. ★ WSI－0630（2）

草莓属 *Fragaria* L.

纤细草莓 *Fragaria gracilis* Lozinsk. WSI－1278（2）

东方草莓 *Fragaria orientalis* Lozinsk. ■WSI－0301（1），WSI－0416（3）

路边青属 *Geum* L.

路边青 *Geum aleppicum* Jacq. ◆■ WSI－0405（2），WSII－0338（2），WSI－0951（2），WSI－1140（2）

柔毛路边青 *Geum japonicum* Thunb. var. *chinense* F. Bolle WSFI

棣棠花属 *Kerria* DC.

重瓣棣棠花 *Kerria japonica*（L.）DC. f. *pleniflora*（Witte）Rehd. ★ WSFI

棣棠花 *Kerria japonica*（L.）DC. ● WSII－0346（3）

桂樱属 *Laurocerasus* Tourn. ex Duh.

大叶桂樱 *Laurocerasus zippeliana*（Miq.）Yǔ et Lu WSII－1017（3），WSII－1065（1），WSII－0650（3）

臭樱属 *Maddenia* Hook. f. et Thoms.

臭樱 *Maddenia hypoleuca* Koehne WSII－1576（5）

苹果属 *Malus* Mill.

花红 *Malus asiatica* Nakai ● WSFI

河南海棠 *Malus honanensis* Rehd. ■ WSI – 0810（3）

湖北海棠 *Malus hupehensis*（Pamp.）Rehd. ■ WSI – 0184（3），WSI – 0969（2），WSII – 0214（2），WSI – 1262（1），WSI – 1265（2），WSI – 0661（2），WSI – 1274（2），WSII – 0125（2），WSI – 1255（1）

陇东海棠 *Malus kansuensis*（Batal.）Schneid. ■● CDDQ，WSFI

光叶陇东海棠 *Malus kansuensis*（Batal.）Schneid. var. *calva*（Rehd.）T. C. Ku et Spongberg WSII – 1388（1），WSII – 1430（2）

三叶海棠 *Malus sieboldii*（Regel）Rehd. ■● CDDQ

川鄂滇池海棠 *Malus yunnanensis*（Franch.）Schneid. var. *veitchii*（Osborn）Rehd. WSII – 0443（2）

绣线梅属 *Neillia* D. Don

毛叶绣线梅 *Neillia ribesioides* Rehd. ◆ CDSX

中华绣线梅 *Neillia sinensis* Oliv. ● CDDQ，CDSX，WSFI

稠李属 *Padus* Mill.

短梗稠李 *Padus brachypoda*（Batal.）Schneid. WSII – 1489（2）

橉木 *Padus buergeriana*（Miquel.）Yü et Ku WSI – 0628（1），WSI – 1259（3）

灰叶稠李 *Padus grayana*（Maxim.）Schneid. WSIII – 0083（1）

细齿稠李 *Padus obtusata*（Koehne）Yü et Ku WSII – 1382（2），WSII – 0841（3）

绢毛稠李 *Padus wilsonii* Schneid. WSII – 0995（2），WSII – 1203（1）

石楠属 *Photinia* Lindl.

中华石楠 *Photinia beauverdiana* Schneid. CDDQ，CDSX，WSFI

小叶石楠 *Photinia parvifolia*（Pritz.）Schneid. WSFI

石楠 *Photinia serrulata* Lindl. ◆▲● WSIII – 0076（3），WSII – 0083（3）

毛叶石楠 *Photinia villosa*（Thunb）DC. WSI – 0642（3）

委陵菜属 *Potentilla* L.

皱叶委陵菜 *Potentilla ancistrifolia* Bunge. WSII – 0967（1）

蛇莓委陵菜 *Potentilla centigrana* Maxim. WSI – 0606（3），WSII – 1302（2），WSII – 0560（2）

委陵菜 *Potentilla chinensis* Ser. ◆ CDSX，WSFI

狼牙委陵菜 *Potentilla cryptotaeniae* Maxim. WSFI

翻白草 *Potentilla discolor* Bge. ◆■ WSII – 0305（1）

莓叶委陵菜 *Potentilla fragarioides* L. WSII – 0310（1），WSI – 0999（1），WSI – 1266（1）

三叶委陵菜 *Potentilla freyniana* Bornm. ◆ CDDQ，WSFI

中华三叶委陵菜 *Potentilla freyniana* Bornm. var. *sinica* Migo CDSX，WSFI

伏毛金露梅 *Potentilla fruticosa* L. var. *arbuscula*（D. Don）Maxim. WSI – 1442（2）

蛇含委陵菜 *Potentilla kleiniana* Wight et Arn. ◆WSII – 0057（3），WSII – 0392（1），WSI – 0278（1）

银叶委陵菜 *Potentilla leuconota* D. Don ◆ WSI – 0604（3）

李属 *Prunus* L.

李 *Prunus salicina* Lindl. ■ WSI – 0159（1）

火棘属 *Pyracantha* Roem.

全缘火棘 *Pyracantha atalantioides*（Hance）Stapf WSI – 1405（3），WSI – 0141（3），WSI – 0114（1）

细圆齿火棘 *Pyracantha crenulata*（D. Don）Roem. ●■ WSI – 0144（3）

火棘 *Pyracantha fortuneana*（Maxim.）Li ●■ WSI－0145（2）

梨属 *Pyrus* L.

杜梨 *Pyrus betulaefolia* Bge. ■●▲ CDSX，WSFI

川梨 *Pyrus pashia* D. Don■▲ WSI－0685（2）

麻梨 *Pyrus serrulata* Rehd. ■▲ WSFI

沙梨 *Pyrus pyrifolia*（_ Burm. f）Nakai WSI－0974（2），WSII－0885（3），WSII－0265（1），WSI－0476（1），WSI－0251（2）

鸡麻属 *Rhodotypos* Sieb. et Zucc

鸡麻 *Rhodotypos scandens*（Thunb.）Makino ●◆ WSFI

蔷薇属 *Rosa* L.

木香花 *Rosa banksiae* Ait. ◆▲● WSI－0966（3），WSII－1124（3）

单瓣木香花 *Rosa banksiae* Ait. var. *normalis* Regel ◆ WSFI

拟木香 *Rosa banksiopsis* Baker ●▲ WSFI

尾萼蔷薇 *Rosa caudata* Baker WSI－1273（3）

城口蔷薇 *Rosa chengkouensis* Yü et Ku WSFI

伞房蔷薇 *Rosa corymbulosa* Rolfe WSI－0645（3）

小果蔷薇 *Rosa cymosa* Tratt. ◆▲ CDDQ

陕西蔷薇 *Rosa giraldii* Crép. WSI－0154（3）

毛叶陕西蔷薇 *Rosa giraldii* Crép. var. *venulosa* Rehd. et Wils. WSFI，CDSX，CDDQ

卵果蔷薇 *Rosa helenae* Rehd. et Wils. ▲ WSI－0519（2），WSI－0800（2）

软条七蔷薇 *Rosa henryi* Bouleng. ●WSI－0004（3）

金樱子 *Rosa laevigata* Michx. ■◆ CDDQ，CDSX，WSFI

野蔷薇 *Rosa multiflora* Thunb. ◆▲ WSI－0236（2）

粉团蔷薇 *Rosa multiflora* Thunb. var. *cathayensis* Rehd. et Wils. ◆▲ CDSX，WSFI

峨眉蔷薇 *Rosa omeiensis* Rolfe ■◆▲ CDSX，CDDQ

缫丝花 *Rosa roxburghii* Tratt. ◆▲● CDSX，WSFI

悬钩子蔷薇 *Rosa rubus* Lévl. et Vant. ◆▲ CDDQ

大红蔷薇 *Rosa saturata* Baker WSI－0329（4），WSI－0527（2）

钝叶蔷薇 *Rosa sertata* Rolfe ◆● WSI－0837（3）

刺梗蔷薇 *Rosa setipoda* Hemsl. et Wils. ◆ CDSX

齿萼蔷薇 *Rosa setipoda* Hemsl WSII－1278（3）

悬钩子属 *Rubus* L.

腺毛莓 *Rubus adenophorus* Rolfe WSII－0312（2）

刺萼悬钩子 *Rubus alexeterius* Focke WSII－1385（1）

桔红悬钩子 *Rubus aurantiacus* Focke WSII－1684（2）

竹叶鸡爪茶 *Rubus bambusarum* Focke ■ WSII－0326（3）

寒莓 *Rubus buergeri* Miq. ■◆ WSII－0712（1）

毛萼莓 *Rubus chroosepalus* Focke ■▲● WSII－0673（3）

插田泡 *Rubus coreanus* Miq. ■◆ WSFI，CDSX

毛叶插田泡 *Rubus coreanus* Miq. var. *tomentosus* Card. WSI－0109（2）

弓茎悬钩子 *Rubus flosculosus* Focke ■▲ CDSX，WSFI

宜昌悬钩子 *Rubus ichangensis* Hemsl. et Ktze. ■◆▲ WSFI，WSI－1098（1）

白叶莓 *Rubus innominatus* S. Moore ◆■ WSFI

无腺白叶莓 *Rubus innominatus* S. Moore var. *kuntzeanus*（Hemsl.）Bailey WSI－0166（3），WSII－0085（1）

光滑高粱泡 *Rubus lambertianus* Ser. var. *glaber* Hemsl. WSFI

高粱泡 *Rubus lambertianus* Ser. WSI－0244（2），WSII－0759（3）

绵果悬钩子 *Rubus lasiostylus* Focke WSI－0423（3）

棠叶悬钩子 *Rubus malifolius* Focke ▲ WSIII－0091（3）

喜阴悬钩子 *Rubus mesogaeus* Focke CDSX，WSFI

乌泡子 *Rubus parkeri* Hance WSI－1669（1），WSI－1699（1）

茅莓 *Rubus parvifolius* L. ■◆▲ CDSX

五叶鸡爪茶 *Rubus playfairianus* Hemsl. ▲ WSII－0680（3）

单茎悬钩子 *Rubus simplex* Focke WSII－1209（2）

红毛悬钩子 *Rubus pinfaenis* Levl. et Vant. ◆ WSII－1023（1），WSII－1122（3）

巫山悬钩子 *Rubus wushanensis* Yü et Lu WSFI

地榆属 *Sanguisorba* L.

地榆 *Sanguisorba officinalis* L. ◆■ WSI－0406（3），WSII－0519（1）

珍珠梅属 *Sorbaria*（Ser.）A. Br. ex Aschers.

高丛珍珠梅 *Sorbaria arborea* Schneid. ● WSII－0571（3）

光叶高丛珍珠梅 *Sorbaria arborea* Schneid. var. *glabrata* Rehd. ◆● CDDQ，CDSX，WSFI

花楸属 *Sorbus* L.

水榆花楸 *Sorbus alnifolia*（Sieb. et Zucc.）K. Koch ●▲■◆ WSI－0538（3），WSI－0986（3），WSI－0493（3），WSI－0643（3）

美脉花楸 *Sorbus caloneura*（Stapf）Rehd. ● WSII－1234（3）

石灰花楸 *Sorbus folgneri*（Schneid.）Rehd. ▲●◆ WSII－0055（3）

湖北花楸 *Sorbus hupehensis* Schneid. ▲● WSI－0964（3），WSI－0350（3），WSII－1331（1）

毛序花楸 *Sorbus keissleri*（Schneid.）Redl. WSI－1561（1），WSII－1490（2）

陕甘花楸 *Sorbus koehneana* Schneid. ▲● WSI－0420（2）

西南花楸 *Sorbus rehderiana* Koehne WSFI

长果花楸 *Sorbus zahlbruckneri* Schneid. WSI－1433（2）

黄脉花楸 *Sorbus xanthoneura* Rehd WSI－0640（4），WSI－0617（2）

绣线菊属 *Spiraea* L.

绣球绣线菊 *Spiraea blumei* G. Don ● WSFI，CDDQ，CDSX

中华绣线菊 *Spiraea chinensis* Maxim. ◆ WSI－0084（3）

翠蓝绣线菊 *Spiraea henryi* Hemsl. ● WSI－0806（4），WSI－0949（2），WSI－0909（3）

疏毛绣线菊 *Spiraea hirsuta*（Hemsl.）Schneid. WSI－1020（2）

渐尖叶粉花绣线菊［狭叶绣线菊］*Spiraea japonica* L. var. *acuminata* Franch. ◆ WSI－0012（3）

光叶粉花绣线菊 *Spiraea japonica* L. var. *fortunei*（Planchon）Rehd. ● WSFI

无毛粉花绣线菊 *Spiraea japonica* L. f. var. *glabra*（Regel）Koidz. WSII－0465（2）

华西绣线菊 *Spiraea laeta* Rehd. WSI－0388（3），WSI－0385（2）

广椭绣线菊 *Spiraea ovalis* Rehd. WSII－0991（3）

土庄绣线菊 *Spiraea pubescens* Turcz. ● CDSX，CDDQ

毛叶三裂绣线菊 *Spiraea trilobata* L. var. *pubescens* Yu WSFI

鄂西绣线菊 *Spiraea veitchii* Hemsl. ● WSI－0368（1）

陕西绣线菊 *Spiraea wilsonii* Duthie ● WSII－0351（3）

毛枝绣线菊 *Spiraea martinii* Lévl. WSII－0340（3）

长芽绣线菊 *Spiraea longiemmis* Maxim. WSI－0818（3）

野珠兰属 *Stephanandra* S. et Z.

华空木 *Stephanandra chinensis* Hance WSII－0426（3）

红果树属 *Stranvaesia* Lindl.

波叶红果树 *Stranvaesia davidiana* Dcne. var. *undulata*（Dcne.）Rehd. et. Wils. ▲ WSI－0300（3），WSI－0917（3）

红果树 *Stranvaesia davidiana* Dcne. CDSX，CDSX，WSFI

46. 蜡梅科 Calycanthaceae

蜡梅属 *Chimonanthus* Lindl.

蜡梅 *Chimonanthus praecox*（L.）Link ●▲◆ WSFI，CDSX，CDDQ

47. 苏木科 Caesalpiniaceae

羊蹄甲属 *Bauhinia* Linn.

鞍叶羊蹄甲 *Bauhinia brachycarpa* Wall. ex Benth. ◆▲WSII－2222（1）

小鞍叶羊蹄甲 *Bauhinia brachycarpa* Wall. ex Benth. var. *microphylla*（Oliv. ex Craib）K. et S. S. Larsen WSFI，CDSX，CDDQ

鄂羊蹄甲 *Bauhinia glauca*（Wall. ex Benth.）Benth. subsp. *hupehana*（Craib）T. Chen ▲ WSI－0241（2）

云实属 *Caesalpinia* Linn.

云实 *Caesalpinia decapetala*（Roth）Alston ▲●◆ WSII－0982（3）

紫荆属 *Cercis* Linn.

紫荆 *Cercis chinensis* Bunge ★ WSII－0978（3）

巨紫荆 *Cercis gigantea* Cheng et Keng f. WSI－0776（3），WSI－1478（2）

湖北紫荆 *Cercis glabra* Pampan. WSII－1189（2）

垂丝紫荆 *Cercis racemosa* Oliv. ●▲ WSII－2223（2）

48. 含羞草科 Mimosaceae

合欢属 *Albizia* Durazz.

合欢 *Albizia julibrissin* Durazz. ●◆■ WSFI

山槐［山合欢］*Albizia kalkora*（Roxb.）Prain ● WSI－0150（1）

49. 蝶形花科 Papilionaceae

紫穗槐属 *Amorpha* L.

紫穗槐 *Amorpha fruticosa* Linn. ★

两型豆属 *Amphicarpea* Elliot

两型豆 *Amphicarpaea edgeworthii* Benth. WSFI

三籽两型豆 *Amphicarpaea trisperma* Baker WSII－1569（2）

土栾儿属 *Apios* Moench

土栾儿 *Apios fortunei* Maxim. ■ WSI－1141（1）

黄芪属 *Astragalus* L.

秦岭黄耆 *Astragalus henryi* Oliv. ◆ CDSX，WSFI

紫云英 *Astragalus sinicus* L. ◆■ WSII – 0567（1）

杭子梢属 *Campylotropis* Bunge

太白山杭子梢 *Campylotropis macrocarpa*（Bunge）Rehd. var. *giraldii*（Schindl.）K. T. Fu ex P. Y. Fu WSFI

杭子梢 *Campylotropis macrocarpa*（Bunge）Rehd. ▲● CDSX，CDDQ

锦鸡儿属 *Caragana* Fabr.

锦鸡儿 *Caragana sinica*（Buc. hoz）Rehd. ●◆ WSI – 0034（3）

香槐属 *Cladrastis* Rafin.

小花香槐 *Cladrastis sinensis* Hemsl. ● WSI – 0656（3）

香槐 *Cladrastis wilsonii* Takeda ▲ CDDQ，WSFI

黄檀属 *Dalbergia* Linn. f.

秧青 *Dalbergia assamica* Benth. WSI – 0558（3），WSII – 0074（1）

黄檀 *Dalbergia hupeana* Hance ▲● WSII – 0896（3）

大金刚藤 *Dalbergia dyeriana* Prain ex Harms CDSX

象鼻藤 *Dalbergia mimosoides* Franch. WSI – 0583（3），WSII – 1004（2）

狭叶黄檀 *Dalbergia stenophylla* Prain ▲ WSFI

山蚂蝗属 *Desmodium* Desv.

小槐花 *Desmodium caudatum*（Thunb.）DC. ◆ WSII – 1154（3）

宽卵叶山蚂蝗 *Desmodium fallax* Schindl. WSII – 1675（1），WSII – 1072（1）

小叶三点金草 *Desmodium microphyllum*（Thunb.）DC. ◆ CDDQ

皂荚属 *Gleditsia* Linn.

皂荚 *Gleditsia sinensis* Lam ▲◆ WSIII – 0064（3），WSII – 0726（2）

大豆属 *Glycine* Willd.

大豆 *Glycine max*（Linn.）Merr. ★ WSFI

劳豆 *Glycine soja* Sieb. et Zucc. ◆● WSFI，CDSX

木蓝属 *Indigofera* Linn.

多花木蓝 *Indigofera amblyantha* Craib ◆ CDDQ，CDSX，WSFI

苏木蓝 *Indigofera carlesii* Craib. ◆ WSFI

马棘 *Indigofera pseudotinctoria* Matsum ◆ CDSX，CDDQ，WSFI

刺序木蓝 *Indigofera sylvestrii* Pamp. WSFI

华槐蓝 *Indigofera kirilowii* Maxim ex Palibin WSII – 0696（4）

席氏木蓝 *Indigofera silvestrii* Pamp. CDSX

鸡眼草属 *Kummerowia* Schindl.

长萼鸡眼草 *Kummerowia stipulacea*（Maxim.）Makino ◆ WSI – 1043（2）

鸡眼草 *Kummerowia striata*（Thunb.）Schindl. ◆ CDDQ，CDSX，WSFI

山黧豆属 *Lathyrus* Linn.

大山黧豆 *Lathyrus davidii* Hance ■ WSFI

中华山黧豆 *Lathyrus dielsianus* Harms WSFI

牧地山黧豆 *Lathyrus pratensis* Linn. ■ WSII – 0453（3）

山黧豆 *Lathyrus quinquenervius*（Miq.）Litv. WSFI

胡枝子属 *Lespedeza* Michx.

胡枝子 *Lespedeza bicolor* Turcz. ●▲■ WSI－0115（3），WSI－0532（2），WSI－0177（3）

绿叶胡枝子 *Lespedeza buergeri* Miq. WSI－0843（3）

中华胡枝子 *Lespedeza chinensis* G. Don ◆ WSI－1096（3）

截叶铁扫帚 *Lespedeza cuneata*）G. Don ◆ WSI－0008（4），WSI－0007（2）

短梗胡枝子 *Lespedeza cyrtobotrya* Miq. ▲ WSII－0092（3）

大叶胡枝子 *Lespedeza davidii* Franch. ● WSI－1399（1）

多花胡枝子 *Lespedeza floribunda* Bunge ● CDSX，CDDQ

美丽胡枝子 *Lespedeza formosa*（Vog.）Koehne ●◆ WSII－0224（4），WSII－0329（2），WSI－0241（1），WSI－0240（3）

山豆花 *Lespedeza tomentosa*（Thunb.）Sieb. ex Maxim. ●◆ WSFI

铁马鞭 *Lespedeza pilosa*（Thunb.）S. et Z. WSII－0716（1）

百脉根属 *Lotus* Linn.

百脉根 *Lotus corniculatus* Linn. ● WSI－0414（2），WSI－0082（4），WSI－0356（3）

马鞍树属 *Maackia* Rupr. et Maxim

马鞍树 *Maackia hupehensis* Takeda ● CDDQ，WSFI

苜蓿属 *Medicago* Linn.

天蓝苜蓿 *Medicago lupulina* Linn. CDDQ，CDSX，WSFI

小苜蓿 *Medicago minima*（Linn.）Grufb. CDSX，WSFI

草木樨属 *Melilotus* Mill.

白花草木樨 *Melilotus alba* Medic. ex Desr. CDSX，WSFI

印度草木樨 *Melilotus indicus*（L.）All. ● WSI－0241（2），WSII－0755（3），WSI－1169（3）

黄香草木樨 *Melilotus officinalis*（L.）Desr. WSFI

崖豆藤属 *Millettia* Wight et Arn.

香花崖豆藤 *Millettia dielsiana* Harms ex Diels var. *dielsiana* Harms ex Diels ●▲◆ WSI－0010（3），WSI－0190（2），WSI－0597（3），WSII－0239（1）

锈毛崖豆藤 *Millettia sericosema* Hance WSII－1066（3）

油麻藤属 *Mucuna* Adans.

常春油麻藤 *Mucuna sempervirens* Hemsl. ● CDSX，CDDQ

红豆属 *Ormosia* Jacks.

红豆树 *Ormosia hosiei* Hemsl. et Wils. ▲ WSFI

菜豆属 *Phaseolus* Linn.

菜豆 *Phaseolus vulgaris* Linn. ★

长柄山蚂蝗属 *Podocarpium*（Benth.）Yang et Huang

羽叶长柄山蚂蝗 *Podocarpium oldhami*（Oliv.）Yang et Huang ◆ WSFI

长柄山蚂蝗 *Podocarpium podocarpum*（DC.）Yang et Huang WSFI

宽卵叶长柄山蚂蝗 *Podocarpium podocarpum*（DC.）Yang et Huang var. *fallax*（Schindl.）Yang et Huang ◆ WSII－1675（1），WSII－1072（1）

尖叶长柄山蚂蝗 *Podocarpium podocarpum*（DC.）Yang et Huang var. *oxyphyllum*（DC.）Yang et Huang ◆ WSI－1325（3）

四川长柄山蚂蝗 *Podocarpium podocarpum*（DC.）Yang et Huang var. *szechuenense*（Craib）Yang et Huang

◆ WSFI

葛属 *Pueraria* DC.

葛 *Pueraria lobata*（Willd.）Ohwi var. *lobata* ◆■ WSII－0067（1）

鹿藿属 *Rhynchosia* Lour.

菱叶鹿藿 *Rhynchosia dielsii* Harms ◆ WSI－1211（1），WSII－1118（1），WSI－0128（1）

鹿藿 *Rhynchosia volubilis* Lour. ◆ CDDQ

槐属 *Sophora* Linn.

白刺花 *Sophora davidii*（Franch.）Skeels ■● WSII－0786（1）

苦参 *Sophora flavescens* Ait. ◆ WSII－0006（3），WSI－1171（2）

槐 *Sophora japonica* Linn. ●◆■ CDSX

刺槐属 *Robinia* Linn.

刺槐 *Robinia pseudoacacia* Linn. ★ WSII－0209（2）

车轴草属 *Trifolium* L.

红车轴草 *Trifolium pratense* Linn. ● CDSX，WSFI

野豌豆属 *Vicia* Linn.

山野豌豆 *Vicia amoena* Fisch. ex DC. ◆ WSFI

窄叶野豌豆 *Vicia angustifolia* Linn. ex Rei Chard ● WSI－0221（3），WSII－1286（1）

华野豌豆 *Vicia chinensis* Franch. WSFI

广布野豌豆 *Vicia cracca* Linn. ● CDSX，WSFI

大野豌豆 *Vicia gigantea* Bunge WSFI

小巢菜 *Vicia hirsuta*（Linn.）S. F. Gray ◆ WSFI，CDSX

大叶野豌豆 *Vicia pseudorobus* Fisch. et C. A. Mey. ◆ WSFI

四籽野豌豆 *Vicia tetrasperma*（Linn.）Schreber ◆■ CDSX，CDDQ，WSFI

歪头菜 *Vicia unijuga* A. Br. ◆■ CDDQ，CDSX，WSFI

野豇豆 *Vigna vexillata*（L.）Rich. WSI－0128（1），WSI－1026（2），WSII－0775（2）

紫藤属 *Wisteria* Nutt.

紫藤 *Wisteria sinensis*（Sims）Sweet ●◆▲ CDSX，CDDQ

决明属 *Cassia* Linn.

决明 *Cassia tora* Linn. ★

任豆属 *Zenia* Chun

翅荚木 *Zenia insignis* Chun WSII－1611（3）

50. 山梅花科 Philadelphaceae

溲疏属 *Deutzia* Thunb.

异色溲疏 *Deutzia discolor* Hemsl. ● WSI－0309（1）

黄山溲疏 *Deutzia glauca* Cheng ● WSII－0323（4）

粉背溲疏 *Deutzia hypoglauca* Rehd. WSI－0413（1）

长叶溲疏 *Deutzia longifolia* Franch. ● WSFI

长江溲疏 *Deutzia schneideriana* Rehd. ● WSFI，CDDQ

四川溲疏 *Deutzia setchuenensis* Franch. WSI－0232（2）

山梅花属 *Philadelphus* Linn.

山梅花 *Philadelphus incanus* Koehne ● WSI－0169（3），WSI－0222（3）

绢毛山梅花 *Philadelphus sericanthus* Koehne ● WSI－0794（4）

51. 绣球科 Hydrangeaceae

赤壁木属 *Decumaria* Linn.

赤壁木 *Decumaria sinensis* Oliver WSII－1011（1），WSII－0894（3），WSI－1112（1），WSI－1207（1），WSI－1202（2）

绣球属 *Hydrangea* Linn

冠盖绣球 *Hydrangea anomala* D. Don ◆ WSI－0321（3），WSI－1432（2），WSI－0469（3），WSI－0374（3）

马桑绣球 *Hydrangea aspera* D. Don WSI－0853（1）

东陵绣球 *Hydrangea bretschneideri* Dipp. WSI－0968（2），WSI－0962（3）

莼兰绣球 *Hydrangea longipes* Franch. WSI－0793（2），WSII－1229（2）

绣毛绣球 *Hydrangea longipes* Franchet var. *fulvescens*（Rehder）W. T. Wang ex C. F. Wei CDSX，WSFI

圆锥绣球 *Hydrangea paniculata* Sieb. ◆ WSI－0624（3）

紫彩绣球 *Hydrangea sargentiana* Rehd CDSX

腊莲绣球 *Hydrangea strigosa* Rehd. ◆● WSI－1411（1）

钻地风属 *Schizophragma* Sieb. et Zucc.

钻地风 *Schizophragma integrifolium* Oliv. ◆ CDDQ，CDSX，WSFI

52. 醋栗科 Grossulariaceae

茶藨子属 *Ribes* Linn.

鄂西茶藨子 *Ribes franchetii* Jancz WSFI

糖茶藨子 *Ribes himalense* Royle ex Decne. CDSX

刺果茶藨子 *Ribes maximowiczii* Butul WSII－1380（2）

宝兴茶藨子 *Ribes moupinense* Franch. WSI－0463（3），WSI－1481（2）

木里茶藨子 *Ribes moupinense* Franchet var. *muliense* S. H. Yu et J. M. Xu WSFI

细枝茶藨子 *Ribes tenue* Jancz. ● WSII－0525（4），WSI－0890（3）

矮茶藨子 *Ribes triste* Pall. ● WSFI

53. 鼠刺科 Escalloniaceae

鼠刺属 *Itea* Linn.

冬青叶鼠刺 *Itea ilicifolia* Oliv. WSI－0550（3），WSI－0607（2），WSI－0608（1）

54. 安息香科 Styracaceae

陀螺果属 *Melliodendron* Hand. － Mazz.

陀螺果 *Melliodendron xylocarpum* Hand. － Mazz. ▲ WSII－1544（2），WSI－0882（2），WSII－1220（3），WSII－0862（1）

白辛树属 *Pterostyrax* Sieb. et Zucc.

白辛树 *Pterostyrax psilophyllus* Diels ex Perk. CDDQ，WSFI

安息香属 *Styrax* L.

灰叶野茉莉 *Styrax calvescens* Pert WSI－0378（2），WSI－0545（2）

老鸹铃 *Styrax hemsleyanus* Diels ▲● WSII－1225（3），WSI－1305（1），WSII－0862（1），WSII－1190（2）

野茉莉 *Styrax japonicus* Sieb. et Zucc. ▲● WSⅡ－1624（3），WSⅡ－1204（2），WSⅡ－0253（3），WSⅠ－1258（2），WSⅡ－1230（2）

楚雄安息香 *Styrax limprichtii* Lingelsheim et Borza WSⅡ－0477（1）

玉铃花 *Styrax obossia* S. et Z. WSⅠ－0479（3），WSⅠ－0441（1），WSⅠ－0850（3），WSⅠ－0515（3）

粉花安息香 *Styrax roseus* Dunn CDDQ

55. 山矾科 Symplocaceae

山矾属 *Symplocos* Jacq.

薄叶山矾 *Symplocos anomala* Brand ▲ WSⅠ－1037（3），WSⅡ－0904（3），WSⅡ－0846（3）

华山矾 *Symplocos chinensis*（Lour.）Druco. WSⅠ－0820（3），WSⅠ－0914（2），WSⅡ－1338（1）

毛山矾 *Symplocos groffii* Merr. WSⅡ－0768（2）

光叶山矾 *Symplocos lancifolia* Sieb. et Zucc. ■◆ WSⅡ－0245（1）

白檀 *Symplocos paniculata*（Thunb.）Miq. ●▲◆ WSⅠ－0389（3），WSⅡ－0444（3）

叶萼山矾 *Symplocos phyllocalyx* Clarke ▲ WSⅠ－1241（3），WSⅠ－0526（3）

多花山矾 *Symplocos ramosissima* Wall. ex G. Don WSⅡ－1012（1）

山矾 *Symplocos sumuntia* Buch. － Ham. ex D. Don ▲● CDDQ，WSFI

四川山矾 *Symplocos setchuensis* Brand WSFI

56. 山茱萸科 Cornaceae

桃叶珊瑚属 *Aucuba* Thunb.

喜马拉雅珊瑚 *Aucuba himalaica* Hook. f. et Thoms. CDDQ，CDSX，WSFI

倒心叶珊瑚 *Aucuba obcordata*（Rehd.）Fu WSⅡ－0843（3），WSⅡ－0061（2）

山茱萸属 *Cornus* Linn. sensu stricto.

川鄂山茱萸 *Cornus chinensis* Wanger. ◆ WSⅠ－0667（2），WSⅡ－1191（1），WSⅡ－1691（3）

灯台树属 *Bothrocaryum*（Koehne）Pojark.

灯台树 *Bothrocaryum controversum*（Hemsl.）Pojark. ● WSⅡ－0445（3），WSⅠ－0231（3）

四照花属 *Dendrobenthamia* Hutch.

尖叶四照花 *Dendrobenthamia angustata*（Chun）Fang ◆▲ WSⅡ－1085（2）

头状四照花 *Dendrobenthamia capitata*（Wall.）Hutch. ◆▲■ CDSX，CDDQ

四照花 *Dendrobenthamia japonica*（DC.）Fang var. *chinensis*（Osborn）Fang ●■◐ WSⅢ－0011（2）

梾木属 *Swida* Opiz

红椋子 *Swida hemsleyi*（Schneid. et Wanger.）Sojak ▲ WSⅠ－0451（3），WSⅡ－1335（1）

梾木 *Swida macrophylla*（Wall.）Sojak WSⅠ－01260（1），WSⅡ－0106，WSⅠ－0160（2）

小梾木 *Swida paucinervis*（Hance）Sojak ▲● WSⅡ－1605（1），WSⅡ－1309（1）

毛梾 *Swida walteri*（Wanger.）Sojak ▲● WSⅠ－0955（3）

光皮梾木 *Swida wilsoniana*（Wanger.）Sojak ●▲ CDSX，CDDQ

57. 青荚叶科 Helwingiaceae

青荚叶属 *Helwingia* Willd.

中华青荚叶 *Helwingia chinensis* Batal. CDDQ，WSFI

钝齿青荚叶 *Helwingia chinensis* Batal. var. *crenata* WSⅠ－0053（3），WSⅠ－0089（1）

小叶青荚叶 *Helwingia chinensis* Batal. var. *microphylla* Fang et Soong WSⅠ－1029（3）

西域青荚叶 *Helwingia himalaica* Hook. f. et Thoms. ex C. B. Clarke CDSX，CDDQ，WSFI

青荚叶 *Helwingia japonica*（Thunb.）Dietr. ■◆● WSⅠ－0398（2），WSⅠ－1017（1），WSⅠ－0809（3），WSⅠ－0284（3）

白粉青荚叶 *Helwingia japonica*（Thunb.）Dietr var. *hypoleuca* Hemsl. ex Rehd. WSFI

58. 八角枫科 Alangiaceae

八角枫属 *Alangium* Lam.

八角枫 *Alangium chinense*（Lour.）Harms ◆ WSⅠ－0596（3）

小花八角枫 *Alangium faberi* Oliv. ◆▲ WSⅡ－0671（3）

异叶八角枫 *Alangium faberi* Oliv. var. *heterophyllum* Yang WSⅡ－1202（3）

瓜木 *Alangium platanifolium*（Sieb. et Zucc.）Harms ◆▲ WSⅡ－0325（4）

59. 蓝果树科 Nyssaceae

喜树属 *Camptotheca* Dccne.

喜树 *Camptotheca acuminata* Decne. ● CDDQ

60. 珙桐科 Davidiaceae

珙桐属 *Davidia* Baill.

珙桐 *Davidia involucrata* Baill. ●▲ WSII－0851（3）

光叶珙桐 *Davidia involucrata* Baill. var. *vilmoriniana*（Dode）Wanger. ▲● WSII－0851－1（2）

61. 五加科 Araliaceae

五加属 *Acanthopanax* Miq.

两歧五加 *Acanthopanax divaricatus*（Sieb. & Zucc.）Seem. WSⅠ－0393（2）

红毛五加 *Acanthopanax giraldii* Harms CDSX

五加 *Acanthopanax gracilistylus* W. W. Smith ◆■ WSⅡ－0487（3），WSⅡ－1147（2）

糙叶五加 *Acanthopanax henryi*（Oliv.）Harms WSFI, CDSX, CDDQ

藤五加 *Acanthopanax leucorrhizus*（Oliv.）Harms WSⅡ－0551（2）

倒卵叶五加 *Acanthopanax obovatus* Hoo WSⅡ－0284（1）

匙叶五加 *Acanthopanax rehderianus* Harms CDDQ, WSFI

小果无梗五加 *Acanthopanax sessiliflorus* Seem. var. *perviseps* Rehd. WSⅠ－0499（3），WSⅠ－0908（3），WSⅡ－0424（3）

蜀五加 *Acanthopanax setchuenensis* Harms ex Diels ◆ CDDQ, WSFI

细刺五加 *Acanthopanax setulosus* Franch. ◆ WSⅠ－0623（3），WSⅡ－0461（3）

刚毛五加 *Acanthopanax simonii* Schneid. CDDQ, WSFI

白簕 *Acanthopanax trifoliatus*（Linn.）Merr. ◆ CDSX, CDDQ, WSFI

楤木属 *Aralia* Linn.

楤木 *Aralia chinensis* Linn. ◆ WSⅠ－0050（2）

食用土当归 *Aralia cordata* Thunb. CDSX

棘茎楤木 *Aralia echinocaulis* Hand. － Mazz. ◆ CDDQ

湖北楤木 *Aralia hupehensis* Hoo WSFI

波缘楤木 *Aralia undulata* Hand. － Mazz. WSFI

常春藤属 *Hedera* Linn.

常春藤 *Hedera nepalensis* K. Koch var. *sinensis*（Tobl.）Rehd. ●◆ WSⅡ－1091（2），WSⅡ－0754（·3）

刺楸属 *Kalopanax* Miq.

刺楸 *Kalopanax septemlobus*（Thunb.）Koidz. ▲■◆ WSⅡ－0205（2）

梁王茶属 *Pseudopanax* Miq.

异叶梁王茶 *Pseudopanax davidii*（Franch.）Harms ex Diels ▲◆ WSⅡ－1087（1），WSⅡ－0203（2），WSⅡ－1117（1）

人参属 *Panax* Linn.

秀丽假人参 *Panax pseudo－ginseng* Wall. var. *elegantior*（Burkill）Hoo & Tseng WSⅠ－1123（4）

大叶三七 *Panax pseudo－ginseng* Wall. var. *japonicus*（C. A. Mey.）Hoo &Tseng ◆ WSⅠ－1127（1），WSⅠ－1071（1）

五叶参属 *Pentapanax* Seem.

锈毛五叶参 *Pentapanax henryi* Harms WSFI

鹅掌柴属 *Schefflera* J. R. & G. Forst. Nom. Conserv.

穗序鹅掌柴 *Schefflera delavayi*（Franch.）Harms ex Diels ◆ WSFI

通脱木属 *Tetrapanax* K. Koch

通脱木 *Tetrapanax papyrifer*（Hook.）K. Koch ▲◆ CDDQ，CDSX

62. 鞘柄木科 Toricelliaceae

鞘柄木属 *Toricellia* DC.

角叶鞘柄木 *Toricellia angulata* Oliv. WSⅢ－0075（3）

有齿鞘柄木 *Toricellia angulata* Oliv. var. *intermedia*（Harms）Hu WSⅠ－1196（2），WSⅠ－0963（3）

63. 忍冬科 Caprifoliaceae

六道木属 *Abelia* R. Br.

糯米条 *Abelia chinensis* R. Br. ▲● CDDQ，CDSX，WSFI

蓪梗花 *Abelia engleriana*（Graebn.）Rehd. WSⅠ－0180（3），WSⅠ－0496（3），WSⅠ－0934（3），WSⅡ－0692（2）

细瘦六道木 *Abelia forrestii*（Diels）W. W. Smith WSⅠ－0285（1）

二翅六道木 *Abelia macrotera*（Graebn. et Buchw.）Rehd. WSⅠ－0547（1）

小叶六道木 *Abelia parvifolia* Hemsl. WSⅠ－0056（1）

双盾木属 *Dipelta* Maxim.

双盾木 *Dipelta floribunda* Batal. ● CDDQ，WSFI，CDSX

忍冬属 *Lonicera* Linn.

淡红忍冬 *Lonicera acuminata* Wall. ◆ CDDQ，WSFI

须蕊忍冬 *Lonicera chrysantha* Turcz. subsp. *koehneana*（Rehd.）Hsu et H. J. Wang WSⅠ－0457（3），WSⅠ－0597（3）

匍匐忍冬 *Lonicera crassifolia* Batal. WSFI

葱皮忍冬 *Lonicera ferdinandii* Franch. ▲ WSⅠ－0238（1）

苦糖果 *Lonicera fragrantissima* Lindl. et Paxt. subsp. *standishii*（Carr.）Hsu et H. J. Wang ■● CDDQ，WSFI

蕊被忍冬 *Lonicera gynochlamydea* Hemsl. WSⅡ－0242（3），WSⅠ－0172（1），WSⅡ－0281（1），WSⅠ－0440（1）

菰腺忍冬 *Lonicera hypoglauca* Miq. ● WSⅡ－1251（3）

忍冬［金银花］*Lonicera japonica* Thunb. ◆● WSⅠ－0294（2），WSⅡ－0886（3）

金银忍冬 *Lonicera maackii*（Rupr.）Maxim. ▲ CDSX，WSFI

灰毡毛忍冬 *Lonicera macranthoides* Hand.－Mazz. ◆ CDSX

短尖忍冬 *Lonicera mucronata* Rehd. WSⅠ－0175（3），WSⅡ－0653（3），WSⅡ－0654（3）

越桔叶忍冬 *Lonicera myrtillus* Hook. f. et Thoms. WSⅡ－0285（1）

小叶忍冬 *Lonicera microphylla* Willd. Ex Roem et Schult. WSⅠ－0354（3）

短柄忍冬 *Lonicera pampaninii* Lévl. ● WSⅠ－0893（1），WSⅠ－0892（1），WSⅠ－0622（3）

蕊帽忍冬 *Lonicera pileata* Oliv. WSⅡ－0831（3），WSⅠ－0688（2），WSⅡ－0406（1）

毛果袋花忍冬 *Lonicera saccata* Rehd. var. *tangiana*（Chien）Hsu et H. J. Wang WSFI

细毡毛忍冬 *Lonicera similis* Hemsl. ◆ WSⅡ－1036（3），WSⅡ－0441（3），WSⅡ－0117（1）

四川忍冬 *Lonicera szechuanica* Batal. WSⅡ－0433（2）

毛药忍冬 *Lonicera serreana* Hand－Mzt. WSⅡ－0936（3），WSⅡ－0700（1）

唐古特忍冬 *Lonicera tangutica* Maxim. CDSX，CDDQ

华北忍冬 *Lonicera tatarinimii* Maxim. WSⅠ－0217（2）

盘叶忍冬 *Lonicera tragophylla* Hemsl. ◆ WSⅡ－0254（3）

华西忍冬 *Lonicera webbiana* Wall. ex DC. ● WSⅠ－0170（1）

接骨木属 *Sambucus* Linn.

接骨草 *Sambucus chinensis* Lindl. ●◆CDDQ，WSFI

接骨木 *Sambucus williamsii* Hance ●◆ WSⅠ－0011（2）

毛核木属 *Symphoricarpos* Duhamel.

毛核木 *Symphoricarpos sinensis* Rehd. ● CDSX，CDDQ

莛子蔍属 *Triosteum* Linn.

穿心莛子蔍 *Triosteum himalayanum* Wall. ex Roxb. WSⅠ－1257（3）

莛子蔍 *Triosteum pinnatifidum* Maxim. WSⅡ－1280（2）

荚蒾属 *Viburnum* Linn.

桦叶荚蒾 *Viburnum betulifolium* Batal. WSⅡ－0277（3），WSⅠ－0027（1），WSⅡ－1427（1）

短序荚蒾 *Viburnum brachybotryum* Hemsl. WSⅠ－0326（1）

短筒荚蒾 *Viburnum brevitubum*（Hsu）Hsu WSFI

水红木 *Viburnum cylindricum* Buch.－Ham. ex D. Don ◆ WSⅠ－0926（3），WSⅡ－0992（3）

荚蒾 *Viburnum dilatatum* Thunb. ◆● WSⅠ－0371（1），WSⅠ－0812（2）

宜昌荚蒾 *Viburnum erosum* Thunb. ◆ WSⅡ－0215（3），WSⅡ－0992（3），WSⅡ－0884（3），WSⅠ－0679（2），WSⅠ－0671（1），WSⅠ－0985（1）

紫药红荚蒾 *Viburnum erubescens* Wall. var. *prattii*（Graebn.）Rehd. WSFI

珍珠荚蒾 *Viburnum foetidum* Wall. var. *ceanothoides*（C. H. Wright）Hand.－Mazz. ◆ WSⅠ－0495（5），WSⅡ－0350（1），WSⅡ－0566（1）

直角荚蒾 *Viburnum foetidum* Wall. var. *rectangulatum*（Graebn.）Rehd. ● WSⅡ－1025（2），WSⅡ－1019（1）

南方荚蒾 *Viburnum fordiae* Hance WSⅡ－0352（3），WSⅡ－0434（2），WSⅠ－0491（1）

巴东荚蒾 *Viburnum henryi* Hemsl. ● CDDQ

湖北荚蒾 *Viburnum hupehense* Rehd. WSFI

显脉荚蒾 *Viburnum nervosum* D. Don WSⅠ－1558（3）

少花荚蒾 *Viburnum oliganthum* Batal. ■▲ WSFI

鸡树条 *Viburnum opulus* Linn. var. *calvescens*（Rehd.）Hara ◆ WS Ⅱ－1327（1），WS Ⅰ－0669（2）

蝴蝶戏珠花 *Viburnum plicatum* Thunb. var. *tomentosum*（Thunb.）Miq. ◆ WSFI, CDSX

球核荚蒾 *Viburnum propinquum* Hemsl. ◆ WS Ⅱ－0905（3），WS Ⅱ－0124（3），WS Ⅱ－1025（1）

皱叶荚蒾 *Viburnum rhytidophyllum* Hemsl. ▲ WS Ⅱ－0218（3），WS Ⅰ－0254（1）

常绿荚蒾 *Viburnum sempervirens* K. Koch WS Ⅰ－0411（2），WS Ⅰ－0498（1）

茶荚蒾 *Viburnum setigerum* Hance ◆ WSⅡ－0432（2），WSⅡ－0648（3），WSⅠ－0073（1）

合轴荚蒾 *Viburnum sympodiale* Graebn. WS Ⅱ－1397（1）

壶花荚蒾 *Viburnum urceolatum* Sieb. et Zucc. WS Ⅱ－1220（1）

烟管荚蒾 *Viburnum utile* Hemsl. ◆ WS Ⅱ－0657（3）

锦带花属 *Weigela* Thunb.

海仙花 *Weigela coraeensis* Thunb. ● WS Ⅰ－0073（2）

半边月 *Weigela japonica* Thunb. var. *sinica*（Rehd.）Bailey WS Ⅱ－0200（3）

64. 水青树科 Tetracentraceae

水青树属 *Tetracentron* Oliv.

水青树 *Tetracentron sinense* Oliv. ▲● WSI－0848（2）

65. 领春木科 Eupteleaceae

领春木属 *Euptelea* Sieb. et Zucc.

领春木 *Euptelea pleiospermum* Hook. f. et Thoms. ●▲ WSI－0693（3），WSI－0361（3）

66. 金缕梅科 Hamamelidaceae

蜡瓣花属 *Corylopsis* Sieb. et Zucc.

鄂西蜡瓣花 *Corylopsis henryi* Hemsl. WSI－0641（3）

大果蜡瓣花 *Corylopsis multiflora* Hance CDSX

蜡瓣花 *Corylopsis sinensis* Hemsl. ▲◆ WSFI, CDDQ

秃蜡瓣花 *Corylopsis sinensis* Hemsl. var. *calvescens* Rehd. et Wils. WSFI

红药蜡瓣花 *Corylopsis veitchiana* Bean WSFI

四川蜡瓣花 *Corylopsis willmottiae* Rehd. et Wils. CDSX, CDDQ

蚊母树属 *Distylium* Sieb. et Zucc.

小叶蚊母树 *Distylium buxifolium*（Hance）Merr. var. Buxifolium WSFI

中华蚊母树 *Distylium chinense*（Fr. ex Hemsl.）Diels ● WSII－1602（3）

牛鼻栓属 *Fortunearia* Rhed. et Wils.

牛鼻栓 *Fortunearia sinensis* Rehd. et Wils. ▲◆ CDDQ, WSFI

枫香树属 *Liquidambar* Linn.

枫香树 *Liquidambar formosana* Hance ●◆▲ WSI－0613（2）

山枫香树 *Liquidambar formosana* Hance var. *monticola* Rehd. et Wils. WSFI

檵木属 *Loropetalum* R. Br.

檵木 *Loropetalum chinense*（R. Br.）Oliver ●◆ CDSX, CDDQ, WSFI

山白树属 *Sinowilsonia* Hemsl.

山白树 *Sinowilsonia henryi* Hemsl. WSII－1207（3）

水丝梨属 *Sycopsis* Oliv.

水丝梨 *Sycopsis sinensis* Oliver ▲ WSI－0289（3）

67. 旌节花科 Stachyuraceae

旌节花属 *Stachyurus* Sieb. et Zucc.

宽叶旌节花 *Stachyurus chinensis* var. *latus* H. L. Li CDSX

中国旌节花 *Stachyurus chinensis* Franch. var. chinensis CDSX，CDDQ，WSFI

西域旌节花 *Stachyurus himalaicus* Hook. f. et Thoms. ex Benth. ◆ CDSX，CDDQ，WSFI

矩圆叶旌节花 *Stachyurus oblongifolius* Wang et Tang CDSX

云南旌节花 *Stachyurus yunnanensis* Franch. var. *yunnanensis* CDSX，CDDQ

68. 黄杨科 Buxaceae

黄杨属 *Buxus* L.

雀舌黄杨 *Buxus bodinieri* Lévl. ●◆ WSI – 1606（1）

细叶黄杨 *Buxus harlandii* Hance CDSX，CDDQ

大花黄杨 *Buxus henryi* Mayr ●CDSX

长叶黄杨 *Buxus megistophylla* Lévl. WSII – 1186（2），WSI – 0295（3）

黄杨 *Buxus sinica*（Rehd. et Wils）Cheng ▲● WSI – 0792（3），WSII – 1378（1）

小叶黄杨 *Buxus sinica* var. *pavifolia* M. Cheng WSII – 1431（3）

三角咪属 *Pachysandra* Michx. ▲

光叶板凳果 *Pachysandra axillaris* Franch. var. *glaberrima* C. Y. Wu ●◆ WSIII – 0071（3）

顶花板凳果 *Pachysandra terminalis* Sieb. et Zucc. ◆ WSI – 0504（2）

野扇花属 *Sarcococca* Lindl.

双蕊野扇花 *Sarcococca hookeriana* Baill. var. *digyna* Franch. WSFI

野扇花 *Sarcococca ruscifolia* Stapf ◆ WSII – 1540（2）

69. 交让木科 Daphniphyllaceae

交让木属 *Daphniphyllum* Bl.

狭叶虎皮楠 *Daphniphyllum angustifolium* Hutch. WSII – 0420（3），WSII – 0932（3）

交让木 *Daphniphyllum macropodum* Miq. ▲ CDSX，CDDQ，WSFI

虎皮楠 *Daphniphyllum oldhami*（Hemsl.）Rosenth. ▲● WSII – 1682（3），WSII – 1180（3）

70. 杨柳科 Salicaceae

杨属 *Populus* L.

响叶杨 *Populus adenopoda* Maxim. ▲ WSI – 0474（2），WSI – 0425（2），WSI – 1081（2）

山杨 *Populus davidiana* Dode ▲ WSI – 0660（2），WSI – 1474（3），

大叶杨 *Populus lasiocarpa* Oliv. ▲ CDSX，CDDQ，WSFI

冬瓜杨 *Populus purdomii* Rehd. ▲ WSI – 1297（2）

椅杨 *Populus wilsonii* Schneid. WSI – 0491（3），WSI – 0408（1）

柳属 *Salix* L.

中华柳 *Salix cathayana* Diels WSII – 0463（3），WSII – 0478（3），WSI – 0165（3），WS II – 0428（2），
WSII – 0282（1）

川鄂柳 *Salix fargesii* Burk. WSI – 0383（3）

甘肃柳 *Salix fargesii* Burk. var. *kansuensis*（Hao ex Fang et Skvortsov）G. Zhu WSFI

川红柳 *Salix haoana* Fang WSI – 0824（3）

紫枝柳 *Salix heterochroma* Seemen WSI－0164（3），WSI－0473（3）

小叶柳 *Salix hypoleuca* Seemen. WSFI

旱柳 *Salix matsudana* Koidz. ▲ WSI－1616（3）

龙爪柳 *Salix matsudana* Koidz. f. *tortuosa* Rehd. ■ WSI－1520（3）

兴山柳 *Salix mictotricha* Schneid. CDSX

华西柳 *Salix occidentalisinensis* N. Chao WSI－0472（1）

多枝柳 *Salix polyclona* Schneid. CDSX，CDDQ

南川柳 *Salix rosthornii* Seemen WSFI

秋华柳 *Salix variegata* Franch. WSFI

皂柳 *Salix wallichiana* Anderss. ▲◆ WSI－1011（1），WSI－0630（3），WSI－0475（2），WSI－0355（2），WSI－0353（3）

疏花柳 *Salix wilsonii* Seem. CDSX，CDDQ

71. 桦木科 Betulaceae

桤木属 *Alnus* Mill.

桤木 *Alnus cremastogyne* Burk. ▲ WSFI

桦木属 *Betula* L.

红桦 *Betula albo－sinensis* Burk. ▲ WSI－0444（3），WSI－0538（3），WSI－0449（3），WSI－0362（2）

狭翅桦 *Betula chinenesis* Maxim. var. *fargesii*（Franch.）P. C. Li WSI－0521（3），WSII－1334（1）

香桦 *Betula insignis* Franch. ▲ CDDQ

亮叶桦 *Betula luminifera* H. Winkl. ▲ WSII－1249（1），WSII－0349（2），WSI－0065（3），WSI－0743（1），WSI－0913（3），WSI－0362（2）

白桦 *Betula platyphylla* Suk. ●▲ WSI－0376（3）

糙皮桦 *Betula utilis* D. Don ▲● WSII－0572（3）

72. 壳斗科 Fagaceae

栗属 *Castanea* Mill.

锥栗 *Castanea henryi*（Skan）Rehd. et Wils. var. *henryi* ■▲◆ WSI－0637（3）

板栗 *Castanea mollissima* Bl ■▲ WSI－0211（1）

茅栗 *Castanea seguinii* Dode ■▲ WSI－0148（3），WSI－1309（1）

栲属 *Castanopsis* Spach

栲 *Castanopsis fargesii* Franch. ■▲ WSFI

苦槠 *Castanopsis sclerophylla*（Lindl.）Schott. ■▲ CDSX

钩锥 *Castanopsis tibetana* Hance ■▲ WSFI

鳞苞栲 *Castanopsis uraiana* Kanehira et Hatusima WSI－1032（2）

青冈属 *Cyclobalanopsis* Oerst.

城口青冈 *Cyclobalanopsis fargesii*（Rranch.）C. J. Qi WSFI

青冈 *Cyclobalanopsis glauca*（Thunbe.）Oerst ■▲ CDDQ，WSFI

滇青冈 *Cyclobalanopsis glaucoides* Schott WSII－0651（3）

细叶青冈 *Cyclobalanopsis gracilis*（Rehder et Wils）Cheng et T. Hong WSFI

多脉青冈 *Cyclobalanopsis multinervis* Cheng et T. Hong ■▲ WSII－0921（3）

小叶青冈 *Cyclobalanopsis myrsinaefolia*（Blume）Oerst. ■▲ WSI－0632（3），WSII－0934（3），WSI－

0758（1），WSI – 0509（3），WSII – 0880（3），WSII – 0856（2）

宁冈青冈 *Cyclobalanopsis ningangensis* Cheng et Y. C. Hsu WSII – 1309（1）

曼青冈 *Cyclobalanopsis oxyodon*（Miq.）Oerst CDSX

褐叶青冈 *Cyclobalanopsis stewardiana*（A. Camus）Y. C. Hsu et H. W. Jen WSFI

水青冈属 *Fagus* L.

米心水青冈 *Fagus engleriana* Seem. ▲ WSI – 0478（3）

光叶水青冈 *Fagus lucida* Rehd. et Wils. ▲ WSI – 0638（2）

水青冈 *Fagus longipetiolata* Seem

柯属 *Lithocarpus* Bl.

短尾柯 *Lithocarpus brevicaudatus*（Skan）Hayata WSI – 1477 – 1（2）

包果柯 *Lithocarpus cleistocarpus*（Seem.）Rehd. et Wils. ▲■ WSI – 0982（3）

厚斗柯 *Lithocarpus elizabethae* Rehd. WSI – 0448（1）

柯［石栎］*Lithocarpus glaber*（Thunb.）Nakai ▲ WSI – 0973（3），WSI – 1040（1），WSI – 0689（1），WSII – 0542（1），WSI – 0924（3）

灰柯 *Lithocarpus henryi*（Seem）Rehd. et Wils. ▲ WSI – 1338（2），WSI – 1307（3），WSI – 0851（2），WSI – 0528（3）

圆锥柯 *Lithocarpus paniculatus* H. – M. WSII – 0902（3）

栎属 *Quercus* L.

岩栎 *Quercus acrodonta* Seem. WSFI

麻栎 *Quercus acutissima* Carruth. ▲■ WSFI

槲栎 *Quercus aliena* Bl. ■▲ WSI – 0439（3），WSI – 0535（1）

锐齿槲栎 *Quercus aliena* Blume var. *acutiserrata* Maximowicz ex Wenzig ● WSI – 0639（3），WSI – 0096（1）

川滇高山栎 *Quercus aquifolioides* Rehd. et Wils. WSI – 0481（2）

巴东栎 *Quercus engleriana* Seem. ■▲ WSII – 1238（2）

矮高山栎 *Quercus monimotricha* Hand. – Mazz. WSII – 0915（2）

长叶枹栎 *Quercus monnula* Y. C. Hsu et H. W. Jen WSI – 0688（2）

乌岗栎 *Quercus phillyraeoides* A. Gray ■▲ CDDQ, WSFI

灰背栎 *Quercus senescens* Hand. – Mazz. WSII – 1539（2）

枹栎 *Quercus serrata* Thunb. ■▲ WSII – 0807（3）

短柄枹栎 *Quercus serrata* Thunb. var. *brevipetiolata*（DC.）Nakai WSI – 0971（4），WSII – 0046（2）

刺叶高山栎 *Quercus spinosa* David ex Franchet ■▲ WSI – 0979（3）

太鲁阁栎 *Quercus tarokoensis* Hayata WSII – 0999（3），WSI – 0581（3）

栓皮栎 *Quercus variabilis* Bl. ■▲ WSI – 0560（3），WSII – 1222（2），WSI – 0655（2）

云南波罗栎 *Quercus yunnanensis* Franch. WSFI, CDSX

73. 榛科 Corylaceae

鹅耳枥属 *Carpinus* L.

千金榆 *Carpinus cordata* Bl. var. *cordata* ▲ WSI – 0488（3），WSII – 0069（1），WSI – 0644（2）

华千金榆 *Carpinus cordata* Bl. var. *chinensis* Franch. CDSX, WSFI

川陕鹅耳枥［千筋树］*Carpinus fargesiana* H. Winkl. var. *fargsiana* CDSX, WSFI

川鄂鹅耳枥 *Carpinus henryana* Hu var. *henryana*（H. Winkl）P. C. Li WSFI

单齿鹅耳枥 *Carpinus hupeana* Hu var. *simplicidentata*（Hu）P. C. Li WSI – 0977（3）

多脉鹅耳枥 *Carpinus polyneura* Franch. var. *polyneura* ▲ CDDQ，WSFI

云贵鹅耳枥 *Carpinus pubescens* Burk. var. *pubescens* WSFI，CDSX

陕西鹅耳枥 *Carpinus shensiensis* Hu WSFI

小叶鹅耳枥 *Carpinus turczaninowii* Hance var. *stipulata*（H. Winkl.）H. Winkl. WSFI

雷公鹅耳枥 *Carpinus viminea* Wall. var. *viminea* ▲ WSI-0540（1），WSI-0530（1）

榛属 *Corylus* L.

华榛 *Corylus chinensis* Franch. ■▲ WSII-1685（5），WSII-1676（3），WSIII-0093（2）

披针叶榛 *Corylus fargesii* Schneid. WSFI

藏刺榛 *Corylus ferox* Wall. var. *thibetica*（Batal.）Franch. ■ WSII-0464（3），WSI-0522（3），WSI-0434（2），WSI-0901（3）

川榛 *Corylus heterophylla* Fisch. var. *sutchuenensis* Franch. ■▲ WSI-0330（3），WSI-0494（4）

毛榛 *Corylus mandshurica* Maxim. ■ CDDQ，WSFI

74. 胡桃科 Juglandaceae

黄杞属 *Engelhardia* Lesch. ex Bl.

黄杞 *Engelhardia roxburghiana* Wall. ▲ WSFI

胡桃属 *Juglans* L.

野核桃 *Juglans cathayensis* Dode WSI-0281（3）

胡桃楸 *Juglans mandshurica* Maxim. ▲ WSFI

胡桃 *Juglans regia* L. ★ WSII-0335（3）

化香树属 *Platycarya* Sieb. et Zucc.

化香树 *Platycarya strobilacea* Sieb. et Zucc. ▲●◆ WSI-0140（3）

枫杨属 *Pterocarya* Kunth

湖北枫杨 *Pterocarya hupehensis* Skan ▲● CDDQ，WSFI

华西枫杨 *Pterocarya insignis* Rehd. et Wils WSII-1626（2），WSI-1200（2），WSII-0530（3），WSII-1483（1），WSI-0358（4）

枫杨 *Pterocarya stenoptera* C. DC. ●▲ CDSX，WSFI

75. 榆科 Ulmaceae

糙叶树属 *Aphananthe* Planch.

糙叶树 *Aphananthe aspera*（Thunb.）Planch. ▲ WSII-0679（3），WSII-1042（2），WSII-1048（3）

朴属 *Celtis* L.

紫弹树 *Celtis biondii* Pamp. CDSX，CDDQ，WSFI

黑弹树 *Celtis bungeana* Bl. ▲ WSI-0676（3）

小果朴 *Celtis cerasifera* Schneid. WSIII-0065（3），WSII-0608（3）

珊瑚朴 *Celtis julianae* Schneid. ▲● WSFI，CDDQ

朴树 *Celtis sinensis* Pers. ●▲ CDDQ

四蕊朴 *Celtis tetrandra* Roxb. WSII-1374（1）

西川朴 *Celtis vandervoetiana* Schneid. ▲ WSII-1028（3），WSII-0231（1），WSII-0259（1）

青檀属 *Pteroceltis* Maxim.

青檀 *Pteroceltis tatarinowii* Maxim. ▲ WSI-1666（1），WSI-1048（3），WSII-0679（4），WSII-1042（2），WSII-0767（3）

山黄麻属 *Trema* Lour.

山油麻 *Trema cannabina* Lour. var. *dielsiana*（Hand. – Mazz.）C. J. Chen ▲ CDSX, CDDQ

羽脉山黄麻 *Trema levigata* Hand. – Mazz. ▲ WSI – 0775（5）

榆属 *Ulmus* L.

兴山榆 *Ulmus bergmanniana* Schneid. var. *bergmanniana* ▲ WSII – 1325（2），WSI – 0866（3），WSII – 0927（3）

蜀榆 *Ulmus bergmanniana* Schneid. var. *lasiophylla* Schneid ▲ WSI – 0672（1）

昆明榆 *Ulmus changii* Cheng var. *kunmingensis*（Cheng）Cheng et L. K. Fu ▲ WSII – 1374（1）

黑榆 *Ulmus davidiana* Planch. var. *davidiana* ▲ WSII – 0866（3），WSII – 0827（3）

大果榆 *Ulmus macrocarpa* Hance var. *macrocarpa* ▲ WSI – 0668（1）

榔榆 *Ulmus parvifolia* Jacq. ▲● CDDQ

李叶榆 *Ulmus prunifolia* Cheng ▲ WSII – 0313（2）

榉属 *Zelkova* Spach

大叶榉树 *Zelkova schneideriana* Hand. – Mazz. ▲ WSFI

榉树 *Zelkova serrata*（Thunb.）Makino ●▲ WSI – 0653（3）

大果榉 *Zelkova sinica* Schneid. WSFI

76. 大麻科 Cannabidaceae

葎草属 *Humulus* L.

葎草 *Humulus scandens*（Lour.）Merr. ▲ CDSX, WSFI

77. 桑科 Moraceae

构属 *Broussonetia* L'Hert. ex Vent.

藤构 *Broussonetia kaempferi* Sieb. var. *australis* Suzuki ▲ CDDQ, WSFI

楮 *Broussonetia kazinoki* Sieb. ▲ CDSX, CDDQ, WSFI

构树 *Broussonetia papyrifera*（Linn.）L'Hert. ex Vent. ▲ CDDQ, CDSX, WSFI

柘属 *Cudrania* Tréc.

构棘 *Cudrania cochinchinensis*（Lour.）Kudo et Masam. ●■▲ WSII – 1695（4）

柘树 *Cudrania tricuspidata*（Carr.）Bur. ex Lavalle ■▲ CDSX, CDDQ, WSFI

榕属 *Ficus* Linn.

矮小天仙果 *Ficus erecta* Thunb. ▲◆ WSFI

天仙果 *Ficus erecta* Thunb. var. *beecheyana*（Hook. et Arn.）King WSII – 1050（2），WSI – 0551（2），WSII – 1192（3），WSI – 0312（1）

台湾榕 *Ficus fomosana* Msxim. WSII – 0789（1）

尖叶榕 *Ficus henryi* Warb. ex Diels ■ WSIII – 0032（3），WSII – 1220（1），WSIII – 0013（1）

异叶榕 *Ficus heteromorpha* Hemsl. ■◆ WSI – 0193（2），WSII – 0983（2），WSII – 0206（2），WSII – 0944（1）

琴叶榕 *Ficus pandurata* Hance WSII – 1187（2）

薜荔 *Ficus pumila* Linn. ●◆▲ CDSX, CDDQ, WSFI

珍珠莲［爬藤榕］*Ficus sarmentosa* Buch. – Ham. ex J. E. Sm. var. *henryi*（King et Oliv.）Corner ◆▲ WSII – 0708（3）

竹叶榕 *Ficus stenophylla* Hemsl. WSII – 1613（2）

地果 *Ficus tikoua* Bur. ●■ CDSX, CDDQ, WSFI

黄葛榕 *Ficus virens* Aiton ●▲ WSII – 1518（3）

桑属 *Morus* Linn.

桑 *Morus alba* Linn. ■▲◆ WSII – 1013（2），WSI – 1201（2），WSII – 1517（1），WSI – 0257（1）

鸡桑 *Morus australis* Poir. ■▲ WSI – 0373（3），WSII – 0472（2），WSI – 0382（2），WSII – 1218（3），WSII – 0259（1），WSI – 0617（2），WSII – 0462（3）

华桑 *Morus cathayana* Hemsl. ■▲ WSII – 0941（2），WSI – 0408（1），WSII – 1517（2）

蒙桑 *Morus mongolica*（Bur.）Schneid. ▲ WSII – 0707（3），WSII – 1017（1），WSI – 1210（3）

78. 荨麻科 Urticaceae

苎麻属 *Boehmeria* Jacq.

序叶苎麻 *Boehmeria clidemioides* var. *diffusa*（Wedd.）Hand. – Mazz. ◆▲ WSII – 0390（2）

长序苎麻 *Boehmeria dolichostachya* W. T. Wang WSFI

苎麻 *Boehmeria nivea*（L.）Gaud. var. *nivea* ▲ CDSX，WSFI

悬铃叶苎麻 *Boehmeria tricuspis*（Hance）Makino ◆▲ WSII – 1026（2）

小赤麻 *Boehmeria spicata*（Thunb.）Thunb WSII – 1193（3）

水麻属 *Debregeasia* Gaudich.

水麻 *Debregeasia orientalis* C. J. Chen ▲◆■ WSII – 1219（2）

楼梯草属 *Elatostema* J. R. et G. Forst

狭叶楼梯草 *Elatostema aumbellatum*（S. et Z.）Bl. CDSX

梨序楼梯草 *Elatostema ficoides* Wedd. WSFI

宜昌楼梯草 *Elatostema ichangense* H. Schroter ◆WSII – 0704（2）

楼梯草 *Elatostema involucratum* Franch. et Sav. ◆ WSFI

长圆楼梯草 *Elatostema oblongifolium* Fu ex W. T. Wang CDDQ，WSFI

钝叶楼梯草 *Elatostema obtusum* Wedd. CDDQ，WSFI

小叶楼梯草 *Elatostema parvum*（Bl.）Miq. WSII – 0959（2）

石生楼梯草 *Elatostema rupestre*（Ham.）Wedd. WSI – 0299（2）

庐山楼梯草 *Elatostema stewardii* Merr. ◆ WSII – 0898（3）

细尾楼梯草 *Elatostema tenuicaudatum* W. T. Wang var. *tenuicaudatum* WSFI

蝎子草属 *Girardinia* Gaudich.

大蝎子草 *Girardinia diversifolia*（Link）Friis WSFI

红火麻 *Girardinia suborbiculata* ssp. *trlloba*（C. J. Chen）C. J. Chen WSFI

糯米团属 *Gonostegia* Turcz

糯米团 *Gonostegia hirta*（Bl.）Miq. ▲◆ WSII – 0376（1）

艾麻属 *Laportea* Gaudich.

珠芽艾麻 *Laportea bulbifera*（Sieb. et Zucc.）Wedd. ssp. *bulbifera* WSFI

螫麻 *Laportea bulbifera*（Sieb. et Zucc.）Wedd. subsp. *dielsii* C. J. Chen WSI – 0861（2）

艾麻 *Laportea cuspidata*（Wedd.）Friis WSI – 0881（2）

假楼梯草属 *Lecanthus* Wedd.

假楼梯草 *Lecanthus peduncularis*（Royle）Wedd. WSFI

花点草属 *Nanocnide* Bl.

花点草 *Nanocnide japonica* Bl. CDDQ，WSFI

紫麻属 *Oreocnide* Miq.

紫麻 *Oreocnide frutescens*（Thunb.）Miq. subsp. *frutescrns* ▲◆ WSII－1538（1）

墙草属 *Parietaria* L.

墙草 *Parietaria micrantha* Ledeb. ◆ WSII－1110（2）

冷水花属 *Pilea* Lindl.

波缘冷水花 *Pilea cavalariei* Lévl. subsp. *cavaleriel* ◆ WSFI

山冷水花 *Pilea japonica*（Maxim.）Hand.－Mazz. ◆ CDDQ，WSFI

大叶冷水花 *Pilea martinii*（Lévl.）Hand.－Mazz. ● WSFI

冷水花 *Pilea notata* C. H. Wright ◆ CDDQ，WSFI

矮冷水花 *Pilea peploides*（Gaudich.）Hook. et Arn. CDDQ，WSFI

石筋草 *Pilea plataniflora* C. J. Wright ◆ WSI－0554（3）

透茎冷水花 *Pilea pumila*（L.）A. Gray var. *pumila* ◆ WSFI

粗齿冷水花 *Pilea sinofasciata* C. J. Chen WSII－1188（2），WSI－0293（1）

雾水葛属 *Pouzolzia* Gaudich.

雅致雾水葛 *Pouzolzia elegans* Wedd. var. *elegans* ▲ WSFI

红雾水葛 *Pouzolzia sanguinea*（Bl.）Merr. WSI－0790（1）

荨麻属 *Urtica* L.

荨麻 *Urtica fissa* E. Pritz. ▲◆ WSI－0602（1）

宽叶荨麻 *Urtica laetevirens* Maxim. subsp. *laetevirens* ■▲ WSII－0522（2）

齿叶荨麻 *Urtica laetevirens* Maxim. subsp. *dentata*（Hand.－Mazz.）C. J. Chen WSFI

79. 杜仲科 Eucommiaceae

杜仲属 *Eucommia* Oliv.

杜仲 *Eucommia ulmoides* Oliver ◆ WSI－0252（1）

80. 大风子科 Flacourtiaceae

山羊角树属 *Carrierea* Franch.

山羊角树 *Carrierea calycina* Franch. ▲● WSIII－0081（3）

山桐子属 *Idesia* Maxim.

山桐子 *Idesia polycarpa* Maxim. ▲● WSI－0276（2）

毛叶山桐子 *Idesia polycarpa* Maxim. var. *vestita* Diels ▲● WSI－1681（2）

山拐枣属 *Poliothyrsis* Oliv.

山拐枣 *Poliothyrsis sinensis* Oliv. ▲ WSFI

柞木属 *Xylosma* G. Forst.

南岭柞木 *Xylosma controversum* Clos ●▲ WSII－1610（3）

柞木 *Xylosma racemosum*（Sieb. et Zucc.）Miq. ●▲ WSI－0565（3）

81. 瑞香科 Thymelaeaceae

瑞香属 *Daphne* Linn.

尖瓣瑞香 *Daphne acutiloba* Rehd. ▲● WSI－0105（3）

毛瑞香 *Daphne kiusiana* Miq. var. *atrocaulis*（Rehd.）F. Maekawa WSII－0856（3），WSII－0695（2）

白瑞香 *Daphne papyracea* Wall. ex Steud. ▲ CDSX，CDDQ

野梦花 *Daphne tangutica* Maxim. var. *wilsonii*（Rehd.）H. F. Zhou ex C. Y. Chang▲● WSII – 0546
（2），WSI – 0516（1）

结香属 *Edgeworthia* Meissn.

结香 *Edgeworthia chrysantha* Lindl. ▲● CDSX，CDDQ

荛花属 *Wikstroemia* Endl.

岩杉树 *Wikstroemia angustifolia* Hemsl. ▲ WSI – 0582（3）

头序荛花 *Wikstroemia capitata* Rehd. WSFI

小黄构 *Wikstroemia micrantha* Hemsl. ▲◆ WSII – 0405（1），WSII – 0925（3）

82. 海桐科 Pittosporaceae

海桐花属 *Pittosporum* Banks

皱叶海桐 *Pittosporum crispulum* Gagnep. ◆ WSFI

突肋海桐 *Pittosporum elevaticostatum* Chang et Yan WSFI

狭叶海桐 *Pittosporum glabratum* Lindl. var. *neriifolium* Rehd. et wils WSII – 0835（3），WSII – 0699（1）

异叶海桐 *Pittosporum heterophyllum* Franch. ◆ WSFI

海金子 *Pittosporum illicioides* Mak. ●◆ WSII – 0356（2），WSII – 1076（1），WSI – 0445（1）

柄果海桐 *Pittosporum podocarpum* Gagnep. ◆ CDSX

海桐 *Pittosporum tobira*（Thunb.）Ait. ★ WSII – 1628（1）

棱果海桐 *Pittosporum trigonocarpum* Lévl WSII – 0693（3）

崖花子 *Pittosporum truncatum* Pritz. WSI – 0575（1）

木果海桐 *Pittosporum xylocarpum* Hu et Wang ◆ WSFI，CDDQ

83. 柽柳科 Tamaricaceae

水柏枝属 *Myricaria* Desv.

疏花水柏枝 *Myricaria laxiflora*（Franch.）P. Y. Zhang et Y. J. Zhang CDSX

84. 堇菜科 Violaceae

堇菜属 *Viola* L.

鸡腿堇菜 *Viola acuminata* Ledeb. ◆■ WSI – 0307（3）

戟叶堇菜 *Viola betonicifolia* J. E. Smith ◆ WSFI

毛果堇菜 *Viola collina* Bess WSII – 1345（5），WSI – 0830（3）

毛堇菜 *Viola confusa* Champ. CDSX

深圆齿堇菜 *Viola davidii* Franch. WSII – 1597（2）

蔓茎堇菜 *Viola diffusa* Ging WSII – 1094（1）

密毛蔓茎菜 *Viola fargesii* H. de Boiss. WSFI

长梗紫花堇菜 *Viola faurieana* W. Beck. WSIII – 0055（2）

阔萼堇菜 *Viola grandisepala* W. Beck. WSFI

紫花堇菜 *Viola grypoceras* A. Gray ◆ WSI – 0210

长萼堇菜 *Viola inconspicua* Blume ◆WSI – 1284（2），WSI – 1010（2），WSII – 0304（1）

萱 *Viola moupinensis* Franch. ◆ WSII – 1439

紫花地丁 *Viola philippica* Cav. ◆● WSI – 0256

柔毛堇菜 *Viola principis* H. de Boiss. WSFI

早开堇菜 *Viola prionantha* Bunge ◆ CDSX

深山堇菜 *Viola selkirkii* Pursh ex Gold. CDSX，WSFI

庐山堇菜 *Viola stewardina* W. Beck WSII－0656（1）

斑叶堇菜 *Viola variegata* Fisch. CDSX

堇菜 *Viola verecunda* A. Gray ◆ CDSX，WSFI

85. 远志科 Polygalaceae

远志属 *Polygala* L.

荷包山桂花 ［黄花远志］ *Polygala arillata* Buch. － Ham. ex D. Don ◆ WSI－1133（3）

尾叶远志 *Polygala caudata* Rehd. et Wils. ◆ WSII－0642（3）

黄花倒水莲 *Polygala fallax* Hemsl. WSI－0224（3）

瓜子金 *Polygala japonica* Houtt. ◆ WSI－1064（3）

小扁豆 *Polygala tatarinowii* Regel ◆ WSFI

长毛籽远志 *Polygala wattersii* Hance ◆ WSII－0938（3），WSI－1368（1）

86. 西番莲科 Passifloraceae

西番莲属 *Passiflora* Linn.

杯叶西番莲 *Passiflora cupiformis* Mast. ◆ CDSX

87. 葫芦科 Cucurbitaceae

假贝母属 *Bolbostemma* Franquet

假贝母 *Bolbostemma paniculatum*（Maxim.）Franquet WSFI

绞股蓝属 *Gynostemma* Bl.

绞股蓝 *Gynostemma pentaphyllum*（Thunb.）Makino ◆WSI－0233（1），WSII－1173（1）

雪胆属 *Hemsleya* Cogn.

雪胆 *Hemsleya chinensis* Cogn. ex Forbes et Hemsl. WSIII－0559（1），WSIII－0333－1（1）

马铜铃 *Hemsleya graciliflora*（Harms）Cogn. WSFI

裂瓜属 *Schizopepon* Maxim.

湖北裂瓜 *Schizopepon dioicus* Cogn. ex Oliv. WSI－0819（3）

赤瓟属 *Thladiantha* Bunge

赤瓟 *Thladiantha dubia* Bunge CDDQ，WSFI

皱果赤瓟 *Thladiantha henryi* Hemsl. CDDQ，WSFI

长叶赤瓟 *Thladiantha longifolia* Cogn. ex Oliv. CDDQ，WSFI

斑赤瓟 *Thladiantha maculata* Cogn. WSI－0323（1）

南赤瓟 *Thladiantha nudiflora* Hemsl. ex Forbes et Hemsl. CDSX，CDDQ

鄂赤瓟 *Thladiantha oliveri* Cogn. ex Mottet WSII－1599（2）

长毛赤瓟 *Thladiantha villosula* Cogn. WSI－0788（3）

栝楼属 *Trichosanthes* Linn.

王瓜 *Trichosanthes cucumeroides*（Ser.）Maxim. WSII－0741（3）

栝楼 *Trichosanthes kirilowii* Maxim. CDSX，WSFI

中华栝楼 *Trichosanthes rosthornii* Harms WSI－0223（1），WSII－0045（1），WSII－0808（3）

马绞儿属 *Zehneria* Endl.

马绞儿 *Zehneria indica*（Lour.）Keraudren WSI－1175（1）

钮子瓜 *Zehneria maysorensis*（Wight et Arn.）Arn. WSFI

88. 秋海棠科 Begoniaceae

秋海棠属 *Begonia* Linn.

中华秋海棠 *Begonia grandis* Dry. subsp. *sinensis*（A. DC.）Irmsch. ● WSII－0909（2），WSII－0912（2）

秋海棠 *Begonia grandis* subsp. *grandis* ● WSFI

掌裂叶秋海棠 *Begonia pedatifida* Lévl. ● WSFI

89. 椴树科 Tiliaceae

田麻属 *Corchoropsis* Sieb. et Zucc.

光果田麻 *Corchoropsis psilocarpa* Harms et Loes. ex Loes. CDDQ

田麻 *Corchoropsis tomentosa*（Thunb.）Makino ▲ WSI－1343（2）

扁担杆属 *Grewia* L.

小花扁担杆 *Grewia biloba* G. Don var. *parviflora*（Bunge）Hand.－Mazz. ▲ WSI－1036（3）

粗茸扁担杆 *Grewia hirsuto－velutina* Burret WSII－0660（2）

椴树属 *Tilia* L.

华椴 *Tilia chinensis* Maxim. ▲ WSI－1434（2），WSI－1315（3），WSI－1283（1），WSI－1370（1），WSII－1372（2）

秃华椴 *Tilia chinensis* Maxim. var. *investita*（V. Engl.）Rehd. WSFI

亮绿椴 *Tilia laetevirens* Rehd. et Wils WSI－0842（4），WSII－0849（1）

大叶椴 *Tilia nobilis* Rehd et Wils WSI－1363（3），WSI－0972（3）

粉椴［鄂椴］*Tilia oliveri* Szyszyl. ▲ WSI－0353（3），WSI－1310（1），WSI－0898（5），WSI－1300（3），WSIII－1283（1）

灰背椴 *Tilia oliveri* Szyszyl. var. *cinerascens* Rehd. et Wils. WSFI, CDDQ

椴树 *Tilia tuan* Szyszyl. ▲ WSFI

毛芽椴 *Tilia tuan* Szyszyl. var. *chinensis* Rehd. et Wils. WSFI

90. 梧桐科 Sterculiaceae

梧桐属 *Firmiana* Marsili.

梧桐 *Firmiana platanifolia*（Linn. f.）Marsili ●▲ WSIII－0222－1

91. 杜英科 Elaeocarpaceae

猴欢喜属 *Sloanea* L.

薄果猴欢喜 *Sloanea leptocarpa* Diels

92. 锦葵科 Malvalceae

苘麻属 *Abutilon* Miller.

苘麻 *Abutilon theophrasti* Medicus WSII－1082－1（2）

蜀葵属 *Altheea* Linn.

蜀葵 *Althaea rosea*（Linn.）Cavan. ★

木槿属 *Hibiscus* Linn.

木槿 *Hibiscus syriacus* Linn. ●◆▲ WSII－1082（2）

野西瓜苗 *Hibiscus trionum* Linn. WSFI

锦葵属 *Malva* Linn.

圆叶锦葵 *Malva rotundifolia* Linn. WSFI

锦葵 *Malva sinensis* Cavan ● ★

野葵 *Malva verticillata* Linn. CDSX，WSFI

梵天花属 *Urena* Linn.

梵天花 *Urena procumbens* Linn. WSFI

93. 亚麻科 Linaceae

亚麻属 *Linum* L.

亚麻 *Linum usitatissimum* L. ★

94. 大戟科 Euphorbiaceae

铁苋菜属 *Acalypha* L.

铁苋菜 *Acalypha australis* L. WSII－0391（2）WSFI

裂苞铁苋菜 *Acalypha brachystachya* Hornem. WSFI

山麻杆属 *Alchornea* Sw.

山麻杆 *Alchornea davidii* Franch. ●▲ CDSX，WSFI

五月茶属 *Antidesma* Linn.

日本五月茶 *Antidesma japonicum* Sieb. et Zucc. ▲ WSFI

重阳木属 *Biachofia* Bl.

重阳木 *Bischofia polycarpa*（Lévl.）Airy Shaw ●▲ CDSX，CDDQ，WSFI

白桐树属 *Claoxylon* A.

白桐树 *Claoxylon indicum*（Reinw. ex Bl.）Hassk. ◆ WSII－1121（3），WSII－0744（3）

假奓包叶属 *Discocleidion* Pax et Hoffm.

假奓包叶 *Discocleidion rufescens*（Franch.）Pax et Hoffm. ▲ WSII－0204（3）

大戟属 *Euphorbia* Linn.

火殃勒 *Euphorbia antiquorum* Linn. WSFI

乳浆大戟 *Euphorbia esula* Linn. ◆ CDDQ，WSFI

泽漆 *Euphorbia helioscopia* Linn. ◆ WSI－1347（1）

地锦 *Euphorbia humifusa* Willd. ex Schlecht. ◆ WSI－1386（2）

湖北大戟［西南大戟］*Euphorbia hylonoma* Hand. － Mazz. ◆ WSI－0285（2）

大狼毒 *Euphorbia jolkinii* Boiss. ◆ WSFI

续随子 *Euphorbia lathyrlris* Linn. ◆ CDDQ，WSFI

钩腺大戟 *Euphorbia sieboldiana* Morr. et Decne. ◆ WSI－1270（1）

算盘子属 *Glochidion* J. R. et G. Forst.

革叶算盘子 *Glochidion daltonii*（Muell. Arg.）Kurz ▲ WSFI

算盘子 *Glochidion puberum*（Linn.）Hutch. ▲ WSFI，CDDQ，CDSX

湖北算盘子 *Glochidion wilsonii* Hutch. ▲ WSII－0133（6），WSII－0635（3）

野桐属 *Mallotus* Lour.

白背叶 *Mallotus apelta*（Lour.）Muell. － Arg. CDSX，WSFI

野桐 *Mallotus japonicus*（Thunb.）Muell. Arg. var. *floccosus*（Muell. Arg.）S. M. Hwang ▲ WSII－0257（1），WSII－0136（3），WSII－1208（3）

红叶野桐 *Mallotus paxii* Pamp. var. *paxii* WSI－0624（3）

粗糠柴 *Mallotus philippensis*（Lam.）Muell. Arg. var. *philippensis* ▲ CDDQ，WSFI

石岩枫 *Mallotus repandus*（Will.）Muell. Arg. WSI－0606（3），WSII－0941（1）

杠香藤 *Mallotus repandus*（Willd.）Muell. Arg. var. *chrysocarpus*（Pamp.）S. M. Hwang WSI－0594（3）

叶下珠属 *Phyllanthus* L.

青灰叶下珠 *Phyllanthus glaucus* Wall. ex Muell. Arg. ◆ CDDQ

叶下珠 *Phyllanthus urinaria* Linn. ◆ CDDQ，WSFI

蓖麻属 *Ricinus* L.

蓖麻 *Ricinus communis* L. ★ WSI－1424（1）

乌桕属 *Sapium* P. Br.

山乌桕 *Sapium discolor*（Champ. ex Benth.）Muell. Arg. WSFI

乌桕 *Sapium sebiferum*（Linn.）Roxb. ▲● WSI－0593（3）

叶底珠属 *Securinega* Comm. et Juss.

叶底珠 *Securinega suffruticosa*（Pall.）Rehd. ◆ CDDQ

地构叶属 *Speranskia* Baill.

广东地构叶 *Speranskia cantonensis*（Hance）Pax et Hoffm. WSI－0631（3）

油桐属 *Vernicia* Lour.

油桐 *Vernicia fordii*（Hemsl.）Airy Shaw ★ CDSX，CDDQ，WSFI

守宫木属 *Sauropus* Blume

守宫木 *Sauropus androgynus*（L.）Merr. WSII－0890（3）

雀舌木属 *Leptopus* Decne

雀舌木 *Leptopus chinensis*（Bunge）Pojark. WSI－0868（4），WSII－0668（1），WSI－0285（2），WSIII－0019（2），WSI－0536（1），WSI－0585（2），WSII－0644（1）

95. 山茶科 Theaceae

杨桐属 *Adinandra* Jack

杨桐 *Adinandra japonica* Thunb WSIII－0028（3）

山茶属 *Camellia* L.

普洱茶 *Camellia assamica*（Mast.）Chang WSFI

贵州连蕊茶 *Camellia costei* Lévl. CDDQ

尖连蕊茶 *Camellia cuspidata*（Kochs）Wright ex Gard. ▲ WSII－1233（3），WSII－1622（2），WSII－0919（2）

油茶 *Camellia oleifera* Abel. ★ CDDQ，CDSX，WSFI

川鄂连蕊茶 *Camellia rosthorniana* Hand. － Mazz. ● WSII－0672（4），WSII－1044（4）

陕西短柱茶 *Camellia shensiensis* Chang WSFI

茶 *Camellia sinensis*（L.）O. Ktze. ★ CDDQ，WSFI

柃木属 *Eurya* Thunb.

翅柃 *Eurya alata* Kobuski WSII－1062（2），WSIII－0006（1），WSIII－0986（5）

金叶柃 *Eurya aurea*（Lévl.）Hu et L. K. Ling CDDQ

短柱柃 *Eurya brevistyla* Kobuski WSII－1677（3），WSI－0849（3），WSI－0559（3）

细齿叶柃 *Eurya nitida* Korthals. WSII－1010（1），WSIII－0029（3），WSI－1035（3），WSII－1010（2），WSII－0786（1）

钝叶柃 *Eurya obtusifolia* H. T. Chang WSII－0719（1）

紫茎属 *Stewartia* L.

紫茎 *Stewartia sinensis* Rehd. et Wils. var. *sinensis* Rehd. et Wils. ■▲ WSI－1484（3）

木荷属 *Schima* Reinw

西南木荷 *Schima wallichii* Choisy WSI－0719－1（3）

96. 猕猴桃科 Actinidiaceae

猕猴桃属 *Actinidia* Lindl.

京梨猕猴桃 *Actinidia callosa* var. *henryi* Maxim. CDSX，CDDQ

城口猕猴桃 *Actinidia chengkouensis* C. Y. Chang WSFI

中华猕猴桃 *Actinidia chinensis* Planch. ■◆ CDDQ，CDSX，WSFI

硬毛猕猴桃 *Actinidia chinensis* var. *hispida* C. F. Liang WSII－0417（3），WSI－0687（1）

黄毛猕猴桃 *Actinidia fulvicoma* Hance WSI－0380（2）

长叶猕猴桃 *Actinidia hemsleyana* Dunn. WSI－1220（2）

狗枣猕猴桃 *Actinidia kolomikta*（Maxim. et Rupr.）Maxim. WSII－0868（3），WSII－0849（2）

黑蕊猕猴桃 *Actinidia melanandra* Franch. WSI－0847（3），WSI－0340（3），WSII－1123（3），WSII－0930（2），WSII－1369（3），WSII－0850（3），WSI－0487（3），WSII－1578（1），WSI－1505（1），WSI－1129（1）

葛枣猕猴桃 *Actinidia polygama*（Sieb. et Zucc.）Maxim. ◆ WSFI，CDSX，CDDQ

毛蕊猕猴桃 *Actinidia trichogyna* Franch. WSFI，CDSX

对萼猕猴桃 *Actinidia valvata* Dunn WSI－0859（2）

藤山柳属 *Clematoclethra* Maxim.

杨叶藤山柳 *Clematoclethra actinidioides* var. *populifolia* C. F. Liang et Y. C. Chen WSI－1323（2），WSI－0846（2）

猕猴桃藤山柳 *Clematoclethra actinidioides* Maxim WSII－1324（2）

尖叶藤山柳 *Clematoclethra faberi* Franch. ◆ WSI－0367（3）

97. 桤叶树科 Clethraceae

桤叶树属 *Clethra*（Gronov.）Linn.

城口桤叶树 *Clethra fargesii* Franch. WSFI

98. 鹿蹄草科 Pyrolaceae

假水晶兰属 *Cheilotheca* Hook. f.

球果假水晶兰 *Cheilotheca humilis*（D. Don）H. Keng WSFI

喜冬草属 *Chimaphila* Pursh

喜冬草 *Chimaphila japonica* Miq. WSFI

鹿蹄草属 *Pyrola* Linn.

鹿蹄草 *Pyrola calliantha* H. Andr. ◆● CDDQ，WSFI

普通鹿蹄草 *Pyrola decorata* H. Andr. CDDQ，CDSX，WSFI

99. 水晶兰科 Monotropaceae

水晶兰属 *Monotropa* Linn.

松下兰 *Monotropa hypopitys* Linn. WSFI

毛花松下兰 *Monotropa hypopitys* Linn. var. *hirsuta* Roth WSFI

水晶兰 *Monotropa uniflora* Linn. WSFI

100. 杜鹃花科 Ericaceae

吊钟花属 *Enkianthus* Lour.

灯笼树 *Enkianthus chinensis* Franch. ● WSⅡ－0422（2）

毛叶吊钟花 *Enkianthus deflexus*（Griff.）Schneid. ● CDDQ，WSFI

齿缘吊钟花 *Enkianthus serrulatus*（Wils.）Schneid. ● WSFI

珍珠花属 *Lyonia* Nutt.

小果珍珠花 *Lyonia ovalifolia*（Wall.）Drude var. *elliptica*（Sieb. et Zucc.）Hand.－Mazz. WSⅠ－0647（3）

马醉木属 *Pieris* D. Don

美丽马醉木 *Pieris formosa*（Wall.）D. Don ● WSⅠ－0646（3）

杜鹃属 *Rhododendron* L.

毛肋杜鹃 *Rhododendron augustinii* Hemsl. WSⅠ－0534（2），WSⅡ－0423（3），WSⅡ－1671（3），WSⅡ－1308（3）

耳叶杜鹃 *Rhododendron auriculatum* Hemsl. WSⅠ－0925（3），WSⅠ－0442（1）

秀雅杜鹃 *Rhododendron concinnum* Hemsl. CDSX，CDDQ

喇叭杜鹃 *Rhododendron discolor* Franch. WSⅡ－0030（3）

红晕杜鹃 *Rhododendron erubescens* Hutch. CDSX，CDDQ

粉白杜鹃 *Rhododendron hypoglaucum* Hemsl. WSⅡ－1493（2），WSⅡ－0980（3）

麻花杜鹃 *Rhododendron maculiferum* Franch. WSFI

满山红 *Rhododendron mariesii* Hemsl. et Wils. ● WSⅠ－0143（3），WSⅡ－0996（2）

照山白 *Rhododendron micranthum* Turcz. ▲● WSⅠ－1033（3）

粉红杜鹃 *Rhododendron oreodoxa* Franch. var. *fargesii*（Franch.）Chamb. ex Cullen et Chamb. WSⅡ－1326（2）

巫山杜鹃 *Rhododendron roxieoides* Chamb. WSFI

杜鹃 *Rhododendron simsii* Planch. ● WSⅠ－1074（1），WSⅠ－1437（1）

长蕊杜鹃 *Rhododendron stamineum* Franch. WSⅡ－1014（3），WSⅡ－1199（3）

四川杜鹃 *Rhododendron sutchuenense* Franch. ● WSⅠ－0978（3），WSⅠ－0523（2）

101. 越橘科 Vacciniaceae

越橘属 *Vaccinium* L.

南烛 *Vaccinium bracteatum* Thunb. ● WSⅠ－0975（3），WSⅡ－0977（3），WSⅠ－0533（4）

齿苞越橘 *Vaccinium fimbribracteatum* C. Y. WuWSFI

无梗越橘 *Vaccinium henryi* Hemsl. WSⅠ－0976（3）

黄背越橘 *Vaccinium iteophyllum* HanceWSFI

扁枝越橘 *Vaccinium vaccinioides*（Lévl.）Hara WSⅠ－0649（1）

102. 金丝桃科 Hyperiaceae

金丝桃属 *Hypericum* Linn.

黄海棠 *Hypericum ascyron* L. ● WSI－1372（1），WSII－0476（2）

赶山鞭 *Hypericum attenuatum* Choisy CDSX

地耳草 *Hypericum japonicum* Thunb. ex Murray CDSX

金丝桃 *Hypericum monogynum* Linn. ●◆ CDSX，CDDQ，WSFI

金丝梅 *Hypericum patulum* Thunb. ex Murray ● WSII－0222（3）

贯叶连翘 *Hypericum perforatum* Linn. ● WSI－0001（3）

元宝草 *Hypericum sampsonii* Hance WSII－0924（2）

103. 石榴科 Punicaceae

石榴属 *Punica* L.

石榴 *Punica granatum* L. ★ WSII－0773（3）

104. 冬青科 Aquifoliaceae

冬青属 *Ilex* L.

华中枸骨［针齿冬青］*Ilex centrochinensis* S. Y. Hu ● CDSX, CDDQ, WSFI

冬青 *Ilex chinensis* Sims ●◆ WSFI, CDSX, CDDQ

纤齿枸骨 *Ilex ciliospinosa* Loes WSI－0579（3）

珊瑚冬青 *Ilex corallina* Franch. WSFI

狭叶冬青 *Ilex fargesii* Franch. CDSX, CDDQ, WSFI

毛薄叶冬青 *Ilex fragilis* kingii Loes. WSFI

细刺枸骨 *Ilex hylonoma* Hu et Tang WSI－1193（3）, WSII－0869（3）, WSII－1536（2）, WSII－1178（3）

大果冬青 *Ilex macrocarpa* Oliv. ◆ CDSX, WSFI

河滩冬青 *Ilex metabaptista* Loes. ex Diels ● WSII－0683（3）

小果冬青 *Ilex micrococca* Maxim. CDSX, CDDQ

具柄冬青 *Ilex pedunculosa* Miq. ● WSI－0665（3）

猫儿刺 *Ilex pernyi* Franch. ●▲ WSII－0352（3）

四川冬青 *Ilex szechwanensis* Loes. CDDQ

香冬青 *Ilex suaveolens*（Lévl）Loes. WSFI

云南冬青 *Ilex yunnanensis* Franch. ● WSII－1429（2）, WSI－0472（2）, WSI－0598（3）, WSI－1306（2）

105. 茶茱萸科 Icacinaceae

假柴龙树属 *Nothapodytes* Bl.

马比木 *Nothapodytes pittosporoides*（Oliv.）Sleum. WSI－0665－1（3）

106. 卫矛科 Celastraceae

南蛇藤属 *Celastrus* L.

苦皮藤 *Celastrus angulatus* Maxim. ▲ WSII－0022（3）

大芽南蛇藤［哥兰叶］*Celastrus gemmatus* Loes. ▲ WSII－0860（3）

灰叶南蛇藤 *Celastrus glaucophyllus* Rehd. et Wils. WSII－0244（1）

青江藤 *Celastrus hindsii* Benth. WSII－0972（3）, WSI－1439（1）, WSII－1063（2）

粉背南蛇藤 *Celastrus hypoleucus*（Oliv.）Warb. ex Loes. WSI－0503（2）, WSII－0431（1）, WSII－1336（1）, WSI－0351（3）, WSII－0235（3）

南蛇藤 *Celastrus orbiculatus* Thunb. ▲ WSFI, CDDQ, CDSX

短梗南蛇藤 *Celastrus rosthornianus* Loes. ▲◆ WSIII－0063（3）

长序南蛇藤 *Celastrus vaniotii*（Loes.）Rehd. WSI－0825（2）

卫矛属 *Euonymus* L.

刺果卫矛 *Euonymus acanthocarpus* Franch. WSII－0210（2）

软刺卫矛 *Euonymus aculeatus* Hemsl. WSFI

卫矛 *Euonymus alatus*（Thunb.）Sieb. ●▲◆ WSⅠ－0275（3），WSⅠ－0029（1）

毛脉卫矛 *Euonymus alatus*（Thunb.）Sieb. var. *pubescens* Maxim. WSⅠ－0270（3）

肉花卫矛 *Euonymus carnosus* Hems. WSⅠ－1208（2），WSⅠ－0235（2）

百齿卫矛 *Euonymus centidens* Lévl. WSⅡ－1694（3），WSⅠ－0029（1）

陈谋卫矛 *Euonymus chenmoui* Cheng WSⅡ－0837（3）

裂果卫矛 *Euonymus dielsianus* Loes. ex Diels WSⅡ－1529（3）

长梗卫矛 *Euonymus dolichopus* Merr. ex J. S. Ma CDSX，WSFI

鸦椿卫矛 *Euonymus euscaphis* Hand. － Mazz. WSFI

扶芳藤 *Euonymus fortunei*（Turcz.）Hand. － Mazz. ◆● CDSX，CDDQ

毛脉西南卫矛 *Euonymus hamiltonianus* Wall. ex. Roxb. f. *lanceifolius*（Loes）C. Y. Cheng. WSⅠ－0502（1），WSⅢ－0063（1），WSⅡ－0882（1）

冬青卫矛 *Euonymus japonicus* Thunb. ● WSⅢ－0009（2）

柳叶卫矛 *Euonymus lawsonii* var. *salicifolius*（Loes.）Blakel. WSⅢ－0070（2）

革叶卫矛 *Euonymus lecleri* Lévl. WSⅠ－0566（4），WSⅠ－0674（3），WSⅡ－0882（3）

白杜 *Euonymus maackii* Rupr. ◆▲● CDSX

小果卫矛 *Euonymus microcarpus*（Oliv.）Sprague WSⅡ－0928（2）

大果卫矛 *Euonymus myrianthus* Hemsl. ▲ WSⅡ－1184（2）

矩叶卫矛 *Euonymus oblongifolius* Loes. et Rehd. WSⅡ－0554（3），WSⅡ－1454（2），WSⅠ－0268（3），WSⅠ－1208（1），WSⅠ－0501（1），WSⅠ－0235（2）

栓翅卫矛 *Euonymus phellomanes* Loes. WSFI，CDDQ，CDSX

紫花卫矛 *Euonymus porphyreus* Loes. ▲ WSⅡ－1587（2）

八宝茶 *Euonymus przwalskii* Maxim. ■ WSⅠ－0984（3），WSⅠ－0271（3），WSⅡ－0913（2），WSⅡ－1288（1）

石枣子 *Euonymus sanguineus* Loes. ▲ WSFI

陕西卫矛 *Euonymus schensianus* Maxim. ● CDSX，CDDQ

染用卫矛 *Euonymus tingens* Wall. ▲ WSⅡ－1077（3）

曲脉卫矛 *Euonymus venosus* Hemsl. WSⅡ－1205（2），WSⅠ－0587（3）

疣点卫矛 *Euonymus verrucosoides* Loes. WSⅡ－0987（3）

美登木属 *Maytenus* Molina

刺茶美登木 *Maytenus variabilis*（Hemsl.）C. Y. Cheng WSⅠ－1406（3）

假卫矛属 *Microtropis* Wall. ex Meisn

四棱假卫矛 *Microtropis tetragena* Merr. et Freem. WSⅠ－0269（3）

三花假卫矛 *Microtropis triflora* Merr. et Freem. WSⅠ－1192（3）

核子木属 *Perrottetia* H. B. K.

核子木 *Perrottetia racemosa*（Oliv.）Loes. WSFI

107. 铁青树科 Olacaceae

青皮木属 *Schoepfia* Schreb.

青皮木 *Schoepfia jasminodora* Sieb. et Zucc. WSFI

108. 桑寄生科 Loranthaceae

桑寄生属 *Loranthus* L.

稠树桑寄生 *Loranthus delavayi* Van Tiegh. WSFI

华中桑寄生 *Loranthus pseudo – odoratus* Lingelsh. WSFI

109. 檀香科 Santalaceae

百蕊草属 *Thesium* L.

百蕊草 *Thesium chinense* Turcz. ◆ WSⅡ – 0306（2）

110. 蛇菰科 Balanophoraceae

蛇菰属 *Balanophora* Forst. et Forst. f

蛇菰 *Balanophora fungosa* J. R. Forster ◆ WSⅡ – 1404（2）

红菌 *Balanophora involucrata* J. D. Hook. ◆ WSⅡ – 1264（3）

111. 胡颓子科 Elaeagnaceae

胡颓子属 *Elaeagnus* Linn.

巴东胡颓子 *Elaeagnus difficilis* Serv. WSⅡ – 0108（3）

蔓胡颓子 *Elaeagnus glabra* Thunb. ◆■● WSⅡ – 0223（3）

宜昌胡颓子 *Elaeagnus henryi* Warb. WSⅠ – 0599（2）

披针叶胡颓子 *Elaeagnus lanceolata* Warb. ◆● WSⅡ – 1672（3）

木半夏 *Elaeagnus multiflora* Thunb. ◆ WSⅡ – 105（3）

胡颓子 *Elaeagnus pungens* Thunb. CDSX，CDDQ

牛奶子 *Elaeagnus umbellata* Thunb. ■● WSⅡ – 0867（3）

文山胡颓子 *Elaeagnus wenshanensis* C. Y. Chang WSⅠ – 0409（2）

巫山牛奶子 *Elaeagnus wushanensis* C. Y. Chang ■ WSⅡ – 0468（4），WSⅠ – 0906（3）

112. 鼠李科 Rhamnaceae

勾儿茶属 *Berchemia* Neck.

黄背勾儿茶 *Berchemia flavescens*（Wall.）Brongn. WSⅠ – 0399（2），WSⅠ – 0418（3）

多花勾儿茶 *Berchemia floribunda*（Wall.）Brongn. ■◆ WSⅠ – 0518（2），WSⅡ – 0421（3）

大老鼠耳 *Berchemia hirtella* Tsai et Feng var. *glabrescens* C. Y. Wu ex Y. L. WSⅡ – 1191（2），WSⅡ – 1093（3）

峨眉勾儿茶 *Berchemia omeiensis* Fang ex Y. L. Chen WSⅡ – 1246（2），WSⅠ – 1197（3）1

光枝勾儿茶 *Berchemia polyphylla* var. *leioclada* Hand. – Mazz. ◆ WSⅠ – 0785（4），WSⅠ – 1654（1）

勾儿茶 *Berchemia sinica* Schneid. ● CDSX，CDDQ，WSFI

云南勾儿茶 *Berchemia yunnanensis* Franch. CDSX，CDDQ，WSFI

枳椇属 *Hovenia* Thunb.

枳椇 *Hovenia acerba* Lindl. ■▲ WSⅠ – 1233（3）

马甲子属 *Paliurus* Tourn. ex Mill

铜钱树 *Paliurus hemsleyanus* Rehd. ▲ WSⅡ – 1070（3），WSⅠ – 0779（3）

马甲子 *Paliurus ramosissimus*（Lour.）Poir. ●◆ WSⅡ – 0984（3）

猫乳属 *Rhamnella* Miq.

猫乳 *Rhamnella franguloides*（Maxim.）Weberb. ▲◆CDSX

毛背猫乳 *Rhamnella julianae* Schneid. WSFI

多脉猫乳 *Rhamnella martinii*（Lévl.）Schneid. WSⅡ – 0833（3），WSⅠ – 0609（3）

鼠李属 *Rhamnus* L.

长叶冻绿 *Rhamnus crenata* Sieb. et Zucc. var. *crenata* ◆▲ WSⅡ – 1054（3）

刺鼠李 *Rhamnus dumetorum* Schneid. ◆ WSFI

贵州鼠李 *Rhamnus esquirolii* Lévl. WSⅠ-1213 (1)

亮叶鼠李 *Rhamnus hemsleyana* Schneid. ▲ CDSX, CDDQ, WSFI

异叶鼠李 *Rhamnus heterophylla* Oliv. ◆▲■ WSⅡ-0639 (1)

桃叶鼠李 *Rhamnus iteinophylla* Schneid. WSⅡ-0324 (3), WSⅠ-1320 (3)

钩齿鼠李 *Rhamnus lamprophylla* Schneid. WSⅢ-0078 (3)

纤花鼠李 *Rhamnus leptacantha* Schneid. WSFI

薄叶鼠李 *Rhamnus leptophylla* Schneid. ◆ WSⅡ-1086 (2), WSⅠ-0652 (3)

小叶鼠李 *Rhamnus parvifolia* Bunge ◆● WSⅠ-0655 (3)

小冻绿树 *Rhamnus rosthornii* Pritz. WSⅠ-1209 (1), WSⅠ-0645 (3), WSⅠ-0564 (3), WSⅠ-0580 (3), WSⅡ-0211 (3)

皱叶鼠李 *Rhamnus rugulosa* Hemsl. WSFI

脱毛皱叶鼠李 *Rhamnus rugulosa* Hemsl. var. *glabrata* Y. L. Chen WSFI

冻绿 *Rhamnus utilis* Decne. ▲ WSⅡ-0788 (2), WSⅠ-0129 (3)

雀梅藤属 *Sageretia* Brongn.

梗花雀梅藤 *Sageretia henryi* Drumm. et Sprague ◆ WSⅡ-1061 (3)

凹叶雀梅藤 *Sageretia horrida* Pax et K. Hoffm. WSⅠ-1387 (1), WSⅠ-1388 (1)

刺藤子 *Sageretia melliana* Hand. -Mazz. WSⅡ-0658 (3)

皱叶雀梅藤 *Sageretia rugosa* Hance WSⅢ-0069 (2), WSⅡ-0872 (3)

尾叶雀梅藤 *Sageretia subcaudata* Schneid. WSFI

雀梅藤 *Sageretia thea* (Osbeck) Johnst. ■◆● WSⅡ-0640 (2)

枣属 *Ziziphus* Mill.

枣 *Ziziphus jujuba* Mill. ★ CDSX, WSFI

113. 葡萄科 Vitaceae

蛇葡萄属 *Ampelopsis* Michaux.

蓝果蛇葡萄 *Ampelopsis bodinieri* (Lévl. et Vant.) Rehd. ■ WSⅡ-0303 (1)

蛇葡萄 *Ampelopsis brevipedunculata* (Maxim.) Trautv. WSⅡ-0071 (1)

羽叶蛇葡萄 *Ampelopsis chaffanjoni* (Lévl. et Vant.) Rehd. WSⅡ-0899 (3)

三裂蛇葡萄 *Ampelopsis delavayana* Planch. ◆ WSⅠ-0900 (3)

掌裂蛇葡萄 *Ampelopsis delavayana* Planch. var. *glabra* (Diels et Gilg) C. L. Li WSⅡ-0044 (1), WSⅠ-1409 (2)

显齿蛇葡萄 *Ampelopsis grossedentata* (Hand. -Mazz.) W. T. Wang WSⅡ-1313 (1), WSⅠ-0168 (1)

白蔹 *Ampelopsis japonica* (Thunb.) Makino ◆■ CDDQ, CDSX

柔毛大叶蛇葡萄 *Ampelopsis megalophylla* Diels et Gilg WSⅡ-1200 (2)

乌蔹莓属 *Cayratia* Juss.

白毛乌蔹莓 *Cayratia albifolia* C. L. Li WSFI

乌蔹莓 *Cayratia japonica* (Thunb.) Gagnep. ◆ WSⅡ-0750 (2), WSⅠ-0248 (3), WSⅡ-1173 (1)

尖叶乌蔹莓 *Cayratia japonica* (Thunb.) Gagnep. var. *pseudotrifolia* (W. T. Wang) C. L. Li WSⅡ-0247 (1)

华中乌蔹莓 *Cayratia oligocarpa* (Lévl. et Vant.) Gagnep. WSⅠ-0823 (2), WSⅡ-0449 (2)

爬山虎属 *Parthenocissus* Pl.

异叶地锦 *Parthenocissus dalzielii* Gangnep. WSⅠ–1410（3）

花叶地锦 *Parthenocissus henryana*（Hemsl.）Diels et Gilg WSFI

三叶地锦 *Parthenocissus semicordata*（Wall.）Planch. WSⅠ–1088（2），WSⅠ–0272（1），WSⅠ–0354（3）

爬山虎 *Parthenocissus tricuspidata*（Sieb. et Zucc.）Planch. ●◆ WSⅠ–0945（3），WSⅡ–0328（3），WSⅡ–0256（2）

俞藤属 *Yua* C. L. Li

俞藤 *Yua thomsoni*（Laws.）C. L. Li ◆ CDDQ，CDSX，WSFI

崖爬藤属 *Tetrastigma*（Miq）Planch.

三叶崖爬藤 *Tetrastigma hemsleyanum* Diels et Gilg ◆● WSⅠ–0449（1）

崖爬藤 *Tetrastigma obtectum*（Wall.）Planch. ◆ WSⅠ–1011（1），WSⅠ–0411（1），WSⅠ–0471（3），WSⅡ–0715（2）

毛叶崖爬藤 *Tetrastigma obtectum*（Wall.）Planch. var. *pilosum* Gagnep. CDSX

葡萄属 *Vitis* L.

桦叶葡萄 *Vitis betulifolia* Diels et Gilg ■ WSⅡ–1039（1），WSⅠ–1216（1）

刺葡萄 *Vitis davidii*（Roman. du Call）Rǎex. ◆ WSⅡ–0327（3）

葛藟葡萄 *Vitis flexuosa* Thunb. ■◆ WSⅡ–1039（3），WSⅡ–0248（2），WSⅡ–0079（1）

毛葡萄 *Vitis heyneana* Roem. et Schult ■ WSⅠ–0763（1），WSⅡ–0783（3）

变叶葡萄 *Vitis piasezkii* Maxim. ■ WSⅡ–0466（3）

绵毛葡萄 *Vitis retordii* Roman ex Planch. WSⅠ–1021（2）

秋葡萄 *Vitis romaneti* Roman. du Call. ex Planch ■ WSⅠ–0354（3）

网脉葡萄 *Vitis wilsonae* Veitch WSFI

114. 紫金牛科 Myrsinaceae

紫金牛属 *Ardisia* Swartz

百两金 *Ardisia crispa*（Thunb.）A. DC. CDSX

杜茎山属 *Maesa* Forsk.

湖北杜茎山 *Maesa hupehensis* Rehd. WSFI

铁仔属 *Myrsine* Linn.

铁仔 *Myrsine africana* Linn. ●◆ CDDQ，CDSX，WSFI

115. 柿树科 Ebenaceae

柿属 *Diospyros* Linn.

乌柿 *Diospyros cathayensis* Steward CDSX，CDDQ

柿 *Diospyros kaki* Thunb. ★ CDDQ，CDSX，WSFI

君迁子 *Diospyros lotus* Linn. ■ CDDQ，WSFI

116. 芸香科 Rutaceae

松风草属 *Boenninghausenia* Reichb. ex Meissn.

臭节草 *Boenninghausenia albiflora*（Hook.）Reichb. ex Meisn. ◆ WSⅠ–0157（3）

柑橘属 *Citrus* L.

香橼 *Citrus medica* L. var. *medica* ◆ WSFI

宜昌橙 *Citrus ichangensis* Swingle ● WSⅡ－0847（3）

柑橘 *Citrus reticulata* Blanco ★ CDSX

黄皮属 *Clausena* Burm. f.

黄皮 *Clausena lansium*（Lour.）Skeels ◆ WSⅠ－0324（1）

吴茱萸属 *Evodia* J. R. et G. Forst.

臭檀吴萸 *Evodia daniellii*（Benn.）Hemsl. CDSX

臭辣吴萸 *Evodia fargesii* Dode WSⅡ－0805（3），WSⅡ－1486（2）

棟叶吴萸 *Evodia glabrifolia*（Benth.）Huang ▲◆ WSⅠ－0781（3）

湖北吴萸 *Evodia henryi* Dode WSFI

石虎 *Evodia rutaecarpa*（Juss.）var. *officinalis*（Dode）Huang WSⅠ－0170（1），WSⅠ－0264（2）

臭常山属 *Orixa* Thunb.

臭常山 *Orixa japonica* Thunb. ◆ WSⅢ－0072（3）

黄檗属 *Phellodendron* Rupr.

川黄檗 *Phellodendron chinense* Schnekd. var. *chinense* CDSX，CDDQ

秃叶黄檗 *Phellodendron chinense* Schnekd. var. *glabriusculum* Schneid. WSⅡ－0196（2）

裸芸香属 *Psilopeganum* Hemsl.

裸芸香 *Psilopeganum sinense* Hemsl. ◆ WSFI

飞龙掌血属 *Toddalia* A. Juss.

飞龙掌血 *Toddalia asiatica*（L.）Lam WSⅡ－1239（3）

花椒属 *Zanthoxylum* L.

竹叶花椒 *Zanthoxylum armatum* DC. ■◆ WSⅡ－0087（1）

花椒 *Zanthoxylum bungeanum* Maxim. CDDQ，CDSX，WSFI

砚壳花椒 *Zanthoxylum dissitum* Hemsl. var. *dissitum* ◆ WSFI，CDDQ，CDSX

刺壳花椒 *Zanthoxylum echinocarpum* Hemsl. CDSX，WSFI

贵州花椒 *Zanthoxylum esquirolii* Lévl. WSⅠ－1346（2），WSⅡ－1419（2）

小花花椒 *Zanthoxylum micranthum* Hemsl. WSFI

两面针 *Zanthoxylum nitidum*（Roxb.）DC. WSⅡ－0971（1）

异叶花椒 *Zanthoxylum ovalifolium* Wight var. *ovalfolium* ◆ CDDQ

刺异叶花椒 *Zanthoxylum ovalifolium* var. *spinifolium*（Rehd. et Wlis.）Huang WSⅠ－1039（2），WSⅡ－1083（1），WSⅡ－0845（3）

花椒勒 *Zanthoxylum scandens* Bl. CDSX

野花椒 *Zanthoxylum simulans* Hance ■◆ WSⅠ－0482（2）

狭叶花椒 *Zanthoxylum stenophyllum* Hemsl. WSⅠ－0189（1）

117. 苦木科 Simarbaceae

臭椿属 *Ailanthus* Desf.

臭椿 *Ailanthus altissima*（Mill.）Swingle ●●◆ CDSX

大果臭椿 *Ailanthus altissima*（Mill.）Swingle var. *sutchuenensis*（Dode）Rehd. et Wils. WSⅠ－0677（3）

苦木属 *Picrasma* Bl.

苦树 *Picrasma quassioides*（D. Don）Benn. WSⅡ－0107（2），WSⅡ－1687（1），WSⅡ－0337（2），WSⅡ－0900（3），WSⅠ－0651（4），WSⅠ－0263（3）

118. 楝科 Meliaceae

楝属 *Melia* Linn.

楝 *Melia azedarach* Linn. ●▲ CDSX

香椿属 *Toona* Roem.

红椿 *Toona ciliata* Roem. ▲ WSFI

毛红椿 *Toona ciliata* Roem. var. *pubescens*（Franch.）Hand. – Mazz. WSFI

香椿 *Toona sinensis*（A. Juss.）Roem. ■◆▲ CDSX，CDDQ，WSFI

119. 无患子科 Sapindaceae

倒地铃属 *Cardiospermum* Linn.

倒地铃 *Cardiospermum halicacabum* Linn. WSFI

栾树属 *Koelreuteria* Laxm.

复羽叶栾树 *Koelreuteria bipinnata* Franch. ●▲◆ CDSX，CDDQ，WSFI

栾树 *Koelreuteria paniculata* Laxm. ●▲ CDSX

无患子属 *Sapindus* Linn.

川滇无患子 *Sapindus delavayi*（Franch.）Radlk. ▲◆● WSFI

无患子 *Sapindus mukorossi* Gaertn. ●◆▲ CDDQ，CDSX，WSFI

120. 清风藤科 Sabiaceae

泡花树属 *Meliosma* Bl.

珂楠树 *Meliosma beaniana* Rehd. et Wils. ▲ CDSX，WSFI

泡花树 *Meliosma cuneifolia* Franch. ◆ WSⅠ – 0517（2）

垂枝泡花树 *Meliosma flexuosa* Pampan. WSⅢ – 0073（3）

红柴枝 *Meliosma oldhamii* Maxim. ▲ WSⅡ – 1267（2）

细花泡花树 *Meliosma parviflora* Lecomte ▲ WSⅠ – 0838（3），WSⅡ – 1499（3）

暖木 *Meliosma veitchiorum* Hemsl. CDDQ，WSFI

清风藤属 *Sabia* Colebr.

清风藤 *Sabia japonica* Maxim. WSⅡ – 0268（1）

鄂西清风藤 *Sabia ritchieae* Rehd. et Wils WSⅠ – 1163（1），WSⅠ – 0013（3）

四川清风藤 *Sabia schumanniana* Diels ◆ WSⅠ – 0274（3）

多花清风藤 *Sabia schumanniana* Diels subsp. *pluriflora*（Rehd. et Wils.）Y. F. Wu WSFI

尖叶清风藤 *Sabia swinhoei* Hemsl. ex Forb. et Hemsl. WSⅡ – 0361（2）

阔叶清风藤 *Sabia yunnanensis* Franch. subsp. *latifolia*（Rehd. et Wils.）Y. F. Wu ▲ WSⅠ – 0428（2），WSⅠ – 0610（1），WSⅠ – 0392（1），WSⅠ – 0428（1）

121. 漆树科 Anacardiaceae

南酸枣属 *Choerospondias* Burtt et Hill

南酸枣 *Choerospondias axillaris*（Roxb.）Burtt et Hill WSⅡ – 0748（3），WSⅡ – 1522（2）

毛脉南酸枣 *Choerospondias axillaris*（Roxb.）Burtt et Hill var. *pubinervis*（Rehd. et Wils.）Burtt et Hill WSFI

黄栌属 *Cotinus*（Tourn.）Mill.

红叶 *Cotinus coggygria* Scop. var. *cinerea* Engl. ■ CDDQ，CDSX，WSFI

毛黄栌 *Cotinus coggygria* Scop. var. *pubescens* Engl. ● WSⅡ－0331（3）

黄连木属 *Pistacia* L.

黄连木 *Pistacia chinensis* Bunge ●▲ CDSX，WSFI，CDDQ

Pistacia chinensis 盐肤木属 Rhus（*Tourn.*）*L. emend. Moench*

盐肤木 *Rhus chinensis* Mill. ◆● WSⅠ－0048（3）

青麸杨 *Rhus potaninii* Maxim. ▲ WSⅠ－0047（3）

红麸杨 *Rhus punjabensis* Stewart var. *sinica*（Diels）Rehd. et Wils. WSⅠ－0625（2）

三叶漆属 *Terminthia* Bernh.

三叶漆 *Terminthia paniculata*（Wall. ex G. Don）C. Y. Wu et T. L. Ming CDSX

漆属 *Toxicodendron*（Tourn.）Mill.

刺果毒漆藤 *Toxicodendron radicans*（L.）O. Kuntze subsp. *hispidum*（Engl.）Gillis WSⅠ－0372（3），
WSⅠ－0614（1）

野漆 *Toxicodendron succedaneum*（L.）O. Kuntze ▲ WSⅠ－0910（2）

木蜡树 *Toxicodendron sylvestre*（Sieb. et Zucc.）O. Kuntze CDSX，CDDQ，WSFI

漆 *Toxicodendron verniciluum*（Stokes）F. A. Barkl. ▲ WSⅠ－0889（1）

122. 槭树科 Aceraceae

槭树属 *Acer* Linn.

五裂锐角槭 *Acer acutum* var. *quinquefidium* Fang et L. Chiu WSⅠ－0339（4）

阔叶槭 *Acer amplum* Rehd. WSFI

毛脉槭 *Acer barbinerve* Maxim. WSⅠ－0817（3）

太白深灰槭 *Acer caesium* Wall. ex Brandis subsp. *giraldii*（Pax）E. Murr. WSⅠ－0839（4）

小叶青皮槭 *Acer cappadocicum* Gled. var. *sinicum* Rehd. WSⅠ－0536（2）

紫果槭 *Acer cordatum* Pax ● WSⅡ－1029－1（3）

青榨槭 *Acer davidii* Franch. WSⅡ－0044（2）

毛花槭 *Acer erianthum* Schwer. WSFI

罗浮槭 *Acer fabri* Hance WSⅡ－0931（3）

红果罗浮槭 *Acer fabri* Hance var. *rubrocarpum* Metc. WSⅡ－1029（3）

扇叶槭 *Acer flabellatum* Rehd. ● WSⅠ－1324（3），WSⅠ－0332（2），WSⅠ－0333（1），WSⅠ－0841（2）

房县槭 *Acer franchetii* Pax WSFI，CDDQ

黄毛槭 *Acer fulvescens* Rehd. WSⅡ－1236（3），WSⅠ－1195（3）

丹巴黄毛槭 *Acer fulvescens* Rehd. subsp. *danbaense* Fang WSⅡ－0536（2）

血皮槭 *Acer griseum*（Franch.）Pax ● WSⅠ－1318（3）

建始槭 *Acer henryi* Pax WSⅠ－1345（2）

光叶槭 *Acer laevigatum* Wall. WSFI

疏花槭 *Acer laxiflorum* Pax WSⅠ－0595（3）

长柄槭 *Acer longipes* Franch. ex Rehd. WSFI

五尖槭 *Acer maximowiczii* Pax WSⅠ－0338（3）

紫叶五尖槭 *Acer maximowiczii* Pax subsp. porphyrophyllum Fang. WSⅡ－0448（3）

色木槭 *Acer mono* Maxim. ● WSⅡ－0857（2），WSⅠ－0904（3）

飞蛾槭 *Acer oblongum* Wall. ex DC. ● WSⅡ－1609（2）

五裂槭 *Acer oliverianum* Pax ● WSFI，CDDQ

毛鸡爪槭 *Acer pubipalmatum* Fang. WSⅠ－0360（3），WSⅡ－0531（3），WSⅡ－0273（1）

权叶槭 *Acer robustum* Pax WSFI

中华槭 *Acer sinense* Pax WSFI, CDDQ, CDSX

绿叶中华槭 *Acer sinense* Pax var. *concolor* Pax WSFI

深裂中华槭 *Acer sinense* Pax var. *longilobum* Fang WSⅡ－0273（2）

毛叶槭 *Acer stachyophyllum* Hiern WSFI

薄叶槭 *Acer tenellum* Pax WSFI

四蕊槭 *Acer tetramerum* Pax WSFI

桦叶四蕊槭 *Acer tetramerum* Pax var. *betulifolium*（Maxim.）Rehd. WSFI

蒿苹四蕊槭 *Acer tetramerum* Pax var. *haopingense* Fang. WSⅠ－0359（3）

三花槭 *Acer triflorum* Komarow WSⅡ－1183（3）

三峡槭 *Acer wilsonii* Rehd. CDDQ, WSFI

金钱槭属 *Dipteronia* Oliv.

金钱槭 *Dipteronia sinensis* Oliv. CDSX, CDDQ, WSFI

123. 七叶树科 Hippocastanaceae

七叶树属 *Aesculus* Linn.

天师栗 *Aesculus wilsonii* Rehd. ● CDSX, CDDQ, WSFI

124. 省沽油科 Staphyleaceae

野鸦椿属 *Euscaphis* S. et Z.

野鸦椿 *Euscaphis japonica*（Thunb.）Dippel ●◆ WSⅠ－0297（2）

省沽油属 *Staphylea* L.

省沽油 *Staphylea bumalda* DC. CDDQ

膀胱果 *Staphylea holocarpa* Hemsl. WSⅠ－1314（1），WSⅠ－0304（3），WSⅡ－0947（2），WSⅡ－0836（2）

瘿椒树属 *Tapiscia* Oliv.

瘿椒树 *Tapiscia sinensis* Oliv. WSⅡ－0683－1（3）

125. 马钱科 Loganiaceae

醉鱼草属 *Buddleja*（Buddleia auct.）Linn.

巴东醉鱼草 *Buddleja albiflora* Hemsl. WSⅠ－0410（3）

白背枫 *Buddleja asiatica* Lour. WSⅡ－0483（2）

大叶醉鱼草 *Buddleja davidii* Franch. ●▲ WSⅠ－1034（3）

密蒙花 *Buddleja officinalis* Maxim. ◆ WSⅠ－0533（3）

蓬莱葛属 *Gardneria* Wall.

蓬莱葛 *Gardneria multiflora* Makino WSⅠ－0666（3）

126. 木犀科 Oleaceae

连翘属 *Forsythia* Vahl

连翘 *Forsythia suspensa*（Thunb.）Vahl ● WSⅡ－0357（3）

金钟花 *Forsythia viridissima* Lindl. ● WSⅡ－1235（4）

梣属 *Fraxinus* Linn.

小叶白蜡树 *Fraxinus bungeana* DC WSⅠ－0577（3），WSⅠ－0628

白蜡树 *Fraxinus chinensis* Roxb. ▲ WSⅡ – 0430（3）

光蜡树 *Fraxinus griffithii* C. B. Clarke WSFI

苦枥木 *Fraxinus insularis* Hemsl. ● WSⅠ – 1199（3），WSⅡ – 0701（2），WSⅡ – 0677（1），WSⅡ – 0889（3）

水曲柳 *Fraxinus mandschurica* Rupr. WSFI

秦岭梣 *Fraxinus paxiana* Lingelsh. WSFI

大叶白蜡树 *Fraxinus rhynchophylla* Hance WSⅡ – 0981（3）

三叶梣 *Fraxinus trifoliolata* W. W. Smith WSⅡ – 1002（2），WSⅡ – 1090（1）

素馨属 *Jasminum* Linn.

探春花 *Jasminum floridum* Bunge ● WSⅡ – 1023（2），WSⅡ – 1151（2），0783（3），WSⅡ – 1101（1）

清香藤 *Jasminum lanceolarium* Roxb. WSⅡ – 0641（2）

迎春花 *Jasminum nudiflorum* Lindl. ●◆ WSFI

华素馨 *Jasminum sinense* Hemsl. WSⅡ – 1090（1）

川素馨 *Jasminum urophyllum* Hemsl. WSFI

女贞属 *Ligustrum* Linn.

紫药女贞 *Ligustrum delavayanum* Hariot WSⅠ – 0562（3），WSⅡ – 0980（1）

丽叶女贞 *Ligustrum henryi* Hemsl. WSⅡ – 1084（1），WSⅡ – 0994（1），WSⅡ – 1049（3）

女贞 *Ligustrum lucidum* Ait. ●◆▲ WSⅠ – 0780（3），WSⅠ – 1222（2），WSⅡ – 0701（1），WSⅠ – 0101（1）

蜡子树 *Ligustrum moliiculum* Hance CDDQ

辽东水蜡树 *Ligustrum obtusifolium* Sieb. et Zucc. subsp. *suave*（Kitagawa）Kitagawa WSⅡ – 0527（3）

斑叶女贞 *Ligustrum punctifolium* M. C. Chang WSⅠ – 0584（3）

光萼小蜡 *Ligustrum sinense* Lour. var. *myrianthum*（Diels）Hofk. WSFI

宜昌女贞 *Ligustrum strongylophyllum* Hemsl. WSⅠ – 0994（1）WSFI

兴仁女贞 *Ligustrum xingrenense* D. J. Liu WSⅡ – 1049（3）

木犀属 *Osmanthus* Lour.

红柄木犀 *Osmanthus armatus* Diels WSⅠ – 0576（3）

网脉木犀 *Osmanthus reticulatus* P. S. Green. WSⅡ – 1617（2）

丁香属 *Syringa* Linn.

四川丁香 *Syringa sweginzowii* Koehne & Lingelsh. ● WSⅡ – 1064（3）

云南丁香 *Syringa yunnanensis* Franch. ● WSⅠ – 0612（3）

127. 夹竹桃科 Apocynaceae

毛药藤属 *Sindechites* Oliv.

毛药藤 *Sindechites henryi* Oliv. WSFI，CDSX

络石属 *Trachelospermum* Lem.

亚洲络石 *Trachelospermum asiaticum*（Sieb. et Zucc.）Nakai. WSFI

紫花络石 *Trachelospermum axillare* Hook. f. ● WSⅡ – 1174（3），WSⅠ – 1216（1），WSⅠ – 1217（2）

络石 *Trachelospermum jasminoides*（Lindl.）Lem. ● CDSX，CDDQ，WSFI

128. 萝藦科 Asclepiadaceae

鹅绒藤属 *Cynanchum* Linn.

牛皮消 *Cynanchum auriculatum* Royle ex Wight ◆ WSⅠ – 1166（2），WSⅠ – 0956（2）

峨眉牛皮消 *Cynanchum giraldii* Schltr. WSⅠ-1246（1）

竹灵消 *Cynanchum inamoenum*（Maxim.）Loes. ◆ WSⅠ-1267 WSⅡ-

朱砂藤 *Cynanchum officinale*（Hemsl.）Tsiang et Zhang ◆ WSⅠ-0997（1），WSⅠ-0402（2）

徐长卿 *Cynanchum paniculatum*（Bunge）Kitagawa ◆ WSⅠ-1366（1）

隔山消 *Cynanchum wilfordii*（Maxim.）Hemsl. ◆ CDSX，WSFI

南山藤属 *Dregea* E. Mey.，nom. Cons.

苦绳 *Dregea sinensis* Hemsl. WSⅠ-1378（3），WSⅠ-0552（3）

牛奶菜属 *Marsdenia* R. Br.

牛奶菜 *Marsdenia sinensis* Hemsl. WSFI

萝藦属 *Metaplexis* R. Br.

萝藦 *Metaplexis japonica*（Thunb.）Makino WSⅡ-1614（2）

杠柳属 *Periploca* Linn.

青蛇藤 *Periploca calophylla*（Wight）Falc. WSⅡ-1114（2），WSⅡ-0682（3）

129. 茜草科 Rubiaceae

水团花属 *Adina* Salisb.

细叶水团花 *Adina rub ella* Hance ▲◆ WSⅡ-1601（3）

虎刺属 *Damnacanthus* Gaertn. f.

四川虎刺 *Damnacanthus officinarum* Huang ▲ WSⅠ-0625（3）

香果树属 *Emmenopterys* Oliv.

香果树 *Emmenopterys henryi* Oliv. ●▲ WSⅠ-0777（1）

拉拉藤属 *Galium* Linn.

猪殃殃 *Galium aparine* Linn. var. *tenerum*（Gren. et Godr.）Rchb. CDDQ，CDSX，WSFI

六叶律 *Galium asperuloides* Edgew. subsp. *hoffmeisteri*（Klotzsch）Hara WSⅡ-0454（2）

北方拉拉藤 *Galium boreale* Linn. CDDQ，WSFI

四叶律 *Galium bungei* Steud. CDDQ，WSFI

湖北拉拉藤 *Galium hupehense* Pampan. WSFI

小叶猪殃殃 *Galium trifidum* Linn. CDDQ

栀子属 *Gardenia* Ellis，nom. cons

栀子 *Gardenia jasminoides* Ellis ▲● WSⅡ-1004（1）

野丁香属 *Leptodermis* Wall.

薄皮木 *Leptodermis oblonga* Bunge WSFI

野丁香 *Leptodermis potanini* Batalin CDDQ，WSFI

玉叶金花属 *Mussaenda* Linn.

玉叶金花 *Mussaenda pubescens* Ait. f. WSⅡ-0718（2）

蛇根草属 *Ophiorrhiza* Linn.

广州蛇根草 *Ophiorrhiza cantoniensis* Hance WSⅡ-1171（2）

日本蛇根草 *Ophiorrhiza japonica* Bl. ● WSⅡ-0943（3）

鸡矢藤属 *Paederia* Linn. nom. cons

鸡矢藤 *Paederia scandens*（Lour.）Merr. ● WSⅠ-1131（2）

毛鸡矢藤 *Paederia scandens*（Lour.）Merr. var. *tomentosa*（Bl.）H.-M. WSⅡ-0663（1）

茜草属 *Rubia* Linn.

金剑草 *Rubia alata* Roxb.　WSFI

茜草 *Rubia cordifolia* Linn.　◆ WSⅡ－0365（2），WSⅡ－0280（1）

长叶茜草 *Rubia cordifolia* Linn. var. *longifolia* H.－M.　WSⅡ－1131（1）

白马骨属 *Serissa* Comm. ex A. L. Jussieu

六月雪 *Serissa japonica*（Thunb.）Thunb.　● WSⅠ－1210（3）

白马骨 *Serissa serissoides*（DC.）Druce　◆● CDSX，WSFI，CDDQ

钩藤属 *Uncaria* Schreber. nom. cons.

华钩藤 *Uncaria sinensis*（Oliv.）Havil.　WSⅠ－1097（2）

130. 紫葳科 Bignoniaceae

凌霄花属 *Campsis* Lour.

凌霄 *Campsis grandiflora*（Thunb.）Schum.　★ WSⅠ－1038（2）

梓树属 *Catalpa* Scop.

梓 *Catalpa ovata* G. Don　●▲ CDSX

131. 胡麻科 Pedaliaceae

胡麻属 *Sesamum* L.

芝麻 *Sesamum indicum* L.　★ WSFI

132. 马鞭草科 Verbenaceae

紫珠属 *Callicarpa* Linn.

尖叶紫珠 *Callicarpa acutifolia* Bunge　WSⅡ－0670（2）

华紫珠 *Callicarpa cathayana* H. T. Chang　● WSⅡ－0842（3）

老鸦糊 *Callicarpa giraldii* Hesse ex Rehd. var. *giraldii*　CDSX，WSFI，CDDQ

日本紫珠 *Callicarpa japonica* Thunb. var. *japonica*　WSⅡ－1541（1）

莸属 *Caryopteris* Bunge

金腺莸 *Caryopteris aureoglandulosa*（Van.）C. Y. Wu　WSⅠ－1079（1）

莸 *Caryopteris divaricata*（Sieb. et Zucc.）Maxim.　◆ WSⅠ－1094（1）

兰香草 *Caryopteris incana*（Thunb.）Miq. var. *incana*　●◆ WSFI

单花莸 *Caryopteris nepetaefolia*（Benth.）Maxim.　WSⅢ－0051（1）

锥花莸 *Caryopteris paniculata* C. B. Clarke　◆ WSⅡ－1092（2）

三花莸 *Caryopteris terniflora* Maxim. var. *terniflora*　◆ WSⅢ－0040（4）

大青属 *Clerodendrum* Linn.

臭牡丹 *Clerodendrum bungei* Steud. var. *bungei*　●◆ WSⅢ－0066（2）

大青 *Clerodendrum cyrtophyllum* Turcz. var. *cyrtophyllum*　◆ CDSX

臭茉莉 *Clerodendrum philippinum.* var. *simplex* Moldenke◆ WSⅠ－1094（2），WSⅡ－0736（3）

海州常山 *Clerodendrum trichotomum* Thunb.　● WSⅡ－0005（3）

过江藤属 *Phyla* Lour.

过江藤 *Phyla nodiflora*（Linn.）Greene　CDSX

臭黄荆属 *Premna* Linn.

豆腐柴 *Premna microphylla* Turcz.　▲◆ WSFI

马鞭草属 *Verbena* Linn.

马鞭草 *Verbena officinalis* Linn. WSⅡ－0250（3）

牡荆属 *Vitex* Linn.

黄荆 *Vitex negundo* Linn. var. *negundo* ▲◆ WSⅠ－0784（3）

牡荆 *Vitex negundo* Linn. var. *cannabifolia*（Sieb. et Zucc.）Hand. － Mazz. ◆▲ WSⅡ－0792（3），WSⅠ－0598（3）

Division Ⅱ   Herbaceae 草本支

133. 芍药科 Paeoniaceae

芍药属 *Paeonia* L.

芍药 *Paeonia lactiflora* Pall. ●◆▲ WSI－1336（1），WSII－1358（3）

草芍药 *Paeonia obovata* Maxim. ◆ WSII－1358（3）

134. 毛茛科 Ranunculaceae

乌头属 *Aconitum* L.

大麻叶乌头 *Aconitum cannabifolium* Franch. CDDQ，WSFI

乌头 *Aconitum carmichaeli* Debx. ◆ WSI－0049（3），WSII－0933（3），WSI－1182（1）

伏毛铁棒槌 *Aconitum flavum* Hand － Mazz WSII－1441（1）

大渡乌头 *Aconitum franchetii* Fin. et Gagnep. WSI－0265（1）

瓜叶乌头 *Aconitum hemsleyanum* Pritz. ◆ WSII－0315（3），WSI－1177（1），WSI－0307（1）

川鄂乌头 *Aconitum henryi* Pritz. WSI－0959（3），WSI－0821（3）

锐裂草乌 *Aconitum kojimae* Tamura WSII－0510（1）

长齿乌头 *Aconitum lonchodontum* Hand. － Mazz. WSFI

花葶乌头 *Aconitum scaposum* Franch. ◆ WSI－0495（2）

等叶花葶乌头 *Aconitum scaposum*. var. *hupehanum* Rapaics WSFI，CDDQ

聚叶花葶乌头 *Aconitum scaposum* Franch. var. *vaginatum*（Pritz.）Rapaics ◆ CDDQ

高乌头 *Aconitum sinomontanum* Nakai ◆ WSI－1245（1）

松潘乌头 *Aconitum sungpanense* Hand. － Mazz. ◆ WSII－0877（1）

黄草乌 *Aconitum vilmorinianum* Kom. ◆ WSII－0537（1）

类叶升麻属 *Actaea* L.

类叶升麻 *Actaea asiatica* Hara ◆ CDDQ，CDSX，WSFI

侧金盏花属 *Adonis* L.

短柱侧金盏花 *Adonis brevistyla* Franch. WSFI

银莲花属 *Anemone* L.

毛果银莲花 *Anemone baicalensis* Turcz. WSFI

西南银莲花 *Anemone davidii* Franch. ◆ CDDQ，WSFI

打破碗花花 *Anemone hupehensis* Lem. ◆● CDDQ，CDSX，WSFI

草玉梅 *Anemone rivularis* Buch. － Ham. ◆ CDDQ，CDSX

大火草 *Anemone tomentosa*（Maxim.）Péi ◆ WSFI，CDDQ，CDSX

野棉花 *Anemone vitifolia* Buch. － Ham. ◆● WSII－1485（1）

耧斗菜属 *Aquilegia* L.

甘肃耧斗菜 *Aquilegia oxysepala* var. *kansuensis* Brühl ◆ WSFI

华北耧斗菜 *Aquilegia yabeana* Kitag. ▲ CDDQ

星果草属 *Asteropyrum* Drumm. et Hutch.

星果草 *Asteropyrum peltatum*（Franch.）Drumm. et Hutch. WSFI

铁破锣属 *Beesia* Balf. f. et W. W. Smith

铁破锣 *Beesia calthifolia*（Maxim.）Ulbr. ◆ WSII – 1426（2），WSII – 1414（1）

驴蹄草属 *Caltha* L.

驴蹄草 *Caltha palustris* L. ◆ WSII – 0400（1）

升麻属 *Cimicifuga* L.

升麻 *Cimicifuga foetida* L. ◆ WSI – 0923（3），WSII – 1575（3），WSII – 1361（2），WSI – 1562（2）

小升麻 *Cimicifuga acerina*（Sieb. et Zucc.）Tanaka◆ WSI – 1321（2），WSII – 0830（1），WSII – 0786（1），WSII – 1074（1），WSI – 1004（3）

南川升麻 *Cimicifuga nanchuenensis* Hsiao ◆ WSI – 0077（2）

铁线莲属 *Clematis* L.

小木通 *Clematis armandii* Franch. ◆ WSI – 0937（2），WSII – 0080（3）

粗齿铁线莲 *Clematis argentilucida*（Lévl. et Vant.）W. T. Wang ◆ WSII – 0713（3），WSIII – 0033（1），WSI – 0891（1）

短尾铁线莲 *Clematis brevicaudata* DC. ◆ WSII – 1428（2），WSII – 0541（3）

威灵仙 *Clematis chinensis* Osbeck ◆● WSI – 1407（2）

合柄铁线莲 *Clematis connata* DC. WSI – 0470（3）

杯柄铁线莲 *Clematis trullifera*（Franch.）Finet et Gagnep. WSII – 0364（2）

山木通 *Clematis finetiana* Lévl. et Vant. ◆ CDDQ，CDSX，WSFI

金佛铁线莲 *Clematis gratopsis* W. T. Wang CDSX

单叶铁线莲 *Clematis henryi* Oliv. ◆ WSI – 1198（3），WSIII – 0054（1）

巴山铁线莲 *Clematis kirilowii* var. *pashanensis* M. C. Chang WSFI

贵州铁线莲 *Clematis kweichowensis* Péi CDSX，CDDQ

竹叶铁线莲 *Clematis lancifolia* var. *ternata* W. T. Wang et M. C. Chang WSII – 0884（3）

毛蕊铁线莲 *Clematis lasiandra* Maxim. WSII – 1574（2），WSI – 0865（2）

长瓣铁线莲 *Clematis macropetala* Ledeb. WSI – 0823（2）

毛柱铁线莲 *Clematis meyeniana* Walp. ◆ WSII – 1113（3），WSII – 1252（1）

绣球藤 *Clematis montana* Buch. – Ham. ex DC. ◆ CDSX，WSFI

宽柄铁线莲 ［抱茎铁线莲］*Clematis otophora* Franch. ex Finet et Gagnep. WII – 1140（2），WSI – 0928（3），WSII – 1031（3）

须蕊铁线莲 *Clematis pogonandra* Maxim. WSI – 0477（3），WSI – 0933（3），WSI – 0608（2），WSII – 1254（2），WSI – 1407（1），WSI – 1317（2），WSII – 1368（1）

五叶铁线莲 *Clematis quinquefoliolata* Hutch. ◆ CDDQ，WSFI

柱果铁线莲 *Clematis uncinata* Champ. ◆ WSII – 1032（3）

皱叶铁线莲 *Clematis uncinata* Champ. var. *coriacea* Pamp. WSFI

尾叶铁线莲 *Clematis urophylla* Franch. WSI – 1001（1）

黄连属 *Coptis* Salisb.

黄连 *Coptis chinensis* Franch. ◆ WSI – 1101（3）

翠雀属 *Delphinium* L.

大花还亮草 *Delphinium anthriscifolium* var. *majus* Pamp. ◆ WSI – 0218（3）

秦岭翠雀花 *Delphinium giraldii* Diels. CDDQ，WSFI

川陕翠雀花 *Delphinium henryi* Franch. WSII－1455（2）

毛茎翠雀花 *Delphinium hirticaule* Franch. ◆ WSFI

腺毛翠雀花 *Delphinium hirticaule* Franch. var. *mollipes* W. T. Wang ●●◆ WSFI

毛梗河南翠雀花 *Delphinium honanense* W. T. Wang var. *piliferum* W. T. Wang WSFI

宝兴翠雀花 *Delphinium smithianum* Hand. － Mazz. WSII－0495（2），WSI－1289（1）

假扁果草属 *Enemion* Rafin.

假扁果草 *Enemion radeleanum* Regei WSI－0552（1），WSIII－1396（1），WSI－0412（1）

碱毛莨属 *Halerpestes* Green

碱毛莨 *Halerpestes cymbalaria*（Pursh）Green WSI－0594（2），WSII－0923（2），WSII－0926（1）

獐耳细辛属 *Hepatica* Mill.

川鄂獐耳细辛 *Hepatica henryi*（Oliv.）Steward CDSX，WSFI

白头翁属 *Pulsatilla* Mill.

白头翁 *Pulsatilla chinensis*（Bunge）Regel WSFI

毛莨属 *Ranunculus* L.

茴茴蒜 *Ranunculus chinensis* Bunge ◆ WSFI，CDSX，CDDQ

毛莨 *Ranunculus japonicus* Thunb. ◆ WSFI，CDSX，CDDQ

伏毛莨 *Ranunculus natuns* C. A. Mey. WSII－1568（3），WSI－1120（1），WSI－1121（1）

石龙芮 *Ranunculus sceleratus* L. CDDQ，CDSX

扬子毛莨 *Ranunculus sieboldii* Miq. ◆ WSII－0366（2），WSII－0388（1），WSI－0205（3）

天葵属 *Semiaquilegia* Makino

天葵 *Semiaquilegia adoxoides*（DC.）Makino ◆ CDDQ，CDSX

黄三七属 *Souliea* Franch.

黄三七 *Souliea vaginata*（Maxim.）Franch. ◆ WSI－0375（1），WSII－1275（1），WSI－0497（1），WSII－1306（1）

唐松草属 *Thalictrum* L.

贝加尔唐松草 *Thalictrum baicalense* Turcz. ◆ WSFI

大叶唐松草 *Thalictrum faberi* Ulbr. WSII－0537（1）

西南唐松草 *Thalictrum fargesii* Franch. CDDQ，CDSX，WSFI

多叶唐松草 *Thalictrum foliolosum* DC. ◆ CDSX，CDDQ，WSFI

盾叶唐松草 *Thalictrum ichangense* Lecoy. ◆ CDSX

长喙唐松草 *Thalictrum macrorhynchum* Franch. CDDQ，CDSX，WSFI

小果唐松草 *Thalictrum microgynum* Lecoy. ◆ CDDQ，CDSX

东亚唐松草 *Thalictrum minus* var. *hypoleucum*（Sieb. et Zucc.）Miq. ◆ WSI－0126（3）

川鄂唐松草 *Thalictrum osmundifolium* Finet et Gagnep. WSI－1172（1），WSI－0135（2）

长柄唐松草 *Thalictrum przewalskii* Maxim. ◆ WSFI

粗壮唐松草 *Thalictrum robustum* Maxim. CDDQ

深山唐松草 *Thalictrum tuberiferum* Maxim. WSI－0282（5），WSI－1559（2），WSII－1043（3），WSI－0864（1），WSI－0325（1），WSI－0854（1）

弯柱唐松草 *Thalictrum uncinulatum* Franch. CDDQ

金莲花属 *Trollius* L.

金莲花 *Trollius chinensis* WSII－1350

135. 大血藤科 Sargentodoxaceae

大血藤属 *Sargentodoxa* Rehd. et Wils.

大血藤 *Sargentodoxa cuneata*（Oliv.）Rehd. et Wils. ◆▲ CDDQ, WSFI

136. 木通科 Lardizabalaceae

木通属 *Akebia* Decne.

三叶木通 *Akebia trifoliata*（Thunb.）Koidz. ■●◆▲ WSII – 1261（1）

白木通 *Akebia trifoliata*（Thunb.）Koidz. subsp. *australis*（Diels）T. Shimizu●◆■ WSI – 0083（3）

猫儿屎属 *Decaisnea* HooK. f. et Thoms.

猫儿屎 *Decaisnea insignis*（Griff.）Hook. f. et Thoms ■◆▲ WSI – 0281（1）

八月瓜属 *Holboellia* Wall.

鹰爪枫 *Holboellia coriacea* Deils ●▲◆■ WSI – 0031（3）

牛姆瓜 *Holboellia grandiflora* Reaub. WSI – 0440（1）

串果藤属 *Sinofranchetia*（Diels）Hemsl.

串果藤 *Sinofranchetia chinensis*（Franch.）Hemsl. ■● WSI – 1332（2），WSI – 0469（2），WSI – 0524（2），WSI – 0953（2）

野木瓜属 *Stauntonia* DC.

野木瓜 *Stauntonia chinensis* DC. WSII – 1030（3），WSII – 1097（1）

137. 防己科 Menispermaceae

木防己属 *Cocculus* DC.

木防己 *Cocculus orbiculatus*（Linn.）DC. ▲◆ WSII – 0095（3），WSI – 1132（1），WSII – 0769（3）

轮环藤属 *Cyclea* Arn. ex Wight

轮环藤 *Cyclea racemosa* Oliv. WSI – 1400（3），WSII – 0668（1），WSI – 0604（3），WSII – 0956（3）

风龙属 *Sinomenium* Diels

风龙 *Sinomenium acutum*（Thunb.）Rehd. et Wils. ◆▲WSI – 0287（3），WSI – 1339（2），WSII – 0840（3）

千金藤属 *Stephania* Lour.

金线吊乌龟 *Stephania cepharantha* Hayata ◆ WSI – 1212（3）

草质千金藤 *Stephania herbacea* Gagnep. WSFI

千金藤 *Stephania japonica*（Thunb.）Miers ◆ WSIII – 0068（2）

中华千金藤 *Stephania sinica* Diels WSI – 0511（3）

青牛胆属 *Tinospora* Miers.

青牛胆 *Tinospora sagittata*（Oliv.）Gagnep. ◆ WSII – 1152（1），WSI – 1030（3）

138. 南天竹科 Nandinaceae

南天竹属 *Nandina* Thunb.

南天竹 *Nandina domestica* Thunb. ●◆ WSI – 0610（3）

139. 小檗科 Berberidaceae

小檗属 *Berberis* Linn.

堆花小檗 *Berberis aggregata* Schneid. ● WSII – 1355（2）

硬齿小檗 *Berberis bergmanniae* Schneid WSII – 1314（1），WSII – 1317（1）

秦岭小檗 *Berberis circumserrata* Schneid. ◆ CDDQ，WSFI

直穗小檗 *Berberis dasystachya* Maxim. ◆ WSI－1334（2）

南川小檗 *Berberis fallaciosa* Schneid. WSFI

异长穗小檗 *Berberis feddeana* Schneid. WSI－0822（3）

湖北小檗 *Berberis gagnepainii* Schneid. WSI－0290（2），WSIII－0627（2）

川鄂小檗 *Berberis henryana* Schneid. WSFI，CDDQ

豪猪刺 *Berberis julianae* Schneid. ◆● CDSX，CDDQ，WSFI

刺黑珠 *Berberis sargentiana* Schneid. WSFI

华西小檗 *Berberis silva－taroucana* Schneid. WSI－0531（3）

兴山小檗 *Berberis silvicola* Schneid. WSI－0958（3）

假豪猪刺 *Berberis soulieana* Schneid. WSII－0090（1）

芒齿小檗 *Berberis triacanthophora* Fedde WSII－1231（1）

巴东小檗 *Berberis veitchii* Schneid. WSII－1232（3）

红毛七属 *Caulophyllum* Michaux.

红毛七 *Caulophyllum robustum* Maxim. ◆ CDDQ，WSFI

鬼臼属 *Dysosma* Woodson

八角莲 *Dysosma versipellis*（Hance）M. Cheng ex Ying ◆ WSI－0911（1），WSII－1260（1）

淫羊藿属 *Epimedium* Linn.

粗毛淫羊藿 *Epimedium acuminatum* Franch. ◆ WSII－1102（1）

短角淫羊藿 *Epimedium brevicornu* Maxim. CDSX，CDDQ

川鄂淫羊藿 *Epimedium fargesii* Franch. ◆ WSII－0355（3）

黔岭淫羊藿 *Epimedium leptorrhizum* Stearn WSII－0334（3）

柔毛淫羊藿 *Epimedium pubescens* Maxim. ◆ CDSX

三枝九叶草 *Epimedium sagittatum*（Sieb. & Zucc.）Maxim. WSI－0634（3）

四川淫羊藿 *Epimedium sutchuenense* Franch. ◆ CDDQ，WSFI

巫山淫羊藿 *Epimedium wushanense* Ying◆ WSFI

十大功劳属 *Mahonia* Nuttall.

阔叶十大功劳 *Mahonia bealei*（Fort.）Carr. ◆● CDSX，CDDQ，WSFI

鹤庆十大功劳 *Mahonia bracteolata* Takeda WSII－0202（3）

鄂西十大功劳 *Mahonia decipiens* Schneid. WSI－0267（1）

细柄十大功劳 *Mahonia gracilipes*（Oliv.）Fedde◆ WSFI

峨眉十大功劳［多齿十大功劳］*Mahonia polydonta* Fedde CDSX

140. 马兜铃科 Aristolochiaceae

马兜铃属 *Aristolochia* L.

北马兜铃 *Aristolochia contorta* Bunge ◆ WSI－1135（1），WSI－1109（1）

马兜铃 *Aristolochia debilis* Sieb. et Zucc. ◆ CDDQ

异叶马兜铃 *Aristolochia kaempferi* Willd. f. *heterophylla*（Hemsl.）S. Hwang ◆ WSI－0163（3）

木通马兜铃 *Aristolochia manshuriensis* Kom ◆ WSFI

细辛属 *Asarum* L.

短尾细辛 *Asarum caudigerellum* C. Y. Cheng et C. S. Yang ◆ WSII－0722（2）

尾花细辛 *Asarum caudigerum* Hance var. *caudigerum* ◆ WSFI

双叶细辛 *Asarum caulescens* Maxim. ◆ WSII – 1405（1）

城口细辛 *Asarum chengkouense* Z. L. Yang ● WSII – 1408（1）

川北细辛 *Asarum chinense* Franch. WSFI

铜钱细辛 *Asarum debile* Franch. ◆ WSII – 1409（1）

杜衡 *Asarum forbesii* Maxim. ◆● WSI – 1365（1）

苕叶细辛 *Asarum himalaicum* J. D. Hooker et Thomason ex Klotzsch ◆ WSII – 1105（1）

大叶马蹄香 *Asarum maximum* Hemsl. ◆ WSII – 1155（1）

长毛细辛 *Asarum pulchellum* Hemsl. ◆ WSI – 1687（1），WSII – 1138（1），WSII – 0723（1），WSI – 1100（1）

华细辛 *Asarum sieboldii* Miq. WSII – 0676（1）

马蹄香属 *Saruma* Oliv.

马蹄香 *Saruma henryi* Oliv. ◆ WSII – 1408（1）

141. 胡椒科 Siperaceae

草胡椒属 *Peperomia* Ruiz et Pavon

豆瓣绿 *Peperomia tetraphylla*（Forster. f.）Hook et Arn ◆ WSI – 0569（3）

胡椒属 *Piper* Linn.

山蒟 *Piper hancei* Maxim. WSII – 1182（3），WSII – 0887（3）

石南藤 *Piper wallichii*（Miq.）Hand. – Mazz. ◆ WSI – 1205（2）

142. 三白草科 Saururaceae

蕺菜属 *Houttuynia* Thunb.

蕺菜［鱼腥草］ *Houttuynia cordata* Thunb. ■◆ WSI – 0043（3）

三白草属 *Saururus* Linn.

三白草 *Saururus chinensis*（Lour.）Baill. ◆ WSII – 0762（1），WSI – 1159（1）

143. 金粟兰科 Chloranthaceae

金粟兰属 *Chloranthus* Swartz.

狭叶金粟兰 *Chloranthus angustifolius* Oliv. CDSX，WSFI

丝穗金粟兰 *Chloranthus fortunei*（A. Gray）Solms – Laub. ◆ WSFI

宽叶金粟兰 *Chloranthus henryi* Hems. ◆ WSII – 1156（3）

多穗金粟兰 *Chloranthus multistachys* Pei ◆ WSI – 1155（2），WSI – 0162（2）

及已 *Chloranthus serratus*（Thunb.）Roem. et Schult. ◆ WSII – 0092（1），WSI – 0153（1）

草珊瑚属 *Sarcandra* Gardn.

草珊瑚 *Sarcandra glabra*（Thunb.）Nakai ◆ WSII – 1139（3）

144. 罂粟科 Papaveraceae

血水草属 *Eomecon* Hance

血水草 *Eomecon chionantha* Hance ◆ CDDQ，WSFI

荷青花属 *Hylomecon* Maxim.

荷青花 *Hylomecon japonica*（Thunb.）Prantl et Kundig var. *japonica*（Thunb.）Prantl et Kundig ◆ WSFI

博落回属 *Macleaya* R. Br.

博落回 *Macleaya cordata*（Willd.）R. Br. ◆ CDDQ

小果博落回 *Macleaya microcarpa*（Maxim.）Fedde ◆ WSII – 0988（3）

翠雀属 *Papaver* L.

野罂粟 *Papaver nudicaule* L. WSIII – 1421（2）

金罂粟属 *Stylophorum* Nutt.

金罂粟 *Stylophorum lasiocarpum*（Oliv.）Fedde ◆ CDSX

145. 紫堇科 Fumariaceae

紫堇属 *Corydalis* Vent.

地柏枝 *Corydalis cheilanthifolia* Hemsl. WSFI

角状黄堇 *Corydalis cornuta* Royle CDDQ，CDSX

南黄堇 *Corydalis daviddi* Franch. ◆ WSI – 0602（2），WSII – 0511（1）

紫堇 *Corydalis edulis* Maxim. ◆ WSFI

黄堇 *Corydalis pallida*（Thunb.）Pers. var. *pallida*（Thunb.）Pers. ◆ CDDQ，WSFI

小花黄堇 *Corydalis racemosa*（Thunb.）Pers. ◆ CDDQ，WSFI

石生黄堇 *Corydalis saxicola* Bunting ◆● WSFI

毛黄堇 *Corydalis tomentella* Franch. CDDQ，WSFI

川鄂黄堇 *Corydalis wilsonii* N. E. Brown WSII – 1276（2），WSI – 0603（2）

146. 十字花科 Cruciferae

南芥属 *Arabis* L.

圆锥南芥 *Arabis paniculata* Franch. CDSX

垂果南芥 *Arabis pendula* L. WSFI

荠属 *Capsella* Medic.

荠 *Capsella bursa – pastoris*（L.）Medic. ◆▲ CDSX，WSFI

碎米荠属 *Cardamine* L.

光头山碎米荠 *Cardamine engleriana* O. E. Schulz CDSX，WSFI

山芥碎米荠 *Cardamine griffithii* Hook. f. et Thoms. var. *Griffithii* ◆ WSFI

弹裂碎米荠 *Cardamine impartiens* L. ◆ CDSX

白花碎米荠 *Cardamine leucantha*（Tausch）O. E. Schulz WSFI

大叶碎米荠 *Cardamine macrophylla* Willd. ◆■ WSFI

葶苈属 *Draba* L.

苞序葶苈 *Draba ladyginii* Pohle WSFI

糖芥属 *Erysimum* L.

小花糖芥 *Erysimum cheiranthoides* L. CDSX，WSFI

独行菜属 *Lepidium* L.

独行菜 *Lepidium apetalum* Willd. ■◆ CDSX，WSFI

诸葛菜属 *Orychophragmus* Bunge.

诸葛菜 *Orychophragmus violaceus*（Linnaeus）O. E. Schulz ■ CDDQ

蔊菜属 *Rorippa* Scop.

蔊菜 *Rorippa indica*（L.）Hiern ◆ CDSX，WSFI

菥蓂属 *Thlaspi* L.

菥蓂 *Thlaspi arvense* L. WSFI

147. 石竹科 Caryophyllaceae

无心菜属 *Arenaria* L.

无心菜 *Arenaria serpyllifolia* L. ◆ CDDQ

卷耳属 *Cerastium* L.

球序卷耳 *Cerastium glomeratum* Thuill. WSFI

狗筋蔓属 *Cucubalus* L

狗筋蔓 *Cucubalus baccifer* L. WSII－1423（1），WSII－0488（3），WSI－0832（1）

石竹属 *Dianthus* L.

石竹 *Dianthus chinensis* L. ●◆ WSII－1467（3）

长萼瞿麦 *Dianthus longicalyx* Miq. WSFI

瞿麦 *Dianthus superbus* L.. ◆● WSI－1380（3）

荷莲豆草属 *Drymaria* Willd. ex Roem. et Schult.

荷莲豆草 *Drymaria diandra* Bl. ◆ WSFI

鹅肠菜属 *Myosoton* Moench.

鹅肠菜 *Myosoton aquaticum*（L.）Moench ◆ WSI－0791（3）

漆姑草属 *Sagina* L.

漆姑草 *Sagina japonica*（Sw.）Ohwi ◆ WSII－0289（2）

蝇子草属 *Silene* Roehl.

女娄菜 *Silene aprica* Turcz. ex Fisch. et Mey. ◆ WSFI

麦瓶草 *Silene conoidea* L. ◆ WSFI

鹤草 *Silene fortunei* Vis. ◆ WSI－0548（1），WSII－1045（1）

湖北蝇子草 ［线叶鹤草］ *Silene hupehensis* C. L. Tang WSFI

蔓茎蝇子草 *Silene repens* Patr. WSII－1299（2）

石生蝇子草 *Silene tatarinowii* Regel WSI－0198（2），WSII－0066（2），WSII－1100（1）

繁缕属 *Stellaria* L.

雀舌草 *Stellaria alsine* Grimm ◆ WSFI

中国繁缕 *Stellaria chinensis* Regel◆ WSII－1301（2），WSII－1300（1），WSII－0398（1）

内弯繁缕 *Stellaria infracta* Maxim. WSII－1109（2）

繁缕 *Stellaria media*（L.）Cyr. ◆ WSI－0835（2）

多花繁缕 *Stellaria nipponica* Ohwi WSFI

巫山繁缕 *Stellaria wushanensis* Williams WSI－0807（2），WSI－0562（1）

148. 蓼科 Polygonaceae

金线草属 *Antenoron* Rafin.

金线草 *Antenoron filiforme*（Thunb.）Rob. et Vaut. ● CDDQ，WSFI

短毛金线草 *Antenoron filiforme*（Thunb.）Rob. et Vaut. var. *neofiliforme*（Nakai）A. J. Li WSII－0633（1）

荞麦属 *Fagopyrum* Mill.

金荞麦 *Fagopyrum dibotrys*（D. Don）Hara ◆ WSI－1113（1）

荞麦 *Fagopyrum esculentum* Moench ★ WSI－0948（2），WSII－0456（1）

细柄野荞麦 *Fagopyrum gracilipes*（Hemsl.）Damm. et Diels WSI－0203（1）

何首乌属 *Fallopia* Adans

齿翅首乌 *Fallopia dentato - alata*（F. Schmidt）Holub WSI－1178（2）

何首乌 *Fallopia multiflorum* Thunb. WSII－1693（2），WSII－0225（2），WSII－0258（3）

毛脉首乌 *Fallopia multiflora*（Thunb.）Harald. var. *ciliinerve*（Nakai）A. J. Li WSI－0501－1（1）

山蓼属 *Oxyria* Hill

山蓼 *Oxyria digyna*（L.）Hill. WSI－1070（1）

蓼属 *Polygonum* L.

抱茎蓼 *Polygonum amplexicaule* D. Don ◆ WSI－0131（3）

中华抱茎蓼 *Polygonum amplexicaule* D. Don var. *sinense* Forb. et Hemsl. ex Stew. ◆ WSI－1176（3）

萹蓄 *Polygonum aviculare* L. ◆ WSII－0246（1）

毛蓼 *Polygonum barbatum* L. ◆ WSI－0430（1），WSI－0432（1），WSI－0443（1），WSII－0507（1）

头花蓼 *Polygonum capitatum* Buck.－Ham. ex D. Don ◆ WSFI

火炭母 *Polygonum chinense* L. var. *chinense* ◆ WSI－1170（1），WSI－0319（2）

大箭叶蓼 *Polygonum darrisii* Lévl. WSI－1106（1）

二歧蓼 *Polygonum dichotomum* Bl. WSII－1487（3）

辣蓼 *Polygonum hydropiper* L. ◆ WSFI，CDSX

愉悦蓼 *Polygonum jucundum* Meisn. WSII－0782（3）

马蓼 *Polygonum lapathifolium* L. CDDQ，WSFI

圆穗拳参 *Polygonum macrophyllum* D. Don WSFI

尼泊尔蓼 *Polygonum nepalense* Meisn. WSI－1187（3），WSI－0394（2），WSI－1279（1），WSII－0399（1），WSII－0393（1）WSII－0514（1），WSI－0587（3）

杠板归 *Polygonum perfoliatum* L. WSI－0237（2）

松林蓼 *Polygonum pinetorum* Hemsl. WSI－0038（3），WSI－0501（1）

铁马鞭 *Polygonum plebeium* R. Br. WSFI

丛枝蓼 *Polygonum posumbu* Buch.－Ham. ex D. Don WSFI

伏毛蓼 *Polygonum pubescens* Blume WSII－0278（1）

羽叶蓼 *Polygonum runcinatum* Buch.－Ham. ex D. Don WSFI

赤胫散 *Polygonum runcinatum* Buch.－Ham. ex D. Don var. *sinense* Hemsl. WSI－1279（1）

箭叶蓼 *Polygonum sieboldii* Mcisn. WSII－0497（1）

支柱蓼 *Polygonum suffultum* Maxim. ◆ WSI－1381（3），WSI－0811（2），WSI－1461（1），WSI－1126（2）

细叶蓼 *Polygonum taguetii* Levl WSI－0179（1）

珠芽蓼 *Polygonum viviparum* L. ◆ WSII－1129（3）

翼蓼属 *Pteroxygonum* Damm. et Diels

翼蓼 *Pteroxygonum giraldii* Damm et Diels◆ WSII－0381（2）

虎杖属 *Reynoutria* Houtt.

虎杖 *Reynoutria japonica* Houtt. ◆ WSII－0319（2）CDSX，WSFI

大黄属 *Rheum* L.

药用大黄 *Rheum officinale* Baill. ◆ CDDQ，WSFI

波叶大黄 *Rheum undulatum* L. var. *undulatum* WSFI

酸模属 *Rumex* L.

酸模 *Rumex acetosa* L. ■◆ CDDQ，WSFI

皱叶酸模 *Rumex crispus* L. CDDQ，CDSX，WSFI

羊蹄 *Rumex japonicus* Houtt. ◆ WSII－0460（3），WSII－0512（1）

尼泊尔酸模 *Rumex nepalensis* Spreng. var. *nepalensis* ◆ WSII－0232（3），WSI－0948（1）

巴天酸模 *Rumex patientia* L. WSFI

149. 商陆科 Phytolaccaceae

商陆属 *Phytolacca* L.

商陆 *Phytolacca acinosa* Roxb. ◆ WSII－0734（3），WSII－0732（3），WSII－0746（2）

垂序商陆 *Phytolacca americana* L. ★ WSFI

150. 藜科 Chenopodiaceae

千针苋属 *Acroglochin* Schrad.

千针苋 *Acroglochin persicarioides*（Poir.）Moq. WSFI

藜属 *Chenopodium* L.

藜 *Chenopodium album* L. ■◆ CDDQ，CDSX，WSFI

小藜 *Chenopodium serotinum* L. CDSX，WSFI

地肤属 *Kochia* Roth.

地肤 *Kochia scoparia*（L.）Schrad. ★ CDDQ，CDSX，WSFI

151. 苋科 Amaranthaceae

牛膝属 *Achyranthes* L.

牛膝 *Achyranthes bidentata* Blume ◆ CDSX，WSFI

柳叶牛膝 *Achyranthes longifolia*（Makino）Makino ◆ CDSX

莲子草属 *Alternanthera* Forsk.

莲子草 *Alternanthera sessilis*（L.）DC. ■◆ CDSX

苋属 *Amaranthus* L.

尾穗苋 *Amaranthus caudatus* L. ◆● WSFI

反枝苋 *Amaranthus retroflexus* L. ■◆ WSFI

青葙属 *Celosia* L.

青葙 *Celosia argentea* L. ●■◆ CDSX，WSFI

杯苋属 *Cyathula* Bl.

川牛膝 *Cyathula officinalis* Kuan◆ WSFI

152. 千屈菜科 Lythraceae

紫薇属 *Lagerstroemia* Linn.

紫薇 *Lagerstroemia indica* Linn. ★ WSII－1116（2），WSII－1603

南紫薇 *Lagerstroemia subcostata* Koehne ●▲◆ WSI－1194（3），WSII－0855（3），WSI－1234（3）

节节菜属 *Rotala* L.

圆叶节节菜 *Rotala rotundifolia*（Buch.－Ham.）Koehne ● CDSX

153. 柳叶菜科 Onagraceae

柳兰属 *Chamaenerion* Seg.

柳兰 *Chamaenerion angustifolium*（L.）Scop. ●■◆ WSFI

露珠草属 *Circaea* L.

高山露珠草 *Circaea alpina* L. WSFI

露珠草 *Circaea cordata* Royle WSFI

谷蓼 *Circaea erubescens* Franch. & Sav. WSFI

南方露珠草 *Circaea mollis* Sieb. & Zucc. WSFI

柳叶菜属 *Epilobium* L.

毛脉柳叶菜 *Epilobium amurense* Hausskn. CDDQ, CDSX, WSFI

圆柱柳叶菜 *Epilobium cylindricum* D. Don WSFI

柳叶菜 *Epilobium hirsutum* L. ■◆ WSFI

中华柳叶菜 *Epilobium sinense* Lévl. WSFI

154. 龙胆科 Gentianaceae

龙胆属 *Gentiana*（Tourn.）L.

刺芒龙胆 *Gentiana aristata* Maxim. CDSX, CDDQ

苞叶龙胆 *Gentiana incompta* H. Smith WSFI

少叶龙胆 *Gentiana oligophylla* H. Smith ex Marq. WSⅡ-1344（2）

红花龙胆 *Gentiana rhodantha* Franch. ex Hemsl. ◆ CDSX

深红龙胆 *Gentiana rubicunda* Franch. CDDQ, CDSX

母草叶龙胆 *Gentiana vandellioides* Hemsl. WSⅠ-1056（3）

灰绿龙胆 *Gentiana yokusai* Burk. WSFI

扁蕾属 *Gentianopsis* Ma

卵叶扁蕾 *Gentianopsis paludosa*（Hook. f.）Ma var. *ovato-deltoidea*（Burk.）Ma ex T. N. Ho WSFI

花锚属 *Halenia* Borkh.

花锚 *Halenia coniculata*（L.）Cornaz ◆ WSⅡ-1303（2）

大花花锚 *Halenia elliptica* D. Don var. *grandiflora* Hemsl. WSⅡ-1352（4）

肋柱花属 *Lomatogonium* A. Br.

美丽肋柱花 *Lomatogonium bellum*（Hemsl.）H. Smith WSFI

翼萼蔓属 *Pterygocalyx* Maxim.

翼萼蔓 *Pterygocalyx volubilis* Maxim. WSFI

獐牙菜属 *Swertia* L.

獐牙菜 *Swertia bimaculata*（Sieb. et Zucc.）Hook. f. et Thoms. ex C. B. Clarke WSⅠ-1583（1）

北方獐牙菜 *Swertia diluta*（Turcz.）Benth. et Hook. f. WSFI

贵州獐牙菜 *Swertia kouitchensis* Franch. WSFI

大籽獐牙菜 *Swertia macrosperma*（C. B. Clarke）C. B. Clarke CDSX

双蝴蝶属 *Tripterospermum* Blume

湖北双蝴蝶 *Tripterospermum discoideum*（Marq.）H. Smith WSⅠ-0149（2）

缠绕双蝴蝶 *Tripterospermum volubile* WSⅠ-0952（3），WSⅠ-1060（4）

155. 报春花科 Primulaceae

点地梅属 *Androsace* L.

莲叶点地梅 *Androsace henryi* Oliv. WSⅠ-0829（1）

白花点地梅 *Androsace incana* Lam. WSFI

珍珠菜属 *Lysimachia* L.

耳叶珍珠菜 *Lysimachia auriculata* Hemsl. WSⅠ－0498（1）

展枝过路黄 *Lysimachia brittenii* R. Knuth WSFI

过路黄 *Lysimachia christinae* Hance ◆● WSⅡ－0286（1），WSⅡ－0279（1）

矮桃 *Lysimachia clethroides* Duby ◆ WSⅡ－0234（1）

临时救 *Lysimachia congestiflora* Hemsl. ◆ WSFI，CDSX

延叶珍珠菜 *Lysimachia decurrens* Forst. f. ◆ WSFI，CDSX

星宿菜 *Lysimachia fortunei* Maxim WSⅠ－0033（3），WSⅡ－0819（3）

点腺过路黄 *Lysimachia hemsleyana* Maxim. CDSX，CDDQ

黑腺珍珠菜 *Lysimachia heterogenea* Klatt WSⅠ－1191（1），WSⅠ－0397（3）

宜昌过路黄 *Lysimachia henryi* Hemsl. WSⅡ－0290（2），WSⅡ－0566（1）

巴山过路黄 *Lysimachia hypericoides* Hemsl. WSFI

山萝过路黄 *Lysimachia melampyroides* R. Knuth WSⅠ－0814（2）

落地梅 *Lysimachia paridiformis* Franch. ◆ WSⅡ－0810（1），WSⅠ－1214（3）

巴东过路黄 *Lysimachia patungensis* Hand. －Mazz. ● WSⅢ－0053（1）

狭叶珍珠菜 *Lysimachia pentapetala* Bunge CDSX

点叶落地梅 *Lysimachia punctatilimba* C. Y. Wu ● WSⅠ－1100（2）

腺药珍珠菜 *Lysimachia stenosepala* Hemsl. WSⅠ－0316（2），WSⅡ－0370（1）

报春花属 *Primula* L.

灰绿报春 *Primula cinerascens* Franch. WSFI

大叶宝兴报春 *Primula davidii* Franch. WSFI

齿萼报春 *Primula odontocalyx*（Franch.）Pax WSFI

卵叶报春 *Primula ovalifolia* Franch. WSⅠ－0884（2），WSⅡ－1277（1）

粉被灯台报春 *Primula pulverulenta* Duthie WSFI

云南报春 *Primula yunnanensis* Franch. WSⅠ－0529（3）

156. 车前草科 Plantaginaceae

车前属 *Plantago* L.

车前 *Plantago asiatica* L. ◆ WSⅡ－0051（2）

平车前 *Plantago depressa* Willd. ◆ WSⅡ－1348（1）

大车前 *Plantago major* L. ◆ WSⅠ－0866（1）

157. 景天科 Crassulaceae

八宝属 *Hylotelephium* H. Ohba

轮叶八宝 *Hylotelephium verticillatum*（L.）H. Ohba ◆● WSFI

瓦松属 *Orostachys* Fisch.

瓦松 *Orostachys fimbriata*（Turcz.）Berger CDSX，WSFI

红景天属 *Rhodiola* L.

菱叶红景天 *Rhodiola henryi*（Diels.）S. H. Fu WSI－0576（3）

云南红景天 *Rhodiola yunnanensis*（Franch.）S. H. Fu ● WSFI

景天属 *Sedum* L.

费菜 *Sedum aizoon* Linn. ● WSII－0062（3）

东南景天 *Sedum alfredii* Hance WSII－0291（2），WSI－0213（1），WSI－0208（2）

大苞景天 *Sedum amplibracteatum* K. T. Fu var. *amplibracteatum* WSI－0574（3）

珠芽景天 *Sedum bulbiferum* Makino CDSX

轮叶景天 *Sedum chauveaudii* Raymond－Hamet WSII－1228（2）

细叶景天 *Sedum elatinoides* Franch. CDDQ，CDSX，WSFI

凹叶景天 *Sedum emarginatum* Migo ● WSI－0213（1），

小山飘风 *Sedum filipes* Hemsl. WSI－1565（3）

佛甲草 *Sedum lineare* Thunb. ◆● CDDQ，WSFI

山飘风 *Sedum majus*（Hemsl.）Migo WSI－0880（3），WSI－0302（3），WSI－1224（3）

大叶火焰草 *Sedum obynarioides* Hance WSI－0570（3），WSII－0394（1）

齿叶费菜 *Sedum odontophyllus*（Froderstrom）Hart CDDQ，WSFI

垂盆草 *Sedum sarmentosum* Bunge ◆● CDDQ，CDSX，WSFI

火焰草 *Sedum stellariifolium* Franch. WSI－0209（2）

短蕊景天 *Sedum yvesii* Hamet WSFI

石莲属 *Sinocrassula* Berger

石莲 *Sinocrassula indica*（Decne.）Berger ● WSFI

158. 虎耳草科 Saxifragaceae

落新妇属 *Astilbe* Buch.－Ham. ex D. Don

落新妇 *Astilbe chinensis*（Maxim.）Franch. et Savat. ◆● WSI－0429（2），WSI－0152（2）

大落新妇 *Astilbe grandis* Stapf ex Wils. ◆● WSI－0192（3），WSI－1165（2）

多花落新妇 *Astilbe rivularis* Buch.－Ham. ex D. Don ● WSII－0498（1）

岩白菜属 *Bergenia* Moench

岩白菜 *Bergenia purpurascens*（Hook. f. et Thoms.）Engl. ◆ WSI－0885（1），WSI－0887（1）

金腰属 *Chrysosplenium* Tourn. Ex L.

滇黔金腰 *Chrysosplenium cavaleriei* Lévl. et Vant. WSI－1249（1）

肾萼金腰 *Chrysosplenium delavayi* Franch. WSI－0878（3），WSI－0836（3）

绵毛金腰 *Chrysosplenium lanuginosum* Hook. f. et Thoms. WSFI

大叶金腰 *Chrysosplenium macrophyllum* Oliv. ◆● WSI－0575（3）

中华金腰 *Chrysosplenium sinicum* Maxim. CDSX，WSFI

梅花草属 *Parnassia* Linn.

突隔梅花草 *Parnassia delavayi* Franch. ● WSI－1058（3）

鸡肫草 *Parnassia wightiana* Wall. ex Wight et Arn. CDDQ，WSFI

鬼灯擎属 *Rodgersia* Gray

七叶鬼灯擎 *Rodgersia aesculifolia* Batalin ◆● WSII－1550（1），WSII－0454（2），WSI－0600（1）

虎耳草属 *Saxifraga* Tourn. Ex L.

秦岭虎耳草 *Saxifraga giraldiana* Engl. CDDQ，WSFI

红毛虎耳草 *Saxifraga rufescens* Balf. WSI－0877（2），WSI－0228（3）

扇叶虎耳草 *Saxifraga rufescens* Balf. f. var. *flabellifolia* C. Y. Wu et J. T. Pan WSII－0897（2），WSII－1537（2）

虎耳草 *Saxifraga stolonifera* Curt. ◆● CDDQ，WSFI

黄水枝属 *Tiarella* **L.**

黄水枝 *Tiarella polyphylla* D. Don ●◆ WSI – 1063（1），WSIII – 0088（1），WSII – 1595（2）

叉叶蓝属 *Deinanthe* **Maxim.**

叉叶蓝 *Deinanthe caerulea* Stapf. CDSX

扯根菜属 *Penthorum* **Gronov. Ex L.**

扯根菜 *Penthorum chinense* Pursh ■◆ WSII – 0816（3）

159. 伞形科 Umbelliferae

羊角芹属 *Aegopodium* **L.**

巴东羊角芹 *Aegopodium henryi* Diels WSFI

当归属 *Angelica* **L.**

杭白芷 *Angelica dahurica*（Fisch. ex Hoffm.）Benth. et Hook. f. ex Franch. et Sav. cv. Hangbaizi Hort. WSII – 0502（1），WSII – 1322（2）

紫花前胡 *Angelica decursiva*（Miq.）Franch. et Sav. f. *decursiva* ◆ WSFI

大齿当归 *Angelica grosseserrata* Maxim. WSI – 1295

大叶当归 *Angelica megaphylla* Diels ◆ WSFI

当归 *Angelica sinensis*（Oliv.）Diels ◆ WSFI

峨参属 *Anthriscus*（**Pers.**）**Hoffm.**

峨参 *Anthriscus sylvestris*（L.）Hoffm. ◆ WSI – 0605（3）

芹属 *Apium* **L.**

旱芹 *Apium graveolens* L. WSI – 1291（1）

细叶旱芹 *Apium leptophyllum*（Pers.）F. Muell. WSFI

柴胡属 *Bupleurum* **L.**

北柴胡 *Bupleurum chinense* DC. ◆ CDSX，WSFI

空心柴胡 *Bupleurum longicaule* Wall. ex DC. var. *franchetii* de Boiss. CDSX，WSFI

秦岭柴胡 *Bupleurum longicaule* Wall. ex DC. var. *giraldii* Wolff WSFI

竹叶柴胡 *Bupleurum marginatum* Wall. ex DC. WSFI

马尾柴胡 *Bupleurum microcephalum* Diels WSII – 0407（3）

有柄柴胡 *Bupleurum petiolulatum* Franch. WSFI

小柴胡 *Bupleurum tenue* Buch. – Ham ex D. Don WSII – 1451（2）

葛缕子属 *Carum* **L.**

葛缕子 *Carum carvi* L. f. carvi WSII – 1376（2）

积雪草属 *Centella* **L.**

积雪草 *Centella asiatica*（L.）Urban ◆ CDSX

山芎属 *Conioselinum* Fisch. ex Hoffm.

鞘山芎 *Conioselinum vaginatum*（Spreng.）Thell. WSFI

芫荽属 *Coriandrum* **L.**

芫荽 *Coriandrum sativum* L. ★

鸭儿芹属 *Cryptotaenia* **DC.**

鸭儿芹 *Cryptotaenia japonica* Hassk. ◆▲ WSI – 0036（3），WSI – 0918（3）

胡萝卜属 *Daucus* **L.**

野胡萝卜 *Daucus carota* L. ◆▲ WSII – 0220（3）

茴香属 *Foeniculum* Mill.

茴香 *Foeniculum vulgare* Mill. ★ WSFI

独活属 *Heracleum* L.

白亮独活 *Heracleum candicans* Wall. ex DC. WSFI

独活 *Heracleum hemsleyanum* Diels ◆ WSⅡ-0489（1）

短毛独活 *Heracleum moellendorffii* Hance var. *moellendorffii* WSⅡ-0521（1），WSⅡ-0523（1）

粗糙独活 *Heracleum scabridum* Franch. WSⅠ-0196（1），WSⅠ-1360（1）

永宁独活 *Heracleum yungningense* Hand.-Mazz. WSⅡ-1320（1）

天胡荽属 *Hydrocotyle* L.

中华天胡荽 *Hydrocotyle chinensis*（Dunn）Craib WSⅡ-0945（3），WSⅠ-0225（3），WSⅡ-1003（2）

裂叶天胡荽 *Hydrocotyle dielsiana* Wolff WSFI

红马蹄草 *Hydrocotyle nepalensis* Hook. ◆ WSFI

天胡荽 *Hydrocotyle sibthorpioides* Lam. ◆ WSⅡ-0824（2）

鄂西天胡荽 *Hydrocotyle wilsonii* Diels ex Wolff WSIII-0035（2）

藁本属 *Ligusticum* L.

尖叶藁本 *Ligusticum acuminatum* Franch. WSFI

短片藁本 *Ligusticum brachylobum* Franch. WSⅡ-0501（1）

川芎 *Ligusticum chuanxiong* Hort. ◆ WSⅠ-0318（1）

匍匐藁本 *Ligusticum reptans*（Diels）Wolff. WSⅠ-1276（3）

藁本 *Ligusticum sinense* Oliv. ◆ WSⅠ-1265（1），WSⅠ-0121（1）

细叶藁本 *Ligusticum tenuissimum*（Nakai）Kitagawa WSⅡ-1466（2），WSⅡ-1469（1）

白苞芹属 *Nothosmyrnium* Miq.

白苞芹 *Nothosmyrnium japonicum* Miq. ◆ WSFI

羌活属 *Notopterygium* de Boiss.

宽叶羌活 *Notopterygium forbesii* de Boiss. WSFI

水芹属 *Oenanthe* L.

西南水芹 *Oenanthe dielsii* de Boiss. ■ WSFI

细叶水芹 *Oenanthe dielsii* de Boiss. var. *stenophylla* de Boiss. ■ WSFI

香根芹属 *Osmorhiza* Rafin.

香根芹 *Osmorhiza aristata*（Thunb.）Makino et Yabe WSⅠ-1130（2）

前胡属 *Peucedanum* L.

鄂西前胡 *Peucedanum henryi* Wolff WSⅠ-1076（1），WSⅡ-1007（2）

华中前胡 *Peucedanum medicum* Dunn ◆ WSⅡ-0521（1），WSⅠ-0816（1），WSIII-0003（1），WSI-II-0062（1）

前胡 *Peucedanum praeruptorum* Dunn ◆ WSⅡ-1000（1）

茴芹属 *Pimpinella* L.

锐叶茴芹 *Pimpinella arguta* Diels WSⅠ-1179（1），WSⅠ-1190（1）

异叶茴芹 *Pimpinella diversifolia* DC. WSⅡ-0785（1）

川鄂茴芹 *Pimpinella henryi* Diels WSFI

菱叶茴芹 *Pimpinella rhomboides* Diels WSⅠ-0987（3）

棱子芹属 *Pleurospermum* Hoffm.

鸡冠棱子芹 *Pleurospermum cristatum* de Boiss. WSFI

太白棱子芹 *Pleurospermum giraldii* Diels ◆ WSFI

变豆菜属 *Sanicula* L.

变豆菜 *Sanicula chinensis* Bunge WSⅠ–1105（3），WSⅡ–0968（1）

天蓝变豆菜 *Sanicula coerulescens* Franch. ◆ WSFI

防风属 *Saposhnikovia* Schischk.

防风 *Saposhnikovia divaricata*（Turcz.）Schischk. ◆ WSⅡ–0103（1）

窃衣属 *Torilis* Adans.

小窃衣 *Torilis japonica*（Houtt.）DC. ◆ WSFI

窃衣 *Torilis scabra*（Thunb.）DC. WSⅠ–0059（3）

160. 败酱科 Valerianaceae

败酱属 *Patrinia* Juss.

墓回头 *Patrinia heterophylla* Bunge WSⅡ–0363（3），WSⅡ–0895（2）

长序败酱 *Patrinia hardwickii* Wall. WSⅡ–0271（1）

少蕊败酱 *Patrinia monandra* C. B. Clarke WSⅠ–0544（1），WSⅡ–0387（1）

败酱 *Patrinia scabiosaefolia* Fisch. ex Trev. WSⅠ–0855（3）

攀倒甑 *Patrinia villosa*（Thunb.）Juss. WSFI

缬草属 *Valeriana* Linn.

柔垂缬草 *Valeriana flaccidissima* Maxim. WSFI，CDSX

长序缬草 *Valeriana hardwickii* Wall. CDSX，CDDQ

蜘蛛香 *Valeriana jatamansi* Jones WSFI，CDSX

缬草 *Valeriana officinalis* Linn. WSⅠ–0425（1），WSⅡ–1456（1）

宽叶缬草 *Valeriana officinalis* Linn. var. *latifolia* Miq. CDSX，WSFI

161. 川续断科 Dipsacaceae

川续断属 *Dipsacus* Linn.

川续断 *Dipsacus asperoides* C. Y. Cheng et T. M. Ai WSⅢ–0080（1）

日本续断 *Dipsacus japonicus* Miq. WSⅠ–1164（1）

双参属 *Triplostegia* Wall. ex DC.

双参 *Triplostegia glandulifera* Wall. ex DC. WSⅠ–1560（3），WSⅠ–1015（3）

162. 桔梗科 Campanulaceae

沙参属 *Adenophora* Fisch.

丝裂沙参 *Adenophora capillaris* Hemsl. WSⅡ–0459（2），WSⅡ–0492（1）

杏叶沙参 *Adenophora hunanensis* Nannf. ◆ WSⅠ–1080（1），WSⅠ–0892（2），WS Ⅰ–0507（2），
WSⅠ–0185（3）

细叶沙参 *Adenophora paniculata* Nannf. WSFI，CDSX

石沙参 *Adenophora polyantha* Nakai WSⅠ–0894（2）

多毛沙参 *Adenophora rupincola* Hemsl. WSⅠ–0424（1）

无柄沙参 *Adenophora stricta* Miq. subsp. *sessilifolia* Hong CDDQ

长柱沙参 *Adenophora stenanthina*（Ledeb）Kitagawa WSⅡ–0470（3）WSFI

聚叶沙参 *Adenophora wilsonii* Nannf. WSⅡ－0697（2）

风铃草属 *Campanula* L.

紫斑风铃草 *Campanula punctata* Lam. WSⅡ－0358（3），WSⅠ－0415（3），WSⅠ－0545（1）

金钱豹属 *Campanumoea* Bl.

金钱豹 *Campanumoea javanica* Bl. WSⅠ－1095（3）

党参属 *Codonopsis* Wall.

光叶党参 *Codonopsis cardiophylla* Diels ex Kom. CDDQ，WSFI

羊乳 *Codonopsis lanceolata*（Sieb. et Zucc.）Trautv. WSⅡ－0213（1）

党参 *Codonopsis pilosula*（Franch.）Nannf. ◆ WSⅡ－0717（1），WSⅡ－0395（1），WSⅠ－0211（1）

川党参 *Codonopsis tangshen* Oliv. ◆ WSⅠ－0404（1）

桔梗属 *Platycodon* A. DC.

桔梗 *Platycodon grandiflorus*（Jacq.）A. DC. ★ CDDQ，CDSX，WSFI

163. 半边莲科 Lobeliaceae

半边莲属 *Lobelia* L.

半边莲 *Lobelia chinensis* Lour. WSFI

西南山梗菜 *Lobelia sequinii* Lévl. et Van. WSFI

164. 菊科 Compositae

蓍属 *Achillea* L.

云南蓍 *Achillea wilsoniana* Heimerl ex Hand. －Mazz. WSⅠ－1151（2）

和尚菜属 *Adenocaulon* Hook.

和尚菜 *Adenocaulon himalaicum* Edgew. WSⅠ－1244（1），WSⅠ－0699（1），WSⅡ－1577（1）

下田菊属 *Adenostemma* J. R. et G. Forst.

下田菊 *Adenostemma lavenia*（L.）O. Kuntze WSⅡ－1082（1）

兔儿风属 *Ainsliaea* DC.

纤枝兔儿风 *Ainsliaea gracilis* Franch. WSⅡ－1591（1）

粗齿兔儿风 *Ainsliaea grossedentata* Franch. WSⅡ－1590（1）

长穗兔儿风 *Ainsliaea henryi* Diels WSⅡ－1495（4）

宽叶兔儿风 *Ainsliaea latifolia*（D. Don）Sch. －Bip. WSⅡ－1053（4），WSⅡ－1018（1）

牛蒡属 *Arctium* L.

牛蒡 *Arctium lappa* L. WSⅡ－0016（3）

亚菊属 *Ajania* Poljak.

异叶亚菊 *Ajania variifolia*（Chang）Tzvel. WSⅡ－1453（2）

香青属 *Anaphalis* DC.

黄腺香青 *Anaphalis aureo－punctata* Lingelsh et Borza WSⅡ－0555（2），WSⅠ－0182（5），WSⅡ－0104（1）

珠光香青 *Anaphalis margaritacea*（L.）Benth. et Hook. f. CDDQ，CDSX，WSFI

黄褐珠光香青 *Anaphalis margaritacea*（L.）Benth. var. *cinnamomea*（DC.）Herd. ex Maxim. WSFI

线叶珠光香青 *Anaphalis margaritacea*（L.）Benth. var. *japonica*（Sch. －Bip.）Makino WSⅡ－1394（2），WSⅡ－0452（3），WSⅠ－0390（1）

香青 *Anaphalis sinica* Hance CDSX

蒿属 *Artemisia* Linn.

黄花蒿 *Artemisia annua* Linn. ● WSⅠ－0025（3）

艾 *Artemisia argyi* Lévl. et Van. WSI－0201（1）CDSX

暗绿蒿 *Artemisia atrovirens* Hand. － Mazz. WSFI

茵陈蒿 *Artemisia capillaris* Thunb. ◆ WSⅡ－0691（1）

侧蒿 *Artemisia deversa* Diels WSFI

无毛牛尾蒿 *Artemisia dubia* Wall. ex Bess. var. *subdigitata*（Mattf.）Y. R. Ling WSFI

臭蒿 *Artemisia hedinii* Ostenf. et Pauls. WSⅠ－0207（1）

锈苞蒿 *Artemisia imponens* Pamp. WSⅡ－1347（2）

五月艾 *Artemisia indica* Willd. WSFI

牡蒿 *Artemisia japonica* Thunb. WSⅠ－0052（3）

白苞蒿 *Artemisia lactiflora* Wall. ex DC. WSⅠ－1273（2），WSⅠ－0505（2），WSI－0254（1）

野艾蒿 *Artemisia lavandulaefolia* DC. WSⅠ－0021（3）

粘毛蒿 *Artemisia mattfeldii* Pamp. WSFI

蒙古蒿 *Artemisia mongolica*（Fisch. ex Bess.）Nakai CDSX

魁蒿 *Artemisia princeps* Pamp. WSⅡ－0435（2）

灰苞蒿 *Artemisia roxburghiana* Bess. WSFI

白莲蒿 *Artemisia sacrorum* Ledeb. ◆ WSI－0026（1）WSFI

大籽蒿 *Artemisia sieversiana* Ehrhart ex Willd. WSFI

西南圆头蒿 *Artemisia sinensis*（Pamp.）Ling et Y. R. Ling WSFI

阴地蒿 *Artemisia sylvatica* Maxim. WSFI

紫菀属 *Aster* L.

三脉紫菀 *Aster ageratoides* Turcz. WSⅡ－0613（1），WSⅠ－0663（3），WSⅡ－1337（1），WSⅡ－0944（1）

微糙三脉紫菀 *Aster ageratoides* Turcz. var. *scaberulus*（Miq.）Ling WSⅡ－1333（2），WSⅡ－0267（3）

小舌紫菀 *Aster albescens*（DC.）Hand. － Mazz. CDSX，WSFI

镰叶紫菀 *Aster falcifolius* Hand. － Mazz. WSFI

琴叶紫菀 *Aster panduratus* Nees ex Walper CDDQ，WSFI

钻叶紫菀 *Aster subulatus* Michx. WSⅠ－1646（2）

苍术属 *Atractylodes* DC.

鄂西苍术 *Atractylodes carlinoides*（Hand. － Mazz.）Kitam. CDDQ，WSFI

苍术 *Atractylodes lancea*（Thunb.）DC. WSⅡ－0728（3）

白术 *Atractylodes macrocephala* Koidz. WSⅠ－1084（1）

鬼针草属 *Bidens* L.

小花鬼针草 *Bidens parviflora* Willd. WSFI，CDSX

鬼针草 *Bidens pilosa* L. CDSX，WSFI

白花鬼针草 *Bidens pilosa* L. var. *radiata* Sch. － Bip. WSFI

狼把草 *Bidens tripartita* L. CDSX

飞廉属 *Carduus* L. emend. Gaertn.

丝毛飞廉 *Carduus crispus* L. WSFI，CDSX

天名精属 *Carpesium* L.

天名精 *Carpesium abrotanoides* L. CDDQ，CDSX，WSFI

烟管头草 *Carpesium cernuum* L. WSⅠ-1647 (1), WSⅡ-1250 (1)

金挖耳 *Carpesium divaricatum* Sieb. et Zucc. CDDQ, WSFI

贵州天名精 *Carpesium faberi* Winkl. WSⅠ-0965 (4)

长叶天名精 *Carpesium longifolium* Chen et C. M. Hu WSFI

大花金挖耳 *Carpesium macrocephalum* Franch. et Sav. WSFI

小花金挖耳 *Carpesium minum* Hemsl. WSFI

棉毛尼泊尔天名精 *Carpesium nepalense* Less. var. *lanatum* (Hook. f. et T. Thoms. ex C. B. Clarke) Kitamura WSⅠ-1157 (2)

蓟属 *Cirsium* Mill. emend. Scop.

等苞蓟 *Cirsium fargesii* (Franch.) Diels WSⅠ-0253 (3)

蓟 *Cirsium japonicum* Fisch. ex DC. WSⅡ-0072 (2)

条叶蓟 *Cirsium lineare* sch. - Bip. WSⅡ-1689 (1)

刺儿菜 *Cirsium setosum* (Willd.) MB. WSⅠ-1091 (1), WSⅡ-0068 (1), WSⅡ-0367 (1)

白酒草属 *Conyza* Less.

小蓬草 *Conyza canadensis* (L.) Cronq. WSⅠ-0568 (3), WSⅠ-0187 (3)

垂头菊属 *Cremanthodium* Benth.

紫茎垂头菊 *Cremanthodium smithianum* (Hand. - Mazz.) Hand. - Mazz. WSFI

菊属 *Dendranthema* (DC.) Des Moul.

野菊 *Dendranthema indicum* (L.) Des Moul. WSⅡ- (2)

甘菊 *Dendranthema lavandulifolium* (Fisch. ex Trautv.) Ling et Shih WSⅠ-1585 (1), WSⅠ-0357 (3), WSⅠ-0421 (3)

鱼眼草属 *Dichrocephala* DC.

鱼眼草 *Dichrocephala auriculata* (Thunb.) Druce CDSX

东风菜属 *Doellingeria* Nees

东风菜 *Doellingeria scaber* (Thunb.) Nees WSFI

鳢肠属 *Eclipta* L.

鳢肠 *Eclipta prostrata* (L.) L. WSⅡ-0821 (2)

飞蓬属 *Erigeron* L.

飞蓬 *Erigeron acer* L. WSFI

一年蓬 *Erigeron annuus* (L.) Pers. CDSX, WSFI

长茎飞蓬 *Erigeron elongatus* Ledeb. WSI-0042 (1)

泽兰属 *Eupatorium* L.

多须公 *Eupatorium chinense* L. WSⅡ-0494 (2), WSⅠ-0183 (2)

白头婆 *Eupatorium japonicum* Thunb. CDSX, WSFI

佩兰 *Eupatorium fortunei* Turcz. WSⅡ-0823 (1)

并叶泽兰 *Eupatorium heterophyllum* DC. WSⅡ-0553 (2)

牛膝菊属 *Galinsoga* Ruiz et Pav.

牛膝菊 *Galinsoga parviflora* Cav. WSⅠ-1134 (3)

大丁草属 *Gerbera* Cass.

大丁草 *Gerbera anandria* (Linn.) Sch. - Bip. CDSX, WSFI

鼠麴草属 Gnaphalium L.

宽叶鼠麴草 Gnaphalium adnatum（Wall. ex DC.）Kitam. WSFI

鼠麴草 Gnaphalium affine D. Don CDDQ，CDSX，WSFI

秋鼠麴草 Gnaphalium hypoleucum DC. CDSX，CDDQ

细叶鼠麴草 Gnaphalium japonicum Thunb. CDDQ，CDSX，WSFI

南川鼠麴草 Gnaphalium nanchuanense Ling et Tseng WSⅠ–0436（3），WSⅡ–1390（2）

菊三七属 Gynura Cass. nom. Cons.

菊三七 Gynura japonica（Thunb.）Juel. CDDQ

向日葵属 Helianthus L.

向日葵 Helianthus annuus L. ★ CDSX，WSFI

菊芋 Helianthus tuberosus L. ★ CDSX，WSFI

泥胡菜属 Hemistepta Bunge

泥胡菜 Hemistepta lyrata（Bunge）Bunge WSI–1548（1），WSI–1045（2），WSI–0036（1），WSI–0779（1）WSI–0292（1）CDSX

山柳菊属 Hieracium L.

山柳菊 Hieracium umbellatum L. WSⅡ–1593（1），WSⅠ–0683（2），WSⅠ–0995（1），WSⅡ–1674（2）

旋覆花属 Inula L.

湖北旋覆花 Inula hupehensis（Ling）Ling ● WSⅡ–1195（2）

线叶旋覆花 Inula linariifolia Regel CDDQ，WSFI

点状土沉香 Inula racemosa HK. f. WSⅠ–1117（1）

小苦荬属 Ixeridium（A. Gray）Tzvel.

中华小苦荬 Ixeridium chinense（Thunb.）Tzvel. CDSX

细叶小苦荬 Ixeridium gracile（DC.）Shih WSⅡ–0294（4），WSⅠ–0942（1）

抱茎小苦荬 Ixeridium sonchifolium（Maxim.）Shih CDSX

苦荬菜属 Ixeris Cass.

剪刀股 Ixeris debilis（Thunb.）A. Gray WSⅠ–0230（1）

苦荬菜 Ixeris polycephala Cass. WSⅡ–0694（3）

马兰属 Kalimeris Cass.

马兰 Kalimeris indica（L.）Sch. –Bip. WSⅠ–0018（3），WSⅠ–1044（2），WSⅡ–1022（3），WSⅠ–1084（1）

莴苣属 Lactuca L.

山莴苣 Lactuca indica L. WSⅡ–0957（2），WSⅡ–0901（3），WSⅠ–1553（2）

火绒草属 Leontopodium R. Brown

薄雪火绒草 Leontopodium japonicum Miq. WSⅡ–0226（4）

厚绒薄雪火绒草 Leontopodium japonicum Miq. var. xerogenes Hand. –Mazz. CDDQ，WSFI

橐吾属 Ligularia Cass.

大黄橐吾 Ligularia duciformis（C. Winkl.）Hand. –Mazz. CDDQ，WSFI

矢叶橐吾［巴山橐吾］Ligularia fargesii（Franch.）Diels. WSⅡ–1444（2）

蹄叶橐吾［离舌橐吾］Ligularia fischeri（Ledeb.）Turcz. WSFI

鹿蹄橐吾 Ligularia hodgsonii Hook. WSⅠ–1061（3），WSⅠ–0858（3），WSⅠ–0492（1），WSⅡ–0401（3），WSⅠ–0270（1）

狭苞橐吾 *Ligularia intermedia* Nakai WSⅡ – 1621（3）

莲叶橐吾 *Ligularia nelumbifolia* （Bur. et Franch.） Hand. – Mazz. CDSX

橐吾 *Ligularia sibirica* （L.） Cass. ● WSFI

川鄂橐吾 *Ligularia wilsoniana* （Hemsl.） Greenm. WSⅠ – 0657（1）

紫菊属 *Notoseris* Shih

细梗紫菊 *Notoseris gracilipes* Shih WSFI

多裂紫菊 *Notoseris henryi* （Dunn） Shih WSFI

蟹甲草属 *Parasenecio* W. W. Smith et J. Small

兔儿风蟹甲草 *Parasenecio ainsliiflorus* （Franch.） Y. L. Chen WSⅡ – 0509（2）

珠芽蟹甲草 *Parasenecio bulbiferoides* （Hand. – Mazz.） Y. L. Chen WSFI

翠雀叶蟹甲草 *Parasenecio delphiniphyllus* （Lévl.） Y. L. Chen WSFI

披针叶蟹甲草 *Parasenecio lancifolius* （Franch.） Y. L. Chen WSⅡ – 1282（1）

白头蟹甲草 *Parasenecio leucocephalus* （Franch.） Y. L. Chen WSFI

耳翼蟹甲草 *Parasenecio otopteryx* （Hand. – Mazz.） Y. L. Chen WSFI

苞鳞蟹甲草 *Parasenecio phyllolepis* （Franch.） Y. L. Chen WSFI

深山蟹甲草 *Parasenecio profundorum* （Dunn） Y. L. Chen WSFI

蛛毛蟹甲草 *Parasenecio roborowskii* （Maxim.） Y. L. Chen WSFI

帚菊属 *Pertya* Sch. – Bip.

心叶帚菊 *Pertya cordifolia* Mattf WSⅡ – 1701（2）

华帚菊 *Pertya sinensis* Oliv. WSⅡ – 1360（3）

蜂斗菜属 *Petasites* Mill.

毛裂蜂斗菜 *Petasites tricholobus* Franch. WSFI

毛连菜属 *Picris* L.

毛连菜 *Picris hieracioides* L. subsp. *japonica* Kvyw WSⅠ – 0427（3）, WSⅠ – 0922（1）

日本毛连菜 *Picris japonica* Thunb. WSFI

翅果菊属 *Pterocypsela* Shih

高大翅果菊 *Pterocypsela elata* （Hemsl.） Shih WSFI

台湾翅果菊 *Pterocypsela formosana* （Maxim.） Shih WSⅡ – 0239（2）

翅果菊 *Pterocypsela indica* （L.） Shih WSFI

多裂翅果菊 *Pterocypsela laciniata* （Houtt.） Shih WSFI

毛脉翅果菊 *Pterocypsela raddeana* （Maxim.） Shih WSFI

风毛菊属 *Saussurea* DC.

翼柄风毛菊 *Saussurea alatipes* Hemsl. WSⅡ – 1407（1）

心叶风毛菊 *Saussurea cordifolia* Hemsl. WS – 0262（1）, WSⅡ – 0450（1）, WSⅡ – 0269（1）, WSI – 0348（1）, WSI – 1104（1）

云木香 *Saussurea costus* （Falc.） Lipsch. WSFI

三角叶风毛菊 *Saussurea deltoidea* （DC.） Sch. – Bip. WSⅠ – 0539（3）

长梗风毛菊 *Saussurea dolichopoda* Diels WSⅠ – 1269（1）

狭翼风毛菊 *Saussurea frondosa* Hand. – Mazz. WSⅠ – 0418（2）

反折风毛菊 *Saussurea henryi* WSⅡ – 1465（3）

风毛菊 *Saussurea japonica* （Thunb.） DC. CDSX

少花风毛菊 *Saussurea oligantha* Franch. WSⅠ－0797（1），WSⅠ－0815（1）

小花风毛菊 *Saussurea paviflora*（Poir.）DC. WSI－0426（1）

多头风毛菊 *Saussurea polycephala* Hand.－Mazz. WSⅠ－0684（1）

杨叶风毛菊 *Saussurea populifolia* Hemsl. WSⅠ－0870（2）

华中雪莲 *Saussurea veitchiana* Drumm. et Hutch. WSⅡ－1303（4）

鸦葱属 *Scorzonera* L.

华北鸦葱 *Scorzonera albicaulis* Bunge WSFI

笔管草 *Scorzonera ramosissimum* Desf. subsp. *debile*（Roxb. ex Vauch.）HaukeWSI－0943（3）

千里光属 *Senecio* L.

北千里光 *Senecio dubitabilis* C. Jeffrey et Y. L. Chen WSⅠ－1068（3）

麻花头属 *Serratula* L.

蕴苞麻头花 *Serratula stranglata* Iljin WSI－0263（1）

豨莶属 *Siegesbeckia* L.

腺梗豨莶 *Siegesbeckia pubescens* Makino WSⅠ－0028（3）

无腺腺梗豨莶 *Siegesbeckia pubescens* Makino f. eglandulosa Ling et Hwang WSFI

松香草属 *Silphium* L.

串叶松香草 *Silphium perfoliatum* ★ WSⅡ－1244（1）

华蟹甲属 *Sinacalia* H. Robins. et Brettel

华蟹甲 *Sinacalia tangutica*（Maxim.）B. Nord. WSⅠ－0199（3），WSⅡ－0524（2），WSⅠ－1248（2）

蒲儿根属 *Sinosenecio* B. Nord.

仙客来蒲儿根 *Sinosenecio cyclamnifolius*（Franch.）B. Nord. WSⅡ－1106（1）

毛柄蒲儿根 *Sinosenecio eriopodus*（Cumm.）C. Jeffrey et Y. L. Chen WSⅠ－0573（3）

耳柄蒲儿根 *Sinosenecio euosmus*（Hand.－Mazz.）B. Nord. WSFI

匍枝蒲儿根 *Sinosenecio globigerus*（Chang）B. Nord. WSⅠ－0888（2）

蒲儿根 *Sinosenecio oldhamianus*（Maxim.）B. Nord. WSⅠ－0333（3），WSⅡ－1588（3）

一枝黄花属 *Solidago* L.

一枝黄花 *Solidago decurrens* Lour. WSⅠ－0916（1）

苦苣菜属 *Sonchus* L.

苦苣菜 *Sonchus oleraceus* L. CDSX，WSFI

合耳菊属 *Synotis*（C. B. Clarke）C. Jeffreyb et Y. L. Chen

锯叶合耳菊 *Synotis nagensium*（C. B. Clarke）C. Jeffreyb et Y. L. Chen WSI－0347（2）

山牛蒡属 *Synurus* Iljin

山牛蒡 *Synurus deltoides*（Ait.）Nakai WSⅠ－0335（4）

蒲公英属 *Taraxacum* F. H. Wigg.

蒲公英 *Taraxacum mongolicum* Hand.－Mazz. CDDQ，CDSX，WSFI

狗舌草属 *Tephroseris*（Reichenb.）Reichenb.

狗舌草 *Tephroseris kirilowii*（Turcz. ex DC.）Holub WSFI

女菀属 *Turczaninowia* DC.

女菀 *Turczaninowia fastigiata*（Fisch.）DC. CDDQ，WSFI

款冬属 *Tussilago* L.

款冬 *Tussilago farfara* L. WSFI

斑鸠菊属 *Vernonia* **Schreb.**

南漳斑鸠菊 *Vernonia nantcianensis*（Pamp.）Hand. – Mazz. WSFI

柳叶斑鸠菊 *Vernonia saligna*（Wall.）DC. WSFI

苍耳属 *Xanthium* **L.**

苍耳 *Xanthium sibiricum* Patrin ex Widder CDSX，WSFI

黄鹌菜属 *Youngia* **Cass.**

红果黄鹌菜 *Youngia erythrocarpa*（Vaniot）Babcock et Stebbins WSFI

长裂黄鹌菜 *Youngia henryi*（Diels）Babcock et Stebbins WSⅡ－0437（3）

异叶黄鹌菜 *Youngia heterophylla*（Hemsl.）Babcock et Stebbins WSFI

165. 茄科 Solanaceae

天蓬子属 *Atropanthe* **Pascher**

天蓬子 *Atropanthe sinensis*（Hemsley）Pascher WSⅠ－0310（2），WSⅠ－0525（1）

曼佗罗属 *Datura* **L.**

毛曼陀罗 *Datura innoxia* Mill. WSFI

曼陀罗 *Datura stramonium* L. ◆ WSⅠ－1188（1）

天仙子属 *Hyoscyamus* **L.**

天仙子 *Hyoscyamus niger* L. ◆ CDDQ，WSFI

红丝线属 *Lycianthes*（**Dunal**）**Hassl.**

单花红丝线 *Lycianthes lysimachioides*（Wall.）Bitter WSⅡ－0910（2）

中华红丝线 *Lycianthes lysimachioides*（Wall.）Bitter var. *sinensis* Bitter WSⅠ－1353（3），WSⅡ－1511（2）

枸杞属 *Lycium* **L.**

枸杞 *Lycium chinense* Mill. ■◆ WSⅠ－1152（2）

烟草属 *Nicotiana* **L.**

黄花烟草 *Nicotiana rustica* L. WSFI

烟草 *Nicotiana tabacum* L. ★ CDDQ，WSFI

酸浆属 *Physalis* **L.**

酸浆 *Physalis alkekengi* L. CDDQ，WSFI

小酸浆 *Physalis minima* L. WSFI

毛酸浆 *Physalis pubescens* L. ■ WSFI

茄属 *Solanum* **L.**

千年不烂心 *Solanum cathayanum* C. Y. Wu et S. C. Huang ◆ CDDQ，WSFI

刺天茄 *Solanum indicum* L. ◆ CDSX，CDDQ

白英 *Solanum lyratum* Thunb. ◆ WSⅡ－0711（1）

龙葵 *Solanum nigrum* L. ◆ WSⅠ－1403（2）

牛茄子 *Solanum surattense* Burm. f. WSⅡ－0817（3）

洋芋［马铃薯］*Solanum tuberosum* L. ★ CDDQ，WSFI

166. 旋花科 Convolvulaceae

菟丝子属 *Cuscuta* **Linn.**.

菟丝子 *Cuscuta chinensis* Lam. CDDQ

金灯藤 *Cuscuta japonica* Choisy WSFI

飞蛾藤属 *Porana* Burm. f.

飞蛾藤 *Porana racemosa* Roxb. CDDQ

番薯属 *Ipomoea* L.

番薯 *Ipomoea batatas*（L.）Lamarck ★

牵牛属 *Pharbitis* Choisy

牵牛 *Pharbitis nil*（Linn.）Choisy ● CDDQ，WSFI

圆叶牵牛 *Pharbitis purpurea*（Linn.）Voigt ● CDDQ，WSFI

167. 玄参科 Scrophulariaceae

来江藤属 *Brandisia* Hook. f. et Thoms.

来江藤 *Brandisia hancei* Hook. f. ● CDDQ，CDSX，WSFI

鞭打绣球属 *Hemiphragma* Wall.

鞭打绣球 *Hemiphragma heterophyllum* Wall. CDDQ，WSFI

母草属 *Lindernia* All.

母草 *Lindernia crustacea*（L.）Muell. WSFI

宽叶母草 *Lindernia nummularifolia*（D. Don）Wettst. WSFI

陌上菜 *Lindernia procumbens*（Krock.）Philcox WSFI

通泉草属 *Mazus* Lour.

通泉草 *Mazus japonicus*（Thunb.）O. Kuntze CDDQ，CDSX，WSFI

长匍通泉草 *Mazus procumbens* Hemsl. WSFI

毛果通泉草 *Mazus spicatus* Vaniot. CDSX，CDDQ

弹刀子菜 *Mazus stachydifolius*（Turcz.）Maxim. WSFI

山罗花属 *Melampyrum* L.

山罗花 *Melampyrum roseum* Maxim. WSⅡ－1563（3），WSⅠ－1158（3）

钝叶山罗花 *Melampyrum roseum* Maxim. var. *obtusifolium*（Bonati）Hong WSFI

沟酸浆属 *Mimulus* L.

四川沟酸浆 *Mimulus szechuanensis* Pai WSFI

沟酸浆 *Mimulus tenellus* Bunge var. *tenellus* ■ WSⅠ－0578（3），WSⅡ－0567（2），WSⅠ－1014（1）

尼泊尔沟酸浆 *Mimulus tenellus* Bunge var. *nepalensis*（Benth.）Tsoong CDDQ

泡桐属 *Paulownia* Sieb. et Zucc.

川泡桐 *Paulownia fargesii* Franch. ● CDDQ，CDSX

白花泡桐 *Paulownia fortunei*（Seem.）Hemsl. ● CDDQ

台湾泡桐 *Paulownia kawakamii* Ito WSⅡ－1620（2），WSⅡ－1614（2），WSⅡ－0761（3）

毛泡桐 *Paulownia tomentosa*（Thunb.）Steud. ● WSⅠ－1229（3）

马先蒿属 *Pedicularis* L.

埃氏马先蒿 *Pedicularis artselaeri* Maxim. CDDQ

大卫氏马先蒿 *Pedicularis davidii* Franch WSⅠ－0437（3），WSⅡ－0544（2）

美观马先蒿 *Pedicularis decora* Franch. WSⅡ－1354（3）

法氏马先蒿 *Pedicularis fargesii* Franch. WSFI，CDDQ，CDSX

全萼马先蒿 *Pedicularis holocalyx* Hand. －Mazz. CDDQ

白氏马先蒿 *Pedicularis paiana* Li WSⅠ－1362（3）

返顾马先蒿 *Pedicularis resupinata* Linn. WSⅠ-0857（3），WSⅠ-1023（3）

粗茎返顾马先蒿 *Pedicularis resupinata* Linn. subsp. *crassicaulis*（Vaniot ex Bonati）Tsoong WSFI

鼬臭返顾马先蒿 *Pedicularis resupinata* Linn. subsp. *galeobdolon*（Diels）Tsoong WSFI

穗花马先蒿 *Pedicularis spicata* Pall. WSFI

扭旋马先蒿 *Pedicularis torta* Maxim. WSFI

轮叶马先蒿 *Pedicularis verticillata* Linn. WSⅡ-0499（2）

松蒿属 *Phtheirospermum* Bunge

松蒿 *Phtheirospermum japonicum*（Thunb.）Kanitz WSFI

地黄属 *Rehmannia* Libosch. ex Fisch. et Mey.

地黄 *Rehmannia glutinosa*（Gaert.）Libosch. ex Fisch. et Mey. ◆ WSⅡ-1163（1）

湖北地黄 *Rehmannia henryi* N. E. Brown CDDQ，WSFI

阴行草属 *Siphonostegia* Benth.

阴行草 *Siphonostegia chinensis* Benth. WSI-0946（3），WSI-1375（1）

玄参属 *Scrophularia* L.

大花玄参 *Scrophularia delavayi* Franch. WSI-1393（1），WSI-1395（1）

长梗玄参 *Scrophularia fargesii* Franch. CDDQ，WSFI

鄂西玄参 *Scrophularia henryi* Hemsl. CDDQ，WSFI

玄参 *Scrophularia ningpoensis* Hemsl. ◆ CDDQ，CDSX，WSFI

短冠草属 *Sopubia* Buch. - Ham. ex D. Don

短冠草 *Sopubia trifida* Buch. - Ham. ex D. Don WSⅠ-0344（3）

婆婆纳属 *Veronica* L.

北水苦荬 *Veronica anagallis - aquatica* L. CDDQ，CDSX，WSFI

华中婆婆纳 *Veronica henryi* Yamazaki WSFI

疏花婆婆纳 *Veronica laxa* Benth. WSI-0590（3），WSI-0396（1）CDSX，WSFI

小婆婆纳 *Veronica serpyllifolia* L. WSⅠ-0828（1）

四川婆婆纳 *Veronica szechuanica* Batal. WSⅠ-0808（3）

腹水草属 *Veronicastrum* Heist. et Farbic.

宽叶腹水草 *Veronicastrum latifolium*（Hemsl.）Yamazaki ◆ WSⅠ-1090

长穗腹水草 *Veronicastrum longispicatum*（Merr.）WSⅠ-0572（2），WSⅠ-0557（2）

细穗腹水草 *Veronicastrum stenostachyum*（Hemsl.）Yamazaki subsp. *stenostachyum*◆ CDDQ，CDSX，WSFI

168. 爵床科 Acanthaceae

白接骨属 *Asystasiella* Lindau

白接骨 *Asystasiella neesiana*（Wall.）Lindau WSⅡ-1688（1）

九头狮子草属 *Peristrophe* Ness

九头狮子草 *Peristrophe japonica*（Thunb.）Bremek. ◆● WSⅡ-0172（1）

马蓝属 *Pteracanthus*（Nees）Bremek.

翅柄马蓝 *Pteracanthus alatus*（Nees）Bremek. WSFI

腺毛马蓝 *Pteracanthus forrestii*（Diels）C. Y. Wu WSFI

爵床属 *Rostellularia* Reichenb.

爵床 *Rostellularia procumbens*（L.）Nees WSⅡ-0825（1）

169. 苦苣苔科 Gesneriaceae

直瓣苣苔属 *Ancylostemon* Craib

矮直瓣苣苔 *Ancylostemon humilis* W. T. Wang ● WSⅠ－1076（1），WSⅠ－0580（2）

旋蒴苣苔属 *Boea* Comm. ex Lam.

大花旋蒴苣苔 *Boea clarkeana* Hemsl. CDDQ

粗筒苣苔属 *Briggsia* Craib

川鄂粗筒苣苔 *Briggsia rosthornii*（Diels）Burtt CDSX，CDDQ

鄂西粗筒苣苔 *Briggsia speciosa*（Hemsl.）Craib CDDQ，CDSX，WSFI

唇柱苣苔属 *Chirita* Buch. – Ham. ex D. Don

牛耳朵 *Chirita eburnea* Hance WSⅡ－0668（1），WSⅠ－1065（1）

珊瑚苣苔属 *Corallodiscus* Batalin.

西藏珊瑚苣苔 *Corallodiscus lanuginosus*（Wallich ex Brown）B. L. Burtt WSFI

珊瑚苣苔 *Corallodiscus cordatulus*（Craib）Burtt CDSX，WSFI

半蒴苣苔属 *Hemiboea* Clarke

半蒴苣苔 *Hemiboea henryi* Clarke WSⅠ－0696（3）

降龙草 *Hemiboea subcapitata* Clarke WSⅠ－0327（1）

金盏苣苔属 *Isometrum* Craib

毛蕊金盏苣苔 *Isometrum giraldii*（Diels）Burtt WSFI

吊石苣苔属 *Lysionotus* D. Don

吊石苣苔 *Lysionotus pauciflorus* Maxim. var. *pauciflorus* ● WSⅡ－0212（3）

马铃苣苔属 *Oreocharis* Benth.

丽江马铃苣苔 *Oreocharis forrestii*（Diels）Skan WSⅢ－0095（3）

蛛毛苣苔属 *Paraboea*（Clarke）Ridley

厚叶蛛毛苣苔 *Paraboea crassifolia*（Hemsl.）Burtt WSⅡ－0647（2）

蛛毛苣苔 *Paraboea sinensis*（Oliv.）Burtt WSⅡ－1525（2）

石蝴蝶属 *Petrocosmea* Oliv.

中华石蝴蝶 *Petrocosmea sinensis* Oliv. WSⅢ－0042（3）

170. 列当科 Orobanchaceae

草苁蓉属 *Boschniakia* C. A. Mey. ex Bongard

丁座草 *Boschniakia himalaica* Hook. f. et Thoms. WSFI

列当属 *Orobanche* L.

列当 *Orobanche coerulescens* Steph. ◆ CDSX，WSFI

黄筒花属 *Phacellanthus* Sieb. et Zucc.

黄筒花 *Phacellanthus tubiflorus* Sieb. et Zucc. WSFI

171. 牻牛儿苗科 Geraniaceae

老鹳草属 *Geranium* L.

尼泊尔老鹳草 *Geranium nepalense* Sweet. WSI－1242（2）

毛蕊老鹳草 *Geranium platyanthum* Duthie CDDQ，WSFI

湖北老鹳草 *Geranium rosthornii* R. Knuth WSII－1462（1），WSI－0400（1）

鼠掌老鹳草 *Geranium sibiricum* L. WSI－0023（3）

老鹳草 *Geranium wilfordii* Maxim. ◆ WSI－0027（1），WSI－1333（1），WSI－0227（3）

灰背老鹳草 *Geranium wlassowianum* Pisch. ex Link WSI－1363（1），WSI－0520（2）

172. 酢浆草科 Oxalidceae

酢浆草属 *Oxalis* L.

白花酢浆草 *Oxalis acetosella* L. ◆ WSFI

山酢浆草 *Oxalis acetosella* L. subsp. *griffithii*（Edgew. et Hook. f.）Hara ◆ WSFI, CDDQ

酢浆草 *Oxalis corniculata* L. ◆● CDSX, CDDQ, WSFI

173. 凤仙花科 Balsaminaceae

凤仙花属 *Impatiens* L.

凤仙花 *Impatiens balsamina* L. ●★

鄂西凤仙花 *Impatiens exiguiflora* Hook. f. WSFI

细柄凤仙花 *Impatiens leptocaulon* Hook. f. CDDQ, CDSX

水金凤 *Impatiens noli－tangere* L. ● CDDQ, WSFI

齿叶凤仙花 *Impatiens odontophylla* Hook. f. WSFI

翼萼凤仙花 *Impatiens pterosepala* Hook. f. CDDQ, CDSX

黄金凤 *Impatiens siculifer* Hook. f. ● CDDQ, CDSX, WSFI

四川凤仙花 *Impatiens sutchuanensis* Franch. ex Hook. f. WSFI

174. 花荵科 Polemoniaceae

花荵属 *Polemonium* L.

中华花荵 *Polemonium coeruleum* Linn. var. *chinense* Brand ● WSⅠ－0017－1（3）

175. 紫草科 Boraginaceae

琉璃草属 *Cynoglossum* L.

小花琉璃草 *Cynoglossum lanceolatum* Forsk. WSⅡ－1069（1）

琉璃草 *Cynoglossum zeylanicum*（Vahl）Thunb. ex Lehm WSⅡ－0213（1），WSⅡ－0994（3），WSⅡ－0317（2）

厚壳树属 *Ehretia* L.

粗糠树 *Ehretia macrophylla* Wall. ▲ WSⅡ－0662（2），WSⅡ－0474（3）

紫草属 *Lithospermum* L.

紫草 *Lithospermum erythrorhizon* Sieb. et Zucc. CDDQ, CDSX, WSFI

梓木草 *Lithospermum zollingeri* DC. ● WSⅠ－1402（1），WSⅡ－0266（3）

勿忘草属 *Myosotis* L.

勿忘草 *Myosotis silvatica* Ehrh. ex Hoffm. ● WSFI

车前紫草属 *Sinojohnstonia* Hu

短蕊车前紫草 *Sinojohnstonia moupinensis*（Franch.）W. T. Wang ex Z. Y. Zhang WSFI, CDSX

车前紫草 *Sinojohnstonia plantaginea* Hu. WSⅡ－0886（2）

盾果草属 *Thyrocarpus* Hance

盾果草 *Thyrocarpus sampsonii* Hance CDDQ, CDSX, WSFI

附地菜属 *Trigonotis* Stev.

西南附地菜 *Trigonotis cavaleriei*（Lévl.）Hand.－Mazz. CDDQ, WSFI

176. 唇形科 Labiatae

藿香属 *Agastache* Claty.

藿香 *Agastache rugosa*（Fisch. et Mey.）O. Ktze. ■◆ WSⅡ-0813（3）

筋骨草属 *Ajuga* Linn.

筋骨草 *Ajuga ciliata* Bunge ◆ CDSX, WSFI

微毛筋骨草 *Ajuga ciliata* Bunge var. *glabrescens* Hemsl. WSFI

金疮小草 *Ajuga decumbens* Thunb. ◆ WSⅢ-0020（1）

风轮菜属 *Clinopodium* Linn.

风轮菜 *Clinopodium chinense*（Benth.）O. Ktze. WSⅡ-0236（3）

细风轮菜 *Clinopodium gracile*（Benth.）Matsum. CDDQ, WSFI, CDSX

匍匐风轮菜 *Clinopodium repens*（D. Don）Wall. WSFI

麻叶风轮菜 *Clinopodium urticifolium*（Hance）C. Y. Wu et Hsuan ex H. W. Li. WSⅠ-1292（2）, WSⅡ-1567（3）

火把花属 *Colquhounia* Wall.

藤状火把花 *Colquhounia sequinii* Vaniot CDDQ

香薷属 *Elsholtzia* Willd.

紫花香薷 *Elsholtzia argyi* Lévl. ◆ WSⅠ-1154（3）

香薷 *Elsholtzia ciliata*（Thunb.）Hyland. ■◆ WSⅡ-0384（1）, WSⅡ-0998（2）

穗状香薷 *Elsholtzia stachyodes*（Link）C. Y. Wu ◆ WSFI

活血丹属 *Glechoma* Linn.

白透骨消 *Glechoma biondiana*（Diels）C. Y. Wu et C. Chen CDSX

狭萼白透骨消 *Glechoma biondiana*（Diels）C. Y. Wu et C. Chen var. *angustituba* C. Y. Wu et C. Chen CDDQ, WSFI

活血丹 *Glechoma longituba*（Nakai）Kuprian ◆ WSⅡ-0297（2）, WSⅡ-0520（1）

异野芝麻属 *Heterolamium* C. Y. Wu

细齿异野芝麻 *Heterolamium debile*（Hemsl.）C. Y. Wu var. *cardiophyllum*（Hemsl.）C. Y. Wu CDDQ, CDSX. WSFI

香茶菜属 *Isodon*（Bl.）Hassk.

拟缺香茶菜 *Isodon excisoides*（Sun ex C. H. Hu）Hara WSⅠ-0197（2）, WSⅡ-0467（3）

尾叶香茶菜 *Isodon excisa*（Maxim.）Kudo WSFI

鄂西香茶菜 *Isodon henryi*（Hemsl.））Kudo CDDQ, WSFI

显脉香茶菜 *Isodon nervosa*（Hemsl.）Kudo WSFI

碎米桠 *Isodon rubescens*（Hemsl.）Hara WSⅠ-0561（5）

溪黄草 *Isodon serra*（Maxim.）Kudo CDSX

动蕊花属 *Kinostemon* Kudo

动蕊花 *Kinostemon ornatum*（Hemsl.）Kudo WSⅠ-0288（2）, WSⅠ-0447（1）, WSⅡ-0549（3）

夏至草属 *Lagopsis* Bunge ex Benth.

夏至草 *Lagopsis supina*（Steph.））Ik. -Gal. ex Knorr. CDDQ, WSFI

野芝麻属 *Lamium* Linn.

宝盖草 *Lamium amplexicaule* Linn. CDDQ, CDSX, WSFI

野芝麻 *Lamium barbatum* Sieb. et Zucc. WSⅠ-0367（2）

益母草属 *Leonurus* **Linn.**

益母草 *Leonurus artemisia*（Laur）S Y Hu ◆ CDSX, WSFI

假鬃毛草 *Leonurus chaituroides* C. Y. Wu et H. W. Li WSⅠ-0567 WSⅡ-（2），WSⅡ-1015（2）

绣球防风属 *Leucas* **R. Br.**

疏毛白绒草 *Leucas mollissima* Wall. ex Benth var. *chinensis* Benth. WSFI

斜萼草属 *Loxocalyx* **Hemsl.**

斜萼草 *Loxocalyx urticifolius* Hemsl. WSⅠ-0852（2），WSⅡ-1384（1）

地笋属 *Lycopus* **L.**

小叶地笋 *Lycopus coreanus* Lévl. WSFI

地笋 *Lycopus lucidus* Turcz. WSFI

龙头草属 *Meehania* **Britt. ex Small et Vaill.**

龙头草 *Meehania henryi*（Hemsl.）Sun ex C. Y. Wu CDDQ, WSFI

薄荷属 *Mentha* **Linn.**

薄荷 *Mentha haplocalyx* Briq. ▲◆ CDSX, WSFI

冠唇花属 *Microtoena* **Prain**

粗冠唇花 *Microtoena ncedipes*（Hemsl.）Kudo WSⅠ-1294（2），WSⅠ-1243（3）

壮冠唇花 *Microtoena robusta* Hemsl. WSFI

麻叶冠唇花 *Microtoena urticifolia* Hemsl. WSFI

石荠宁属 *Mosla* **Buch. - Ham. ex Maxim.**

小花荠苧 *Mosla cavaleriei* Lévl. WSⅠ-1110（1），WSⅠ-0317（1）

石香薷 *Mosla chinensis* Maxim. WSFI

小鱼仙草 *Mosla dianthera*（Buch. - Ham. Ex Roxburgh）Maxim.

石荠苧 *Mosla scabra*（Thunb.）C. Y. Wu et H. W. Li CDDQ, WSFI

荆芥属 *Nepeta* **Linn.**

心叶荆芥 *Nepeta fordii* Hemsl. CDDQ

裂叶荆芥属 *Schizonepeta* **Briq.**

多裂叶荆芥 *Schizonepeta multifida*（Linn.）Briq. WSFI

罗勒属 *Ocimum* **Linn.**

罗勒 *Ocimum basilicum* Linn. ★ WSFI

牛至属 *Origanum* **Linn.**

牛至 *Origanum vulgare* Linn. ● CDDQ, WSFI

紫苏属 *Perilla* **Linn.**

紫苏 *Perilla frutescens*（Linn.）Britt. ▲ WSⅡ-0093（1），WSⅡ-0288（2）

野生紫苏 *Perilla frutescens*（Linn.）Britt. var. *acuta*（Thunb.）Kudo CDDQ

糙苏属 *Phlomis* **Linn.**

大叶糙苏 *Phlomis maximowiczii* Regel WSⅡ-1069（1），WSⅠ-1379（1）

糙苏 *Phlomis umbrosa* Turcz ◆ WSⅠ-0840（3），WSⅡ-0893（1）

夏枯草属 *Prunella* **Linn.**

夏枯草 *Prunella vulgaris* Linn. ●◆ WSⅠ-1018（1），WSⅠ-0035（3）

狭叶夏枯草 *Prunella vulgaris* Linn. var. *lanceolata*（Barton）Fernald WSFI

掌叶石蚕属 *Rubiteucris* Kudo

掌叶石蚕 *Rubiteucris palmata*（Benth.）Kudo ◆ WSFI

鼠尾草属 *Salvia* Linn.

南丹参 *Salvia bowleyana* Dunn WSⅠ-1225（1）

华鼠尾草 *Salvia chinensis* Benth. WSⅠ-0589（3），WSⅠ-1675（1）

犬形鼠尾草 *Salvia cynica* Dunn CDDQ，WSFI

鄂西鼠尾草 *Salvia maximowicziana* Hemsl. WSⅡ-1514（3）CDDQ，WSFI

南川鼠尾草 *Salvia nanchuanensis* Sun WSⅡ-1089（3）CDDQ，WSFI

荔枝草 *Salvia plebeia* R. Br. CDSX

长冠鼠尾草 *Salvia plectranthoides* Griff. WS-0050（1），WSⅠ-0845（3），WSⅠ-0991（2）

佛光草 *Salvia substolonifera* Stib. WSⅠ-1075（3）

地梗鼠尾 *Salvia scapiformis* Hance WSⅠ-0695（3），WSⅡ-1159（1），WSⅡ-1673（1）

黄芩属 *Scutellaria* Linn.

黄芩 *Scutellaria baicalensis* Georgi ◆ WSFI

莸状黄芩 *Scutellaria caryopteroides* Hand. -Mazz. CDDQ，WSFI

岩霍香 *Scutellaria francehtiana* Lévl. ◆ WSFI

韩信草 *Scutellaria indica* Linn. WSFI，CDSX，CDDQ

钝叶黄芩 *Scutellaria obtusifolia* Hemsl. ◆ WSⅢ-0007（2）

锯叶峨眉黄芩 *Scutellaria omeiensis* C. Y. Wu var. *serratifolia* C. Y. Wu et S. Chow WSⅠ-0831（2）

筒冠花属 *Siphocranion* Kudo

筒冠花 *Siphocranion macranthum*（Hook. f.）C. Y. Wu CDDQ

光柄筒冠花 *Siphocranion nudipes*（Hemsl.）Kudo WSFI

水苏属 *Stachys* Linn.

水苏 *Stachys japonica* Miq. WSⅠ-0803（3）

针筒菜 *Stachys oblongifolia* Benth. CDDQ，CDSX，WSFI

狭齿水苏 *Stachys pseudophlomis* C. Y. Wu WSFI

甘露子 *Stachys sieboldi* Miq. WSⅠ-0635（3）

单子叶植物纲 MONOCOTYLEDONEAE

Ⅰ Calyciferae 萼花区

177. 泽泻科 Alismataceae

泽泻属 *Alisma* Linn.

窄叶泽泻 *Alisma canaliculatum* A. Braun et Bouche. WSFI

东方泽泻 *Alisma orientale*（Samuel.）Juz. WSFI

慈姑属 *Sagittaria* Linn.

矮慈姑 *Sagittaria pygmaea* Miq. WSⅡ-0801（1）

慈姑 *Sagittaria trifolia* Linn. var. *sinensis*（Sims）Makino WSFI，CDDQ

剪刀草 *Sagittaria trifolia* Linn. var. *trifolia* f. longiloba（Turcz.）Makino WSFI

178. 鸭跖草科 Commelinaceae

鸭跖草属 *Commelina* Linn.

饭包草 *Commelina bengalensis* Linn. WSⅠ-0629（3）

鸭跖草 *Commelina communis* Linn. ● WSⅡ-0081（1）

水竹叶属 *Murdannia* Royle

裸花水竹叶 *Murdannia nudiflora*（Linn.）Brenan WSFI, CDSX

竹叶子属 *Streptolirion* Edgew.

竹叶子 *Streptolirion volubile* Edgew. WSⅠ-1348（2）

179. 谷精草科 Eriocaulaceae

谷精草属 *Eriocaulon* Linn.

谷精草 *Eriocaulon buergerianum* Koern. WSFI

宽叶谷精草 *Eriocaulon robustius*（Maxim.）Makino WSFI

180. 芭蕉科 Musaceae

芭蕉属 *Musa* L.

芭蕉 *Musa basjoo* Sieb. et Zucc. ★

181. 姜科 Zingiberaceae

山姜属 *Alpinia* Roxb.

山姜 *Alpinia japonica*（Thunb.）Miq. WSⅡ-0738（2）★

Ⅱ Corolliferae 冠花区

182. 百合科 Liliaceae

粉条儿菜属 *Aletris* L.

无毛粉条儿菜 *Aletris glabra* Bur. et Franch. WSⅠ-0430-1（1）

粉条儿菜 *Aletris spicata*（Thunb.）Franch. WSⅠ-0430（2）

葱属 *Allium* L.

蓝花韭 *Allium beesianum* W. W. Sm, WSⅡ-0287（1）

薤头 *Allium chinense* G. Don ★ CDDQ, WSFI

野葱 *Allium chrysanthum* Regel WSⅡ-1275（2）

天蓝韭 *Allium cyaneum* Regel WSⅡ-1464（3），WSⅡ-0287（1）

玉簪叶韭 *Allium funckiifolium* Hand.-Mzt. CDDQ, WSFI

疏花韭 *Allium henryi* C. H. Wright WSFI, CDDQ, CDSX

薤白 *Allium macrostemon* Bunge WSⅠ-1272（1）

卵叶韭 *Allium ovalifolium* Hand.-Mzt. WSⅠ-1127（3），WSⅡ-1584（1），WSⅡ-1589（1）

天蒜 *Allium paepalanthoides* Airy-Shaw CDDQ, WSFI

多叶韭 *Allium plurifoliatum* Rendle CDDQ, WSFI

太白韭 *Allium prattii* C. H. Wright apud Forb. et Hemsl. WSⅡ-0879-1（1）

茖葱 *Allium victorialis* L. WSⅡ-0879（1）

天门冬属 *Asparagus* L.

天门冬 *Asparagus cochinchinensis*（Lour.）Merr. ◆ CDDQ, CDSX, WSFI

羊齿天门冬 *Asparagus filicinus* Ham. ex D. Don WSⅡ-0447（1），WSⅡ-0868（1），WSⅠ-1351（1），WSⅡ-0865（2），WSⅠ-0331（1）

蜘蛛抱蛋属 *Aspidistra* Ker – Gawl.

九龙盘 *Aspidistra lurida* Ker – Gawl. WS Ⅱ – 1157（1），WSⅢ – 0034（1）

绵枣儿属 *Scilla* L.

绵枣儿 *Scilla scilloides*（Lindl.）Druce WSFI

开口箭属 *Tupistra* Ker – Gawl.

开口箭 *Tupistra chinensis* Baker ● WS Ⅰ – 0658（2）

大百合属 *Cardiocrinum*（Endl.）Lindl.

大百合 *Cardiocrinum giganteum*（Wall.）Makino ● WS Ⅱ – 1259（2）

七筋姑属 *Clintonia* Raf.

七筋姑 *Clintonia udensis* Trautv. et Mey. ◆ CDDQ，WSFI

竹根七属 *Disporopsis* Hance

散斑竹根七 *Disporopsis aspera*（Hua）Engl. ex Krause ◆ WS Ⅰ – 1318（2）

深裂竹根七 *Disporopsis pernyi*（Hua）Diels ◆ WS Ⅰ – 1122（1），WS Ⅰ – 1062（2）

万寿竹属 *Disporum* Salisb.

长蕊万寿竹 *Disporum bodinieri*（Lévl. et Vnt.）Wang et Y. C. Tang◆ WS Ⅱ – 0702（4），WS Ⅱ – 1284（1），WS Ⅱ – 1001（2）

万寿竹 *Disporum cantoniense*（Lour.）Merr. ●◆ WSⅠ–0930（2），WSⅠ–1059（1），WSⅠ–0142（3）

大花万寿竹 *Disporum megalanthum* Wang et Tang WS Ⅰ – 1089（2）

宝铎草 *Disporum sessile*（Thunb.）D. Don WS Ⅱ – 0879（2）

少花万寿竹 *Disporum uniflorum* Baker ex S. Moore WSFI

贝母属 *Fritillaria* L.

川贝母 *Fritillaria cirrhosa* D. Don ◆ WS Ⅱ – 0540（1），CDSX，CDDQ

天目贝母 *Fritillaria monantha* Migo WSFI

太白贝母 *Fritillaria taipaiensis* P. Y. Li CDDQ，CDSX

萱草属 *Hemerocallis* L.

黄花菜 *Hemerocallis citrina* Baroni ■● CDDQ

萱草 *Hemerocallis fulva*（L.）L. ●◆ CDDQ，WSFI

小黄花菜 *Hemerocallis minor* Mill. WSFI

折叶萱草 *Hemerocallis plicata* Stapf CDSX，CDDQ

玉簪属 *Hosta* Tratt.

玉簪 *Hosta plantaginea*（Lam.）Aschers. ● WSⅢ – 0069（1），WS Ⅰ – 1139（1），WS Ⅱ – 0795（2），WS Ⅰ – 1143（1），WSⅢ – 0090（1）

紫萼 *Hosta ventricosa*（Salisb.）Stearn ● WS Ⅰ – 0247（1）

百合属 *Lilium* L.

滇百合 *Lilium baberianum* Coll. et Hemsl. WS Ⅰ – 1034（1），WS Ⅱ – 1009（2），WS Ⅱ – 0252（1），WS Ⅱ – 1007（1），WS Ⅱ – 0272（1）

野百合 *Lilium brownii* F. E. Brown ex Miellez ● WS Ⅱ – 0729（3）WS Ⅱ – 1037（1），WS Ⅱ – 0252（1），WS Ⅱ – 1256（1）

百合 *Lilium brownii* F. E. Brown ex Miellez var. *viridulum* Baker ● WS Ⅰ – 0626（2），WS Ⅱ – 1245（1）CDSX，CDDQ，WSFI

宜昌百合 *Lilium leucanthum*（Baker）Baker ● WSFI，CDDQ

川百合 *Lilium davidii* Duchartre ● WSⅡ－1287（1）

宝兴百合 *Lilium duchartrei* Franch. ● WSⅡ－0415（1），WSⅡ－0706（1）

绿花百合 *Lilium fargesii* Franch. ● WSⅡ－1359（3）

湖北百合 *Lilium henryi* Baker ● WSⅠ－0605（3）

卷丹 *Lilium lancifolium* Thunb, ● WSⅡ－0243（1）

乳头百合 *Lilium papilliferum* Franch. ● CDDQ，CDSX，WSFI

山丹 *Lilium pumilum* DC. ● WSFI

南川百合 *Lilium rosthornii* Diels WSⅡ－0578（3）

山麦冬属 *Liriope* Lour.

禾叶山麦冬 *Liriope graminifolia*（L.）Baker ● CDSX，WSFI

长梗山麦冬 *Liriope longipedicellata* Wang et Tang ● WSⅡ－1226（3）

山麦冬 *Liriope spicata*（Thunb.）Lour. ◆● WSⅠ－1048（2）

舞鹤草属 *Maianthemum* Web.

舞鹤草 *Maianthemum bifolium*（L.）F. W. Schmidt WSFI

假百合属 *Notholirion* Wall. ex Boiss.

假百合 *Notholirion bulbuliferum*（Lingelsh.）Stearn WSⅡ－1542（1）

沿阶草属 *Ophiopogon* Ker－Gawl.

沿阶草 *Ophiopogon bodinieri* Lévl. ● CDDQ，CDSX，WSFI

麦冬 *Ophiopogon japonicus*（L. f.）Ker－Gawl. ●◆ WSⅠ－0075（2）

间型沿阶草 *Ophiopogon intermedius* D. Don ● WSⅠ－1093（1）

西南沿阶草 *Ophiopogon mairei* Lévl. ● CDDQ，WSFI

重楼属 *Paris* L.

巴山重楼 *Paris bashanensis* Wang et Tang WSⅠ－0456（2），WSⅠ－0466（1）

金线重楼 *Paris delavayi* Franch. WSFI

球药隔重楼 *Paris fargesii* Franch. WSFI

七叶一枝花 *Paris polyphylla* Sm. ◆ WSⅢ－2000（1），WSⅠ－1050（1），WSⅠ－1268（1），WSⅠ－1342（1）

宽瓣重楼 *Paris polyphylla* Smith. var. *yunnanensis*（Franch.）Hand. － Mzt. WSⅠ－0146－1（1）

华重楼 *Paris polyphylla* Sm. var. *chinensis*（Franch.）Hara ◆ WSⅠ－1238（1）WSⅠ－0896（1）

狭叶重楼 *Paris polyphylla* Sm. var. *stenophylla* Franch. WSFI

北重楼 *Paris verticillata* M. Bieb. ◆ WSⅠ－1050（2）

花叶重楼 *Paris violacea* Lévl. WSⅠ－1062（2），WSⅡ－0911（1）

黄精属 *Polygonatum* Mill.

卷叶黄精 *Polygonatum cirrhifolium*（Wall.）Royle CDDQ，CDSX，WSFI

多花黄精 *Polygonatum cyrtonema* Hua WSⅠ－1253（1）

距药黄精 *Polygonatum franchetii* Hua WSⅠ－0014（3）

节根黄精 *Polygonatum nodosum* Hua WSⅡ－0689（1），WSⅡ－0951（1），WSⅢ－0046（1）

玉竹 *Polygonatum odoratum*（Mill.）Druce ◆ WSⅠ－1369（1），WSⅠ－1173（1），WSⅡ－0953（1），WSⅠ－1174（1）

黄精 *Polygonatum sibiricum* Delar. ex Redoute ◆ WSⅠ－1247（1）

轮叶黄精 *Polygonatum verticillatum*（L.）All. CDDQ，CDSX，WSFI

湖北黄精 *Polygonatum zanlanscianense* Pamp. WSⅡ－0002（3）

吉祥草属 *Reineckia* Kunth

吉祥草 *Reineckia carnea*（Andr.）Kunth ● WSⅠ－0320（1），WSⅠ－0308（1），WSⅡ－0955（1），WSⅡ－1594（1），WSⅡ－1509（1）

万年青属 *Rohdea* Roth

万年青 *Rohdea japonica*（Thunb.）Roth ● CDDQ

鹿药属 *Smilacina* Desf.

管花鹿药 *Smilacina henryi*（Baker）Wang et Tang WSⅡ－1291（1），WSⅠ－1435（1），WSⅠ－1303（1）

鹿药 *Smilacina japonica* A. Gray WSⅠ－1435（1）

丽江鹿药 *Smilacina lichiangensis*（W. W. Sm.）W. W. Sm. WSⅠ－1367（2）

窄瓣鹿药 *Smilacina paniculata*（Baker）Wang et Tang WSFI，CDDQ

紫花鹿药 *Smilacina purpurea* Wall. WSⅠ－1119（1）

合瓣鹿药 *Smilacina tubifera* Batal. WSⅠ－1111（1）

扭柄花属 *Streptopus* Michx.

扭柄花 *Streptopus obtusatus* Fassett WSFI

岩菖蒲属 *Tofieldia* Huds.

岩菖蒲 *Tofieldia thibetica* Franch. CDDQ，WSFI

油点草属 *Tricyrtis* Wall.

黄花油点草 *Tricyrtis maculata*（D. Don）Machride WSⅠ－0286（2），WSⅡ－1293（2），WSⅠ－1121（1）

藜芦属 *Veratrum* L.

毛叶藜芦 *Veratrum grandiflorum*（Maxim.）Loes. f. WSⅠ－1025（2），WSⅠ－0981（1）

藜芦 *Veratrum nigrum* L. CDSX

长梗藜芦 *Veratrum oblongum* Loes. f. CDSX

棋盘花属 *Zigadenus* Michx.

棋盘花 *Zigadenus sibiricus*（L.）A. Gray WSⅠ－1447（2）

183. 延龄草科 Trilliaceae

延龄草属 *Trillium* L.

延龄草 *Trillium tschonoskii* Maxim. ◆ CDDQ，WSFI

184. 雨久花科 Pontederiaceae

雨久花属 *Monochria* Presl

鸭舌草 *Monochria vaginalis*（Bum. f.）Presl, Rel. Haenk WSⅡ－0802（2）

185. 菝葜科 Smilaceae

肖菝葜属 *Heterosmilax* Kunth

肖菝葜 *Heterosmilax japonica* Kunth WSII－1027（3）

短柱肖菝葜 *Heterosmilax yunnanensis* Gagnep. WSI－0249（3）

菝葜属 *Smilax* L.

菝葜 *Smilax china* L. ◆ CDSX，CDDQ，WSFI

柔毛菝葜 *Smilax chingii* Wang et Tang WSII－1051（2）

银叶菝葜 *Smilax cocculoides* Warb. WSFI

托柄菝葜 *Smilax discotis* Warb. WSI－0194（3）

土茯苓 *Smilax glabra* Roxb. ◆ WSII－1141（2）

黑果菝葜 *Smilax glauco－china* Warb. CDSX，CDDQ，WSFI

小叶菝葜 *Smilax microphylla* C. H. Wright WSI－1408（3）

黑叶菝葜 *Smilax nigrescens* Wang et Tang ex P. Y. Li WSI－0250（3）

武当菝葜 *Smilax outanscianensis* Pamp. WSFI

牛尾菜 *Smilax riparia* A. DC. WSI－1271（3），WSI－1271（1）

短梗菝葜 *Smilax scobinicaulis* C. H. Wright CDDQ，WSFI

鞘柄菝葜 *Smilax stans* Maxim. WSII－0238（3），WSII－0440（2）

长托菝葜 *Smilax ferox* WSII－0528（3）

186. 天南星科 Araceae

菖蒲属 *Acorus* L.

菖蒲 *Acorus calamus* L. ● CDSX，WSFI

石菖蒲 *Acorus tatarinowii* Schott ● WSI－0258（2），WSI－0257（1）

魔芋属 *Amorphophallus* Bl. ex Dence

魔芋 *Amorphophallus rivieri* Durieu ★ CDDQ，CDSX，WSFI

天南星属 *Arisaema* Mart.

东北南星 *Arisaema amurense* Maxim. var. *amurense* WSFI

刺柄南星 *Arisaema asperatum* N. E. Brown CDDQ，WSFI

长行天南星 *Arisaema consanguineum* Schott WSII－0876（3），WSI－1277（1），WSI－0897（1）

象南星 *Arisaema elephas* Buchet CDDQ

一把伞南星 *Arisaema erubescens*（Wall.）Schott CDDQ，WSFI

螃蟹七 *Arisaema fargesii* Buchet ◆ WSII－0503（2），WSII－0949（1），WSII－0948（1）

天南星 *Arisaema heterophyllum* Blume ◆ CDDQ，CDSX，WSFI

花南星 *Arisaema lobatum* Engl. WSII－1316（1），WSII－1305（1），WSII－1318（1）

芋属 *Colocasia* Schott

芋 *Colocasia esculenta*（L.）Schott WSII－0727（2），WSII－0803（3）

半夏属 *Pinellia* Tenore

虎掌 *Pinellia pedatisecta* Schott WSII－0953（3），WSI－1385（2），WSII－1354（5）

半夏 *Pinellia ternata*（Thunb.）Breit. ◆ WSI－0239（2）

犁头尖属 *Typhonium* Schott

独角莲 *Typhonium giganteum* Engl. ◆ WSII－0798（1）

187. 香蒲科 Typhaceae

香蒲属 *Typha* Linn.

长苞香蒲 *Typha angustata* Bory et Chaubard CDDQ，WSFI

水烛 *Typha angustifolia* Linn. ▲ CDDQ

东方香蒲 *Typha orientalis* Presl WSI－1102（2）

188. 石蒜科 Amaryllidaceae

仙茅属 *Curculigo* Gaertn.

仙茅 *Curculigo orchioides* Gaertn. WSFI

石蒜属 *Lycoris* Herb.

石蒜 *Lycoris radiata*（L'Her.）Herb. ● CDDQ

忽地笑 *Lycoris aurea*（L'Her.）Herb. ● WSⅠ－1552（2）

189. 鸢尾科 Iridaceae

射干属 *Belamcanda* Adans.

射干 *Belamcanda chinensis*（L.）DC. ●◆ WSⅠ－0138（1），WSⅡ－0235（2）

鸢尾属 *Iris* L.

金纹鸢尾 *Iris chrysographes* Dypes WSⅠ－0433（1）

长柄鸢尾 *Iris henryi* Baker WSFI

蝴蝶花 *Iris japonica* Thunb. ● WSⅠ－0015（3），WSⅡ－1115（1），WSⅡ－0321（1）

小花鸢尾 *Iris speculatrix* Hance CDDQ，WSFI

鸢尾 *Iris tectorum* Maxim. ●◆ WSⅡ－0414（1）CDDQ，WSFI

黄花鸢尾 *Iris wilsonii* C. H. Wright ● WSFI

马蔺 *Iris lactea* Pall. var. *chinensis*（Fisch.）Koidz. WSFI

190. 百部科 Stemonaceae

百部属 *Stemona* Lour.

大百部 *Stemona tuberosa* Lour. WSⅠ－0588（2），WSⅢ－0043（2），WSⅡ－0780（3），WSⅠ－0611（3），WSⅠ－0621（3）

191. 薯蓣科 Dioscoreaceae

薯蓣属 *Dioscorea* L.

叉蕊薯蓣 *Dioscorea collettii* Hook. f. WSFI

甘薯 *Dioscorea esculenta*（Lour.）Burkill WSFI

无翅参薯 *Dioscorea exalata* C. T. Ting et M. C. Chang WSⅠ－1047（1）

粉背薯蓣 *Dioscorea hypoglauca* Palibin WSⅠ－0530（3），WSⅡ－0347（3）

日本薯蓣 *Dioscorea japonica* Thunb. ◆ WSⅡ－0989（3）

毛芋头薯蓣 *Dioscorea kamoonensis* Kunth WSⅠ－0086（3），WSⅠ－0243（3），WSⅡ－0383（1），WSⅡ－0875（3），WSⅠ－0259（1）

高山薯蓣 *Dioscorea kamoonensis* Kunth var. *fargesii*（Franch.）Pr. Et Burk. WSⅡ－0380（3）

穿龙薯蓣 *Dioscorea nipponica* Makino WSⅡ－0276（2）

薯蓣 *Dioscorea polystachya* Turcz. ◆ WSⅠ－0030（4）

佃柄薯蓣 *Dioscorea tenuipes* Franch. et WSⅠ－0386（3）

盾叶薯蓣 *Dioscorea zingiberensis* C. H. Wright ◆ WSⅡ－0634（3），WSⅠ－0782（3），WSⅡ－0659（1）

192. 棕榈科 Palmae

棕榈属 *Trachycarpus* H. Wendl.

棕榈 *Trachycarpus fortunei*（Hook.）H. Wendl. ●▲★ WSⅡ－0688－1（1）

193. 兰科 Orchidaceae

白及属 *Bletilla* Rchb. f.

黄花白及 *Bletilla ochracea* Schltr. WSⅡ－1137（1），WSⅢ－0001（2）

白及 *Bletilla striata*（Thunb. ex Murray）Rchb. f. ◆ WSⅡ－0283（2）

石豆兰属 *Bulbophyllum* **Thou.**

麦斛 *Bulbophyllum inconspicuum* Maxim. WSⅠ－1051（3）

斑唇卷瓣兰 *Bulbophyllum pectenveneris*（Gagnep.）Seidenf. WSFI

虾脊兰属 *Calanthe* **R. Br.**

泽泻虾脊兰 *Calanthe alismaefolia* Lindl. WSⅡ－1134（1）

流苏虾脊兰 *Calanthe alpina* Hook. f. ex Lindl. CDDQ，WSFI

弧距虾脊兰 *Calanthe arcuata* Rolfe WSⅡ－1492（1）

短叶吓脊兰 *Calanthe arcuata* Rolfe var. *brevifolia* Z. H. Tsi WSFI，CDDQ

肾唇虾脊兰 *Calanthe brevicornu* Lindl. WSⅡ－1310

剑叶虾脊兰 *Calanthe davidii* Franch. WSⅠ－0675（2），WSⅠ－1099（1）

钩距虾脊兰 *Calanthe graciliflora* Hayata WSⅠ－1074（1），WSⅠ－1274（1），WSⅠ－0508（1）

反瓣虾脊兰 *Calanthe reflexa*（Kuntze）Maxim. WSFI，CDDQ，CDSX

三棱虾脊兰 *Calanthe tricarinata* Lindl. CDSX，WSFI

头蕊兰属 *Cephalanthera* **L. C. Rich**

银兰 *Cephalanthera erecta*（Thunb. ex A. Murray）Bl. WSFI

杜鹃兰属 *Cremastra* **Lindl.**

杜鹃兰 *Cremastra appendiculata*（D. Don）Makino CDDQ，CDSX

兰属 *Cymbidium* **Sw.**

蕙兰 *Cymbidium faberi* Rolfe ● WSⅡ－0336（2）

春兰 *Cymbidium goeringii*（Rchb. f.）Rchb. f. ● WSⅡ－1527（3），WSⅡ－1526（2）

兔耳兰 *Cymbidium lancifolium* Hook. WSFI

杓兰属 *Cypripedium* **L.**

大叶杓兰 *Cypripedium fasciolatum* Franch. ● WSFI

绿花杓兰 *Cypripedium henryi* Rolfe ● WSⅡ－0740（1）

扇脉杓兰 *Cypripedium japonicum* Thunb. ● WSⅠ－1057

斑叶杓兰 *Cypripedium margaritaceum* Franch. ● WSFI

大花杓兰 *Cypripedium macranthum* Sw. WSⅠ－1136（1）

石斛属 *Dendrobium* **Sw.**

曲茎石斛 *Dendrobium flexicaule* Z. H. Tsi. S. C. Sun et L. G. Xu ● CDDQ，WSFI

细叶石斛 *Dendrobium hancockii* Rolfe ● WSⅠ－1067（4）

石斛 *Dendrobium nobile* Lindl. ● CDDQ，CDSX，WSFI

火烧兰属 *Epipactis* **Zinn.**

火烧兰 *Epipactis helleborine*（L.）Crantz. WSⅠ－1294（1），WSⅠ－1286（1），WSⅡ－0375（3），WSⅠ－0931（2），WSⅠ－1376（1）

大叶火烧兰 *Epipactis mairei* Schltr. var. *mairei* WSⅠ－1373（2），WSⅠ－1370（1）

虎舌兰属 *Epipogium* **Gmelin ex Borkhausen**

裂唇虎舌兰 *Epipogium aphyllum*（F. W. Schmidt）Sw. WSFI

毛兰属 *Eria* **Lindl.**

马齿毛兰 *Eria szetschuanica* Schltr. WSFI

山珊瑚属 *Galeola* **Lour.**

毛萼山珊瑚 *Galeola lindleyana*（Hook. f. et Thoms.）Rchb. f. WSFI

盆距兰属 *Gastrochilus* D. Don

台湾盆距兰 *Gastrochilus formosanus*（Hayata）Hayata WSFI

天麻属 *Gastrodia* R. Br.

天麻 *Gastrodia elata* Bl. ◆ CDDQ，CDSX，WSFI

斑叶兰属 *Goodyera* R. Br.

小斑叶兰 *Goodyera repens*（L.）R. Br. CDDQ，WSFI

手参属 *Gymnadenia* R. Br.

手参 *Gymnadenia conopsea*（L.）R. Br. WSFI

玉凤花属 *Habenaria* Willd.

毛葶玉凤花 *Habenaria ciliolaris* Kranzl. WSⅡ－0731（1）

宽药隔玉凤花 *Habenaria limprichtii* Schltr. CDSX，CDDQ

舌喙兰属 *Hemipilia* Lindl.

扇唇舌喙兰 *Hemipilia flabellata* Bur. et Franch. WSFI

裂唇舌喙兰 *Hemipilia henryi* Rolfe WSⅡ－0920（2）

叉唇角盘兰 *Herminium lanceum*（Thunb. ex Sw.）Vuijk WSFI

瘦房兰属 *Ischnogyne* Sohltr.

瘦房兰 *Ischnogyne mandarinorum*（Kraenzl.）Schltr. WSFI

羊耳蒜属 *Liparis* L. C. Rich.

小羊耳蒜 *Liparis fargesii* Finet WSFI

羊耳蒜 *Liparis japonica*（Miq.）Maxim. WSⅠ－1052（1），WSⅠ－1239（1）

见血青 *Liparis nervosa*（Thunb. ex A. Murray）Lindl. WSⅡ－1146（1），WSⅢ－0052（1）

香花羊耳蒜 *Liparis odorata*（Willd.）Lindl. WSⅠ－1239－1（1）

对叶兰属 *Listera* R. Br.

大花对叶兰 *Listera grandiflora* Rolfe WSFI

鸟巢兰属 *Neottia* Guett.

尖唇鸟巢兰 *Neottia acuminata* Schltr. WSFI

红门兰属 *Orchis* L.

广布红门兰 *Orchis chusua* D. Don WSFI

山兰属 *Oreorchis* Lindl.

长叶山兰 *Oreorchis fargesii* Finet WSFI

阔蕊兰属 *Peristylus* Bl.

小花阔蕊兰 *Peristylus affinis*（D. Don）Seidenf. WSⅠ－0907（3）

阔蕊兰 *Peristylus goodyeroides*（D. Don）Lindl. WSⅡ－1367（2）

石仙桃属 *Pholidota* Lindl. ex Hook.

云南石仙桃 *Pholidota yunnanensis* Rolfe. ● WSⅡ－1367（2）

舌唇兰属 *Platanthera* L. C. Rich.

二叶唇兰 *Platanthera chlorantha* Cust ex Rchb. WSⅠ－1149（1）

密花舌唇兰 *Platanthera hologlottis* Maxim. WSFI

舌唇兰 *Platanthera japonica*（Thunb. ex A. Marray）Lindl. CDSX，CDDQ，WSFI

小舌唇兰 *Platanthera minor*（Miq.）Rchb. f. CDSX

独蒜兰属 *Pleione* D. Don

独蒜兰 *Pleione bulbocodioides*（Franch.）Rolfe ◆ WSⅡ－1500（2）

绶草属 *Spiranthes* L. C. Rich.

绶草 *Spiranthes sinensis*（Pers.）Ames WSⅠ－0636（1），WSⅠ－1371（1）

Ⅲ Glumiflorae 颖花区

194. 灯心草科 Juncaceae

灯心草属 *Juncus* Linn.

翅茎灯心草 *Juncus alatus* Franch. et Savat. WSⅡ－0565（3），WSⅠ－0483（1）

星花灯心草 *Juncus diastrophanthus* Buchen. WSⅡ－1413（1）

灯心草 *Juncus effusus* Linn. CDSX，WSFI，CDDQ

分枝灯心草 *Juncus modestus* Buchen. WSⅡ－1450（3）

单枝灯心草 *Juncus potaninii* Buchen. CDDQ，WSFI

笄石菖 *Juncus prismatocarpus* R. Br. WSⅡ－1413（1）

野灯心草 *Juncus setchuensis* Buchen. ex Diels WSⅡ－0216（2），WSⅡ－0793（3），WSⅡ－0546（1）

地杨梅属 *Luzula* DC.

散序地杨梅 *Luzula effusa* Buchen. WSFI

多花地杨梅 *Luzula multiflora*（Retz.）Lej. subsp. *multiflora* CDDQ，WSFI

羽毛地杨梅 *Luzula plumosa* E. Mey. WSⅠ－0592（4），WSⅠ－0366（1），WSⅠ－0927（3）

195. 莎草科 Cyperaceae

球柱草属 *Bulbostylis* C. B. Clarke

丝叶球柱草 *Bulbostylis densa*（Wall.）Hand. － Mzt. WSFI

薹草属 *Carex* Linn.

白鳞薹草 *Carex alba* Scop. WSFI

葱状薹草 *Carex alliiformis* C. B. Clarke WSⅡ－1160（2），WSⅡ－1144（1）

丝叶薹草 *Carex capilliformis* Franch. WSFI

中华薹草 *Carex chinensis* Retz. WSFI

无喙囊薹草 *Carex davidii* Franch. WSFI

签草 *Carex doniana* Spreng. WSⅠ－1167（2）

穹隆薹草 *Carex gibba* Wahlenb. WSⅡ－0882（1）

点叶薹草 *Carex hancockiana* Maxim. WSFI

日本薹草 *Carex japonica* Thunb. WSFI

披叶薹草 *Carex lancifolia* C. B. Clarke WSFI

舌叶薹草 *Carex ligulata* Nees WSⅡ－1161（4），WSⅠ－0078（3）

城口薹草 *Carex luctuosa* Franch. WSFI

白鳞薹草 *Carex polyschoena* Lévl. et Vant. WSⅠ－0078－1（3）

宽叶薹草 *Carex siderosticta* Hance WSⅠ－0366（1）

莎草属 *Cyperus* Linn.

阿穆尔莎草 *Cyperus amuricus* Maxim. WSⅡ－0781（2）

异型莎草 *Cyperus difformis* Linn. WSFI

碎米莎草 *Cyperus iria* Linn. WSⅡ－0796（2）

具芒碎米莎草 *Cyperus microiria* Steud. WSⅠ–1661（1）

香附子 *Cyperus rotundus* Linn. WSⅡ–0796–1（2）

羊胡子草属 *Eriophorum* Linn.

丛毛羊胡子草 *Eriophorum comosum* Nees WSⅠ–1395（2），WSⅠ–1397（2），WSⅠ–0787（3），WSⅠ–1285（1），WSⅡ–0067（3），WSⅢ–0018（1）

飘拂草属 *Fimbristylis* Vahl

两歧飘拂草 *Fimbristylis dichotoma*（L.）Vahl WSFI

宜昌飘拂草 *Fimbristylis henryi* C. B. Clarke CDSX., WSFI

水蜈蚣属 *Kyllinga* Rottb.

短叶水蜈蚣 *Kyllinga brevifolia* Rottb. WSⅡ–0794（3）

扁莎属 *Pycreus* P. Beauv.

球穗扁莎 *Pycreus globosus*（All.）Reichb. WSⅠ–1648（1）

红鳞扁莎 *Pycreus sanguinolentus*（Vahl）Nees WSFI

藨草属 *Scirpus* Linn.

萤蔺 *Scirpus juncoides* Roxb. WSⅡ–0806（3），WSⅠ–1226（2），WSⅠ–1232（3）

水毛花 *Scirpus triangulatus* Roxb. WSFI

196. 禾本科 Gramineae

簕竹属 *Bambusa* Retz.

料慈竹 *Bambusa distegia*（Keng et Keng f.）Chia et H. L. Fung WSⅠ–1114（2）

硬头黄竹 *Bambusa rigida* Keng et Keng f. WSⅡ–0661（3），WSⅡ–0002（1）

镰序竹属 *Drepanostachyum* Keng f.

坝竹 *Drepanostachyum microphyllum*（Hsueh et Yi）Keng f. ex Yi WSFI

箭竹属 *Fargesia* Franch.

箭竹 *Fargesia spathacea* Franch. WSⅡ–0458（3）

糙花箭竹 *Fargesia scabrida* Yi WSⅠ–0620（1），WSⅡ–0892（3），WSⅡ–0301（2）

箬竹属 *Indocalamus* Nakai

箬竹 *Indocalamus tessellatus*（Munro）Keng f. CDDQ

阔叶箬竹［箬竹］*Indocalamus latifolius*（Keng）McClure WSⅡ–0339（3）

鄂西箬竹 *Indocalamus wilsoni*（Reuble）C. S. Chao et C. D. Chu. ●▲ WSFI

巫溪箬竹 *Indocalamus wuxiensis* Yi ●▲ WSFI

胜利箬竹 *Indocalamus victorialis* Keng. f. WSⅠ–0260（3）

慈竹属 *Neosinocalamus* Keng f.

慈竹 *Neosinocalamus affinis*（Rendle）Keng f. WSⅡ–0458–1 ★

刚竹属 *Phyllostachys* Sieb. et Zucc.

桂竹 *Phyllostachys bambusoides* Sieb. et Zucc. ■▲ WSFI

水竹 *Phyllostachys heteroclada* Oliver ▲WSⅠ–0983（3）WSFI

毛竹［南竹］*Phyllostachys heterocycla*（Carr.）Mitford cv. Pubescens CDSX ★

毛金竹 *Phyllostachys nigra*（Lodd. ex Lindl.）Munro var. *henonis*（Mitford）Stapf ex Rendle ▲ WSⅡ–0739（3）

刚竹 *Phyllostachys sulphurea*（Carr.）A. et C. Riv. cv. Viridis ▲■ WSⅠ–0319（2）

大明竹属 *Pleioblastus* Nakai

苦竹 *Pleioblastus amarus*（Keng）Keng f. ▲ CDDQ

筇竹属 *Qiongzhuea* Hsueh et Yi

平竹 *Qiongzhuea communis* Hsueh et Yi WSⅡ–1523（3），WSⅡ–1657（1），WSⅡ–1381（1）

玉山竹属 *Yushania* Keng f.

鄂西玉山竹 *Yushania confusa*（McCl.）Z. P. Wang et G. H. Ye WSFI

尖稃草属 *Acrachne* Wight et Arn, ex Chiov.

尖稃草 *Acrachne racemosa*（Heyne ex Roem. et Schult.）Ohwi WSⅡ–0787（1）

剪股颖属 *Agrostis* Linn.

小糠草 *Agrostis alba* L. WSⅡ–0869（3）

华北剪股颖 *Agrostis clavata* Trin. var. *clavata* WSFI

巨序剪股颖 *Agrostis gigantea* Roth CDSX

剪股颖 *Agrostis matsumurae* Hack. ex Honda WSFI

多花剪股颖 *Agrostis myriantha* Hook. f. WSⅡ–1625（1）

看麦娘属 *Alopecurus* Linn.

看麦娘 *Alopecurus aequalis* Sobol. CDSX，WSFI

荩草属 *Arthraxon* Beauv.

荩草 *Arthraxon hispidus*（Thunb.）Makino WSⅡ–0260（3），WSⅠ–0219（2）

野古草属 *Arundinella* Raddi

野古草 *Arundinella anomala* Stend. WSⅡ–0872（2），WSⅠ–1180（1），WSⅡ–0529（2）

芦竹属 *Arundo* L.

芦竹 *Arundo donax* L. ★

燕麦属 *Avena* Linn.

莜麦 *Avena chinensis*（Fisch. ex Roem. et Schult.）Metzg. WSⅠ–0932（2）

野燕麦 *Avena fatua* Linn. CDSX，WSFI

光轴野燕麦 *Avena fatua* Linn. var. *mollis* Keng CDSX，WSFI

孔颖草属 *Bothriochloa* Kuntze

白羊草 *Bothriochloa ischaemum*（Linn.）Keng CDSX

臂形草属 *Brachiaria* Griseb.

毛臂形草 *Brachiaria villosa*（Lam.）A. Camus CDSX

短柄草属 *Brachypodium* Beauv.

短柄草 *Brachypodium sylvaticum*（Huds.）Beauv. WSⅡ–0359（1）

雀麦属 *Bromus* L.

雀麦 *Bromus japonica* Thumb. ex Murr. WSⅠ–0118（1）WSFI

拂子茅属 *Calamagrostis* Adans.

拂子茅 *Calamagrostis epigeios*（Linn.）Roth var. *epigeios* WSFI

细柄草属 *Capillipedium* Stapf

细柄草 *Capillipedium parviflorum*（R. Br.）Stapf CDSX

薏苡属 *Coix* Linn.

薏苡 *Coix lacryma–jobi* Linn. ◆ WSⅡ–0790（1）

狗牙根属 *Cynodon* Rich.

狗牙根 *Cynodon dactylon*（L.）Pers. ● WSⅡ – 0826（1）

鸭茅属 *Dactylis* L.

鸭茅 *Dactylis glomerata* L. WSⅡ – 1418（1），WSⅡ – 0439（3）

发草属 *Deschampsia* Beauv.

发草 *Deschampsia caespitosa*（Linn.）Beauv. var. *caespitosa* WSⅠ – 0341（2），WSⅠ – 1401（1），WSⅠ –1260（2），WSⅠ –0342（1），WSⅡ –1340（1）

无芒发草 *Deschampsia caespitosa*（Linn.）Beaur. var. *exaristata* Z. L. Wu WSⅡ – 0100（3），WSⅡ – 0533（1），WSⅠ –0468（1），WSⅡ –0532（2），WSⅡ –1389（1）

野青茅属 *Deyeuxia* Clarion

野青茅 *Deyeuxia arundinacea*（Linn.）Beauv. var. *arundinacea* CDSX，WSFI

疏花野青茅 *Deyeuxia arundinacea*（Linn.）Roth var. *laxiflora*（Rendle）P. C. Kuo et S. L. Lu WSⅠ –0593（1）

高大野青茅 *Deyeuxia henryi*（Rendle）P. C. Kuo e S. L. Lu WSⅡ – 0752（2），WSⅠ – 1401（1）

湖北野青茅 *Deyeuxia hupehensis* Rendle WSⅡ – 0455（1）

糙野青茅 *Deyeuxia scabrescens*（Griseb.）Munro ex Duthie var. *scabrescens* WSⅡ –1566（3）

马唐属 *Digitaria* Hall.

升马唐 *Digitaria ciliaris*（Retz.）Koel. CDSX

十字马唐 *Digitaria cruciata*（Nees）A. Camus CDSX，WSFI

马唐 *Digitaria sanguinalis*（L.）Scop. WSFI

稗属 *Echinochloa* Beauv.

光头稗 *Echinochloa colonum*（L.）Link WSⅡ – 0815（2）

穇属 *Eleusine* Gaertn.

牛筋草 *Eleusine indica*（L.）Gaertn. WSⅠ – 1396（1），WSⅠ – 1662（1），WSⅡ – 0916（3），WSⅡ –0829（1）

披碱草属 *Elymus* Linn.

麦宾草 *Elymus tangutorum*（Nevski）Hand. – Mazz. WSFI

画眉草属 *Eragrostis* Wolf

大画眉草 *Eragrostis cilianensis*（All.）Link ex Vignolo – Lutati CDSX

知风草 *Eragrostis ferruginea*（Thunb.）Beauv. WSⅡ – 0058（1）

画眉草 *Eragrostis pilosa*（L.）Beauv. var. *pilosa* WSⅡ – 0277（1）

蔗茅属 *Erianthus* Michaux.

蔗茅 *Erianthus rufipilus*（Steud.）Griseb. CDSX，WSFI

野黍属 *Eriochloa* Kunth

野黍 *Eriochloa villosa*（Thunb.）Kunth WSⅠ – 0938（2）

拟金茅属 *Eulaliopsis* Honda

拟金茅 *Eulaliopsis binata*（Retz.）C. E. Hubb. CDSX

羊茅属 *Festuca* L.

日本羊茅 *Festuca japonica* Makino WSⅠ – 0546（2），WSⅡ – 1417（1），WSⅡ – 0480（2），WSⅡ –0413（2），WSⅡ – 0965（1）

甜茅属 *Glyceria* R. Br.

水甜茅 *Glyceria maxima*（Hartm.）Holmb. WSFI

异燕麦属 *Helictotrichon* Bess.

光花异燕麦 *Helictotrichon leianthum*（Keng.）Ohwi WSⅠ-1024（1），WSⅡ-0871（2）

异燕麦 *Helictotrichon schellianum*（Hack.）Kitag. WSⅡ-0493（1）

牛鞭草属 *Hemarthria* R. Br.

牛鞭草 *Hemarthria altissima*（Poir.）Stapf et C. E. Hubb. WSⅠ-1420（1）

黄茅属 *Heteropogon* Pers.

黄茅 *Heteropogon contortus*（Linn.）Beauv. ex Roem. et Schult. CDSX，CDDQ

白茅属 *Imperata* Cyrillo.

白茅 *Imperata cylindrica*（L.）Beauv. WSⅡ-0098（1），WSⅡ-1508（1），WSⅡ-0687（2），WSⅡ-0111（1）

柳叶箬属 *Isachne* R. Br.

柳叶箬 *Isachne globosa*（Thunb.）Kuntze. WSⅠ-1420（2），WSⅠ-1394（2）

日本柳叶箬 *Isachne nipponensis* Ohwi WSFI

假稻属 *Leersia* Soland. ex Swartz.

假稻 *Leersia japonica*（Makino）Honda WSⅡ-0120（2）

落草属 *Koeleria* Pers.

落草 *Koeleria cristata*（L.）Pers. WSⅡ-1412（1）

千金子属 *Leptochloa* Beauv.

千金子 *Leptochloa chinensis*（L.）Nees CDSX

虮子草 *Leptochloa panicea*（Retz.）Ohwi WSⅠ-1637（1），WSⅡ-1033（1）

淡竹叶属 *Lophatherum* Brongn.

淡竹叶 *Lophatherum gracile* Brongn. ● CDSX

莠竹属 *Microstegium* Nees

竹叶茅 *Microstegium nudum*（Trin.）A. Camus WSⅡ-0753（2），WSⅡ-0442（2）

粟草属 *Milium* Linn.

粟草 *Milium effusum* Linn. WSⅠ-1240（3）

芒属 *Miscanthus* Anderss.

五节芒 *Miscanthus floridulus*（Lab.）Warb. ex Schum. et Laut. WSⅡ-0820（3），WSⅠ-0987（1），WSⅡ-0705（1）

芒 *Miscanthus sinensis* Anderss. ● WSⅡ-1040（2），WSⅡ-0332（2），WSⅡ-0742（2），WSⅡ-1619（1）

乱子草属 *Muhlenbergia* Schreb.

乱子草 *Muhlenbergia hugelii* Trin. WSFI

类芦属 *Neyraudia* Hook. f.

类芦 *Neyraudia reynaudiana*（Kunth）Keng

求米草属 *Oplismenus* Beauv.

求米草 *Oplismenus undulatifolius*（Arduino）Beauv. ● WSⅡ-0467（1）

稻属 *Oryza* L.

稻 *Oryza sativa* L. ★ WSFI

落芒草属 *Oryzopsis* Michx.

湖北落芒草 *Oryzopsis henryi*（Rendle）Keng ex P. C. Kuo CDSX，WSFI

钝颖落芒草 *Oryzopsis obtusa* Stapf CDSX

黍属 *Panicum* L.

糠稷 *Panicum bisulcatum* Thunb. WSⅡ－0382（3）

雀稗属 *Paspalum* L.

圆果雀稗 *Paspalum orbiculare* Forst. CDSX，WSFI

雀稗 *Paspalum thunbergii* Kunth ex Steud. CDSX，WSFI

狼尾草属 *Pennisetum* Rich.

狼尾草 *Pennisetum alopecuroides*（L.）Spreng. WSⅡ－0318（1）

显子草属 *Phaenosperma* Munro ex Benth. et Hook. f.

显子草 *Phaenosperma globosa* Munro ex Benth. WSFI，CDSX

梯牧草属 *Phleum* Linn.

高山梯牧草 *Phleum alpinum* Linn. WSFI

鬼蜡烛 *Phleum paniculatum* Huds. CDSX，WSFI

早熟禾属 *Poa* L.

白顶早熟禾 *Poa acroleuca* Steud. WSFI

早熟禾 *Poa annua* L. ● WSⅡ－0362（3）

林地早熟禾 *Poa nemoralis* L. WSFI

金发草属 *Pogonatherum* Beauv.

金丝草 *Pogonatherum crinitum*（Thunb.）Kunth CDSX

金发草 *Pogonatherum paniceum*（Lam.）Hack. CDSX

棒头草属 *Polypogon* Desf.

棒头草 *Polypogon fugax* Nees ex Steud. WSⅠ－0116（3）

鹅观草属 *Roegneria* C. Koch.

竖立鹅观草 *Roegneria japonensis*（Honda）Keng WSⅡ－0568（2）

鹅观草 *Roegneria kamoji* Ohwi WSⅡ－1377（1）

东瀛鹅观草 *Roegneria mayebarana*（Honda）Ohwi WSⅠ－0343（3），WSⅡ－1130（1），WSⅡ－0517（1），WSⅡ－1126（1）

甘蔗属 *Saccharum* Linn.

斑茅 *Saccharum arundinaceum* Retz. WSⅡ－0742（1）

筒轴茅属 *Rottboellia* L. f.

筒轴茅 *Rottboellia exaltata* Linn. f. WSⅠ－1629（2）

狗尾草属 *Seteria* Beauv.

大狗尾草 *Setaria faberii* Herrm. WSⅠ－1398（2）

西南莩草 *Setaria forbesiana*（Nees）Hook. f. CDSX

金色狗尾草 *Setaria glauca*（L.）Beauv. CDSX，WSFI

皱叶狗尾草 *Setaria plicata*（Lam.）T. Cooke WSⅠ－1462（1）

棕叶狗尾草 *Setaria palmifolia*（Koen.）Stapf WSⅡ－0008（3），WSⅠ－1663（2）

狗尾草 *Setaria viridis*（L.）Beauv. WSⅡ－0248（2），WSⅠ－0591（2），WSⅡ－1197（2）

大油芒属 *Spodiopogon* Trin.

大油芒 *Spodiopogon sibiricus* Trin. ● CDSX

菅属 *Themeda* Forssk.

苞子草 *Themeda caudata*（Nees）A. Camus CDSX，WSFI

黄背草 *Themeda japonica*（Willd.）Tanaka CDSX

荻属 *Triarrhena* Nakai

荻 *Triarrhena sacchariflora*（Maxim.）Nakai

小麦属 *Triticum* L.

普通小麦 *Triticum aestivum* L. ★

三毛草属 *Trisetum* Pers.

三毛草 *Trisetum bifidum*（Thunb.）Ohwi WSⅡ－1446（1），WSⅠ－1261（1），WSⅡ－0359（2）

长穗三毛草［紫羊茅］*Trisetum clarkei*（HooK. f.）R. R. Stewart. WSⅡ－1016（2）

湖北三毛草 *Trisetum henryi* Rendle CDSX

穗三毛 *Trisetum spicatum*（Linn.）Richt. WSFI

玉蜀黍属 *Zea* Linn.

玉蜀黍 *Zea mays* Linn. WSFI

结缕草属 *Zoysia* Willd.

中华结缕草 *Zoysia sinica* Hance WSⅠ－0486（1），WSⅡ－0569（1），WSⅡ－1340（1），WSⅠ－0595（3），WSⅡ－1343（3），WSⅡ－1339（2）

分类合计：196 科 894 属 2646 种（其中 57 个人工栽培种）

蕨类植物：32 科，63 属，208 种

裸子植物：6 科，20 属，34 种

被子植物：158 科，811 属，2404 种（双子叶植物：138 科，645 属，2027 种；单子叶植物：20 科，166 属，377 种）

种子植物：164 科（天然 156 科），831 属（天然 796 属），2438（天然 2381 种）种

第3章　重庆五里坡自然保护区陆栖野生脊椎动物

3.1　巫山县陆栖野生脊椎动物研究历史

三峡库区陆栖野生脊椎动物的研究最早可追溯到 19 世纪 80 年代，A. Genther 对长江中上游地区（包括重庆一带）的两栖爬行类动物进行了考察；20 世纪 30 年代，参加中亚考察的 Pope（1935 年）等对长江流域的两栖爬行类动物做了调查；1930 年，徐锡番、刘子刚、郭倬甫等在原重庆、合川采集了脊椎动物，何西瑞整理发表了兽类资料；Smith 等（1931 年）对库区的哺乳类、鸟类、两栖爬行类动物进行了部分考察；1933～1936 年，施白南、郭倬甫、黄楷等调查了在原重庆、北碚、巫山、城口等地的脊椎动物；刘承钊（1938 年）对三峡地区的两栖爬行类动物也进行了考察。1937 年，甘怀杰等发表了重庆鼠类调查报告（引自：施白南、赵尔宓，1982；肖文发、李建文等，2000）。

较为深入的研究是 20 世纪 50 年代后中国学者开展的系列研究工作。1953～1962 年，刘成汉、张俊范等调查了巫山、酉阳、秀山等地的脊椎动物；1956～1964 年，西南师范学院施白南、罗泉笙、何学福等在原重庆、合川、潼南、铜梁等地进行了脊椎动物资源考察；1964～1966 年，由原南充师范学院组织有关单位进行了"四川东部地区动物区划考察"，采集了大量陆栖野生脊椎动物标本，保存于现四川师范学院，并编写了《四川省东部地区动物区划说明》和《四川省东部地区经济动物类型说明》；1957 年，刘承钊等对巫山地区两栖类动物的分布状况进行了研究和总结；20 世纪 80 年代初，胡锦矗、王酉之等较为系统地分析总结了四川省野生动物资源和分布，其中涉及到三峡重庆库区区域；80年代中期（"七五"期间），中国科学院与环保部门联合主持了"长江三峡工程对生态与环境的影响及其对策研究"项目，其中"三峡工程对陆生脊椎动物的影响"是重要内容之一。朱靖、张家驹等研究分析了三峡重庆库区除石柱和武隆之外的 12 个区（县）陆栖野生脊椎动物的种类、分布等状况；90 年代，李桂垣、张俊范对四川省的鸟类种类及分布状况进行了总结。其他部分相关专题研究报道有：景河铭等（1986 年）研究了巫溪县罗氏鼢鼠对华山松的危害；胡鸿兴等（2000 年）发表的关于三峡库区长江江面水鸟的考察报告中，论述了 1980～1996 年间 5 次从葛洲坝至重庆（1996 年的船舶样线调查延伸至四川合江县）长江主河道的船舶样线调查统计结果，记录了沿长江分布的 12 目 26 科的 84种鸟类，并分析估测了有关类群的相对密度指数。

涉及到巫山及邻近地区的相关调查还有胡淑琴等（1966）对金佛山、秦岭及大巴山两栖类和爬行类的调查；郑永烈等分别于 1964 年、1966 年、1978 年调查了秦岭东段的哺乳类动物。陈服官 1980 年报道了 20 世纪 50～60 年代在秦巴山区近 20 个县进行的哺乳类动物分布状况调查分析结果；1998 年黄强和张虹报道了重庆市鸟类简况；1999 年朱兆泉和宋朝枢总结发表了神农架自然保护区多年来关于该区域较为全面、深入、系统的调研资料和分析结果，其中涉及到有关动植物区系、生境条件、珍稀濒危动植物种类以及特有种等多方面的资料数据和信息；2002 年韩宗先和胡锦矗先后 2 次报道了重庆市兽类物种的分布、区系等方面的研究内容；2003 年刘文萍等报道了重庆市大巴山自然保护区的鸟类调查研究结果。

作为"三峡库区陆生动植物监测子系统"的三峡库区陆生动植物监测项目，于 1996 年正式启动，由国家林业局生态环境监测总站承担项目，至 1998 年底以库区动植物资源本底调查为主要工作目标和内容的第一阶段工作全面完成，有关人员根据本项目调查资料发表的相关论著有：长江三峡库区陆生动植物生态（肖文发等，2000）；三峡工程重庆库区翼手类研究（刘少英等，2001）；重庆三峡库区鸟类生物多样性研究（冉江洪等，2001）；三峡库区鸟类区系及类群多样性研究（苏化龙等，2001）。

根据上述大量专业人员的调查研究资料，得以总结分析出：重庆市目前陆栖野生脊椎动物分布共计 30 目 105 科 312 属 605 种，三峡库区陆栖野生脊椎动物分布共计 29 目 100 科 298 属 575 种。

1999 年 10 月，"三峡库区陆生动植物监测子系统"第二阶段工作接续进行，主要目标和工作内容是监测相关动植物种类的群落变化状况和珍稀濒危物种专项调查。巫山县属于三峡库区生物多样性较高的"热点"地区，作为三峡库区的重点调查区域，1999~2006年，每年至少进行 1 次野生动物监测的固定样线和随机样线、样点调查。多年来进行的三峡库区监测调查研究工作，为重庆五里坡自然保护区陆栖野生脊椎动物的物种分布、区系划分、生境类型、濒危状况评估等方面积累了大量翔实、可靠的科学数据和资料。

有关五里坡自然保护区的专项调查，2002 年 12 月，重庆市林业规划设计院完成了《重庆市五里坡市级自然保护区综合考察报告》；2006 年，巫山县林业局委托中国林业科学研究院森林生态环境与保护研究所对五里坡自然保护区进行全面考察（野外调查工作参与单位 5 个，专业人员 15 名，2006 年累计外业工作天数超过 860 人·日）。

3.2 陆栖野生脊椎动物生境类型

构成野生动物生境的三大要素为食物、隐蔽物和水。野生动物的直接和间接食物源可以说全部来源于植物，大多数野生动物的隐蔽物也由相应植被群落构成，因而野生动物的生境选择及利用方式与其生境中植被群落的组成和质量状况密切相关。根据 1998 年 IUCN生境类型划分标准，可以将野生动物生境分为 8 种类型：森林、灌丛、荒漠、半荒漠、草本植被、湿地植被、高山植被、水体和其他（包括人工环境）。

地处三峡库区的巫山县是亚热带常绿阔叶林区域，介于古北界和古热带界两个植物区系相交接的地带，山地气候垂直变化显著，沿江河河谷地势较低，各向两岸梯级抬升，水平地带虽属亚热带季风湿润气候区域，但由于地貌差异引起水热资源的再分配，自然气候条件的垂直变化远大于水平地带的变化。从地质年代第三纪以来，直接受第四纪大陆冰川的影响甚小，因此本地区除在植物区系上和植被类型上显示其丰富性和多样性以外，同时还保存着许多珍稀属种和我国特有的属种，是我国珍贵稀有植物和一些特有属植物的分布中心之一。从植物区系来看，这里是我国华东、日本植物区系西行，喜马拉雅植物区系东延，华南植物区系北上与华北植物区系南下的交汇场所，各个植物区系都有分布（肖文发等，2000）。

三峡库区植被共分为 5 个植被型组、7 个植被型、34 个群系组、138 个群系（肖文发等，2000）。植被型包括有寒温性针叶林、温性针叶林、暖性针叶林、阔叶林、竹林、灌丛和灌草丛等。但是，与三峡库区的整体植被状况一样，经过长期人类开发活动的影响，巫山县天然植被破坏严重，生态系统脆弱——除了边缘高山区或者地势险峻、人迹罕至的中高山区外，原始植被所存不多。地势稍为平缓或者有可能砍伐和开垦的地方，天然森林植被均已变换更替为农耕地带或人工林及天然次生林。沿江河两岸及附近地区大片分布的是马尾松 Pinus massoniana 疏林、柏木 Cupressus funebris 疏林及各类灌丛和草丛，农耕植被带也占有很大比重。江河两岸海拔 800m 以下绝大部分是梯田和坡耕地。森林覆盖率最高的区域在 2000～2400m 高程带，达到 70.86%（马泽忠等，2003）。海拔 1300m（三峡库区东段）以下一般为亚热带常绿阔叶林，1300～2000m 之间为常绿与落叶阔叶混交林，2000～2800m 为山地暗针叶林。沿江河谷海拔 200m 左右的地带热量最为丰富，甚至南方的芭蕉 Musa basjoo 等植物种类能够正常生长结实。海拔 2000m 左右的冷湿山地生长有繁茂的北方耐寒树种冷杉 Abies spp.、云杉 Picea spp.、日本落叶松 Larix kaempferi、桦木 Betula spp. 等高大乔木。

重庆五里坡自然保护区属亚热带湿润季风气候区，由于北部秦岭、大巴山的屏障作用，在该区域形成了冬季较为温暖的气候特征。低坝河谷地带最冷月平均气温 5～8℃，比长江中下游高 3～13℃，属淮南亚热带气候类型；海拔向上依次为中亚热带、山地北亚热带和暖温带气候类型，也有零星地区属于温带气候类型。优越的气候条件非常有利于植物生长、繁衍和生存，形成了区内特有的良好的森林生态环境和丰富的森林植被类型。保护区内生境类型多样，并且涵盖了巫山县绝大多数人为扰动程度最低、天然恢复程度最好的原生性植被。除了鸟类中有 13 种水禽（占鸟类总种数的 4.42%）的稳定栖息地不在保护区范围，巫山县所有的陆栖野生脊椎动物物种在保护区均有分布，尤其是珍稀濒危物种和中国特有种。

多种生境类型对野生动物的类群分布、种群大小、活动规律、社群结构和行为等方面产生了直接或间接的影响。植被类型对于大多数野生动物的适宜生境构成具有至关重要的作用，尤其是目前被人类划为珍稀濒危物种的野生动物类群。重庆五里坡自然保护区几乎拥有三峡库区的所有植被型组和植被型，因而明确并细致地划分野生动物所属生境十分不易。

依据环境和景观的明显特征，将重庆五里坡自然保护区已调查确认的 422 种陆栖野生脊椎动物的生境，按照不同野生动物类群的生境类型，结合海拔梯度和植被类型特征，大致划分为以下 7 个生境类型和 17 个亚生境类型。如森林、灌草丛、草地、洞穴裸岩、水域、农田、人类居住区等，每个生境类型可以包含有多种不同的亚类型，如森林中包括有针叶林、阔叶林，人类居住区中有城市、乡村，等等。

3.2.1　森林

五里坡自然保护区与森林生境密切相关的陆栖野生脊椎动物物种，涉及到兽类 46 种、鸟类 189 种、爬行类 17 种、两栖类 11 种，合计 263 种；与森林生境具有一定程度相关关系物种，涉及到兽类 13 种、鸟类 23 种、爬行类 7 种、两栖类 4 种，合计 47 种；与森林生境相关的物种共计 310 种，占陆栖野生脊椎动物物种总数的 73.46%。

重庆五里坡自然保护区陆栖野生脊椎动物的森林植被生境可以划分为以下 4 大类：

（1）亚高山针叶林带

主要为寒温性常绿针叶林树种，如冷杉、云杉，分布区海拔 2100～2650m（云盘岭），是巫山县最高的山地植被垂直带。环境冷湿，多云雾。

巴山冷杉 Abies fargesii 林主要分布在葱坪一带以及巫山、巫溪和神农架交界处的少部分区域，土壤是在花岗岩、砂岩基质上发育的棕色森林土。分布区域年降水量 1200～1400mm，年平均气温 5℃ 以下。巴山冷杉从海拔 2000m 以上陆续出现，接近 2500m 处开始成林，2700m 以上比较集中，形成大片或带状纯林。在巴东斑块状纯林可以上延至小神农架主峰。混生的乔木树种还有青杆 Picea wilsonii、铁杉 Tsuga chinensis、华山松 Pinus armandii 等针叶树和红桦 Betula albo - sinensis、糙皮桦 Betula utilis、陕甘花楸 Sorbus koehneana、山杨 Populus davidiana、槭树 Acer spp. 等落叶阔叶树。海拔 2500m 以下华山松开始较多出现。灌木层以箭竹 Fargesia spp. 为主，盖度达 40% 以上，时有其他种类混生，如黄杨 Buxus spp.、杜鹃 Rhododendron spp.、四川忍冬 Lonicera szechuanica、青荚叶 Helwingia spp. 等。主要植物群落有：巴山冷杉 + 杜鹃林，巴山冷杉 + 箭竹林灌丛。冷杉林被破坏后，常形成大片的密集禾草草丛和杜鹃、箭竹灌丛。草本层植物常见有毛叶藜芦 Veratrum grandiflorum、紫菀 Aster spp.、酢浆草 Oxalis spp.、苔草 Carex spp.、三毛草 Trisetum spp.、紫羊茅 Festuca rubra 等。

青杆（云杉）主要分布于海拔 2100～2600m 的阳坡和半阳坡的山地棕色森林土壤上，林相整齐，成层明显，自然整枝良好。枝下高 10m 以上，渗入的混生树种有椴树 Tilia spp.、白桦 Betula platyphylla、糙皮桦、红桦、华山松、油松 Pinus tabulaeformis、冷杉等，常处在第二亚层。林下灌木种类较丰富，主要有箭竹、菝葜 Smilax spp.、忍冬 Lonicera spp.、花椒 Zanthocylum spp.、桦叶荚蒾 Viburnum betulifolium、粉叶小檗 Berberis pruinosa、胡枝子 Lespedeza spp.、六道木 Abelia biflora、甘肃瑞香 Daphne tangutica 等。林下草本盖度多在 5%～25%。常见种类有糙野青茅 Deyeuxia scabrescens、蟹甲草 Cacalia spp.、苔草、铁线蕨 Adiantum spp.、中华槲蕨 Drynaria baronii、七叶一枝花 Paris polyphylla、蛇莓 Duchesnea indica、茜草 Rubia spp. 等。

分布于这类生境的野生动物组成较为简单，鸟类季节性集群现象明显，三峡库区的一些少量寒温带针叶林动物群成分分布于此。兽类主要有川金丝猴 Rhinopithecus roxellanae、狼 Canis lupus、黑熊 Selenarctos thibetanus、香鼬 Mustela altaica、狍 Capreolus capreolus、鬣羚 ［苏门羚］ Capricornis sumatraensis、野猪 Sus scrofa、林麝 Moschus berezovskii 等；鸟类有金雕 Aquila chrysaetos、白肩雕 A. heliaca、勺鸡 Pucrasia macrolopha、星头啄木鸟 Dendrocopos canicapillus、长尾山椒鸟 Pericrocotus ethologus、松鸦 Garrulus glandarius、星鸦 Nucifraga caryocatactes、金色林鸲 Tarsiger chrysaeureus、赤颈鸫 T. ruficollis、沼泽山雀 Parus palustris、银脸长尾山雀 Aegithalos fuliginosus、旋木雀 Certhia familiaris、赤胸灰雀 ［灰头灰雀］ Pyrrhula erythaca 等；两栖类和爬行类动物仅有少数种类，如菜花原矛头蝮 ［菜花烙铁头］

Protobothrops jerdonii、中国林蛙 *Rana temporaria*、巫山北鲵 *Ranodon wushanensis*、中华大蟾蜍 *Bufo gargarizans* 等。

（2）中山针叶、阔叶林带

分布海拔范围大多在 1000～2100m。针叶林主要是温性常绿针叶林，树种为油松、华山松、巴山榧树 *Torreya fargesii*、巴山松 *Pinus benryi*、柳杉 *Cryptomeria fortunei* 等；还有 20 世纪 80 年代营造的目前基本成林的日本落叶松，构成暖性落叶针叶林，主要分布在海拔 1900m 左右的山地黄棕壤上，适应性强，长势较好，甚至可以向上延伸至海拔 2300m 左右的亚高山地带，目前是许多地方大量推广的树种。

阔叶林包括落叶阔叶和常绿阔叶两种类型。落叶阔叶林种类有麻栎 *Quercus acutissima* 林，山杨林，红桦林，红桦 + 亮叶桦 *Betula luminifera* 林，糙皮桦林，桦 + 椴 + 钝叶木姜子 *Litsea veitchiana* 林，桤木 *Alnus cremastogyne* 林，水青冈 *Fagus longipetiolata* 林，亮叶水青冈 *F. lucida* + 粉白杜鹃 *Rhododendron hypoglaucum* 林，栎类 *Quercus* spp. 林，鹅耳枥 *Carpinus* spp. 林，化香 *Platycarya strobilacea* 杂木林，四照花 *Dendrobenthamia japonica* 林，华中樱桃 *Cerasus conradinae* + 刺叶高山栎 *Quercus spinosa* 林，连香树 *Cercidiphyllum japonicum* + 细齿稠李 *Padus obtusata* 林，珙桐 *Davidia involucrata* + 米心水青冈 *Fagus engleriana* 林，漆树 *Toxicodendron vernicifluum* 林等，林中混生有与之相应的多种灌木层、草本层植被。常绿阔叶林在本植被带中的分布和种类方面不及落叶阔叶林，种类有栲树 *Castanopsis* spp. + 青冈 *Cyclobalanopsis* spp. 林，曼青冈 *C. oxyodon* + 巴东栎 *Quercus engleriana* 林，刺叶高山栎林等。另外还有山地落叶、常绿阔叶混交林，如亮叶水青冈 + 小叶青冈 *Cyclobalanopsis myrsinaefolia* 林，水青冈 + 包槲柯 *Lithocarpus cleistocarpus* 林，石栎 *Lithocarpus glaber* + 水青冈林，包槲柯 + 锥栗 *Castanea henryi* 林等。

分布于该生境的野生动物种类组成比较丰富，亚高山针叶林带的大多数动物均可分布或者是季节性迁移于本生境。兽类中有长尾鼩鼱 *Scaptonyx fusicaudus*、多种蝙蝠（马铁菊头蝠和皮氏菊头蝠等）*Rhinolophus* spp. et al.、川金丝猴、赤狐 *Vulpes vulpes*、貉 *Nyctereutes procyonoides*、豺 *Cuon alpinus*、大灵猫 *Viverra zibetha*、小灵猫 *Viverricula indica*、金猫 *Felis temmincki*、豹猫 *F. bengalensis*、云豹 *Neofelis nebulosa*、金钱豹 *Panthera pardus*、小麂 *Muntiacus reevesi*、毛冠鹿 *Elaphodus cephalophus*、斑羚 *Naemorhedus goral*、鼯鼠 *Trogopterus xanthipes* et *Petaurista alborufus*、几种松鼠（赤腹松鼠 *Callosciurus erythraeus*、隐纹花松鼠 *Tamiops swinhoei*、岩松鼠 *Sciurotamia dividianus* 等）、豪猪 *Atherurus macrourus* et *Hystrix hodgsoni*、中华竹鼠 *Rhizomys sinensis* 等，其中毛冠鹿、斑羚为有蹄类中的优势种。鸟类中有多种隼形目和鸮形目猛禽如苍鹰 *Accipiter gentilis*、赤腹鹰 *A. soloensis*、雀鹰 *A. nisus*、松雀鹰 *A. virgatus*、红角鸮 *Otus scops*、斑头鸺鹠 *Glaucidium cuculoides* 等；其他类群的鸟类有鸡形目的红腹角雉 *Tragopan temminckii*、勺鸡、雉鸡［环颈雉］*Phasianus colchicus*、红腹锦鸡 *Chrysolophus pictus* 等；鸽形目的红翅绿鸠 *Treron sieboldii*、山斑鸠 *Streptopelia orientalis*、珠颈斑鸠 *S. chinensis* 等；鹃形目的红翅凤头鹃 *Clamator coromandus*、鹰鹃 *Cuculus sparverioides*、四声杜鹃 *C. micropterus*、大杜鹃 *C. canorus*、翠金鹃 *Chalcites maculates* 等；䴕形目的黑枕绿［灰头］啄木鸟 *Picus canus*、赤胸啄木鸟 *Dendrocopos cathpharius*、棕腹啄木鸟 *D. hyperythrus*、星头啄木鸟 *D. canicapillus* 等；雀形目山椒鸟科的暗灰鹃鵙 *Coracina melas-*

chistos、粉红山椒鸟 *Pericrocotus roseus*、长尾山椒鸟；鹎科的领雀嘴鹎 ［绿鹦嘴鹎］ *Spizixos semitorques*、黄臀鹎 *Pycnonotus xanthorrhous*、黑鹎 ［黑短脚鹎］ *Hypsipetes madagascariensis*；鸦科的红嘴蓝鹊 *Urocissa erythrorhyncha*、秃鼻乌鸦 *Corvus frugilegus*、白颈鸦 *C. torquatus*；鸫科的宝兴歌鸫 *Turdus mupinensis* 等；画眉科的小鳞胸鹪鹛 *Pnoepyga pusilla*、黑领噪鹛 *Garrulax pectoralis*、眼纹噪鹛 *G. ocellatus*、画眉 *G. canorus*、橙翅噪鹛 *G. ellioti*、红嘴相思鸟 *Leiothrix lutea*、白领凤鹛 *Yuhina diademata* 等；莺科的棕眉柳莺 *Phylloscopus armandii*、黄腰柳莺 *P. proregulus*、暗绿柳莺 *P. trochiloides*、冕柳莺 *P. coronatus*、戴菊 *Regulus regulus*、栗头鹟莺 *Seicercus castaniceps*、金眶鹟莺 *S. burkii* 等；山雀科的绿背山雀 *Parus monticolus*、煤山雀 *P. ater*；长尾山雀科的红头长尾山雀 *Aegithalos concinnus*、银脸长尾山雀 等；䴓科的普通䴓 *Sitta europaea*；文鸟科的山麻雀 *Passer rutilans*；雀科的金翅雀 *Carduelis sinica*、黄雀 *C. spinus*、褐灰雀 *Pyrrhula nipalensis*、黑尾蜡嘴雀 *Eophona migratoria*、灰头鹀 *Emberiza spodocephala*、凤头鹀 *Melophus lathami* 等，其中绿鹦嘴鹎、黄臀鹎、红嘴蓝鹊、红头长尾山雀等是鸟类中的优势种。爬行类有北草蜥 *Takydromus septentrionalis*、铜蜓蜥 ［蝘蜓］ *Lygosoma indicum* ［*Sphenomorphus indicus*］、翠青蛇 *Entechinus major*、王锦蛇 *Elaphe carinata*、黑眉锦蛇 *E. taeniura*、华游蛇 ［乌游蛇］ *Sinonatrix percarinata*、乌梢蛇 *Zaocys dhumnades*、短尾蝮 ［日本蝮］ *Gloydius brevicaudus* ［*Agkistrodon blomhoffii*］ 等。两栖类有峨山掌突蟾 *Leptolalax oshanensis*、中国林蛙等。

（3）低中山针叶、阔叶林带

在海拔 1200～1300m 以下，常绿阔叶林应该是这里的地带性植被类型。但本区域是农垦耕作带的主要分布区，也是人口聚居区，植被带受人为影响干扰极大，曾是原生植被中占重要地位的亚热带常绿阔叶林，在长期的人类开发活动中大多已经丧失，目前仅在局部地势陡峭的峡谷陡坡或风景名胜景点有少量分布。低山丘陵为大量人工营造的马尾松、柏木、杉木 *Cunninghamia lanceolata*，中山以华山松为主的针叶林所取代。

针叶林类型为暖性常绿针叶林，种类有马尾松林、油杉 *Keteleeria davidiana* 林、杉木林、柏木林。其中马尾松是代表树种。在不同的生境条件下，暖性针叶林的种类组成与层片结构均有很大差异，可形成多种阔叶树、灌木混生的针叶林类型。含有多种阔叶树的马尾松林和柏木林均是不稳定的森林类型，在无人为干预的条件下，可能逐渐发展成为常绿阔叶林。

阔叶林中的落叶阔叶林是非地带性的不稳定森林植被类型，是长期人为活动的结果。这种不稳定的次生植被为向常绿阔叶林方向的演替具备了条件，在生物群落的时空变动方面具有重要的生态学意义。其种类有麻栎林，栓皮栎 *Quercus variabilis* 林，短柄枹栎 *Quercus serrata* Thunb. var. *brevipetiolata* +茅栗 *Castanea sequinii* 林，槲栎 *Quercus aliena* +栓皮栎林、化香+槲栎林，灯台树 *Bothrocaryum controversum* 林，朴树 *Celtis sinensis* 林，枫香 *Liquidambar formosana* 林，油桐 *Vernicia fordii* 林（人工），刺槐 *Robinia pseudoacacia* 林（人工）等。

常绿阔叶林是地带性森林植被，种类有米槠 *Castanopsis carlesii* 林，栲树+罗浮槭 *Acer fabri* 林，甜槠栲 *Castanopsis eyrei* 林，米槠+四川大头茶 *Gordonia acuminata* +华木荷 *Schima sinensis* 林，四川大头茶+四川山矾 *Symplocos setchuensis* 林，丝栗 *Castanopsis chunii* 林，

青冈林、曼青冈 + 巴东栎林，青稠（小叶青冈）+ 圆锥石栎（圆锥柯）*Lithocarpus paniculatus* 林，不同类型的润楠 *Machilus* spp. 林，石栎林，以及红豆树 *Ormosia hosiei* 林，白毛新木姜子 *Neolitsea aurata* + 长蕊杜鹃 *Rhododendron stamineum* 林，白毛新木姜子 + 缙云猴欢喜 *Sloanea tsinyunensis* + 四川山矾林等。

　　低中山针叶、阔叶林带生境在保护区中涉及范围最广。由于人为活动影响，次生灌丛、草坡和耕地等类型的生境相互交错镶嵌于其中，构成我国 7 个基本的生态地理动物群之一*，即亚热带森林—林灌草地、农田动物群的分布区，是动物地理区划东洋界华中区西部山地高原亚区的代表性生态地理动物群。该动物群区系组成丰富程度在我国位居第二，仅次于热带森林、林灌草地、农田动物群，在生物多样性保护方面具有不可忽视的重要意义**。

　　分布于该生境中的动物除了有部分中山针叶、阔叶林带植被类型生境的物种外，还有许多本生境的特有种类。在三峡库区，由于人为干扰因素强烈，大中型兽类分布少于中山针叶、阔叶林带植被生境，以中小型兽类种居多，如小菊头蝠 *Rhinolophus blythi* 和大蹄蝠 *Hipposideros armiger*、猕猴 *Macaca mulatta*、穿山甲 *Manis pentadactyla*、黄鼬 *Mustela sibirica*、鼬獾 *Melogale moschatal*、花面狸［果子狸］*Paguma larvata*、小麂、赤腹松鼠、中华姬鼠［龙姬鼠］*Apodemus draco*、黑线姬鼠 *A. agrarius*、大足鼠 *Rattus nitidus*、北社鼠 *Niviventer confucianus*、白腹巨鼠 *N. edwardsi* 等，其中小麂是有蹄类动物中的优势种。鸟类分布种类较为丰富，如多种鹭科鸟类（苍鹭 *Ardea cinerea*、池鹭 *Ardeola bacchus*、牛背鹭 *Bubulcus ibis*、白鹭 *Egretta garzatta*、中白鹭 *E. intermedia*、夜鹭 *Nycticorax nycticorax* 等）、鸢 *Milvus migrans*、燕隼 *Falco subbuteo*、灰背隼 *F. columbarius*、红脚隼 *F. vespertinus*、红隼 *F. tinnunculus*、灰胸竹鸡 *Bambusicola thoracica*、珠颈斑鸠、多种杜鹃科鸟类（红翅凤头鹃、鹰鹃、棕腹杜鹃 *Cuculus fugax*、四声杜鹃、大杜鹃、中杜鹃 *C. canorus*、小杜鹃 *C. poliocephalus*、翠金鹃、乌鹃 *Surniculus lugubris*、噪鹃 *Eudynamys scolopacea* 等）、领鸺鹠 *Glaucidium brodiei*、普通夜鹰 *Caprimulgus indicus*、大拟啄木鸟 *Megalaima virens*、栗啄木鸟 *Celeus brachyurus*、小灰山椒鸟 *Pericrocotus cantonensis*、白头鹎 *Pycnonotus sinensis*、绿翅短脚鹎 *Hypsipetes mcclellandii*、几种伯劳（虎纹伯劳 *Lanius tigriuns*、红尾伯劳 *L. cristatus*、棕背伯劳 *L. schach*）、黑枕黄鹂 *Oriolus chinensis*、黑卷尾 *Dicrurus macrocercus*、灰卷尾 *D. leucophaeus*、发冠卷尾 *D. hottentottus*、八哥 *Acridotheres cristatellus*、灰树鹊 *Dendrocitta formosae*、鹊鸲 *Copsychus saularis*、红尾水鸲 *Rhyacornis fuliginosus*、小燕尾 *Enicurus scouleri*、

---

　　* 我国三大基本自然区（季风区、蒙新高原区和青藏高原区）的三大生态地理动物群，划分为 7 个基本生态动物地理群：Ⅰ. 寒温带针叶林动物群；Ⅱ. 温带森林、森林草原、农田动物群——Ⅱ - 1. 中温带森林、森林草原、农田动物群，Ⅱ - 2. 暖温带森林—森林草原、农田动物群；Ⅲ. 温带草原动物群；Ⅳ. 温带荒漠、半荒漠动物群（包括山地下部）——Ⅳ - 1. 中温带荒漠、半荒漠动物群，Ⅳ - 2. 暖温带荒漠、半荒漠动物群，Ⅳ - 3. 高寒荒漠动物群；Ⅴ. 高地森林草原、草甸、寒漠动物群——Ⅴ - 1. 亚高山森林草原、草甸动物群（其中 V1 - 1. 北方，V1 - 2. 南方，岷山为界），Ⅴ - 2. 高地草原、草甸动物群，Ⅴ - 3. 高地寒漠动物群）；Ⅵ. 亚热带森林 - 林灌草地、农田动物群；Ⅶ. 热带森林、林灌草地、农田动物群（张荣祖，1999：292～298）。

　　** 三峡库区农业开发历史较为悠久，绝大部分山地丘陵的原始森林经过砍伐并人工经营，次生林地和灌丛所占面积很大，平坝和谷地几乎全为农耕地区，大面积农田尤其是水田形成另一种类型生境。因而亚热带森林动物群的原来面貌已经有了剧烈变化，库区很大部分地区成为亚热带次生林灌、草地和农田动物群。

灰背燕尾 *E. schistaceus*、黑背燕尾［白冠燕尾］*E. leschenaulti*、栗腹矶鸫［栗胸矶鸫］*Monticola rufiventris*、紫啸鸫 *Myiophonus caeruleus*、棕头鸦雀 *Paradoxornis webbianus*、多种画眉科鸟类（棕颈钩嘴鹛 *Pomatorhinus ruficollis*、红头穗鹛 *Stachyris ruficeps*、白喉噪鹛 *Garrulax albogularis*、白颊噪鹛 *G. sannio*、淡绿鵙鹛 *Pteruthius xanthochlorus*、金胸雀鹛 *Alcippe chrysotis*、褐头雀鹛 *A. cinereiceps*、黑头奇鹛 *Heterophasia melanoleuca*、黑颏凤鹛［黑额凤鹛］*Yuhina nigrimenta* 等）、多种莺科鸟类（黄腹树莺 *Cettia robustipes*、褐柳莺 *Phylloscopus fuscatus*、冠纹柳莺 *P. reguloides*、黑眉柳莺 *P. ricketti*、棕脸鹟莺 *Abroscopus albogularis* 等）、多种鹟科鸟类（白腹姬鹟 *Ficedula cyanomelana*、铜蓝鹟 *Muscicapa thalassina*、方尾鹟 *Culicicapa ceylonensis*、寿带 *Terpsiphone paradisi* 等）、大山雀 *Parus major*、黄腹山雀 *P. venustulus*、暗绿绣眼鸟 *Zosterops japonica*、黄喉鹀 *Emberiza elegans*、蓝鹀 *Latoucheornis siemsseni* 等，其中鸟类优势种为苍鹭、白鹭、白头鹎、八哥、棕头鸦雀、棕颈钩嘴鹛、大山雀等。爬行类动物有：丽纹龙蜥 *Japalura splendida*、脆蛇蜥 *Ophisallnis harti*、中国石龙子 *Eumeces chinensis*、蓝尾石龙子 *E. elegans*、铜蜓蜥［蝘蜓］、钩盲蛇 *Ramphotyphlops braminus*、黄链蛇 *Dinodon flavozonatum*、赤链蛇 *D. rufozonatum*、双斑锦蛇 *Elaphe bimaculata*、玉斑锦蛇 *E. mandarina*、紫灰锦蛇 *E. porpyracea*、平鳞钝头蛇 *Pareas boulengeri*、中华斜鳞蛇 *Pseudoxenodon macrops*、虎斑颈槽蛇 *Rhabdophis tigrinus*、黑头剑蛇 *Sibynophis chinensis*、银环蛇 *Bangarus multicinctus*、尖吻蝮 *Deinagkistrodon acutus* 等，其中丽纹龙蜥、中国石龙子、铜蜓蜥（蝘蜓）为爬行类中的优势种。两栖类动物有：巫山角蟾 *Megophrys wushanensis*、无斑雨蛙 *Hyla arborea*、秦岭雨蛙 *H. tsinlingensis*、棘腹蛙 *Rana boulengeri*、斑腿树蛙 *Rhacophorus megacephalus*、饰纹姬蛙 *Microhyla ornata* 等，其中锄足蟾科、树蛙科和姬蛙科种类增多，泽蛙 *Rana liminocharis*、黑斑蛙 *R. nigromaculata* 是两栖类中的优势种。

（4）竹林

竹林依照不同种类、分布和生态特征，可分为中山—亚高山温性竹林和中低山暖性竹林两个大类。

温性竹林种类有箬竹 *Indocalamus* spp. 林，箭竹林，拐棍竹 *Fargesia* sp. 林，平竹 *Qiongzhuea communis* 林等，这类竹林较为低矮，多以林下、林缘或林间空地上的灌木层植被形式出现，也有些稍为高大植株零散混生于常绿针叶林、常绿与落叶阔叶混交林中形成亚层植被。这类竹林多是天然更新在林木砍伐迹地或混生于中幼林间，为多种野生动物提供了良好的生境条件。

暖性竹林在海拔 1200～1500m 以下的低中山区域，这类竹林绝大多数是由于地带性植被亚热带常绿阔叶林经过长期开垦，森林严重破坏后逐渐由人工培育而成的人工林，植株较为高大。种类有：方竹 *Chimonobambusa angustifolia* 林，水竹 *Phyllostachys heteroclada* 林，斑竹 *P. bambusoides f. tanakae* 林，苦竹 *Pleioblastus amarus* 林，蓉城竹 *Phyllostachys bissetii* 林，楠竹（毛竹）*P. pubescens* 林，硬头黄竹 *Bambusa rigida* 林，车筒竹 *B. sinospinosa* 林，慈竹 *Neosinocalamus affinis* 林等。其中海拔 1200m 以下的低山丘陵地段分布的成片大径竹林（楠竹、慈竹、硬头黄竹等），林下灌木层不明显，草本层植被繁茂。这类竹林多处于农田耕作地带，在丰富动物群落组成方面意义很大。

竹林和竹丛植被生境中常见的兽类有黄腹鼬 *Mustela kathiah*、鼬獾、狗獾 *Meles meles*、

猪獾 *Arctonyx couaris*、花面狸［果子狸］、小麂、中华竹鼠等；鸟类有灰胸竹鸡、红腹锦鸡、斑姬啄木鸟 *Picumnus innominatus*、栗啄木鸟、黄臀鹎、白头鹎、红头穗鹛、褐头雀鹛、黑颏凤鹛、多种鸦雀 *Paradoxornis* spp.、树莺 *Cettia* spp.、鹟莺 *Seicercus* spp.、大山雀、红头长尾山雀等。

3.2.2　灌丛、灌草丛

五里坡自然保护区与灌丛、灌草丛生境密切相关的陆栖野生脊椎动物物种，涉及到兽类 63 种、鸟类 193 种、爬行类 31 种、两栖类 23 种，合计 310 种；具有一定程度相关关系物种涉及到兽类 4 种、鸟类 27 种、爬行类 1 种，合计 32 种；与生境具有相关关系的物种共计 342 种，占陆栖野生脊椎动物物种总数的 81.04%。

灌丛和灌草丛是三峡库区内（包括重庆五里坡自然保护区）的重要植被类型，在长江干流及其主要支流的两侧，灌丛面积比森林面积大得多，而在整个库区的石灰岩地带，灌丛和草丛则是主要植被类型。由于人为活动频繁致使库区内灌丛和灌草丛的类型繁多，许多灌丛的优势种不很明显，结构复杂，外貌多变而不稳定。库区分布面积大且优势种比较明显的灌丛植被生境类型分述如下。

（1）常绿灌丛

常绿灌丛分为常绿革叶灌丛和常绿阔叶灌丛两类。常绿革叶灌丛主要为常绿杜鹃灌丛，是粉红杜鹃 *Rhododendron fargesii* 灌丛群系，主要分布在 2400～2500m 以上的亚高山地带，多为巴山冷杉林破坏后出现的次生植被类型，所处生境冷湿多雾，风大，气温低，土壤瘠薄。灌丛平均高度 3～4m，总盖度 80%。伴生种有秀雅杜鹃 *R. concinnum*、湖北花楸 *Sorbus hupehensis*、金露梅 *Potentilla fruticosa*、唐古特忍冬 *Lonicera tangutica* 等，草本层较为稀疏。灌丛群落生长多年，相对稳定，在维系该地区自然景观方面有重要作用。由于其邻接穿插于亚高山针叶林带植被生境，有些动物在这两种生境中均有分布，例如狼、黑熊、香鼬、狍、鬣羚、勺鸡、菜花原矛头蝮、中国林蛙、巫山北鲵等。

常绿阔叶灌丛分布于河谷低山地带，包括有中华蚊母树 *Distylium chinense* 灌丛和四川山矾灌丛。中华蚊母树适应于湿润温暖环境，分布于长江两岸近水地带和大宁河谷（小三峡），海拔高度为 90～150m，呈丛生状聚集分布，群落高度 40cm 左右。在长江两岸区垂直分布幅度约 50m。土壤为岩隙的石灰土，土层薄而浅，洪水季节常被淹没，是河流自然涨落带的耐淹树种，目前大多已经被三峡电站三期工程蓄水淹没。

（2）落叶阔叶灌丛

包括植物种类繁多，有主要分布于海拔 1000～1800m 的以黄栌 *Cotinus coggygria*、大枝绣球 *Hydrangea rosthornii*、钝叶木姜子、刺毛野樱桃 *Cerasus setulosa*、山楂 *Crataegus* spp.、球核荚蒾 *Viburnum propinquum* 等为建群种的灌丛种类；也有分布于海拔 1000m 以下的低山、丘陵区，以白栎 *Quercus fabri*、盐肤木 *Rhus chinensis*、野花椒 *Zanthoxylum simulans*、马桑 *Coriaria nepalensis*、短柄枹栎（萌生）等为建群种的灌丛种类；以及分布于石灰岩山地，以马桑、黄荆 *Vitex negundo*、马棘 *Indigofera pseudotinctoria*、火棘 *Pyracantha fortuneana* + 小果蔷薇 *Rosa cymosa*、鞍叶羊蹄甲 *Bauhinia brachycarpa* + 宜昌杭子梢 *Campy-*

lotropis ichangensis 等为建群种的灌丛种类。另外在河谷地带分布的落叶阔叶灌丛建群种类有巫溪叶底珠 *Securinega wuxiensis* + 黄荆、疏花水柏枝 *Myricaria laxiflora*、爬藤榕 *Ficus sarmentosa*、秋华柳 *Salix variegata* 等。

（3）灌草丛

主要为分布于海拔 600m 以下的禾草灌草丛，建群种有以拟金茅 *Eulaliopsis binata*、黄茅 *Heteropogon contortus*、白茅 *Imperata cylindrica*、金发草 *Pogonatherum paniceum*、斑茅 *Saccharum arundinaceum*、瘦瘠野古草 *Arumdinella hirta* var. *Dipauperata rendle*、荻草 *Triarrhena sacchariflorus*、类芦 *Neyraudia neynaudiana*、矛叶荩草 *Arthraxon lanceolatus*、双花草 *Dichanthium annulatum*、牛鞭草 *Hemarthria altissima*、狗牙草 *Cynodon dactylon*、小颖羊茅 *Festuca parvigluma*、香附子 *Cyperus rotundus*、拂子茅 *Calamagrostis epigeios*、油芒 *Eccoilopus cotulifer*、芦竹 *Arundo donax*、糙野青茅等为主的灌草丛种类；分布于亚高山地带的有印度三毛草 *Tsisetum clarkei* + 紫羊茅草丛（2200 ~ 2600m）、滇池海棠 *Malus yunnanensis* 灌草丛和黄杨 + 栓翅卫矛 *Euonymus phellomanes* 灌草丛（1800 ~ 2400m）；分布于中山地带的有尼泊尔芒 *Diandranthus nepalensis* 草丛（海拔 1970m 左右），以及蕨类灌草丛中的光叶里白 *Diplopterygium laevissimum* 草丛、蕨类 + 香青 *Anaphalis sinica* 草丛（海拔 1750m 左右）。蕨类灌草丛中的树蕨（桫椤）*Alsophila spinulosa* 草丛多分布于海拔 600m 以下的低山、丘陵地带砍伐后的林间空地或林缘。

中低山以及河谷、农田地带的灌丛和灌草丛植被生境中的鸟类以雀形目小型鸣禽为主，如鸦雀 *Paradoxornis* spp.、鹛类、柳莺类 *Phylloscopus* spp.、鹟莺 *Seicercus* spp.、鹪莺 *Prinia* spp.、红头长尾山雀、白腰文鸟 *Lonchura striata*、黄喉鹀、三道眉草鹀 *Emberiza cioides*、田鹀 *E. rustica*、小鹀 *E. pusilla* 等。爬行类中的脆蛇蜥、北草蜥、中国石龙子、铜蜓蜥［蝘蜓］等，以及多种游蛇科蛇类较为常见。

3.2.3 草地

五里坡自然保护区与草地生境密切相关的陆栖野生脊椎动物物种，涉及到兽类29种、鸟类60种、爬行类27种、两栖类17种，合计133种；具有一定程度相关关系物种涉及到兽类27种、鸟类63种、爬行类4种、两栖类2种，合计96种；与生境具有相关关系的物种共计229种，占陆栖野生脊椎动物物种总数的54.27%。

亚热带湿润区的草地与草原、草甸不同，在植被组成中往往有数量不等的灌木成分。

重庆五里坡自然保护区的草甸属亚热带森林区内的亚高山草甸，主要分布于海拔 2000m 左右的山间盆地，类型较多，在某些区域面积较大，原生性强，特征典型。葱坪海拔幅度 2200 ~ 2650m，地貌呈平缓槽状谷地的地带生长有大面积亚高山草甸，调查记录有8个建群种群系，如老芒麦 *Clineclymus sibiricus*、鸭茅 *Dactylis glomerata*、野燕麦 *Avena fatua*、披碱草 *Elymus* spp.、白茅、须芒草 *Andropogon yunnanensis*、蕨、地榆 *Sanguisorba officinalis* + 老鹳草 *Geranium* sp.，并且与多种植被类型的灌丛、灌草丛、落叶阔叶林、针叶林等镶嵌分布。动物类群分布具有其特殊性，是三峡库区古北界动物种类渗透分布的重要区域，全北区的代表种如金雕、水鹨 *Anthus spinoletta*、戴菊、旋木雀、狼等，以及古北区的代表种如雕鸮 *Bubo bubo*、红喉歌鸲［红点颏］*Luscinia calliope*、黄眉柳莺 *Phylloscopus inor-*

natus、狍等，分布于此。是中国中部，特别是中国动物地理区划中的华中区西部山地高原亚区的一个保护较好的陆栖野生动物天然基因库，具有重要的保护和研究价值。

植被较为低矮的亚高山草甸、草地鸟类优势种为小云雀 *Alauda gulgula*、灰鹡鸰 *Motacilla cinerea*、白鹡鸰 *M. alba* 等，具有卵寄生*繁殖习性并适应于较开放生境的大杜鹃是常见种。

3.2.4　山地裸岩（洞穴、裸岩）

五里坡自然保护区与山地裸岩生境密切相关的陆栖野生脊椎动物物种涉及到兽类 6 种、鸟类 15 种、合计 21 种；具有一定程度相关关系物种涉及到兽类 19 种、鸟类 24 种、爬行类 33 种、两栖类 1 种，合计 77 种；与生境具有相关关系的物种共计 98 种，占陆栖野生脊椎动物物种总数的 23.22%。

有些类群的野生动物，需要有一些特殊类型的栖居、觅食等生境，方能达到其生存和繁衍的基本条件。如不同类型的洞穴、岩石堆积层、陡峭石壁等。重庆五里坡自然保护区石灰岩山地面积较广，地质变动和自然侵蚀作用造就了大范围形状迥异的岩石地貌景观，为某些类群的野生动物提供了多种类型的栖息生境。许多种动物将裸岩地带的洞穴、石堆、岩隙、峭壁等作为其重要的或必不可缺的生境，或者将这类生境作为次要的或一定程度上利用的生境。

（1）洞穴

以石灰岩地区典型的岩溶洞穴为主，是蝙蝠类的重要栖居、繁殖生境，重庆五里坡自然保护区记录分布的 6 种蝙蝠，均可以利用溶洞和矿洞作为重要的栖居和繁殖生境。其他典型的利用洞穴生境的动物还有：鸟类中集群繁殖的短嘴金丝燕 *Aerodramus brevirostris*、白腰雨燕 *Apus pacificus*、小白腰雨燕 *A. affinis*；利用洞穴繁殖的猛禽类如金雕、红隼、雕鸮，以及大多数翠鸟科和部分雀形目鸟类等。各种类型的洞穴，包括岩石裂隙、巨大岩体上的凹穴和浅洞等，是许多种陆栖野生脊椎动物可利用的重要生境之一，甚至是栖息在其他类型生境的动物也必不可少的栖居场所。例如狼、赤狐、黑熊、水獭 *Lutra lutra*、豹猫、金钱豹、虎 *Panthera tigris* 等动物，不具备自行挖掘洞穴的能力，但在繁殖、冬眠、栖宿等状况下，天然的或其他动物挖掘的洞穴是这一类动物的重要生境或小生境。

典型洞穴生境中的兽类优势种为小菊头蝠、大蹄蝠、皱唇蝠 *Tadarida teniotis*、中华鼠

---

* 某些鸟类的繁殖行为特化成自己不营巢、孵卵和照料它们的雏鸟，而是将卵产在其他鸟类（称作寄主或"领养者"）的巢中，这些寄生性鸟类被称为专性寄生。还有一些被称作非专性寄生鸟类，也正常地产卵、孵化并照料自己的后代，但它们偶然或经常产 1 枚或多枚卵在其他鸟（既可以是同种的也可以是不同种的）的巢中。非专性寄生鸟类的某些行为表现方式类似于专性寄生鸟类。非专性寄生鸟类可以划分为两种类型：卵寄生（egg parasites）和巢寄生（nest parasites）。卵寄生是产 1 枚或多枚卵在其他鸟的"繁殖"巢中，之后仅孵化照料自己巢内的卵和雏鸟，国内外学者先后在许多种鸟类研究中观察到过这种行为，如雁鸭类、雉类、鹑类、鸥类、麻雀类等。巢寄生鸟类较少，例如一些隼形目和鸮形目猛禽占用并改建其他种鸟类的旧巢，有些鸟类利用其他鸟类的弃巢，或者以强力方式驱赶其他鸟类离巢而去后再占据利用（Andrew J. Berger 1961, 267~275）。专性寄生涉及到有 5 个科的鸟类，杜鹃科鸟类是其中的一个典型类群。有些学者用"巢寄生"这一术语称呼所有的鸟类繁殖寄生行为，包括专性寄生和非专性寄生。本书作者认为，无论从词义上还是鸟类的行为特征方面来看，对于杜鹃类专性寄生鸟类的繁殖行为而言，还是称其"卵寄生"为妥。

耳蝠 *Myotis myotis*、大足鼠耳蝠 *M. rickettii* 等；鸟类优势种为短嘴金丝燕。

（2）裸岩石堆

裸岩石堆包括陡峭岩石山体下的岩石堆积层，山地碎石裸岩和山体滑坡带，以及一些农田、道路护坡等石方工程建筑物等。这类地形地貌的石块之间缝隙、空洞等处是一些小型脊椎动物的理想栖息生境，爬行动物中许多种类的蛇、蜥蜴等栖居于此种生境；两栖动物中的一些种类如蟾蜍等也将其作为隐栖或冬眠场所。鸟类中的一些洞穴营巢种类和裸岩生境觅食种类如戴胜 *Upupa epops*、矶鸫 *Monticola* spp. 类，猛禽中的鹞 *Circus* spp. 和隼 *Falco* spp. 等；兽类中的一些中小型物种如啮齿类中的岩松鼠，食肉目中的青鼬［黄喉貂］*Martes flavigula*、黄鼬、鼬獾等，也是这种类型生境的利用者。

（3）悬崖峭壁

分布于河谷或中高山地带陡峭而又险峻的悬崖峭壁，也是某些种类野生动物必不可缺或较为偏爱的生境。例如从属区系为古北界，广泛分布型的雀形目稀有种鸟类——红翅旋壁雀 *Tichodroma muraria*，必须在峭壁地带觅食和生存，是利用该生境的典型代表种。大型猛禽金雕选择的洞穴或石质平台巢址，必须位于悬崖峭壁地带。有些动物种类偏爱选择位于险峻陡峭位置的石隙或石沿处作为巢址或栖居场所，如翼手目中的皱唇蝠等，啮齿目中的鼯鼠 *Trogopterus* spp.，以及鸟类中的小白腰雨燕、崖沙燕 *Riparia riparia* 等。

3.2.5 水域湿地

五里坡自然保护区与水域湿地生境密切相关的陆栖野生脊椎动物物种涉及到兽类 3 种、鸟类 62 种、爬行类 5 种、两栖类 23 种，合计 93 种；具有一定程度相关关系物种涉及到兽类 3 种、鸟类 13 种、爬行类 7 种，合计 23 种；与生境具有相关关系的物种共计 116 种，占陆栖野生脊椎动物物种总数的 27.49%。

水域是多种陆栖野生脊椎动物的重要生境类型，保护区内水域生境不仅维系绝大多数两栖类动物的生存繁衍，而且相当部分鸟类、兽类动物的类群必须依赖于水域生境方能生存，或是将水域生境选择为重要的生境类型，如鸟类中的游禽、涉禽，甚至部分其他类群鸟类。

重庆五里坡自然保护区的水域可以分为天然水域和人工水域两个大类，天然水域主要是江河、溪流；人工水域最为明显的是不同类型的水库，其次是鱼塘、水渠。水田也是人工水域的一种类型，可以为某些选择沼泽类型生境的动物类群提供部分生存空间。保护区内的天然沼泽生境面积很小且呈零散分布状态，其主要水域生境，按照其水体状态及相应分布于其中的野生动物类群，分述如下。

（1）江河、湖泊（水库）

长江主河道涉及的支流和二级支流，如大宁河（小三峡）、当阳河、庙堂河等；水库有面积较大的，以及分布于各处的中小型水库。这类水域生境综合概算面积很大，可以为选择该生境的野生动物类群提供相当大的生存空间。

该水域生境明显可见的栖息动物是多种水禽类，如䴙䴘 *Podiceps* spp.、鸬鹚 *Phalacrocorax carbo*、多种鹭科鸟类（苍鹭、白鹭、夜鹭等）、近 10 种雁鸭类（赤麻鸭［黄鸭］

Tadorna ferruginea、绿翅鸭 *Anas crecca*、绿头鸭 *A. platyrhynchos*、斑嘴鸭 *A. poecilorhyncha*、红头潜鸭 *Aythya ferina*、鸳鸯 *Aix galericulata*、棉凫 *Nettapus coromandelianus*、普通秋沙鸭 *Mergus merganser* 等）、鸻鹬类（灰头麦鸡 *Vanellus cinereus*、剑鸻 *Charadrius hiaticul*、长嘴剑鸻 *C. placidus*、矶鹬 *T. hypoleucos* 等）、鸥类（红嘴鸥 *Larus ridibundus*、白额燕鸥 *Sterna albifrons* 等），以及翠鸟科鸟类（冠鱼狗 *Ceryle lugubris*、斑鱼狗 *Ceryle rudis*、普通翠鸟 *Alcedo atthis*、蓝翡翠 *Halcyon pileata* 等）。水禽中的优势种*为苍鹭、白鹭、绿头鸭、斑嘴鸭，常见种为绿翅鸭、绿头鸭、普通秋沙鸭等。

（2）溪流

溪流处于河流及其支流源头地带，维持常年恒定流水，除洪水季节外，一般水量不大，且水质清澈。依据不同地势和环境植被群落的不同，溪流类型非常多样。许多当地特有种或地域特有种动物生存于其中，还有一些外表形态看来是旱生动物，但也必须依靠生境中的溪流方能生存。因此，溪流生境在某一区域的动物群落组成中占有重要地位。重庆五里坡自然保护区的河流、山间溪流分布相当广泛。

溪流可以改善许多种动物的生境条件，有许多种小型鸟类必须依傍于溪流等类型的水域生境生存，如普通翠鸟、蓝翡翠、多种鹡鸰科鸟类、褐河乌 *Cinclus pallasii*、红尾水鸲、小燕尾、灰背燕尾、黑背燕尾、白顶溪鸲 *Chaimarrornis leucocephalus*、紫啸鸫等。依傍溪流生境栖息的优势种和常见种鸟类为白鹡鸰、红尾水鸲、白顶溪鸲、褐河乌、小燕尾、黑背燕尾等。另外，溪流水质的污染程度可以决定这类小型鸣禽的种类组成。例如轻度污染（尤其是重金属和氰化物等）即可导致河乌消失，这意味着有河乌栖息的溪流，水质基本符合直接饮用水标准；中度污染的溪流中白顶溪鸲、红尾水鸲、燕尾、紫啸鸫等难以见到；较为严重的污染可导致鹡鸰科鸟类也消失不见。

（3）其他湿地类型

水田、鱼塘、山间蓄水坑塘等大多是人为干预后的水域生境。许多种动物将其作为重要的觅食或停歇地。一些两栖类可以在适宜的时间空间方式上利用该种生境。另外，长江及其较大支流的河漫滩地带，有一些季节性浅水塘沼，也是某些野生动物可以利用的湿地生境类型。

五里坡自然保护区的地理地貌条件限制了天然沼泽地的大范围分布，一些沼泽生境植被的鸟类像白胸苦恶鸟 *Amaurornis phoenicurus*、董鸡 *Gallicrex cinerea* 等，可以选择水田作为适宜的生境；许多鸟类如白鹭、夜鹭、池鹭等涉禽，将水田作为主要觅食生境；冬季的休耕浸水稻田，是许多种越冬水禽的良好觅食场所，如雁鸭类、鹭类等，甚至一些珍稀濒危鸟类如黑鹳 *Ciconia nigra*、白琵鹭 *Platalea leucorodia* 等在迁徙或越冬季节也可将水田作为觅食停歇场所。苍鹭、白鹭是水田生境涉禽中的优势种。

在大葱坪、朝阳坪的亚高山草甸植被带，分布有面积将近 $10km^2$ 的沼泽草甸，其间穿插有常年不干涸的积水坑塘 10 多处，具有代表性的是"天池"，面积达到 $400m^2$。是三峡库区中保存较为完好的大面积原生性亚高山湿润草甸植被类型，也是一些两栖动物的特殊

---

* 绿头鸭、斑嘴鸭、绿翅鸭等在此列为优势种或常见种是在水禽类中相比较而言，如果与鸟类总体类群相比较就应视为常见种或少见种。

繁殖生境，尤其是分布区域非常狭窄的一些地方特有种。

3.2.6　农田耕作区

五里坡自然保护区与农田耕作区生境密切相关的陆栖野生脊椎动物物种涉及到兽类 34 种、鸟类 131 种、爬行类 22 种、两栖类 13 种，合计 200 种；具有一定程度相关关系物种涉及到兽类 17 种、鸟类 71 种、爬行类 5 种、两栖类 1 种，合计 94 种；与生境具有相关关系的物种共计 294 种，占陆栖野生脊椎动物物种总数的 69.67%。

农田耕作区属于人工植被的一种类型，植物种类大多属于粮食和蔬菜作物，以及一些经济作物如烟草、药材、果园等。农作带垂直分布幅度大多在 2000m 以下的中低山、丘陵或河谷平坝区，少数可以上延至 2000m 以上的亚高山地带。由于地形地貌等因素的限制，虽然经过长期的人类垦殖活动，大面积较为平坦连续分布的耕地类型只能在少数河谷平坝或平缓丘陵地带出现，许多耕地是以片断零散的镶嵌形式分布于多种森林、灌丛、灌草丛等植被类型之间。由于植被群落生态的所谓"边缘"效应，可以在不同程度上导致生境中野生动物群落的物种多样性得以相应的改变，因而农田也是多种野生动物可以选择并适应的生境之一。最明显易见的是一些小型哺乳动物和相关鸟类，可以在农田生境或毗邻农田的生境中形成优势种群。

农田作物种类有水稻 *Oryza sativa*、小麦 *Triticum aestivum*、玉米 *Zea mays*、土豆 *Solanum tuberosum*、红薯 *Ipomoea batatas* 和黄豆 *Glycine max* 等粮食作物，烟草 *Nicotiana tabacum*、亚麻 *Linum usitatissimum*、药材等经济作物，以及蔬菜和果园柑橘 *Citrus* spp.、香蕉 *Musa* spp. 等。水稻多种植在海拔 600m 以下的河谷平坝或平缓谷地；旱地作物中的玉米和小麦在海拔 1500～1800m 以下大量种植；土豆和荞麦 *Fagopyrum esculentum* 甚至在海拔 2000～2200m 的亚高山地带也有少量种植。玉米、土豆、红薯等农作物可以在坡耕地上种植，在坡度较大的山地对于水土保持具有很大负面影响。

3.2.7　人类居住区

五里坡自然保护区与人类居住区生境密切相关的陆栖野生脊椎动物物种涉及到兽类 5 种、鸟类 67 种、爬行类 3 种，合计 75 种；具有一定程度相关关系物种涉及到兽类 15 种、鸟类 62 种、爬行类 14 种、两栖类 7 种，合计 98 种；与该生境具有相关关系的物种共计 173 种，占陆栖野生脊椎动物物种总数的 41.00%。

人类居住区是一个以人群（居民）为核心，包括其他生物（植物、动物等）以及周围或镶嵌其中的自然环境和人工环境相互作用的生态系统。对于许多野生动物物种而言是一种条件较差难以适应的生境类型。

随着人类经济活动的持续进行，以及随之而来的城市化建设逐步发展，将会有许多野生动物的不同类型生境转变为人类居住区。但人类居住区并非是许多人（尤其是处于经济文化比较发达的人口聚居区，这里的人们由于所处社会环境等因素的影响，对物种多样性和生态环境的保护方面又比较关注）所想像的那样野生动物非常稀少而罕见，仅有一些人类伴生种如鼠类、麻雀［树麻雀］*Passer montanus* 等生存其间，而是依据其所处环境位置、建筑物格局、园林绿化等因素，可以生存有多种类群野生动物的一种生境。不同类型的人类居住区生境所拥有的野生动物，在种类和数量方面具有较大差异。甚至有些人类居住区生境可以成为某些类群野生动物（例如白鹭、夜鹭等鹭科鸟类）的聚集繁殖地。

按照城市开发建设和人类土地利用程度，三峡库区的人类居住区可以划分为 4 种景观类型：①典型城市区；②城郊或小城镇区域；③城市公园或园林区域；④乡村、林区或林场生活区（苏化龙等，2006）。重庆五里坡自然保护区的人类居住区类型以后 3 种为主，保护区中人类居住区生境类型的野生动物种类繁多，鸟类在 100 种以上，其中在某些地方有些鸟类类群可以成为优势种，例如鹭科的几种鸟类、雀形目中的白头鹎、家燕 *Hirundo rustica*、金腰燕 *H. daurica* 等。兽类除了能广泛分布的鼠类之外，还有刺猬 *Erinaceus europaeus*、花面狸［果子狸］、灵猫、黄鼬、鼬獾、松鼠等，以及一些蝙蝠类。

3.3　动物类群及其对生境的利用

依据不同类别的野生动物物种对生境类型的利用程度进行归类，进行比较，可以看出，在重庆五里坡自然保护区的 422 中动物中，以森林和灌丛、草丛植被群落类型作为主要或次要生境的陆栖野生脊椎动物物种数量最多，无论从物种总数和物种类别来看，均居于相当重要的地位。即使是以水域作为必不可少生境的两栖类动物，不同类型的植被群落在其利用的生境中也占有重要地位。人类居住区生境，各类动物对其利用率均较低，其中鸟类和爬行类物种在该生境中占有的比率高于哺乳类和两栖类。水域和洞穴、裸岩（包括石隙、碎石等）生境，利用率仅略高于人类居住区。不同动物物种对不同类型生境的适应能力，充分体现出生物群落类型的多样性特征（表 3–1）。

表 3–1　重庆五里坡自然保护区脊椎动物对不同类型生境利用状况

生境类型	动物类群	哺乳类	鸟类	爬行类	两栖类	总计
	动物种数	70	294	35	23	422
森林	种数	59	212	24	15	310
	比率（%）	84.29	72.11	68.57	65.22	73.46
灌丛、灌草丛	种数	67	220	32	23	342
	比率（%）	95.71	74.83	91.43	100.00	81.04
草地	种数	56	123	31	19	229
	比率（%）	80.00	41.84	88.57	82.61	54.27
洞穴、裸岩	种数	25	39	33	1	98
	比率（%）	35.71	13.27	94.29	4.35	23.22
水域	种数	6	75	12	23	116
	比率（%）	8.57	25.51	34.29	100.00	27.49
农田	种数	51	202	27	14	294
	比率（%）	72.86	68.71	77.14	60.87	69.67
人类居住区	种数	20	129	17	7	173
	比率（%）	28.57	43.88	48.57	30.44	41.00

3.3.1 哺乳类

（1）物种组成

截至目前的调查资料表明，三峡库区记录分布有哺乳类（兽类）103 种，其中重庆五里坡自然保护区调查记录有分布的哺乳类物种为 70 种（占三峡库区哺乳类物种总数的 67.96%），分属于 8 目 24 科 57 属（表 3-2）。

表 3-2　重庆五里坡自然保护区哺乳类分布名录

（8 目 24 科 57 属 70 种；国家 I 级重点保护野生动物 6 种，II 级重点保护野生动物 11 种。东洋界种 36 种，古北界种 17 种，广布种 17 种）

目	科	种 名	保护级别	森林	灌草丛	草地	洞穴裸岩	水域	农田	人类居住区	数量状况	海拔(m)	分布型	从属区系	东北区	华北区	蒙新区	青藏区	西南区	华中区	华南区
食虫目	猬科 Erinaceidaae	1. 刺猬 *Erinaceus europaeus*		+	+	−		+	−		少	<2000	O	古	+	+	+ −			+	
	鼩鼱科 Soricidae	2. 小鼩鼱* *Sorex minutus*		−	+	+			−		少	300~2600	Ub	东	+		+	+	+	−	
		3. 灰麝鼩 *Crocidura attenuata*			+	+			+		常	<1200	Sd	东		−			+	+	+
		4. 短尾鼩 *Anourosorex squamipes*			+	+			+	+	优	<1200	Sd	东					+	+	+	+
	鼹科 Talpidae	5. 长尾鼩鼹 *Scaptonyx fusicaudus*		+	+				−		稀	1200	Hc	古					+	+
		6. 甘肃鼹 *Scapanulus oweni*		+	−				−		稀	1200	Hc	古					+	
翼手目	菊头蝠科 Rhinolophidae	7. 小菊头蝠 *Rhinolophus blythi*		+	+	−	+		+	−	优	<1200	Sc	东					+	+
	蹄蝠科 Hipposideridae	8. 大蹄蝠 *Hipposideros armiger*		+	+		+		+	−	优	<1500	Wd	东					+	+
	犬吻蝠科 Molossidae	9. 皱唇蝠 *Tadarida teniotis*			+	+	+		+		少	<1200	O₃(Ub)	东					+	+
	蝙蝠科 Vespertilionidae	10. 中华鼠耳蝠 *Myotis myotis*		+	+	+	+		+		常	<1200	O₃(Uh)	古			+		−	+	+
		11. 大足鼠耳蝠⊕ *M. rickettii*			+		+				少	<1200	Sv	古	+	+			+	+	+
		12. 南蝠⊕ *Ia io*		+	+	+	+		+		少	<1200	Si	东					−	+
灵长目	猴科 Cercopithecidae	13. 猕猴 *Macaca mulatta*	II	+	−				−		常	100~800	We	东		+		+	+	+	+
		14. 川金丝猴⊕ *Rhinopithecus roxellanae*	I	+	−	−					稀	>1800	Hc	东					+	+

（续）

目	科	种名	保护级别	森林	灌草丛	草地	洞穴裸岩	水域	农田	人类居住区	数量状况	海拔(m)	分布型	从属区系	东北区	华北区	蒙新区	青藏区	西南区	华中区	华南区
鳞甲目	穿山甲科 Manidae	15. 穿山甲 *Manis pentadactyla*	II	−	+	−			+		稀	<800	Wc	东					+	+	+
食肉目	犬科 Canidae	16. 狼 *Canis lupus*		+	+	+	−		−	−	少	>1200	Ch	广	+	+	+	+	+	+	+
		17. 赤狐 *Vulpes vulpes*		+	+	+	−		+	−	少	<2000	Ch	古	+	+	+	+	+	+	+
		18. 貉 *Nyctereutes pocyonoides*		−	+	+	−	−	+	−	少	>1200	Eg	广	+	+				+	
		19. 豺 *Cuon alpinus*	II	+	+	+					少	>1200	We	东	+			+	+	+	+
	熊科 Ursidae	20. 黑熊 *Selenarctos thibetanus*	II	+	+	−	−		−		少	>1200	Eg	广	+	−			+	+	+
	鼬科 Mustelidae	21. 青鼬［黄喉貂］ *Martes flavigula*	II	+	+	+	−		+		少	800～2600	We	古	+	+			+	+	+
		22. 香鼬 *Mustela altaica*		+	+	−	−		−		少	800～2600	O	古	+	+	+	+	+	+	
		23. 黄腹鼬 *M. kathiah*		+	+	+	−		+	−	常	<2000	Sd	东		−			+	+	+
		24. 黄鼬 *M. sibirica*		+	+	+	−		+	−	优	<2000	Uh	广	+	+	+	+	+	+	+
		25. 鼬獾 *Melogale moschata*		+	+	−			+		常	<2000	Sd	东					+	+	+
		26. 狗獾［獾］ *Meles meles*		−	+	+			+		常	<2000	Uh	广	+	+	−	+	+	+	+
		27. 猪獾 *Arctonyx collaris*		+	+		−		+		常	<2000	We	广		+	−	+	+	+	+
		28. 水獭 *Lutra lutra*	II		−		−	+			少	<1200	Uh	广	+	+	−	+	+	+	+
	灵猫科 Viverridae	29. 大灵猫 *Viverra zibetha*	II	+	+	−		−	−		少	<2000	Wd	东					+	+	+
		30. 小灵猫 *Viverricula indica*	II	+	+	−			−		少	<2000	Wd	东						+	+
		31. 花面狸［果子狸］ *Paguma larvata*		+	+	+	−		+	+	常	<2000	We	东		+	+	−	+	+	+
		32. 食蟹獴 *Herpestes urvu*		+	−	−	+	+	−		少	<1500	We	东						+	+

（续）

目	科	种名	保护级别	森林	灌草丛	草地	洞穴裸岩	水域	农田	人类居住区	数量状况	海拔(m)	分布型	从属区系	东北区	华北区	蒙新区	青藏区	西南区	华中区	华南区
食肉目	猫科 Felidae	33. 金猫 *Felis temmincki*	II	+	+	−					稀	>1200	We	东	−			+	+	+	+
		34. 豹猫 *F. bengalensis*		+	+	+	−		+	−	稀	<2000	We	广	+	+		+	+	+	+
		35. 云豹 *Neofelis nebulosa*	I	+	−						稀	>1200	Wc	东						+	+
		36. 金钱豹 *Panthera pardus*	I	+	+	−	−				稀	>1200	O$_1$	广	+	+			+	+	+
		37. 虎 *P. tigris*	I	+	+	−	−				稀	400~2600	We	广	+	+	+		+	+	+
偶蹄目	猪科 Suidae	38. 野猪 *Sus scrofa*		+	+	+			+		常	>800	Uh	广	+	+	+		+	+	+
	鹿科 Cervidae	39. 林麝⊕ *Moschus berezovskii*	I	+	+						少	>800	Sd	广				−	+	+	+
		40. 小麂⊕ *Muntiacus reevesi*		+	+	−					常	>800	Sd	东					−	+	+
		41. 毛冠鹿⊕⊕ *Elaphodus cephalophus*		+	+	−					少	>800	Sv	东	−			−	+	+	+
		42. 梅花鹿 *Cervus nippon*	I	+	+	−					稀	>2300	Eg	广	+	+			+	+	+
		43. 狍 *Capreolus capreolus*		+	+	−					少	>1200	Ue	古	+	+	+	+			
	洞角科 Bovidae	44. 鬣羚［苏门羚］⊕⊕ *Capricornis sumatraensis*	II	+	+	+*					少	>1000	We	东	−				+	+	+
		45. 斑羚 *Naemorhedus goral*	II	+	+	−					少	>1000	Ed	广	+	+	−	−	+	+	+
兔形目	兔科 Leporidae	46. 草兔 *Lepus capensis*		+	+	+			+		优	150~2000	O	广	+	+	+		−	+	
	鼠兔科 Ochotonidae	47. 藏鼠兔⊕ *Ochotona thibetana*				+					稀	1200	Hc	古				+	+	−	
啮齿目	鼯鼠科 Petauristidae	48. 复齿鼯鼠⊕ *Trogopterus xanthipes*		+		−					少	<1800	Hm	东					+	+	+
		49. 红白鼯鼠 *Petaurista alborufus*		+		−					少	<1800	Wd	东					+	+	+
	松鼠科 Sciuridae	50. 赤腹松鼠 *Callosciurus erythraeus*		+	+	−				−	常	<1800	Wc	东					+	+	+
		51. 隐纹花松鼠 *Tamiops swinhoei*		+	+					−	常	>1000	We	东		+			+	+	+

（续）

目	科	种　名	保护级别	森林	灌草丛	草地	洞穴裸岩	水域	农田	人类居住区	数量状况	海拔(m)	分布型	从属区系	东北区	华北区	蒙新区	青藏区	西南区	华中区	华南区
啮齿目	松鼠科 Sciuridae	52. 泊[珀]氏长吻松鼠 *Dremomys pernyi*		+	+	-			-		常	<1800	Sd	东					+	+	+
		53. 红颊[赤颊]长吻松鼠⊕⊕ *D. rufigenis*		+	+	-			-		常	<1800	Wd	东					+	+	+
		54. 岩松鼠 *Sciurotamia davidianus*		+	+	-	-				常	<2000	O	东		+			+	+	
	豪猪科 Hystricidae	55. 扫尾豪猪 *Atherurus macrourus*		+	+	-			+		少	>800	Wc	东					-	+	+
		56. 豪猪 *Hystrix hodgsoni*		+	+	-			+		少	>800	Wd	东					+	+	+
	竹鼠科 Rhizomyidae	57. 中华竹鼠 *Rhizomys sinensis*		-	+						少	>800	We	东					+	+	+
	鼠科 Muridae	58. 巢鼠 *Micromys minutus*			+				+		常	<1800	Uh	古	+	+	+	+	+	+	+
		59. 中华姬鼠[龙姬鼠] *Apodemus draco*		+	+	+			-		常	>400	Sd	古	-		+		+	+	+
		60. 黑线姬鼠 *A. agrarius*		-	+				+	-	常	<1600	Ub	古	+	+	-				
		61. 齐氏[高山]姬鼠 *A. chevrieri*		-	+	+			-		常	>400	Sb	古					+	+	+
		62. 黄胸鼠 *Rattus flavipectus*		-	+				+	+	常	<2000	We	东			-	-	+	+	+
		63. 大足鼠 *R. nitidus*			+	+	+		+	-	常	<1200	Wa	东					-	+	+
		64. 褐家鼠 *R. norvegicus*		-	+	+			+	+	优	<2000	Ue	古	+	+	-	-	+	+	+
		65. 北社鼠* *Niviventer confucianus*		+	+	+			+	-	常	<1500	We	广	-	+	+	+	+	+	+
		66. 针毛鼠* *N. fulvescens*		-	+				-		常	<1500	Wb	广		+			+	+	+
		67. 白腹巨鼠* *N. edwardsi*		-	+	+			+		常	<2000	Wd	东					+	+	+
		68. 安氏白腹鼠* *N. andersoni*		-	+	+			+		少		Wd	东					+	+	+
		69. 小家鼠 *Mus musculus*		-	+	+			+	+	常	<1800	Uh	古	+	+	+	+	+	+	+

（续）

目	科	种 名	保护级别	生境类型 森林	灌草丛	草地	洞穴裸岩	水域	农田	人类居住区	数量状况	海拔(m)	分布型	从属区系	分区分布 东北区	华北区	蒙新区	青藏区	西南区	华中区	华南区
啮齿目	鼠科 Muridae	70. 罗氏［小］鼢鼠⊕ *Myospalax rothschildi*			+	+			+		常	1500~2000	O	古						–	–

注：

1. ⊕为我国特有种，⊕⊕为主要分布于我国。

2. 生境类型中，“＋”为主要生境，如繁殖地、觅食地、栖居场所等；“－”为次要生境，如短时间停留、短时觅食、或与其他生境利用有一定的关系等；“＊”为裸岩山地 + 草地 + 灌草丛生境。

3. 数量状况为大致确定，主要依据调查中的遇见率。“优”为优势种，“常”为常见种，“少”为少见种，“稀”为稀有种。

4. 分布型参照《中国动物地理》（张荣祖，1999）。

5. 分区分布参照《中国动物地理》（张荣祖，1999）。＋为本亚区分布；－为边缘分布。

6. ＊按照新近分类标准，小鼩鼱 *Sorex minutus*，归入短尾鼩鼱属 *Blarinella*，为淡灰黑齿鼩鼱 *Blarinella griselda*（王应祥，2003）。

7. ＊北社鼠 *Niviventer confucianus* = 社鼠 *Rattus niviventer*；针毛鼠 *Niviventer fulvescens* = 针毛鼠 *Rattus fulvescens*；白腹巨鼠 *Niviventer edwardsi* = 白腹巨鼠 *Rattus edwardsi*；安氏白腹鼠 *Niviventer andersoni* = 白腹鼠 *Rattus andersoni*；洮州绒鼠（洮州绒鼠平）*Caryomys eva* = 绒鼠（甘肃绒鼠）*Eothenomys eva*。

兽类物种中，列为国家 I 级重点保护的动物 6 种：川金丝猴、云豹、金钱豹、虎、林麝*、梅花鹿 *Cervus nippon***；列为国家 II 级重点保护的动物有 11 种：猕猴 *Macaca mulatta*、穿山甲、豺、黑熊、青鼬［黄喉貂］、水獭、大灵猫、小灵猫、金猫、苏门羚［鬣羚］、斑羚。哺乳动物中列为国家重点保护野生动物的物种占总种数的 24.29%。

包括被列为国家重点保护野生动物的 17 个物种，共有 43 个物种被列入中国物种红色名录（2004 年）。濒危等级评估标准为近危种（NT）以上等级，分别是：极危种（CR）有金猫、金钱豹、虎（三峡库区属于极危或野外绝灭种 CR/EW）等 3 种；濒危种（EN）有穿山甲、豺、水獭、大灵猫、云豹、林麝、梅花鹿等 7 种；易危种（VU）有甘肃鼹 *Scapanulus oweni*、皱唇蝠、中华鼠耳蝠、猕猴、川金丝猴、狼（三峡库区属于极危或野外绝灭种 CR/EW）、貉、黑熊、小灵猫、豹猫、小麂、毛冠鹿、狍、鬣羚［苏门羚］、斑羚、扫尾豪猪 *Atherurus macrourus*、豪猪 *Hystrix hodgsoni*、中华竹鼠等 19 种；近危接近易危种（NT~VU）有南蝠 *Ia io*、赤狐、青鼬［黄喉貂］、香鼬、黄腹鼬、黄鼬、鼬獾、狗獾［獾］、猪獾、花面狸［果子狸］、食蟹獴 *Herpestes urvu*、红颊［赤颊］长吻松鼠 *Dremomys*

＊ 根据 2003 年国家林业局第七号令，林麝提升为国家 I 级重点保护野生动物。

＊＊ 三峡库区的梅花鹿是对巴东小神农架地区的金丝猴进行专项研究时，当地居民反映多次在海拔 2500m 的转角阁楼看到身体上有斑点的“鹿”，而当地年长猎人反映以往没有猎取到过大体型的鹿。经与湖北神农架国家级自然保护区工作人员核实，20 世纪 90 年代初，神农架保护区先后放归野外 20 头左右的家养梅花鹿，并且在野外已经存活，但野外繁衍后的确切种群数量不详。另据巫山县的访问资料：毗邻神农架保护区的重庆五里坡自然保护区职工（袁钦生，1963 年出生）反映，1975 年在大窝坑见到 4 只梅花鹿，而且在他就读小学时，就见到过有人猎取的梅花鹿。这意味着神农架的梅花鹿在家养个体放归野外之前可能有分布。

rufigenis 等 12 种；近危种（NT）有小鼩鼱 *Sorex minutus*、小菊头蝠 2 种；无危种（LC）有大足鼠耳蝠、巢鼠 *Micromys minutus*、罗氏［小］鼢鼠 *Myospalax rothschildi*（三峡库区属于稀有低危种 R/LR）等 3 种。列入中国物种红色名录中和 IUCN（1994～2003 年）濒危等级评估为低危种以上的物种有 43 种，占兽类物种总数的 61.43%。

特有种分布方面，仅分布于中国的兽类物种 8 个：大足鼠耳蝠［大足蝠］、南蝠、川金丝猴、林麝、小麂、复齿鼯鼠 *Trogopterus xanthipes*、罗氏［小］鼢鼠；主要分布于中国的兽类物种 3 个：毛冠鹿、鬣羚［苏门羚］、红颊［赤颊］长吻松鼠。特有种分布共计 11 个，占兽类物种总数的 15.71%（参见表 3-2）。

保护种和特有种分布共计 46 个，占兽类物种总数的 65.71%。

（2）数量级别

关于兽类分布的数量级别，不同类群物种的调查方法各异。鼠类是采用铗日率法（捕获最多的为优势种）、翼手类是采用在栖居和育幼场所（洞穴）计数法、有些灵长类（川金丝猴、猕猴）是采用统计总体数方法（在局部区域），还有很多种类是采用计数粪便、觅食痕迹、足迹和足迹链，以及访问、社会调查等方法。从兽类物种总体来看，不同调查方法获取的资料和数据，可比性不强，加之在三峡库区进行野生动物监测调查项目的规模和力度所限，在数量级划分方面很可能与实际状况有很大偏差。例如有些优势种和常见种仅反映在其分布生境中，或者是调查中容易见到（如在蝙蝠聚集洞穴）；有些少见种或稀有种由于其特定活动习性（如夜行性或隐蔽性较强的物种）而难以获得准确数据。

依据调查遇见率、捕获率、生境分布范围等因素，重庆五里坡自然保护区沿用三峡库区兽类监测调查大致划分的相对数量级指数为：优势种、常见种、少见种、稀有种 4 个级别。

属于优势种 6 个，占兽类物种总数的 8.52%。有食虫目中的短尾鼩 *Anourosorex squamipes* 1 种，翼手目中的小菊头蝠、大蹄蝠 2 种，食肉目中黄鼬 1 种，其余为兔形目中的草兔 *Lepus capensis* 和啮齿目中的褐家鼠 *Rattus norvegicus*。其中短尾鼩、褐家鼠是能够对人类的日常生活和某些产业造成严重危害的动物种类。

属于常见种 26 个，占兽类物种总数的 37.14%。有食虫目中的灰麝鼩 *Crocidura attenuata* 1 种，翼手目中的中华鼠耳蝠 1 种，灵长目中的猕猴 1 种，食肉目中的黄腹鼬、鼬獾、狗獾、猪獾、花面狸［果子狸］等 5 种，偶蹄目中的野猪、小麂 2 种，啮齿目中的赤腹松鼠、隐纹花松鼠、泊［珀］氏长吻松鼠 *Dremomys pernyi*、红颊［赤颊］长吻松鼠、岩松鼠等 5 种松鼠科动物，以及巢鼠、中华姬鼠［龙姬鼠］、黑线姬鼠、齐氏［高山］姬鼠 *Apodemus chevrieri*、黄胸鼠 *Rattus flavipectus*、大足鼠、北社鼠、针毛鼠 *Niviventer fulvescens*、白腹巨鼠、小家鼠 *Mus musculus*、［罗氏］小鼢鼠等 11 种鼠科动物。

属于少见种 27 个，占兽类物种总数的 38.57%。有食虫目中的刺猬、小鼩鼱 2 种，翼手目中的皱唇蝠、大足鼠耳蝠、南蝠等 3 种，食肉目中的狼、赤狐、貉、豺、黑熊、青鼬［黄喉貂］、香鼬、水獭、大灵猫、小灵猫、食蟹獴等 11 种，偶蹄目中的林麝、毛冠鹿、狍、鬣羚［苏门羚］、斑羚等 5 种，啮齿目中的复齿鼯鼠、红白鼯鼠 *Petaurista alborufus*、扫尾豪猪、豪猪、中华竹鼠、白腹鼠 *Niviventer andersoni* 等 6 种。

属于稀有种 11 个，占兽类物种总数的 15.71%。有食虫目的长尾鼩鼹、甘肃鼹 2 种，灵长目中的川金丝猴 1 种，鳞甲目中的穿山甲 1 种，食肉目中的金猫、豹猫、云豹、金钱豹、虎（接近野外绝灭）等 5 种，偶蹄目中的梅花鹿 1 种，兔形目中的藏鼠兔 *Ochotona thibetana* 1 种。

（3）生境利用特征

依据陆栖野生脊椎动物的生境植被类型和景观特征，划分 7 个不同生境类型。兽类物种与各生境的利用程度和关系，概略分述如下：

①森林：与该生境具有密切相关关系的兽类有 46 种，具有一定程度相关关系的有 13 种，共计 59 种，占兽类总种数的 84.29%。其中食虫目动物仅有 3 种：刺猬、小麝鼩、长尾鼩鼹，翼手目有 4 种被划归入此生境：小菊头蝠、大蹄蝠、中华鼠耳蝠、南蝠等。三峡库区及重庆五里坡自然保护区的森林生境对于蝙蝠类而言是重要的觅食地，本书中将有些种类的蝙蝠划分为与森林生境相关的主要依据，是主要栖居场所附近的环境特征，实际上可能有更多种类的蝙蝠觅食生境与森林具有相关关系。

其余与森林生境有关的动物种类有：灵长目中的猕猴、川金丝猴，鳞甲目中的穿山甲，食肉目中的狼、赤狐、貉、豺、黑熊、青鼬、香鼬、黄腹鼬、黄鼬、鼬獾、灵猫、金猫、豹猫、云豹、金钱豹等 21 种，偶蹄目中的野猪、林麝、毛冠鹿、鬣羚等，兔形目中的草兔，啮齿目中的赤腹松鼠、豪猪、鼯鼠、竹鼠、白腹巨鼠等 30 种。其中啮齿类动物中与森林生境具有密切相关关系的主要是鼯鼠科和松鼠科的物种。

②灌丛和灌草丛：与该生境具有密切相关关系的兽类有 63 种，具有一定程度相关关系的 4 种，共计 67 种，占兽类总种数的 95.71%。该生境植被群落类型较为多样，而且大多位于林缘和农田等生境的过渡地带，由于生境植被群落的边缘效应等缘故，物种分布的多样性特征较为明显，表现出兽类物种分布特征与森林生境具有很大程度的相似性。与森林生境相比，兽类物种中的啮齿类对其利用程度具有明显差别，鼠科动物中的大多数物种与本生境具有密切相关关系。

③草地：与该生境具有密切相关关系的兽类有 29 种，具有一定程度相关关系的 27 种，共计 56 种，占兽类总种数的 80.00%。重庆五里坡自然保护区的草地植被生境大多与林缘相邻接，也有一些生长有疏林和零散灌草丛的弃耕地经多年放牧家畜形成的草地，保护区的大多草地植被类型实际上是向着森林植被类型方向进行演替。因而利用草地植被类型生境的兽类物种成分接近于上述的森林和灌草丛植被类型生境，但兽类物种对该生境的利用程度要低于森林和灌草丛生境，尤其是一些体型较大的食肉和食草动物种类。

④洞穴、裸岩：与该生境具有密切相关关系的兽类有 6 种，具有一定程度相关关系的 19 种，共计 25 种，占兽类总种数的 35.71%。不同类型的洞穴、岩石裂缝、裸岩石堆等生境是许多种兽类物种的重要繁殖和栖居场所，尤其是对于那些不能自行挖掘洞穴或掘洞技能不强，而又必须终生利用或在某个生活阶段利用洞穴生境的种类，如翼手目动物中的蝙蝠，食肉目动物中的狼、黑熊、青鼬、黄鼬、金猫、豹猫、金钱豹等，啮齿目动物中的鼯鼠、岩松鼠等。

⑤水域：与该生境具有密切相关关系的兽类有 3 种，具有一定程度相关关系的 3 种，共计 6 种，占兽类总种数的 8.57%，是重庆五里坡自然保护区兽类物种利用程度最低的生境。直接或间接利用水域生境的兽类物种分别是貉、猪獾、水獭、大灵猫、食蟹獴、河鹿、大足鼠等，其中水獭和食蟹獴对水域生境表现出明显的依赖性，其他种类如貉、猪獾

等喜栖于近水或水域地带，水生动植物是其经常利用的食物资源。

⑥农田：与该生境具有密切相关关系的兽类有 34 种，具有一定程度相关关系的 17 种，共计 51 种，占兽类总种数的 72.86%。虽然重庆五里坡自然保护区兽类物种对该生境的利用程度接近于森林、灌草丛等天然植被类型生境，但大多是一些小型动物，特别是啮齿目中的大多数鼠类和食肉目中的一些鼬科动物。一些体型较大的兽类如猕猴、黑熊、野猪等，虽然也经常到农田进行觅食，但被这类动物利用的农田生境大多位于山区的林地近旁，而且保护区的相当一部分农田与森林、灌草丛、草地等天然植被类型生境穿插镶嵌，导致栖息于这类生境中的许多种哺乳动物利用农田生境的状况出现。

⑦人类居住区：与该生境具有密切相关关系的兽类有 5 种，具有一定程度相关关系的有 15 种，共计 20 种，占兽类总种数的 28.57%。物种组成以啮齿目的某些鼠类和翼手目的某些蝙蝠类为主，其中在人类居住区栖居的蝙蝠种类也是在裸岩生境中选择岩隙、小型洞穴等生境栖息的种类，例如小菊头蝠、大蹄蝠等。另外，食性接近于某些鼠类的属于食虫目鼩鼱科物种的短尾鼩，在某些类型的居民区生境中生存适应性较好，种群数量可以达到常见种或优势种程度。

依据表 3－2 数据，将不同类型生境中的哺乳类物种数和适应能力数值制成图 3－1。适应能力值制定标准为：每个物种将其作为主要生境定为 2，次要生境定为 1，该类型景观区域中所有哺乳类物种数值之和即为适应能力值*。

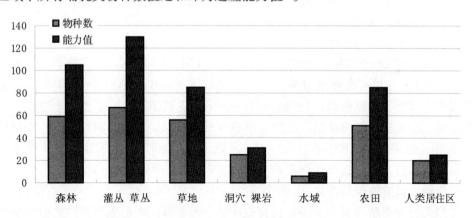

图 3－1　不同类型生境中的哺乳类物种数和适应能力值

（4）从属区系和分布型

重庆五里坡自然保护区目前确认分布的 70 个兽类物种中，从属区系为：古北界种 17 种，东洋界种 36 种，广布种 17 种。不同从属区系物种分别占兽类物种总种数的比率为：古北界 24.29%，东洋界 51.43%，广布种类 24.29%（参见表 3－2）。

按照张荣祖（1999 年）《中国动物地理》一书中的划分标准，将重庆五里坡自然保护区分布的 70 种兽类划归于 7 个不同的分布型，分布型代码沿用同一工具书中的规格（参见表 3－8）。不同分布型的兽类物种概述如下。

─────────────────

*　例如人类居住区：与该生境具有密切相关关系的兽类有 5 种，具有一定程度相关关系的有 15 种，其适应能力值为 5 × 2 + 15 = 25。

①全北型 C：有 2 个物种，分别是狼、赤狐。分布亚型为：Ch 全北型，中温带为主，再延伸至亚热带（欧亚温带—亚热带型）。全北型物种占兽类物种总数的 2.86%。

②古北型 U：有 10 个物种，分属于 5 个亚型，分别为：Ub 古北型，寒温带—中温带（针叶林带—森林草原）型，有小䶄鼱、黑线姬鼠 2 种；Ue 古北型，北方湿润—半湿润带型，有狍、褐家鼠 2 种；Uh 古北型，中温带为主，再延伸至亚热带（欧亚温带—亚热带）型，有黄鼬、狗獾、水獭、野猪、巢鼠、小家鼠等 6 种。古北型物种占兽类物种总数的 14.29%。

③季风型（东部湿润地区为主）E：有 4 个物种，分属于 2 个亚型，其中：Ed 季风型……包括至朝鲜与日本，仅有斑羚 1 种。Eg 季风型……包括乌苏里、朝鲜，有貉、黑熊、梅花鹿等 3 种。季风型物种占兽类物种总数的 5.71%。

④喜马拉雅—横断山区型 H：有 5 个物种，分属于 2 个亚型，分别为：Hc 喜马拉雅—横断山区，横断山型，有长尾鼩鼹、甘肃鼹、川金丝猴、藏鼠兔等 4 种；Hm 喜马拉雅—横断山区，横断山及喜马拉雅（南翼为主）型，仅有复齿鼯鼠 1 种。喜马拉雅—横断山区型物种占兽类物种总数的 7.14%。

⑤南中国型 S：有 13 个物种，分属于 5 个亚型，分别为：Sb 南中国，热带—南亚热带型，仅有齐氏［高山］姬鼠 *Apodmus chevrieri* 1 种；Sc 南中国，热带—中亚热带型，仅有小菊头蝠 1 种；Sd 南中国，热带—北亚热带型，有灰麝鼩、短尾鼩、黄腹鼬、鼬獾、林麝、小鹿、泊［珀］氏长吻松鼠、中华姬鼠［龙姬鼠］等 8 种；Si 南中国，中亚热带型，仅有西南鼠耳蝠 1 种；Sv 南中国型，热带—中温带型，有大足鼠耳蝠［大足蝠］、毛冠鹿 2 种。南中国型物种占兽类物种总数的 18.57%。

⑥东洋型 W：有 28 个物种，分属于 5 个亚型，分别为：Wa 东洋，热带型，仅有大足鼠 1 种；Wb 东洋，热带—南亚热带型，仅有针毛鼠 1 种；Wc 东洋型，热带—中亚热带型，有穿山甲、云豹、赤腹松鼠、扫尾豪猪等 4 种；Wd 东洋，热带—北亚热带型，有大蹄蝠、大灵猫、小灵猫、红白鼯鼠、红颊［赤颊］长吻松鼠、豪猪、白腹巨鼠、白腹鼠等 8 种；We 东洋，热带—温带型，有猕猴、豺、青鼬［黄喉貂］、猪獾、花面狸［果子狸］、食蟹獴、金猫、豹猫、虎、鬣羚［苏门羚］、隐纹花松鼠、中华竹鼠、黄胸鼠、社鼠等 14 种。东洋型物种占兽类物种总数的 40.00%。

⑦不易归类的分布型（其中不少分布比较广泛的种）O：有 8 个物种，其中 5 个种未划分亚型，分别是刺猬、香鼬、草兔、岩松鼠、小［罗氏］鼩鼱。在 O 分布型的物种中，有不少分布比较广泛的种，虽然划分出不同的分布亚型，但大多又不能视为其中的某一类。重庆五里坡自然保护区 O 分布型兽类物种划分的 3 个分布亚型分别为：O₁ 不易归类的分布……*旧大陆温带、热带或温带—热带型，仅有金钱豹 1 种；O₃（Ub）不易归类的分布……（Ub 古北型，寒温带—中温带［针叶林带—森林草原］型），仅有皱唇蝠 1 种；O₃（Uh）不易归类的分布……（Uh 古北型，中温带为主，再伸至亚热带［欧亚温带—亚

---

    * 在原著（张荣祖，1999）中注释为：O 不易归类的分布，其中不少分布比较广泛的种，大多与下列类型相似但又不能视为其中的某一类……。O₁ 旧大陆温带、热带或温带—热带型；O₂ 环球温带—热带；O₃ 地中海附近—中亚或包括东亚；O₄ 旧大陆—北美；O₅ 东半球（旧大陆—大洋洲）温带—热带；O₆ 中亚—南亚或西南亚；O₇ 亚洲中部（O₁，O₃，O₆，O₇ 均可视为广义的古北型）。

热带〕型），仅有中华鼠耳蝠 1 种。不易归类的分布型物种占兽类物种总数的 11.43%。

兽类物种不同分布型所占比例从高到底依次排序为：东洋型 40.00%，南中国型 18.57%，古北型 14.29%，不易归类的分布型（广泛分布型）11.43%，喜马拉雅—横断山区型 7.14%，季风型 5.71%，全北型 2.86%。

（5）尚未记录到的物种

重庆五里坡自然保护区地形复杂、面积广阔、生境多样，而且兽类大多是夜行性动物，调查清楚分布区内所有的兽类物种难度较大。自然保护区内尚未记录到的兽类物种最多的很可能是翼手目（蝙蝠类）动物。

有关翼手目动物，重庆市记录有 33 种（肖文发等，2000；韩宗先等，2002），三峡库区记录有 25 种（肖文发等，2000）。重庆五里坡自然保护区记录翼手目动物仅有 6 种（占重庆市的 18.18%，占三峡库区的 24.00%）。毗邻的神农架国家级自然保护区记录的也仅有 5 种（朱兆泉等，1999），合计 11 种，而且这 2 个自然保护区中调查记录的翼手目动物没有相同种，表明对这一带区域翼手目动物的调查力度显然不足。重庆五里坡自然保护区喀斯特地貌分布广泛，岩溶洞穴和侵蚀裂隙众多，分布的蝙蝠类物种应该非常丰富，今后的调查工作应该对此加以关注。

（6）存疑物种或在某些方面有不同意见的物种

早期文献记录藏鼠兔 *Ochotona thibetana*、黄河鼠兔 *O. huangensis* 这 2 个物种在巫山均有分布（张荣祖，1997）。近期文献记录藏鼠兔宝兴亚种 *O. t. thibetana* 分布于四川西部、西藏东南部和云南西北部，峨眉亚种 *O. t. sacraria* 分布于四川西部，太白山亚种分布于陕西南部（王应祥，2003）；三峡库区本底调查认为库区分布的是藏鼠兔（肖文发等，2000）；韩宗先、胡锦矗（2002 年）认可重庆市这 2 种鼠兔均有分布；进行三峡库区野生动物监测调查期间仅在开县和巫山观察到过 1 种生境中的鼠兔（苏化龙等，2007）。巫山乃至于三峡库区是否有 2 种鼠兔分布，或者分布的仅是黄河鼠兔，有待于今后深入细致的研究予以确证。

3.3.2　鸟类

（1）物种组成

1996~1998 年三峡库区陆栖野生脊椎动物本底调查结果，鸟类物种记录为 331 种（肖文发等，2000）。1999 年 10 月至 2005 年 2 月的监测调查资料表明，三峡库区分布有鸟类 394 种（苏化龙等，2005；2006）。2006 年在巫山县进行的重庆五里坡自然保护区科学考察过程中，增添了 3 个库区新纪录鸟种，因而截至目前的调查资料表明，三峡库区记录分布有鸟类 397 种，其中重庆五里坡自然保护区调查记录有分布的鸟类物种为 294 种（占三峡库区鸟类物种总数的 74.06%），分属于 17 目 51 科 159 属（表 3-3），其中有国家 I 级重点保护野生动物 2 种，II 级重点保护野生动物 35 种。

鸟类中列为国家 I 级重点保护野生动物的是金雕、白肩雕 2 种。列为国家 II 级重点保护野生动物的 35 种鸟类分别为：水禽中的赤颈䴙䴘 *Podiceps auritus*、鸳鸯 2 种，猛禽隼形目中的鸢、苍鹰、赤腹鹰、雀鹰、松雀鹰、大鵟 *Buteo hemilasius*、普通鵟 *B. buteo*、灰脸鵟鹰 Butastur indicus、白腹隼雕［山雕］Hieraaetus fasciatus、白尾鹞 Circus cyaneus、猎隼 Falco cherrug、游隼 F. peredrinus、燕隼、灰背隼、红脚隼、红隼等 16 种，鸡形目雉科鸟类中的红腹角雉、勺鸡、白冠长尾雉 Symaticus reevesii、红腹锦鸡等 4 种，鸽形目中的红翅绿鸠 1 种，鹦形目中的绯胸鹦鹉 Psittacula alexandri（很大可能是笼鸟逃逸）1 种，鸮形目中的草鸮 Tyto capensis、红角鸮、领角鸮 Otus bakkamoena、雕鸮、黄脚［腿］渔鸮 Ketupa flavipes、领鸺鹠、斑头鸺鹠、鹰鸮 Ninox scutulata、灰林鸮 Strix aluco、长耳鸮 Asio otus、短耳鸮 A. flammeus 等 11 种。鸟类中列为国家重点保护的物种，占鸟类物种总数的 12.59%。

表 3-3　重庆五里坡自然保护区鸟类分布名录

（17 目 51 科 159 属 294 种；其中国家 I 级重点保护野生动物 2 种，II 级重点保护野生动物 35 种。东洋界 113 种，古北界 110 种，广布种 71 种）

目	科	种 名	保护级别	生境类型						数量状况	海拔（m）	居留类型	分布型	从属区系	分区分布					
				森林	灌草丛	草地	洞穴裸岩	水域	农田	人类居住区						东北区	华北区	蒙新区	青藏区	西南区	华中区	华南区
䴙䴘目	䴙䴘科 Podicipedidae	1. 小䴙䴘 Podiceps ruficollis						+		−	常	<1200	W	We	广	+	+	+		+	+	+
		2. 黑颈䴙䴘 P. nigricollis						+		−	常	<1200	W	Cd	古	+		+		−		−
		3. 凤头䴙䴘 P. cristatus						+			稀	<800	W	Ud	古	+		+	+	−	−	−
		4. 赤颈䴙䴘 P. grisegena	II					+			稀	300	W	Ce	古	+	−					
鹈形目	鸬鹚科 Phalacrocoracidae	5. 鸬鹚 Phalacrocorax carbo						+			少	<400	W	O₁b	广	+	+	+		+	+	+
鹳形目	鹭科 Ardeidae	6. 苍鹭 Ardea cinerea		+		−		+	+	+	优	<1200	R	Uh	广	+	+	+		+	+	+
		7. 池鹭 Ardeola bacchus		+				+	+	+	少	<400	S	We	广	+	+			+	+	+ 0
		8. 牛背鹭 Bubulcus ibis		+		+		+	+	+	少	<1200	S	Wd	广	0				+	+	+
		9. 白鹭 Egretta garzatta		+		+		+	+	+	优	100~1200	S	Wd	广	0					+	+ +
		10. 中白鹭 E. intermedia		+		−		+	+	+	少	140~1200	S	Wc	广	0					+	+
		11. 夜鹭 Nycticorax nycticorax		+				+	−	+	常	300	S	O₂	广	+	+	+				
		12. 紫背苇鳽 Ixobrychus eurhythmus						+	−		稀	115	S	Eh	古	+	+			+	+	+
		13. 大麻鳽 Botaurus stellaris						+	−		稀	600	W	Uc	广	+	+	+		−	−	−

（续）

目	科	种　名	保护级别	森林	灌草丛	草地	洞穴裸岩	水域	农田	人类居住区	数量状况	海拔(m)	居留类型	分布型	从属区系	东北区	华北区	蒙新区	青藏区	西南区	华中区	华南区
雁形目	鸭科 Anatidae	14. 赤麻鸭［黄鸭］ *Tadorna ferruginea*						+	+		少	140～1200	W	Uf	古	−	− +	+	+	+	−	−
		15. 绿翅鸭 *Anas crecca*						+	−	−	少	<1200	W	Ce	古	+	−	− +	−	+	−	−
		16. 绿头鸭 *A. platyrhynchos*						+	+	−	常	<1200	W	Cf	古	+	−	+ +	+	−	−	−
		17. 斑嘴鸭 *A. poecilorhyncha*						+	+	−	常	<1200	W	We	广	+	+	+	−	+	+	−
		18. 红头潜鸭 *Aythya ferina*						+			少	140	W	Cf	古	−	−	−	−	+ 	−	0
		19. 鸳鸯 *Aix galericulata*	II				−	+	−		少	<400	W	Eh	古	+	+ −					
		20. 棉凫 *Nettapus coromandelianus*						+	−		少	100～200	S	Wc	广			0		+	+	+ 0
		21. 普通秋沙鸭 *Mergus merganser*						+			常	<450	W	Cb	古	+ −	− +	+	+			
隼形目	鹰科 Aceipitridae	22. 鸢 *Milvus migrans*	II	+	+	+		+	+	+	常	<1600	R	Uh	广	+	+	+	+	+	+	+
		23. 苍鹰 *Accipiter gentilis*	II	+	+	−		−			少	<1800	P	Cc	古	+	+ +					0
		24. 赤腹鹰 *A. soloensis*	II	+	+				+		少	800～1500	R	Wc	东			0		+	+	+
		25. 雀鹰 *A. nisus*	II	+	+				+	+	常	<1600	R	Ue	古	+	+			+ +		
		26. 松雀鹰 *A. virgatus*	II	+	+	−			+	+	常	>400 2200	S	We	广	+	−			+	+	+
		27. 大鵟 *Buteo hemilasius*	II	−	+	+		−	+		少	<2000	W	Df	古	+	−	+	+	−	−	0
		28. 普通鵟 *B. buteo*	II	−	+	+		−	+		常	1000～1600	W	Ud	古	+	+	+				0
		29. 灰脸鵟鹰 *Butastur indicus*	II	+	+	+			+		少	760	PS	Mb	古	+	+			−		0
		30. 金雕 *Aquila chrysaetos*	I	+	+	+	+ 巢		−		稀	>400	PR	Ce	古	+	+	+	+	+	+	−
		31. 白肩雕 *A. heliaca*	I	+	+	+			+		稀	800～2200	P	O_3	古	−	−	+		−	−	−

（续）

目	科	种名	保护级别	森林	灌草丛	草地	洞穴裸岩	水域	农田	人类居住区	数量状况	海拔(m)	居留类型	分布型	从属区系	东北区	华北区	蒙新区	青藏区	西南区	华中区	华南区
隼形目	鹰科 Aceipitridae	32. 白腹隼雕［山雕］ *Hieraaetus fasciatus*	II	+	+	+	+巢		+		稀	500	R	We	广	0	0				+	+
		33. 白尾鹞 *Circus cyaneus*	II		+	+			−		稀	<1500	WS	Cd	古	+	−	+	−	−	−	−
	隼科 Falconidae	34. 猎隼 *Falco cherrug*	II	−	+	+	−		+		稀	1000~1500	WS	Ca	古	−	−+	+	+	−	−	−
		35. 游隼 *F. peredrinus*	II		+	+	+巢	+	+		稀	100~1900	R	Cd(O4)	广							0
		36. 燕隼 *F. subbuteo*	II	+	+	+					少	100~200	R	Ug	古	+	+	−	−	+	+	+
		37. 灰背隼 *F. columbarius*	II	+	+	+					少	<1200	W	Cd	古	−	+	+	−	−	−	−
		38. 红脚隼 *F. amurensis*	II	+	+	+			+	+	少	<1200	P	Ud	古	+	+			−	−	
		39. 红隼 *F. tinnunculus*	II	+	+	+	−	−	+	+	常	<1600	R	O1	广	+	+	+	+	+	+	+
鸡形目	雉科 Phasianidae	40. 鹌鹑 *Coturnix coturnix*			+	+		−			少	>400	P	O1	广	+	+	+	−	−	−	−
		41. 灰胸竹鸡 *Bambusicola thoracica*		+	+	−			−		常	<1600	R	Sc	东					+	+	+
		42. 红腹角雉 *Tragopan temminckii*	II	+	+						少	>800	R	Hc	东					+	+	
		43. 勺鸡 *Pucrasia macrolopha*	II	+	+						少	1000~2600	R	St	广		+			+	+	
		44. 雉鸡［环颈雉］ *Phasianus colchicus*		+	+	+			+		常	150~2600	R	O7	古	+	+	+	+	+	+	+
		45. 白冠长尾雉⊕ *Syrmaticus reevesii*	II	+	+				+		稀	800~1600	R	Sm	东		+				+	
		46. 红腹锦鸡⊕ *Chrysolophus pictus*	II	+	+	−			−	−	常	400~2200	R	Wf	东					+	+	+
鹤形目	三趾鹑科 Turnicidae	47. 黄脚三趾鹑 *Turnix tanki*			+	−					少	800 2725	S	We	广	+	+					
	秧鸡科 Rallidae	48. 白胸苦恶鸟 *Amaurornis phoenicurus*						+	+	−	常	<800	S	Wc	东	0						
		49. 董鸡 *Gallicrex cinerea*						+	+		少	<800	S	We	东	+	+			+	+	+
		50. 骨顶鸡［白骨顶］ *Fulica atra*						+			少	<800	W	O5	广	+	+	+	−	−	−	−

（续）

目	科	种　名	保护级别	森林	灌草丛	草地	洞穴裸岩	水域	农田	人类居住区	数量状况	海拔(m)	居留类型	分布型	从属区系	东北区	华北区	蒙新区	青藏区	西南区	华中区	华南区
鸻形目	鸻科 Charadriidae	51. 凤头麦鸡 *Vanellus vanellus*				+		+	+		少	<400	W	Ud	古	+	−	+		−	−	−
		52. 灰头麦鸡 *V. cinereus*				+		+	+		少	<400	P	Md	古	+	−	+				−
		53. 剑鸻 *Charadrius hiaticula*						+	−		少	<170	W	C	古	0						
		54. 长嘴剑鸻 *C. placidus*						+	−		少	140	W	Ca	古	+	+			+	−	+
		55. 金眶鸻 *C. dubius*						+	+		常	100～400	S	O_1	广	+	+	+	+	+	+	+
		56. 环颈鸻 *C. alexandrinus*						+	+		少	<400	W	O_2	广						−	+
		57. 红胸鸻 *C. asiatlcus*						+			少	<170	W	D	古	+	−		+	−		
	鹬科 Scolopacidae	58. 白腰草鹬 *Tringa ochropus*						+	+		常	<800	W	Uc	古	−	−	−	+	−	−	−
		59. 矶鹬 *T. hypoleucos*						+	+		常	<800	W	Cf	古	−	−	−	−	+	−	−
		60. 扇尾沙锥 *Gallinago gallinago*				−		+	+		少	<800	W	Ub	古	+	+		+		−	−
		61. 丘鹬 *Scolopax rusticola*		+	+						少	200～2200	P	Ud	古	+	+		+			
	鸥科 Laridae	62. 红嘴鸥 *Larus ridibundus*						+			常	140～340	W	Uc	古						−	−
	燕鸥科 Sternidae	63. 白额燕鸥 *Sterna albifrons*						+			少	140～340	P	O_2	广	+	+	+		+	+	+ ?
鸽形目	鸠鸽科 Columbidae	64. 红翅绿鸠 *Treron sieboldii*	II	+							少	<1600	S	Wd	东						+	+
		65. 山斑鸠 *Streptopelia orientalis*		+	+	−			+	+	常	<1800	R	E	广	+	+	+	+	+	+	+
		66. 珠颈斑鸠 *S. chinensis*		+	+	−			+	+	常	<2000	R	We	东	?	+	+	+		+	+
		67. 火斑鸠 *Oenopopelia tranquebarica*			+				−		少	500～1900	R	We	广	0	+	+	+	+	+	+
鹦形目	鹦鹉科 *Psittacidae*	68. 绯胸鹦鹉 *Psittacula alexandri*	II	+					−		稀	100	?	Wa	东							+

（续）

目	科	种名	保护级别	森林	灌草丛	草地	洞穴裸岩	水域	农田	人类居住区	数量状况	海拔(m)	居留类型	分布型	从属区系	东北区	华北区	蒙新区	青藏区	西南区	华中区	华南区
鹃形目	杜鹃科 Cuculidae	69. 红翅凤头鹃 *Clamator coromandus*		+	−				+		少	<1900	S	Wd	东						+	+
		70. 鹰鹃 *Cuculus sparverioides*		+	+				+	+	常	<2000	S	Wd	东			0		+	+	+/0
		71. 棕腹杜鹃 *C. fugax*		+					+		少	950	S	We	东					+	+	+
		72. 四声杜鹃 *C. micropterus*		+					+	+	常	<2000	S	We	广	+	+			+	+	+
		73. 大杜鹃 *C. canorus*		+	+	+	−		+	+	常	<2800	S	O₁	广	+	+	+	+	+	+	+
		74. 中杜鹃 *C. saturatus*		+					+		少	>800	S	M	广	+	+	+	+	+	+	+
		75. 小杜鹃 *C. poliocephalus*		+							常	>800	S	We	广	+	+			+	+	+/−
		76. 翠金鹃 *Chalcites maculatus*		+	+						少	>800	S	We	东					+	+	+
		77. 乌鹃 *Surniculus lugubris*		+						−	少	>800	S	Wd	东					+	+	+
		78. 噪鹃 *Eudynamys scolopacea*		+						−	少	1200~1800	S	Wd	广					+	+	+/0
鸮形目	草鸮科 Tytonidae	79. 草鸮 *Tyto capensis*	II		+						稀	<1500	R	O₁	广						+	+
	鸱鸮科 Strigidae	80. 红角鸮 *Otus scops*	II	+	−					−	少	1300	R	O₁	广	+	+	+			+	+
		81. 领角鸮 *O. bakkamoena*	II	+	+				+	+	常	<1600	R	We	广	+	+	+			+	+
		82. 雕鸮 *Bubo bubo*	II	+	−	−	+		+	稀		1500~2300	R	Uh	古	+	+	+	+	+	+	+
		83. 黄脚［腿］渔鸮 *Ketupa flavipes*	II	+			+巢	+			稀	200~250	R	Wd	东						+	+
		84. 领鸺鹠 *Glaucidium brodiei*	II	+	+					+	少	>400	R	Wd	东					+	+	+
		85. 斑头鸺鹠 *G. cuculoides*	II	+	+				+	+	常	<1600	R	Wd	东			0		+	+	+
		86. 鹰鸮 *Ninox scutulata*	II	+							稀	400~1800	S	We	东	+	+			+	+	+
		87. 灰林鸮 *Strix aluco*	II	+	−					−	少	400~1400	R	O₁	古		+			+	+	+

（续）

目	科	种名	保护级别	生境类型							数量状况	海拔(m)	居留类型	分布型	从属区系	分区分布						
				森林	灌草丛	草地	洞穴裸岩	水域	农田	人类居住区						东北区	华北区	蒙新区	青藏区	西南区	华中区	华南区
鸮形目	鸱鸮科 Strigidae	88. 长耳鸮 *Asio otus*	II	+	+				−		稀	>800	W	Cc	古	+	−	+	+	−	−	−
		89. 短耳鸮 *A. flammeus*	II		+	−				+	稀	>800	W	Cc	广		−	+				
夜鹰目	夜鹰科 Caprimulgidae	90. 普通夜鹰 *Caprimulgus indicus*		+							少	400	R	We	广	+	+			+	+	+
雨燕目	雨燕科 Apodidae	91. 短嘴金丝燕 *Aerodramus brevirostris*		+	+	+	+			−	常	<2350	S	Wd	东					+	+	+
		92. 白喉针尾雨燕 *Hirundapus caudacutus*		+	+	+		+	+		少	200	P	We	广			+		+	−	+
		93. 白腰雨燕 *Apus pacificus*		+	+	+	+*	+	+		少	400~1300	S	M	广	+	+	+	+	+	+	+
		94. 小白腰雨燕 *A. affinis*		+	+	+	+*	+	−		少	760~1300	S	O$_1$	广			0		+	+	+
佛法僧目	翠鸟科 Alcedinidae	95. 冠鱼狗 *Ceryle lugubris*					−	+	−		常	<800	R	O$_1$	广	+	+				+	+
		96. 斑鱼狗 *C. rudis*						+			少	90~180	R	O$_1$	广						+	+
		97. 普通翠鸟 *Alcedo atthis*						+	−	−	常	<1200	R	O$_1$	广	+	+		+	+	+	+
		98. 蓝翡翠 *Halcyon pileata*		+	−	−					少	140~650	R	We	东	+	+				+	+
	佛法僧科 Coraciidae	99. 三宝鸟 *Eurystomus orientalis*		+	−	−					稀	200~650	R	We	广	+	+			+	+	+ (0)
	戴胜科 Upupidae	100. 戴胜 *Upupa epops*		+	+	+	−	−	+	+	常	>400	S	O$_1$	广	+	+	+	+	+	+	+
䴕形目	须䴕科 Capitonidae	101. 大拟啄木鸟 *Megalaima virens*		+						−	少	300~1070	R	Wc	东					+	+	+
	啄木鸟科 Picidae	102. 蚁䴕 *Jynx torquilla*			+						少	1200	W	Ub	古	+	−	− (+)	−	−	−	−
		103. 斑姬啄木鸟 *Picumnus innominatus*		+							少	>600	R	Wd	东					+	+	+
		104. 栗啄木鸟 *Celeus brachyurus*		+							少	950	R	Wd	东					+	+	+
		105. 黑枕[灰头]绿啄木鸟 *Picus canus*		+					+	+	常	<1600	R	Uh	广	+	+	+		+	+	+
		106. 大斑啄木鸟 *Dendrocopos major*		+					+	+	常	<1600	R	Uc	古	+	+	+	+	+	+	+

（续）

目	科	种名	保护级别	森林	灌草丛	草地	洞穴裸岩	水域	农田	人类居住区	数量状况	海拔(m)	居留类型	分布型	从属区系	东北区	华北区	蒙新区	青藏区	西南区	华中区	华南区
鴷形目	啄木鸟科 Picidae	107. 赤胸啄木鸟 *D. cathpharius*		+							少	1800	R	Hm	东					+	−	
		108. 棕腹啄木鸟 *D. hyperythrus*		+							少	700~1800	R	Hm	广					+	−	
		109. 星头啄木鸟 *D. canicapillus*		+				−	−		少	>800	R	We	东	+	+			+	+	+
雀形目	百灵科 Alaudidae	110. 小云雀 *Alauda gulgula*			+	+			+		常	<2100	R	We	广				+	+	+	+
	燕科 Hiundidae	111. 崖沙燕 *Riparia riparia*					+ *	+	+		优	100~800	R	Cg	古	+	−	+	+	+	+	+
		112. 岩燕 *Ptyonoprogne rupestris*		+	+		+ *		−		少	<1800	S	O₃	古	+	+	+	+	+		
		113. 家燕 *Hirundo rustica*		−	+	+		+	+	+	优	<1200	S	Ch	古	+	+	+	+	+	+	+
		114. 金腰燕 *H. daurica*		−	+	+		+	+	+	优	<1200	S	O₁	广	+	+	+	+	+	+	+
		115. 毛脚燕 *Delichon urbica*		+	+	+		−	+		少	<2000	S	Uh	古	+	+	+	+	+		
	鹡鸰科 Motacillidae	116. 山鹡鸰 *Dendronanthus indicus*		+	+	−	−	+	−		常	>400	S	Mc	广	+	+			+	+	
		117. 黄鹡鸰 *Motacilla flava*			+			+	+		少	<800	P	Ub	古	+	−	+	−	−	−	
		118. 黄头鹡鸰 *M. citreola*			+	−		+	+		少	<2100	P	U	广	+	−	+	+	+		
		119. 灰鹡鸰 *M. cinerea*		−	+	−		+	+	+	常	<1600	R	O₁	广	+	+	+	−	−	−	
		120. 白鹡鸰 *M. alba*		−	+	−		+	+	+	常	100~2500	R	O₁	广	+	+	+	+	+		+
		121. 田鹨 *Anthus novaeseelandiae*			+			−	+		少	<400	W	Mf	广	+	+	+	+	+	−	−
		122. 树鹨 *A. hodgsoni*		+	+	+		+	+		常	150~1200	R	M	古					+	+	+
		123. 粉红胸鹨 *A. roseatus*		−	+				+		稀	<800	P	Pa(Hm)	古		+	+	+	+	+	−
		124. 水鹨 *A. spinoletta*			+			+	+		稀	<600	W	C	古				−	−	+	
		125. 山鹨 *A. sylvanus*			+	+			+		稀	<1200	S	Sc	东					+	+	+

（续）

目	科	种　名	保护级别	森林	灌草丛	草地	洞穴裸岩	水域	农田	人类居住区	数量状况	海拔(m)	居留类型	分布型	从属区系	东北区	华北区	蒙新区	青藏区	西南区	华中区	华南区
雀形目	山椒鸟科 Campephagidae	126. 暗灰鹃鸥 *Coracina melaschistos*		+	-	-			-		少	<1800	R	We	东		+			+	+	+
		127. 粉红山椒鸟 *Pericrocotus roseus*		+	+						少	1000~2000	S	Wc	东			+	-	+	+	+
		128. 小灰山椒鸟 *P. cantonensis*		+	-				-	-	常	<800	R	We	东					-	+	+
		129. 灰山椒鸟 *P. divaricatus*		+							少	250	P	Mb	古	+	-			-	+	+
		130. 长尾山椒鸟 *P. ethologus*		+							少	800~2200	S	Hm	东		+			+	+	+
	鹎科 Pycnonotidae	131. 领雀嘴鹎[绿鹦嘴鹎] ⊕⊕ *Spizixos semitorques*		+	+				-	+	优	150~1700	R	Sd	东					+	+	+
		132. 黄臀鹎 *Pycnonotus xanthorrhous*		+	+				-	+	优	150~1800	R	Wd	东					+	+	+
		133. 白头鹎 ⊕ *P. sinensis*		+	+				+	+	优	100~1600	R	Sd	东		0			+	+	+
		134. 绿翅短脚鹎 *Hypsipetes mcclellandii*		+	+				-		常	100~1200	R	Wc	东					+	+	+
		135. 黑鹎[黑短脚鹎] *H. madagascariensis*		+	+						常	>800	R	Wd	东					+	+	+
	伯劳科 Laniidae	136. 虎纹伯劳 *Lanius tigriuns*		+	+				+		常	<800	S	X	古	+	+				+	-
		137. 牛头伯劳 *L. bucephalus*		+	+				+		少	350~2100	W	X	古	+	+			-	-	0
		138. 红尾伯劳 *L. cristatus*		+	+				+		少	<1600	R	X	古	+	+			-	-	
		139. 棕背伯劳 *L. schach*			+	-			+		常	<2000	R	Wd	东					+	+	+
		140. 灰背伯劳 *L. tephronotus*			+	-			+		稀	1200~2100	S	Hm	古				+	+	+	+
	黄鹂科 Oriolidae	141. 黑枕黄鹂 *Oriolus chinensis*		+					+	+	少	<800	S	We	东	+	+	+			+	+
	卷尾科 Dicruridae	142. 黑卷尾 *Dicrurus macrocercus*		+	+				+	+	常	<800	S	We	东	+	+			+	+	+
		143. 灰卷尾 *D. leucophaeus*		+	+				-	-	少	<800	S	We	东		+			+	+	+
		144. 发冠卷尾 *D. hottentottus*		+	+				-		少	>400	S	Wd	东		+0			+	+	+

（续）

目	科	种 名	保护级别	生境类型							数量状况	海拔（m）	居留类型	分布型	从属区系	分区分布						
				森林	灌草丛	草地	洞穴裸岩	水域	农田	人类居住区						东北区	华北区	蒙新区	青藏区	西南区	华中区	华南区
雀形目	椋鸟科 Sturnidae	145. 丝光椋鸟 *Sturnus sericeus*		+	−			+	−	少	<1350	R	Sd	东					+	+	+
		146. 灰椋鸟 *S. cineraceus*		−	−	+		+	−	少	150~800	W	X	古	+	+	+	+	−	−	−
		147. 八哥 *Acridotheres cristatellus*						+	+	优	<1600	R	Wd	东						+	+
	鸦科 Corvidae	148. 松鸦 *Garrulus glandarius*		+	+					常	>400	R	Uh	古	+	+	+	+	+	+	+
		149. 红嘴蓝鹊 *Urocissa erythrorhyncha*		+	−			+	+	优	<1600	R	We	东		+			+	+	+
		150. 喜鹊 *Pica pica*		−	−	−		+	+	常	<1200	R	Ch	古	+	+	+	+	+	+	+
		151. 灰树鹊 *Dendrocitta formosae*		+						稀	300~450	R	Wa	东						+	+
		152. 星鸦 *Nucifraga caryocatactes*		+	+					常	>800	R	Ue	古	+	+	+	+	+	+	+
		153. 红嘴山鸦 *Pyrrhocorax pyrrhocorax*			+	+		+		稀	300；2100	?	O3	古	+	+	+	+			
		154. 秃鼻乌鸦 *Corvus frugilegus*		+	+			+		少	<1600	R	Uf	古	+	+			+	+	0
		155. 大嘴乌鸦 *C. macrorhynchus*		+	+			+	+	常	<2200	R	Eh	广	+	+			+	+	+
		156. 小嘴乌鸦 *C. corone*		+	+			+	+	常	300~1200	R	Cf	古	+	+	+		+	+	+
		157. 白颈鸦 *C. torquatus*		+	+			+	+	常	300~1800	R	Sv	东		+			+	+	+
	河乌科 Cinclidae	158. 褐河乌 *Cinclus pallasii*					+	+		常	100~1200	R	We (Ea)	广	+	+	+	+	+	+	+
	鹪鹩科 Troglodytidae	159. 鹪鹩 *Troglodytes troglodytes*		+			−			少	250~2200	R	Ch	古	+	+	+	+	+	+	+
	鸫科 Turdidae	160. 蓝短翅鸫 *Brachypteryx montana*		+	+					稀	900；1749	R	Wd	东					+	+	+
		161. 红喉歌鸲［红点颏］ *Luscinia calliope*			+					稀	>800	P	U	古	+	−	−		+	−	−
		162. 红胁蓝尾鸲 *Tarsiger cyanurus*		+	+	−		+	+	常	<1600	W	M	古	+	−			+	+	+
		163. 鹊鸲 *Copsychus saularis*		−	−	−		+	+	常	100~1600	R	Wd	东					+	+	+

（续）

目	科	种名	保护级别	森林	灌草丛	草地	洞穴裸岩	水域	农田	人类居住区	数量状况	海拔(m)	居留类型	分布型	从属区系	东北区	华北区	蒙新区	青藏区	西南区	华中区	华南区
雀形目	鸫科 Turdidae	164. 黑喉红尾鸲 *Phoenicurus hodgsoni*		−	+				+		少	<850	W	Hm	古				+	+	−	+
		165. 蓝额红尾鸲 *P. frontalis*			+	−		−			少	>400	R	Hm	古				+	+	+	+
		166. 北红尾鸲 *P. auroreus*			+	+	−	−	+	+	常	<2000	R	M	古	+	+	+	+	−	−	−
		167. 红尾水鸲 *Rhyacornis fuliginosus*			+	−	−	+		+	常	100~1200	R	We	广	+			+	+	+	+
		168. 白腹短翅鸲〔短翅鸲〕 *Hodgsonius phoenicuroides*		+	+						少	>1000	S	Hm	古				+	+	+	+
		169. 小燕尾 *Enicurus scouleri*			+	−	+	+		+	常	<2000	R	Sd	广					+	+	+
		170. 灰背燕尾 *E. schistaceus*			+	−	+	+	+		少	200~800	R	Wd	东					+	+	+
		171. 黑背燕尾〔白冠燕尾〕 *E. leschenaulti*			+	−	+	+	+		常	<1600	R	Wd	东					+	+	+
		172. 黑喉石䳭 *Saxicola torquata*		+	+	−					少	>800	S	O_1	古	+	−	+	+	+	+	+
		173. 灰林䳭 *S. ferrea*		+	+					−	少	>400	R	Wd	东				+	+	+	+ / 0
		174. 白顶溪鸲 *Chaimarrornis leucocephalus*			+	−	+		−		常	<1600	R	Hm	古				+	+	+	+
		175. 栗腹矶鸫〔栗胸矶鸫〕 *Monticola rufiventris*		+	−	+	+*	−	−		少	200~1200	R	Sd	东				+	+	+	+
		176. 蓝矶鸫 *M. solitarius*			+		+*	+			少	>400	R	O_3	广	+	+			+	+	+
		177. 紫啸鸫 *Myiophonus caeruleus*				−	+	+		+	少	<1200	R	We	东	+	+			+	+	+
		178. 虎斑地鸫 *Zoothera dauma*		+	−				−	−	少	200~1600	P	U	广	−	−	−			+	
		179. 乌鸫 *Turdus merula*		+	+	+	−		+	+	常	<2000	R	O_3	广			+	+	+	+	+
		180. 灰头鸫 *T. rubrocanus*		+	+	−					少	>800	R	Hm	古					+	+	+
		181. 白腹鸫 *T. pallidus*		+	+						少	>800	P	Mf	古	+	−			−	−	−
		182. 赤颈鸫 *T. ruficollis*		+	+	−			−		少	2646；2000	W	O	古	−	−	+	+	−	−	−

— 189 —

（续）

目	科	种名	保护级别	森林	灌草丛	草地	洞穴裸岩	水域	农田	人类居住区	数量状况	海拔(m)	居留类型	分布型	从属区系	东北区	华北区	蒙新区	青藏区	西南区	华中区	华南区
雀形目	鸫科 Turdidae	183. 斑鸫 *T. naumanni*		+	+	−		−		+	少	>800	W	M	古	−	−	−	−	−	−	−
		184. 宝兴歌鸫⊕ *T. mupinensis*		+	+	−					少	800~1600	R	Hc	古		+				+	+
		185. 斑胸钩嘴鹛[锈脸钩嘴鹛] *Pomatorhinus erythrocnemis*		+	+					+	常	400~1120	R	Sd	东					+	+	+
	画眉科 Timaliidae	186. 棕颈钩嘴鹛 *P. ruficollis*		+	+				+	+	优	>200	R	Wa	东					+	+	+
		187. 小鳞鹩鹛 *Pnoepyga pusilla*		+	+						稀	>1200	R	Wd	东					+	+	+
		188. 红头穗鹛 *Stachyris ruficeps*		+	+					+	常	<1600	R	Sd	东					+	+	+
		189. 矛纹草鹛 *Babax lanceolatus*		+	+	−					少	>800	R	Sd	东					+	+	+
		190. 黑脸噪鹛 *Garrulax perspicillatus*		−	+	−					少	800~1600	R	Sd	东	0	+				+	+
		191. 白喉噪鹛 *G. albogularis*		+	+						少	150~1200	R	Hm	东		+				+	+
		192. 黑领噪鹛 *G. pectoralis*		+	+						少	>800	R	Wd	东						+	+
		193. 山噪鹛⊕ *G. davidi*		+	+						稀	1800;2000	W	Ba	古	+	+	+	+			
		194. 灰翅噪鹛 *G. cineraceus*		+	+						少	>700	R	Sv	东						+	+
		195. 斑背噪鹛 *G. lunulatus*		+	+						稀	1200~3000	R	Hc	东						+	+
		196. 大噪鹛⊕ *G. maximus*		+	+					−	稀	1200;2200	?	Hc	东						+	
		197. 眼纹噪鹛 *G. ocellatus*		+	+					−	少	1400~1500	R	Hm	东						+	+
		198. 画眉 *G. canorus*		+	+				−	−	常	<2000	R	Sd	东						+	+
		199. 白颊噪鹛 *G. sannio*		+	+	−			−	−	常	150~2000	R	Sd	东						+	+
		200. 橙翅噪鹛⊕ *G. ellioti*		+	+				−	−	常	>400	R	Hc	东						+	+
		201. 红嘴相思鸟 *Leiothrix lutea*		+	+				−	−	常	<2000	R	Wd	东						+	+

（续）

目	科	种　名	保护级别	生境类型						数量状况	海拔（m）	居留类型	分布型	从属区系	分区分布					
				森林	灌草丛	草地	洞穴裸岩	水域	农田	人类居住区					东北区	华北区	蒙新区	青藏区	西南区	华中区	华南区
雀形目	画眉科 Timaliidae	202. 斑胁姬鹛 *Cutia nipalensis*		+	+	−			−		稀	830；1900	W	Hm	东					+	
		203. 淡绿鵙鹛 *Pteruthius xanthochlorus*		+	+						稀	>400	R	Hm	东					+	+	+
		204. 金胸雀鹛 *Alcippe chrysotis*		+	+						少	>400	R	Hm	东					+	+	+
		205. 褐头雀鹛 *A. cinereiceps*		+	+				−		常	400~1200	R	Sd	东					+	+	+
		206. 褐顶雀鹛［褐雀鹛］ *A. brunnea*		+	+						少	<1600	R	Wd	东						+	+
		207. 灰眶雀鹛 *A. morrisonia*		+	+				−	−	常	<1600	R	Wd	东						+	+
		208. 黑头奇鹛 *Heterophasia melanoleuca*		+	+				−	−	稀	800~1200	R	Ha	东					+		
		209. 栗头凤鹛［栗耳凤鹛］ *Yuhina castaniceps*		+	+					−	少	250~1950	R	Wc	东					+	+	+
		210. 白领凤鹛 *Y. diademata*		+	+	−			−	−	常	>800	R	Hc	东					+	+	+
		211. 黑颏凤鹛［黑额凤鹛］ *Y. nigrimenta*		+	+				+	−	常	>400	R	Wc	东					+	+	+
	鸦雀科 Paradoxornithidae	212. 红嘴鸦雀 *Conostoma aemodium*		+	+						少	2200	R	Hm	东					+	+	
		213. 白眶鸦雀⊕ *Paradoxornis conspicillatus*		+	+						少	>1200	R	Sn	东				+	+	+	
		214. 棕头鸦雀 *P. webbianus*		+	+	+			+	+	优	<2100	R	Sv	广	+	+			+	+	+
	莺科 Sylviidae	215. 树莺［日本树莺］ *Cettia diphone*		−	+						稀	>1200	S	Mb	广	+	+	+			+	−
		216. 强脚树莺［山树莺］ *C. fortipes*		−	+				+	−	常	<2000	R	Wa	东					+	+	+
		217. 黄腹树莺 *C. robustipes*		+	+						少	<1200	R	Sd	东					+	+	+
		218. 斑胸短翅莺 *Bradypterus thoracicus*		−	+						少	2000	S	O	广	+	+		+	+	+	+
		219. 棕褐短翅莺 *B. luteoventris*		−	+						稀	>1200	R	Sd	东					+	+	+
		220. 高山短翅莺 *B. seebohmi*		−	+	−					稀	>1200	S	Wc	东						+	+

191

（续）

目	科	种名	保护级别	森林	灌草丛	草地	洞穴裸岩	水域	农田	人类居住区	数量状况	海拔(m)	居留类型	分布型	从属区系	东北区	华北区	蒙新区	青藏区	西南区	华中区	华南区
雀形目	莺科 Sylviidae	221. 东方大苇莺 *Acrocephalus orientalis*			+			+	+		稀	<1200	S	O₅	古	+	+	+			+	+
		222. 钝翅苇莺［稻田苇莺］ *A. concinens*			+			+	+		稀	1100;150	S	O₃	古	+	+	+			+	+
		223. 黄腹柳莺 *Phylloscopus affinis*		+	+						少	1200~1800;2100	S	Hm	古				+	+	−	
		224. 棕腹柳莺 *P. subaffinis*		+	+						常	800~2500	S	Sv	广					+	+	
		225. 褐柳莺 *P. fuscatus*		+	+						少	150~1600	S	Mi	古	+	−			+	+	
		226. 棕眉柳莺 *P. armandii*		+	+						少	800~1600	S	Hc	古	+/0	+					
		227. 黄眉柳莺 *P. inornatus*		+	+	−			−	−	常	<1600	S	Uo	古	+/−	−	+	+	+	−	
		228. 黄腰柳莺 *P. proregulus*		+	+	−			−	−	常	<1600	S	U	古	+/−	−	+	+	+	+	
		229. 极北柳莺 *P. borealis*		+	+	−			−	−	常	>400	S	Uc	古	+/−	−	−	+	+	−	
		230. 乌嘴柳莺 *P. magnirostris*		+	+	−			−	−	稀	600~1500	P	Hm	古					+	+	
		231. 暗绿柳莺 *P. trochiloides*		+	+	−			−	−	少	>800	S	U	古	+	+	+/−	+	+	−	
		232. 冠纹柳莺 *P. reguloides*		+	+	−			−	−	常	<1200	S	Wa	东					+	+	+
		233. 白斑尾柳莺 *P. davisoni*		+	+	−			−	−	少	1000	S	Sc	东					+	+	+
		234. 黑眉柳莺 *P. ricketti*		+	+				+		少	<1200	S	Sd	东					+	+	+
		235. 戴菊 *Regulus regulus*			+	−			−		少	<1200 2200	R	Cf	古	+	−		+	+	+	+
		236. 栗头鹟莺 *Seicercus castaniceps*		+	+						少	>800	S	Wd	东					+	+	+
		237. 金眶鹟莺 *S. burkii*		+	+				+	−	常	>800	S	Sd	东					+	+	+
		238. 棕脸鹟莺 *Abroscopus albogularis*		+	+				+	−	常	<1200	R	Sd	东					+	+	+
		239. 棕扇尾莺 *Cisticola juncidis*			+	−			−	+	少	<1200	S	O₅	广	0/+					+	+

（续）

目	科	种名	保护级别	森林	灌草丛	草地	洞穴裸岩	水域	农田	人类居住区	数量状况	海拔（m）	居留类型	分布型	从属区系	东北区	华北区	蒙新区	青藏区	西南区	华中区	华南区
		生境类型														**分区分布**						
雀形目	莺科 Sylviidae	240. 褐头鹪莺［纯色鹪莺］ *Prinia inornata*			+	−			+	+	常	<1200	R	Wd	广						+	+	+
		241. 山鹪莺 *P. criniger*			+	+			+	+	常	<1200	R	Wa	东						+	+
	鹟科 Muscicapidae	242. 白眉姬鹟 *Ficedula zanthopygia*		+	+						稀	1700	S	Ma	古	+	+	+		+	−	
		243. 红喉姬鹟［黄点颏］ *F. parva*		+	−						少	>1200	P	Uc	古	−	−	−	−	−	−	
		244. 灰蓝姬鹟 *F. leucomelanura*		+	+						稀	1500	S	Hm	东				+	+	+	+
		245. 白腹姬鹟 *F. cyanomelana*		+							稀	1550	P	Kb	古	+						
		246. 棕腹仙鹟 *Niltava sundara*		+	+	−					少	1000～1600	S	Hm	东					+	+	+
		247. 蓝喉仙鹟 *N. rubeculoides*		+	+	−			−		稀	>1200	S	Wa	东					+	+	+
		248. 乌鹟 *Muscicapa sibirica*		+	+						少	800～2000	P	M	古	+	+ −		+	+	− − +	+
		249. 北灰鹟 *M. latirostris*		+	+						少	<1500	P	Ma	广	+	−	+		−	−	−
		250. 铜蓝鹟 *M. thalassina*		+	+	−			+		少	>800	S	Wd	东					+	−	+
		251. 方尾鹟 *Culicicapa ceylonensis*		+	+						少	>1200	S	Wd	东						+	+
		252. 寿带 *Terpsiphone paradisi*		+	+				+	+	少	200～1400	S	We	东	+	+			+	+	+
	山雀科 Paridae	253. 大山雀 *Parus major*		+	+	−	−		+	+	优	<2200	R	O(Uh)	广	+	+		+	+	+	+
		254. 绿背山雀 *P. monticolus*		+	−				+	+	常	<1800	R	Wd	东					+	+	+
		255. 黄颊山雀 *P. spilonotus*		+	+				+	+	少	1800	S	Wc	东					+	+	+
		256. 黄腹山雀 *P. venustulus*		+	−	−			+	+	常	150～1200	R	Sh	东		+			+	+	+
		257. 煤山雀 *P. ater*		+	−				−	−	少	1400～1950	R	Uf	古	+	+	+	+	+	+	
		258. 沼泽山雀 *P. palustris*		+	+						少	1500～2200	R	U	古	+	+			+	+	+

（续）

目	科	种名	保护级别	森林	灌草丛	草地	洞穴裸岩	水域	农田	人类居住区	数量状况	海拔(m)	居留类型	分布型	从属区系	东北区	华北区	蒙新区	青藏区	西南区	华中区	华南区
雀形目	山雀科 Paridae	259. 红腹山雀 *P. davidi*		+	−						稀	1500	R	Pf(Hc)	东					+	+	
	长尾山雀科 Aegithalidae	260. 银喉长尾山雀 *Aegithalos caudatus*		+	+				−	−	少	>800	R	Ub	古	+	+		+	+	+	+
		261. 红头长尾山雀 *A. concinnus*		+	+			+	+		优	200~2650	R	Wd	东					+	+	+
		262. 黑眉长尾山雀⊕⊕ *A. bonvaloti*		+							少	1965	S	Hm	东							
		263. 银脸长尾山雀⊕ *A. fuliginosus*		+	+				−		少	>800	R	Pf(Hc)	古						+	+
	䴓科 Sittidae	264. 普通䴓 *Sitta europaea*		+		−			−	−	常	>800	R	Ub	古	+	+	+		+	+	
		265. 红翅旋壁雀 *Tichodroma muraria*					+ *			−	稀	100~150	W	O_3	古	+	+	+	+	+	+	−
	旋木雀科 Certhiidae	266. 旋木雀 *Certhia familiaris*		+							稀	2200; 1300	R	Cb	古	+	+	+	+	+		
	啄花鸟科 Dicaeidae	267. 纯色啄花鸟 *Dicaeum concolor*		+	+				−	−	少	200~1200	R	Wd	东						+	+
		268. 红胸啄花鸟 *D. ignipectus*		+	+			+	−		少	300~1200	R	Wd	东						+	+
	太阳鸟科 Nectariniidae	269. 蓝喉太阳鸟 *Aethopyga gouldiae*		+	+					−	少	400~800	S	Sd	东						+	+
		270. 叉尾太阳鸟 *A. christinae*		+	+					−	少	200~1000	S	Sc	东						+	+
	绣眼鸟科 Zosteropidae	271. 暗绿绣眼鸟 *Zosterops japonica*		+	+				−	−	常	>400	S	S	东			+			+	+
	文鸟科 Ploceidae	272. 麻雀［树麻雀］ *Passer montanus*			+	−			+	+	少	<1600	R	Uh	广	+	+	+	+	+	+	+
		273. 山麻雀 *P. rutilans*		+	+	−	−		+	+	常	>400	R	Sv	广		+		+	+	+	+
		274. 白腰文鸟 *Lonchura striata*		−	+	+				+	常	100~1200	R	Wd	东					+	+	+
		275. 斑文鸟 *L. punctulata*		−	+			+	−		少	<1200	R	Wc	东						+	+
	雀科 Fringillidae	276. 燕雀 *Fringilla montifringilla*		+	+	+			+	−	少	300~1600	W	Uc	古	−	−	−		−	−	−
		277. 金翅 *Carduelis sinica*			+	+			+	+	常	<1700	R	Me	古	+	+	+	+	+	+	−

（续）

目	科	种名	保护级别	森林	灌草丛	草地	洞穴裸岩	水域	农田	人类居住区	数量状况	海拔(m)	居留类型	分布型	从属区系	东北区	华北区	蒙新区	青藏区	西南区	华中区	华南区
雀形目	雀科 Fringillidae	278. 黄雀 *C. spinus*		+	+	+			+		少	1500	W	U	古	+	−				−	−
		279. 暗色朱雀 [暗胸朱雀] *Carpodacus nipalensis*		−	+	+					稀	1100；1300	R	Hm	古					+	+	
		280. 棕朱雀 *C. edwardsii*		−	+	+			−	−	稀	1800~2560	R	Hm	古					+	0	+
		281. 酒红朱雀⊕ *C. vinaceus*		+	+	+			−	−	常	>800	R	Hc	古					+	+	+
		282. 普通朱雀 *C. erythrinus*		−	+	+			−	−	常	>800	R	U	古	−			+	+	+	+
		283. 赤胸灰雀 [灰头灰雀] *Pyrrhula erythaca*		+							少	300~2200	R	Hm	广	+			+	+	+	+
		284. 黑尾蜡嘴雀 *Eophona migratoria*		+					+		少	<2000	S	Ka	古	+*	+				−	−
		285. 黄胸鹀 *Emberiza aureola*			+	+			+		少	900	P	Ub	古	+					−	−
		286. 黄喉鹀 *E. elegans*		+	+	+			+	+	常	400~1600	R	M	古	+	−	−		−	+	+
		287. 灰头鹀 *E. spodocephala*		−	+	−			+	+	常	>1000	S	M	古	+				+	+	+
		288. 灰眉岩鹀 *E. cia*			+				+		少	<1600	R	O3	古			+	+	+	+	
		289. 三道眉草鹀 *E. cioides*			+				+		常	100~1600	R	Mg	古	+	+	+		+	+	+
		290. 赤胸鹀 [栗耳鹀] *E. fucata*		−	+				+		少	>600	S	M	广	+				+	+	+ −
		291. 小鹀 *E. pusilla*			+				+	+	常	<1600	W	Ua	古	+						
		292. 黄眉鹀 *E. chrysophrys*			+				+		少	<1200	P	M	古							
		293. 蓝鹀⊕ *Latoucheornis siemsseni*		+					+		少	<800	S	Hc	东					+	+	
		294. 凤头鹀 *Melophus lathami*		−	+	+			+		少	>800	R	Wc	东					+	+	+ 0

注：

1. ⊕为我国特有种，⊕⊕为主要分布于我国。
2. 生境类型中，"＋"为主要生境，如繁殖地、越冬地、觅食场所等；"－"为次要生境，如短时间停留、短时觅食或与其他生境利用有一定的关系等。
3. 数量状况为大致确定，主要依据调查中的遇见率。"优"为优势种，"常"为常见种，"少"为少见种，"稀"为稀有种。
4. 居留类型为依据调查遇见季节时大致确定，"R"为留鸟，"S"为夏候鸟，"W"为冬候鸟，"P"为旅鸟，"?"为居留类型不明。
5. 分布型参照：《中国动物地理》（张荣祖，1999）。
6. 分区分布参照：《中国动物地理》（张荣祖，1999）、《中国鸟类野外手册》（约翰·马敬能、何芬奇等，2000）、《中国鸟类图鉴》（钱燕文，1995）。"+"示繁殖鸟（留鸟、夏候鸟），"－"示旅鸟和冬候鸟，"0"示偶见记录或迷鸟。
7. 洞穴、裸岩生境中，包括裸岩山地、裸岩峭壁、石堆石隙等多岩石生境；标"*"号者，偏重于裸岩生境。

鸟类中仅有 15 个物种被列入中国物种红色名录（2004 年）濒危等级评估标准近危种（NT）以上等级，分别是：濒危种（EN）仅有棉凫 1 种，易危种（VU）有白肩雕、白冠长尾雉 2 种，近危接近易危种（NT～VU）有鸳鸯、红腹角雉、勺鸡、绯胸鹦鹉、画眉、红嘴相思鸟、银脸长尾山雀等 7 种，无危稀有种（LC/R）有灰脸鵟鹰、游隼、红翅绿鸠、雕鸮、黄脚［腿］渔鸮等 5 种。白肩雕、白冠长尾雉、银脸长尾山雀这 3 种鸟类在中国物种红色名录中和 IUCN（1994～2003 年）濒危等级中也被评估为低危种以上的物种。

列入中国物种红色名录中和 IUCN（1994～2003 年）濒危等级中评估为低危种以上的物种有 15 种，占鸟类物种总数的 4.08%。

特有种分布方面，仅分布于中国的鸟类有 11 种，分别是白冠长尾雉、红腹锦鸡、白头鹎、宝兴歌鸫、山噪鹛 *Garrulax davidi*、大噪鹛 *G. maximus*、橙翅噪鹛、白眶鸦雀 *Paradoxorni conspicillatus*、银脸长尾山雀、酒红朱雀 *Carpodacus vinaceus*、蓝鹀，主要分布于中国的鸟类物种有领雀嘴鹎［绿鹦嘴鹎］、黑眉长尾山雀 *Aegithalos bonvaloti* 2 种。特有种分布占鸟类物种总数的 4.42%。

鸟类中的保护种和特有种分布共计 51 个，占鸟类物种总数的 17.35%。

居留类型划分：留鸟 143 个，占鸟类物种总数的 48.64%；夏候鸟或繁殖鸟 79 个，占鸟类物种总数的 26.87%；冬候鸟 45 个，占鸟类物种总数的 15.31%；旅鸟或偶然进入鸟类 24 个，占鸟类物种总数的 8.16%；居留型不易确定的种类 3 个，占鸟类物种总数的 1.02%。其中在旅鸟中有部分夏候鸟（PS）1 种（灰脸鵟鹰），部分（PR）留鸟 1 种（金雕）；冬候鸟中部分夏候鸟（WS）2 种（白尾鹞、猎隼）。

繁殖鸟类（包括留鸟、夏候鸟、部分留鸟、部分夏候鸟）共计 226 种，占鸟类物种总数的 76.87%；计入冬候鸟 45 种，长期利用库区不同类型生境的鸟类 271 种，占鸟类物种总数的 92.18%。

（2）数量级别

依据调查遇见率及生境范围等因素，大致划分的相对数量级指数为：优势种、常见种、少见种、稀有种 4 个级别。

属于优势种 14 个，占鸟类物种总数的 4.77%。有鹳形目中的苍鹭、白鹭 2 种，雀形目中的崖沙燕、家燕、金腰燕、领雀嘴鹎［绿鹦嘴鹎］、黄臀鹎、白头鹎、八哥、红嘴蓝鹊、棕颈钩嘴鹛、棕头鸦雀、大山雀、红头长尾山雀等 12 种。

属于常见种 92 个，占鸟类物种总数的 31.29%。有䴙䴘目中的小䴙䴘 *Podiceps ruficollis*、黑颈䴙䴘 *P. nigricollis* 2 种，鹳形目中的夜鹭 1 种，雁形目中的绿头鸭、斑嘴鸭、普通秋沙鸭等 3 种，隼形目中的鸢、雀鹰、松雀鹰、普通鵟、红隼等 5 种，鸡形目中的灰胸竹鸡、雉鸡［环颈雉］、红腹锦鸡等 3 种，鹤形目中的白胸苦恶鸟 1 种，鸻形目中的金眶鸻 *Charadrius dubius*、白腰草鹬 *Tringa ochropus*、矶鹬、红嘴鸥 4 种，鸽形目中的山斑鸠、珠颈斑鸠 2 种，鹃形目中的鹰鹃、四声杜鹃、大杜鹃、小杜鹃等 4 种，鸮形目中的领角鸮、斑头鸺鹠 2 种，雨燕目中仅短嘴金丝燕 1 种，佛法僧目中的冠鱼狗、普通翠鸟、戴胜等 3 种，䴕形目中的黑枕绿［灰头］啄木鸟、大斑啄木鸟 *Dendrocopos major* 2 种，雀形目中的小云雀、山鹡鸰 *Dendronanthus indicus*、灰鹡鸰、白鹡鸰、树鹨 *Anthus hodgsoni*、小灰山椒鸟、绿翅短脚鹎、黑鹎［黑短脚鹎］、虎纹伯劳、棕背伯劳、黑卷尾、松鸦、喜鹊 *Pica pi-*

ca、星鸦、大嘴乌鸦 Corvus macrorhynchus、小嘴乌鸦 C. corone、白颈鸦、褐河乌、红胁蓝尾鸲 Tarsiger cyanurus、鹊鸲、北红尾鸲 Phoenicurus auroreus、红尾水鸲、小燕尾、黑背燕尾、白顶溪鸲、乌鸫 Turdus merula、斑胸钩嘴鹛［锈脸钩嘴鹛］Pomatorhinus erythrocnemis、红头穗鹛、画眉、白颊噪鹛、橙翅噪鹛、红嘴相思鸟、褐头雀鹛、灰眶雀鹛 Alcippe morrisonia、白领凤鹛、黑颏凤鹛［黑额凤鹛］、强脚树莺［山树莺］Cettia fortipes、棕腹柳莺 Phylloscopus subaffinis、黄眉柳莺、黄腰柳莺、极北柳莺 P. borealis、冠纹柳莺、金眶鹟莺、棕脸鹟莺、褐头鹪莺［纯色鹪莺］Prinia inornata、山鹪莺 Prinia criniger、绿背山雀、黄腹山雀、普通鸭、暗绿绣眼鸟、山麻雀、白腰文鸟、金翅雀、酒红朱雀、普通朱雀 Carpodacus erythrinus、黄喉鹀、灰头鹀、三道眉草鹀、小鹀等 59 种。常见种鸟类中列为国家 Ⅱ 级重点保护野生动物的有 8 种，占鸟类常见种总数的 8.70%。

属于少见种 139 个，占鸟类物种总数的 47.28%。有鸩形目中的鸩鹩 1 种，鹳形目中的池鹭、牛背鹭、中白鹭等 3 种，雁形目中的赤麻鸭［黄鸭］、绿翅鸭、红头潜鸭、鸳鸯、棉凫等 5 种，隼形目中的苍鹰、赤腹鹰、大鵟、灰脸鵟鹰、燕隼、灰背隼、红脚隼等 7 种，鸡形目中的鹌鹑 Coturnix coturnix、红腹角雉、勺鸡等 3 种，鹤形目中的黄脚三趾鹑 Turnix tanki、董鸡、骨顶鸡［白骨顶］Fulica atra 等 3 种，鸻形目中的凤头麦鸡 Vanellus vanellus、灰头麦鸡、剑鸻、长嘴剑鸻、环颈鸻 Charadrius alexandrinus、红胸鸻 Charadrius asiatlcus、扇尾沙锥 Gallinago gallinago、丘鹬 Scolopax rusticola、白额燕鸥等 9 种，鸽形目中的红翅绿鸠、火斑鸠 Oenopopelia tranquebarica 2 种，鹃形目中的红翅凤头鹃、棕腹杜鹃、中杜鹃、翠金鹃、乌鹃、噪鹃等 6 种，鸮形目中的红角鸮、领鸺鹠、灰林鸮等 3 种，夜鹰目中仅普通夜鹰 1 种，雨燕目中的白喉针尾雨燕 Hirundapus caudacutus、白腰雨燕、小白腰雨燕等 3 种，佛法僧目中的斑鱼狗、蓝翡翠 2 种，䴕形目中的大拟啄木鸟、蚁䴕 Jynx torquilla、斑姬啄木鸟、栗啄木鸟、赤胸啄木鸟、棕腹啄木鸟、星头啄木鸟等 7 种，雀形目中的岩燕 Ptyonoprogne rupestris、毛脚燕 Delichon urbica、黄鹡鸰 Motacilla flava、黄头鹡鸰 M. citreola、田鹨 Anthus novaeseelandiae、暗灰鹃鵙、粉红山椒鸟、灰山椒鸟 Pericrocotus divaricatus、长尾山椒鸟、牛头伯劳 Lanius bucephalus、红尾伯劳、黑枕黄鹂、灰卷尾、发冠卷尾、丝光椋鸟 Sturnus sericeus、灰椋鸟 S. cineraceus、秃鼻乌鸦、鹪鹩 Troglodytes troglodytes、黑喉红尾鸲 Phoenicurus hodgsoni、蓝额红尾鸲 P. frontalis、白腹短翅鸲［短翅鸲］Hodgsonius phoenicuroides、灰背燕尾、黑喉石䳭 Saxicola torquata、灰林䳭 Saxicola ferrea、栗腹矶鸫［栗胸矶鸫］、蓝矶鸫 Monticola solitarius、紫啸鸫、虎斑地鸫 Zoothera dauma、灰头鸫 T. rubrocanus、白腹鸫 T. pallidus、赤颈鸫、斑鸫 T. naumanni、宝兴歌鸫、矛纹草鹛 Babax lanceolatus、黑脸噪鹛 Garrulax perspicillatus、白喉噪鹛、黑领噪鹛、灰翅噪鹛 G. cineraceus、眼纹噪鹛、金胸雀鹛、褐顶雀鹛［褐雀鹛］Alcippe brunnea、栗头凤鹛［栗耳凤鹛］Yuhina castaniceps、红嘴鸦雀 Conostoma aemodium、白眶鸦雀、黄腹树莺、斑胸短翅莺 Bradypterus thoracicus、黄腹柳莺 Phylloscopus affinis、褐柳莺、棕眉柳莺、暗绿柳莺、白斑尾柳莺 Phylloscopus davisoni、黑眉柳莺、戴菊、栗头鹟莺、棕扇尾莺 Cisticola juncidis、红喉姬鹟［黄点颏］Ficedula parva、棕腹仙鹟 Niltava sundara、乌鹟 Muscicapa sibirica、北灰鹟 Muscicapa latirostris、铜蓝鹟、方尾鹟、寿带、黄颊山雀 Parus spilonotus、煤山雀、沼泽山雀、银喉长尾山雀 Aegithalos caudatus、黑眉长尾山雀、银脸长尾山雀、纯色啄花鸟 Dicaeum concolor、

红胸啄花鸟 *D. ignipectus*、蓝喉太阳鸟 *Aethopyga gouldiae*、叉尾太阳鸟 *Aethopyga christinae*、麻雀 [树麻雀]、斑文鸟 *Lonchura punctulata*、燕雀 *Fringilla montifringilla*、黄雀、赤胸灰雀 [灰头灰雀]、黑尾蜡嘴雀、黄胸鹀 *Emberiza aureola*、灰眉岩鹀 *E. cia*、赤胸鹀 [栗耳鹀] *E. fucata*、黄眉鹀 *E. chrysophrys*、蓝鹀、凤头鹀等 84 种。少见种鸟类中列为国家 II 级重点保护野生动物的有 13 种，占鸟类少见种总数的 9.35%。

属于稀有种 49 个，占鸟类物种总数的 16.66%。有䴙䴘目中的凤头䴙䴘 *Podiceps cristatus*、赤颈䴙䴘 2 种，鹳形目中的紫背苇鳽 *Ixobrychus eurhythmus*、大麻鳽 *Botaurus stellaris* 2 种，隼形目中的金雕、白肩雕、白腹隼雕、白尾鹞、猎隼、游隼等 7 种，鸡形目中的白冠长尾雉 1 种，鹦形目中的绯胸鹦鹉 1 种，鸮形目中的草鸮、雕鸮、黄脚 [腿] 渔鸮、鹰鸮、长耳鸮、短耳鸮等 6 种，佛法僧目中的三宝鸟 *Eurystomus orientalis* 1 种，雀形目中的粉红胸鹨 *Anthus roseatus*、水鹨、山鹨 *Anthus sylvanus*、灰背伯劳 *Lanius tephronotus*、灰树鹊、红嘴山鸦 *Pyrrhocorax pyrrhocorax*、蓝短翅鸫 *Brachypteryx montana*、红喉歌鸲 [红点颏]、小鳞胸鹪鹛、山噪鹛、斑背噪鹛 *Garrulax lunulatus*、大噪鹛、斑胁姬鹛 *Cutia nipalensis*、淡绿鵙鹛、黑头奇鹛、树莺 [日本树莺] *Cettia diphone*、棕褐短翅莺 *Bradypterus luteoventris*、高山短翅莺 *Bradypterus seebohmi*、东方大苇莺 *Acrocephalus orientalis*、钝翅苇莺 [稻田苇莺] *A. concinens*、乌嘴柳莺 *Phylloscopus magnirostris*、白眉姬鹟 *Ficedula zanthopygia*、灰蓝姬鹟 *Ficedula leucomelanura*、白腹姬鹟、蓝喉仙鹟 *Niltava rubeculoides*、红腹山雀 *Parus davidi*、红翅旋壁雀、旋木雀、暗色朱雀 [暗胸朱雀] *Carpodacus nipalensis*、棕朱雀 *Carpodacus edwardsii* 等 30 种。稀有种鸟类列为国家 I 级重点保护野生动物的有 2 种，列为 II 级重点保护野生动物的有 13 种，占鸟类稀有种总数的 39.61%。

(3) 生境利用特征

依据陆栖野生脊椎动物的生境植被类型和景观特征，划分 7 个不同生境类型，将鸟类物种与各生境的利用程度和关系，概略分述如下。

①森林：与该生境具有密切相关关系的鸟类有 189 种，具有一定程度相关关系的有 23 种，共计 212 种，占鸟类物种总数的 72.11%。

不同植被群落的森林生境在鸟类物种多样性的丰富程度方面具有重要意义，许多种鸟类必须在森林生境进行繁殖、觅食活动，甚至有多种水禽对森林生境也具有很强的依赖性，例如鹳形目鹭科鸟类中的 7 种繁殖鸟，有 6 种是在树林、竹林或大树树冠上营巢繁殖，如苍鹭、池鹭、牛背鹭、白鹭、中白鹭、夜鹭等。

对森林生境依赖性较大的鸟类类群有：鸽形目 4 种鸟类，占 100%，鹦形目、鹃形目、夜鹰目、雨燕目鸟类同鸽形目一样，均为 100%；隼形目 18 种猛禽鸟类中的 16 种，占 88.89%；鸡形目 7 种鸟类中的 6 种，占 85.71%；鸮形目 11 种猛禽鸟类中的 9 种，占 81.81%；䴕形目（啄木鸟科为主）9 种鸟类中的 8 种，占 88.89%；雀形目 185 种鸟类中的 144 种，占 76.19%。

②灌丛和灌草丛：与该生境具有密切相关关系的鸟类有 193 种，具有一定程度相关关系的有 27 种，共计 220 种，占鸟类物种总数的 74.83%。

灌丛和灌草丛生境类型多样，与森林生境有密切联系的有林下稀疏灌丛、林下茂密灌丛、林缘或林间空地灌丛和灌草丛等类型。这类灌丛、灌草丛生境中既有森林—灌丛生境型鸟种（例如大多数的雉科、杜鹃科、啄木鸟科、鹎科等鸟类，画眉科中的许多种噪鹛、鸦雀，莺科中的大多数柳莺、鹟莺，鹟科中的许多种鹟类等），又有单纯灌草丛生境型鸟种（例如鹟科中的许多种鸲、鸫类，莺科中的苇莺、鳞莺类等）。与农田、人类居住区毗邻或穿插镶嵌的灌草丛生境，既可以分布有农田—灌草丛生境型鸟种（例如雉科中的环颈雉，文鸟科中的麻雀 Passer spp.、文鸟类 Lonchura spp.，雀科中的燕雀、金翅、大多数鹀类等），又可以分布有单纯灌丛生境型鸟种。还有许多种隼形目和鸮形目猛禽在不同程度上对这类生境的利用等因素，致使灌丛和灌草丛生境中的鸟类物种组成最为丰富。

对灌丛和灌草丛生境依赖程度较大的鸟类类群有：隼形目、鸡形目、雨燕目、夜鹰目的全部鸟种，占 100%；鸽形目 4 种鸟类中的 2 种，占 50.00%；鹃形目 10 种鸟类中的 4 种，占 40.00%；鸮形目 11 种猛禽中的 9 种，占 81.81%；雀形目 185 种鸟类中的 170 种，占 91.89%。

③草地：与该生境具有密切相关关系的鸟类有 60 种，具有一定程度相关关系的有 63 种，共计 123 种，占鸟类物种总数的 41.84%。

重庆五里坡自然保护区草地以山地疏林草丛草地、山地灌丛草地类型为主，其余为山地草丛草地和农田间隙草地。集中连片成大面积的草地较少，多数草地属零星分布，毗邻或镶嵌在林地、灌丛、农田等生境之间，因而单纯依存于草地生境的鸟种数量所占比重不是很大。典型草地生境的鸟种有鸻形目中的凤头麦鸡、灰头麦鸡，雀形目鸟类中的凤头百灵、小云雀、大多数鹨鹡科鸟类等。利用草地生境的许多种鸟类也是农田、灌丛等生境中的常见种，如水禽中的牛背鹭、白鹭，大多数猛禽如鸢、苍鹰、雀鹰、金雕、𫛭 Buteo spp.、鹞 Circus spp.、游隼、红隼等，以及雉鸡［环颈雉］、大杜鹃、戴胜、灰椋鸟、麻雀、白腰文鸟、燕雀、金翅、朱雀 Carpodacus pp.、黄胸鹀、黄喉鹀、小鹀、黄眉鹀、凤头鹀等。

利用草地生境的鸟类类群有：鸻形目 8 种鸟类中的 4 种，占 50.00%；隼形目 18 种猛禽中的全部，占 100%；鸡形目 7 种鸟类中的 4 种，占 57.14%；鹤形目 4 种鸟类中的 1 种，占 25.00%；鸽形目 13 种鸟类中的 3 种，占 23.08%；鸽形目 4 种鸟类中的 2 种，占 50.00%；鹃形目 10 种鸟类中的 1 种（大杜鹃），占 10.00%；鸮形目 11 种猛禽中的 2 种，占 18.18%；雨燕目 4 种鸟类中的全部（空中飞行捕食），占 100%；佛法僧目 6 种鸟类中的 2 种，占 33.33%；䴕形目 9 种鸟类中的 1 种，占 11.11%；雀形目 185 种鸟类中的 81 种，占 43.78%。

④洞穴、裸岩：与该生境具有密切相关关系的鸟类有 15 种，具有一定程度相关关系的有 24 种，共计 39 种，占鸟类物种总数的 13.27%。

许多种鸟类选择洞穴或峭壁上的石阶、石沿作为繁殖季节时的营巢巢址，例如金雕等多种猛禽，以及某些雨燕目、法僧目和雀形目鸟类。但考虑到三峡库区分布的一些猛禽如大𫛭、白肩雕等不属于繁殖鸟，故未将其列入与洞穴生境密切相关的鸟类。有些鸟类必须依赖这类生境作为繁殖和栖居场所，雨燕目鸟类比较典型，例如生活习性在某些方面类似于蝙蝠的短嘴金丝燕，在峭壁上岩石裂隙、凹穴等处营巢停栖的白腰雨燕、小白腰雨燕等。雀形目小型鸣禽中的红翅旋壁雀是典型的裸岩峭壁生境型鸟类，在峭壁缝隙处营巢，觅食也在陡峭石壁、石隙等处。

还有一些灌丛、溪流等生境中的雀形目小型鸣禽，可以选择不同类型的岩石洞穴、石隙、石缝等作为营巢巢址，将其列为与裸岩生境具有一定相关关系的鸟类，例如褐河乌、鹪鹩、蓝额红尾鸲、北红尾鸲、红尾水鸲、灰背燕尾、黑背燕尾、栗腹矶鸫［栗胸矶鸫］、紫啸鸫、山麻雀等。

利用洞穴、裸岩生境的鸟类类群有：雁形目 8 种鸟类中的鸳鸯 1 种，占 12.50%，在陡峭河岸边的岩洞、石穴等处停栖；隼形目 18 种猛禽中的 4 种，占 22.22%；鸮形目 11 种猛禽中的雕鸮、黄脚［腿］渔鸮 2 种，占 18.18%；雨燕目 4 种鸟类中的 3 种，占 75.00%；佛法僧目 6 种鸟类中的全部，占 100%；雀形目 185 种鸟类中的 24 种，占 12.97%。

⑤水域：与该生境具有密切相关关系的鸟类有 62 种，具有一定程度相关关系的有 13 种，共计 75 种，占鸟类物种总数的 25.51%。

水域生境除了是水鸟类群必不可少的栖居、觅食场所外，也是某些其他类群鸟类的必要生境。例如崖沙燕、家燕、金腰燕等燕科鸟类经常在广阔的水面上空进行飞行觅食活动；鹡鸰科的大多数鸟种如黄鹡鸰、白鹡鸰、田鹨、水鹨等，往往在水边滩地、草地进行觅食；还有一些雀形目小型鸣禽，必须在依傍溪流等水域的灌草丛或农田等生境中才能生存，典型的鸟种有红尾水鸲、小燕尾、灰背燕尾、黑背燕尾、白顶溪鸲、紫啸鸫等；褐河乌这种雀形目小型鸣禽已经演化成为必须潜入溪流水底搜寻砾石或石隙间的昆虫等动物为食的"水栖"鸟类，其在水域觅食活动的技能已经不亚于水禽类。

利用水域生境的鸟类类群有：属于水禽的䴙䴘目、鹳形目、雁形目 4 个目共计 21 种鸟类的全部，占 100%；隼形目 18 种猛禽中的 6 种，占 33.33%；鹤形目 4 种鸟类中的 3 种，占 75.00%；鸻形目 13 种鸟类中的 12 种，占 92.31%；鹃形目 10 种鸟类中的 1 种，占 10.00%；鸮形目 11 种猛禽中的黄脚［腿］渔鸮，占 9.09%；雨燕目 4 种鸟类中的 1 种，占 25.00%；佛法僧目 6 种鸟类中的 5 种，占 83.33%；雀形目 185 种鸟类中的 25 种，占 13.51%。

⑥农田：与该生境具有密切相关关系的鸟类有 131 种，具有一定程度相关关系的有 71 种，共计 202 种，占鸟类物种总数的 68.71%。

农田属于人工植被生境类型，利用农田生境的鸟类大多是周边生境如林地、灌草丛、草地等生境中的鸟类对该生境长期适应性的结果，如灰胸竹鸡、雉鸡［环颈雉］、白冠长尾雉、红腹锦鸡、凤头麦鸡、灰头麦鸡、剑鸻、金眶鸻、环颈鸻、珠颈斑鸠，以及小云雀、大多数的鹡鸰、棕背伯劳等许多种雀形目鸟类。有些鸟种表现出对农田生境的高度适应能力和倾向性，典型的有树麻雀、白腰文鸟、斑文鸟、燕雀、金翅、蜡嘴雀 *Eophona* spp.、黄胸鹀、黄喉鹀、田鹀、小鹀、黄眉鹀等 20 多种文鸟科和雀科鸟类。农田中的水稻田实际上是一种人工水域生境。五里坡自然保护区的沼泽草甸或沼泽灌草丛生境较少，这类生境中的鸟类可以在一定程度上对稻田加以利用，如鹳形目、鹤形目中的大多数鸟类。有的鸟类甚至可以在稻田生境进行繁殖，如鹤形目中的白胸苦恶鸟、董鸡，雀形目中的钝翅苇莺［稻田苇莺］等。

五里坡自然保护区农田生境类型多样，并且多邻接或穿插其他植被群落环境，加之在陆栖野生脊椎动物中鸟类的活动性最强，可以对生境空间进行较高效率的利用，因而保护区农田生境鸟类物种组成较为丰富，在 7 种类型的生境中仅次于森林和灌草丛生境类型。

利用农田生境的鸟类类群有：鹳形目 8 种鸟类中的全部，占 100%；雁形目 8 种鸟类中的 5 种，占 62.50%；隼形目 18 种猛禽中的 17 种，占 94.44%；鸡形目 7 种鸟类中的全部，占 100%；鹤形目 4 种鸟类中的 2 种，占 50.00%；鸻形目 13 种鸟类中的 9 种，占 69.20%；鸽形目 4 种鸟类中的 3 种，占 75.00%；鹦形目 1 种鸟类；鹃形目 10 种鸟类中的 8 种，占 80.00%；鸮形目 11 种猛禽中的 7 种，占 63.64%；雨燕目 4 种鸟类中的 3 种，占 75.00%；佛法僧目 6 种鸟类中的 3 种，占 50.00%；䴕形目 9 种鸟类中的 3 种，占 33.33%；雀形目 185 种鸟类中的 126 种，占 68.11%。

⑦人类居住区：与该生境具有密切相关关系的鸟类有 67 种，具有一定程度相关关系的有 62 种，共计 129 种，占鸟类物种总数的 43.88%。

虽然人类居住区对于绝大多数野生动物而言是一个环境非常恶劣、难以适应的生境，也是野生动物物种数量分布最少的生境，但有些鸟类在长期适应环境演变的过程中，已经成为与人类居住区生境具有密切相关关系的物种，甚至可以称为人类的伴生物种，例如树麻雀、家燕、金腰燕、鹊鸲等。还有一些鸟类偏重于选择在一些绿化条件较好的城市居民区、城郊乡村、林场房屋等类型的人类居住区生境，进行营巢繁殖活动，例如白鹭、池鹭、夜鹭等几种鹭科鸟类，猛禽中的鸢、红脚隼、红隼、领角鸮等，以及鸠鸽科的山斑鸠、珠颈斑鸠，杜鹃科的大杜鹃、四声杜鹃，雀形目中的白鹡鸰、绿鹦嘴鹎、白头鹎、黑短脚鹎、黑枕黄鹂、黑卷尾、八哥、喜鹊、小嘴乌鸦、北红尾鸲、红尾水鸲、小燕尾、黑背燕尾、乌鸫、大山雀、绿背山雀、太阳鸟 Aethopyga spp.、金翅等。除了那些人口过于集中且建筑布局不合理的大都市，有相当数量的鸟类物种可以将依傍或嵌入较好自然景观条件的人类居住区作为其生存繁衍的适宜生境。

利用人类居住区生境的鸟类类群有：鹏鹏目 4 种鸟类中的 2 种，占 50.00%；鹳形目 8 种鸟类中的 6 种，占 75.00%；雁形目 8 种鸟类主要的 4 种，占 50.00%；隼形目 18 种猛禽中的 6 种，占 33.33%；鸡形目 7 种鸟类中的 2 种，占 28.57%；鹤形目 4 种鸟类中的 1 种，占 25.00%；鸽形目 4 种鸟类中的 2 种，占 50.00%；鹃形目 10 种鸟类中的 3 种，占 33.33%；鸮形目 11 种猛禽中的 3 种，占 27.27%；雨燕目 4 种鸟类中的 3 种，占 75.00%；佛法僧目 6 种鸟类中的 5 种，占 83.33%；䴕形目 9 种鸟类中的 4 种，占 44.44%；雀形目 185 种鸟类中的 88 种，占 47.57%。

依据表 3-3 数据，将不同类型生境中的鸟类物种数和适应能力数值制成图 3-2。适应能力值制定标准为：每个物种将其作为主要生境定为 2，次要生境定为 1，该类型景观区域中所有鸟类物种数值之和即为适应能力值*。

（4）从属区系和分布型

截至目前确认分布的 294 个鸟类物种中（未划分到亚种），从属区系为：古北界 110 种，东洋界 113 种，广布种 71 种。不同从属区系物种分别占鸟类物种总种数的比例为：古北界 37.41%，东洋界 38.44%，广布种 24.15%（参见表 3-3）。

---

* 例如人类居住区：与该生境具有密切相关关系的鸟类有 67 种，具有一定程度相关关系的有 62 种。其适应能力值为 67×2+62=196。

重庆五里坡自然保护区生物多样性

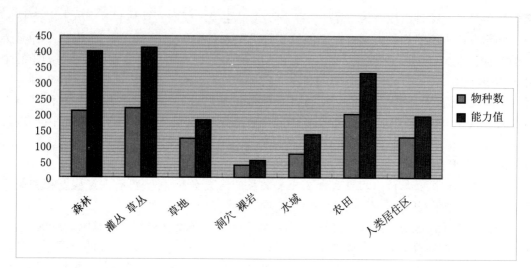

图 3 - 2　不同类型生境中的鸟类物种数和适应能力值

如果仅考虑繁殖鸟类 226 种的从属区系为：古北界种类 58 个，东洋界种类 110 个，广布种类 58 个。不同从属区系物种分别占繁殖鸟类物种总种数的比例为：古北界 25.66%，东洋界 48.67%，广布种 25.66%（参见表 3 - 3）。

据《中国动物地理》（张荣祖，1999）的划分标准，将重庆五里坡自然保护区分布的 294 种鸟类划归于 12 个不同的分布型（参见表 3 - 7），分布型代码沿用同一工具书中的规格（参见表 3 - 8）。现将不同分布型的鸟类物种概述如下。

①全北型 C：有 25 个物种（繁殖鸟 11 种），其中有剑鸻、水鹨 2 个种未划分亚型。其余 23 个物种分属于 9 个亚型，分别为：Ca 全北型，寒带至寒温带（苔原—针叶林带）型，有猎隼 2 种；Cb 全北型，寒温带—中温带（针叶林带—森林草原）型，有普通秋沙鸭、旋木雀 2 种；Cc 全北型，寒温带（针叶林带）为主型，有苍鹰、长耳鸮、短耳鸮等 3 种；Cd 全北型，温带（落叶阔叶林带—草原耕作景观）型，有黑颈鸊鷉、白尾鹞、灰背隼等 3 种；Cd（O₄）全北型，温带（落叶阔叶林带—草原耕作景观）旧大陆—北美型，仅游隼 1 种；Ce 全北型，北方湿润—半湿润带，有赤颈鸊鷉、绿翅鸭、金雕等 3 种；Cf 全北型，中温带为主型，有绿头鸭、红头潜鸭、矶鹬、小嘴乌鸦等 5 种；Cg 全北型，温带为主，再延伸至热带（欧亚温带—热带型），仅崖沙燕 1 种；Ch 全北型，中温带为主，再延伸至亚热带（欧亚温带—亚热带）型，有家燕、喜鹊、鹪鹩等 3 种。全北型物种占鸟类物种总数的 8.50%。

②古北型 U：有 41 个物种（繁殖鸟 22 种），其中有黄头鹡鸰、红喉歌鸲［红点颏］、虎斑地鸫、黄腰柳莺、暗绿柳莺、沼泽山雀、黄雀、普通朱雀等 8 个种未划分亚型。其余 33 个物种分属于 9 个亚型，分别为；Ua 古北型，寒带至寒温带（苔原—针叶林带）型，仅有小䴙 1 种；Ub 古北型，寒温带—中温带型，有扇尾沙锥、蚁䴕、黄鹡鸰、银喉长尾山雀、普通鸬、黄胸鹀等 6 种；Uc 古北型，寒温带（针叶林带为主）型，有大麻鳽、白腰草鹬、红嘴鸥、大斑啄木鸟、极北柳莺、红喉姬鹟［黄点颏］、燕雀等 7 种；Ud 古北型，温带（落叶阔叶林带—草原耕作景观）型，有凤头鸊鷉、普通鵟、红脚隼、凤头麦

鸡、丘鹬等 5 种；Ue 古北型，北方湿润—半湿润带型，有雀鹰、星鸦 2 种；Uf 古北型，中温带为主型，有赤麻鸭、秃鼻乌鸦、煤山雀等 3 种；Ug 古北型，温带为主，再延伸至热带（欧亚温带—热带）型，仅燕隼 1 种；Uh 古北型，中温带为主，再延伸至亚热带（欧亚温带—亚热带型）型，有苍鹭、鸢、雕鸮、黑枕绿［灰头］啄木鸟、毛脚燕、松鸦、麻雀等 7 种；Uo 古北型，不易归类的分布型，仅黄眉柳莺 1 种。古北型物种占鸟类物种总数的 13.95%。

③-1 东北型——东北型（东部为主）K：有 2 个物种（繁殖鸟 1 种），分属于 2 个亚型，分别为：Ka 东北型（东部为主），包括阿穆尔、东西伯利亚、乌苏里、朝鲜半岛型，仅黑尾蜡嘴雀 1 种；Kb 东北型（东部为主），包括乌苏里及朝鲜半岛型，有白腹姬鹟 1 种。东北 K 型物种占鸟类物种总数的 7.48%。

③-2 东北型——东北型（我国东北地区或再包括附近地区）M：有 23 个物种（繁殖鸟 14 种），其中有中杜鹃、白腰雨燕、树鹨、红胁蓝尾鸲、北红尾鸲、斑鸫、乌鸫、黄喉鸫、灰头鸫、赤胸鸫［栗耳鸫］、黄眉鹀 11 个种未划分亚型；其余 20 个物种分属于 8 个亚型，分别为：Ma 东北型，包括贝加尔、蒙古、阿穆尔、乌苏里（或部分地区）型，有白眉姬鹟、北灰鹟、2 种；Mb 东北型，包括乌苏里及朝鲜半岛型，有灰脸鵟鹰 *Butastur indicus*、灰山椒鸟、树莺［日本树莺］等 3 种；Mc 东北型，包括朝鲜半岛型，仅山鹛鸲 1 种；Md 东北型，再分布至蒙古型，仅灰头麦鸡 1 种；Me 东北型，包括朝鲜半岛和蒙古型，仅金翅雀 1 种；Mf 东北型，包括朝鲜半岛、乌苏里及远东地区型，有田鹨、白腹鸫 2 种；Mg 东北型，包括乌苏里及东西伯利亚型，仅有三道眉草鹀 1 种；Mi 东北型，阿尔泰山地或更包括附近地区型，仅有褐柳莺 1 种。东北 M 型物种占鸟类物种总数的 8.46%。

东北 K 型和东北 M 型物种合计占鸟类物种总数的 8.50%。

④华北型 B：有 1 个物种，归入 1 个亚型，为 Ba 华北型，还包括周边地区型，山噪鹛 1 种。华北型物种占鸟类物种总数的 0.34%。

⑤东北—华北型 X：有 4 个物种（繁殖鸟 2 种），无亚型划分。分别为：虎纹伯劳、牛头伯劳、红尾伯劳、灰椋鸟。东北—华北型物种占鸟类物种总数的 1.36%。

⑥季风型（东部湿润地区为主）E：有 4 个物种（繁殖鸟 3 种），其中山斑鸠 1 种未划分亚型。其余 3 个物种属于 1 个亚型，分别为：Eh 季风型（东部湿润地区为主），包括俄罗斯远东地区、日本型，有紫背苇鳽、鸳鸯、大嘴乌鸦 3 种。季风型物种占鸟类物种总数的 1.36%。

⑦中亚型（中亚温带干旱区分布）D：有 2 个物种，其中红胸鸻 1 种未划分亚型。另一个物种属于 1 个亚型：Df 中亚型，伸展至天山或附近地区型，仅大鵟 1 种。中亚型物种占鸟类物种总数的 0.68%。

⑧高地型 P：有 3 个物种（繁殖鸟 2 种），分属于 3 个亚型，分别为：Pa（Hm）高地型，包括附近山地（H 喜马拉雅—横断山区型，a 喜马拉雅南坡）型，仅粉红胸鹨 1 种；Pf（Hc）高地型，东北部（H 喜马拉雅—横断山区型，c 横断山）型，有红腹山雀、银脸长尾山雀 2 种。高地型物种占鸟类物种总数的 1.03%。

⑨喜马拉雅—横断山型 H：有 33 个物种（繁殖鸟 29 种），分属于 4 个亚型，分别为：Ha 喜马拉雅—横断山区，喜马拉雅南坡型，仅黑头奇鹛 1 种；Hc 喜马拉雅—横断山

区，横断山型，有红腹角雉、宝兴歌鸫、斑背噪鹛、大噪鹛、橙翅噪鹛、白领凤鹛、棕眉柳莺、酒红朱雀、蓝鹀等9种；Hm喜马拉雅—横断山区，横断山及喜马拉雅（南翼为主）型，有赤胸啄木鸟、棕腹啄木鸟、长尾山椒鸟、灰背伯劳、黑喉红尾鸲、蓝额红尾鸲、白腹短翅鸲［短翅鸲］、白顶溪鸲、灰头鸫、白喉噪鹛、眼纹噪鹛、斑胁姬鹛、淡绿鵙鹛、金胸雀鹛、红嘴鸦雀、黄腹柳莺、乌嘴柳莺、灰蓝姬鹟、棕腹仙鹟、黑眉长尾山雀、暗色朱雀［暗胸朱雀］、棕朱雀、赤胸灰雀［灰头灰雀］等23种。喜马拉雅—横断山区型物种占鸟类物种总数的11.22%。

⑩南中国型S：有32个物种（全部为繁殖鸟），其中暗绿绣眼鸟1种，未划分亚型；其余30个物种分属于7个亚型，分别为：Sc南中国型，热带—中亚热带型，有灰胸竹鸡、山鹧、白斑尾柳莺、叉尾太阳鸟等4种；Sd南中国型，热带—北亚热带型，有领雀嘴鹎［绿鹦嘴鹎］、白头鹎、丝光椋鸟、小燕尾、栗腹矶鸫［栗胸矶鸫］、斑胸钩嘴鹛［锈脸钩嘴鹛］、红头穗鹛、矛纹草鹛、黑脸噪鹛、画眉、白颊噪鹛、褐头雀鹛、黄腹树莺、棕褐短翅莺、黑眉柳莺、金眶鹟莺、棕脸鹟莺、蓝喉太阳鸟等18种；Sh南中国型，中亚热带—北亚热带型，仅黄腹山雀1种；Sm南中国型，热带—暖温带型，仅白冠长尾雉1种；Sn南中国型，北亚热带型，仅白眶鸦雀1种；St南中国型，中亚热带型，仅勺鸡1种；Sv南中国型，热带—中温带型，有白颈鸦、灰翅噪鹛、棕头鸦雀、棕腹柳莺、山麻雀等5种。南中国型物种占鸟类物种总数的10.88%。

⑪东洋型W：有89个物种（繁殖鸟85种），分属于7个亚型，分别为：Wa东洋型，热带型，有绯胸鹦鹉、灰树鹊、棕颈钩嘴鹛、强脚树莺［山树莺］、冠纹柳莺、山鹪莺、蓝喉仙鹟等7种；Wc东洋型，热带—中亚热带型，有中白鹭、棉凫、赤腹鹰、白胸苦恶鸟、大拟啄木鸟、粉红山椒鸟、绿翅短脚鹎、栗头凤鹛［栗耳凤鹛］、黑颏凤鹛［黑额凤鹛］、高山短翅莺、黄颊山雀、斑文鸟、凤头鹀等13种；Wd东洋型，热带—北亚热带型，有牛背鹭、白鹭、红翅绿鸠、红翅凤头鹃、鹰鹃、乌鹃、噪鹃、领鸺鹠、斑头鸺鹠、短嘴金丝燕、斑姬啄木鸟、栗啄木鸟、黄臀鹎、黑鹎［黑短脚鹎］、棕背伯劳、发冠卷尾、八哥、蓝短翅鸫、鹊鸲、灰背燕尾、黑背燕尾［白冠燕尾］、灰林即鸟、小鳞胸鹩、黑领噪鹛、红嘴相思鸟、褐顶雀鹛［褐雀鹛］、灰眶雀鹛、栗头鹟莺、褐头鹪莺［纯色鹪莺］、棕胸蓝姬鹟 *Ficedula hyperythra*、铜蓝鹟、方尾鹟、绿背山雀、红头长尾山雀、纯色啄花鸟、红胸啄花鸟、白腰文鸟等37种；We东洋型，热带—温带型，有小䴙䴘、池鹭、斑嘴鸭、松雀鹰、白腹隼雕、黄脚三趾鹑、董鸡、珠颈斑鸠、火斑鸠、棕腹杜鹃、四声杜鹃、小杜鹃、翠金鹃、领角鸮、鹰鸮、普通夜鹰、白喉针尾雨燕、蓝翡翠、三宝鸟、星头啄木鸟、小云雀、暗灰鹃鵙、小灰山椒鸟、黑枕黄鹂、黑卷尾、灰卷尾、红嘴蓝鹊、红尾水鸲、紫啸鸫、寿带等30种；We（Ea）东洋型，热带—温带（E季风型［东部湿润地区为主］，a包括阿穆尔或再延展至俄罗斯远东地区）型，仅褐河乌1种。东洋型物种占鸟类物种总数的30.27%。

⑫不易归类的分布型（其中不少分布比较广泛的种）O：有35个物种（繁殖鸟26种），其中赤颈鸫、斑胸短翅莺2种，未划分亚型；其余33个种分属于8个亚型，分别为：O（Uh）不易归类的分布……，古北型，中温带为主，再延伸至亚热带（欧亚温带—亚热带）型，仅有大山雀1种；O_1不易归类的分布……，旧大陆温带、热带或温带—热

带型，有红隼、鹌鹑、金眶鸻、大杜鹃、草鸮、红角鸮、灰林鸮、小白腰雨燕、冠鱼狗、斑鱼狗、普通翠鸟、戴胜、金腰燕、灰鹡鸰、白鹡鸰、黑喉石即鸟等 16 种；O1b 不易归类的分布……，旧大陆温带、热带或温带—热带，热带、南亚热带型，仅有鸪鹕 1 种；O_2不易归类的分布……，环球温带—热带型，有夜鹭、环颈鸻、白额燕鸥等 3 种；O_3 不易归类的分布……，地中海附近—中亚或包括东亚型，有白肩雕、岩燕、红嘴山鸦、蓝矶鸫、乌鸫、钝翅［稻田］苇莺、红翅旋壁雀、灰眉岩鹀等 8 种；O_5 不易归类的分布……，东半球（旧大陆—大洋洲）温带—热带型，有骨顶鸡［白骨顶］、东方大苇莺、棕扇尾莺等 3 种；O_7 不易归类的分布……，亚洲中部型，仅雉鸡［环颈雉］1 种。不易归类的分布型物种占鸟类物种总数的 11.90%。

（5）一些问题的说明

①种类确定和分布

绯胸鹦鹉：属于国家Ⅱ级重点保护野生动物。2000 年 10 月监测调查中，在重庆五里坡自然保护区的平和镇附近，野外见到并使用长焦距镜头拍摄到清晰可辨的录像带图像资料。发现绯胸鹦鹉的地点与该鸟的最近相邻分布区是四川西部和南部，而且当时是在居民区附近的大树上见到这种鸟，并且仅有 1 只个体出现，因而有可能是属于笼鸟逃逸现象。

斑胁姬鹛：本种有 4 个亚种，中国分布有 2 个亚种。指名亚种 *Cutia nipalensis nipalensis*，国内分布于四川西部康定和西藏东南部；国外分布于尼泊尔、锡金、不丹、孟加拉国、印度阿萨姆和缅甸西部。云南亚种 *C. n. melanchima*，国内分布于云南西北部贡山、西部泸水、腾冲、龙川江与怒江间山脉、澜沧以及南部勐腊和绿春等地；国外分布于缅甸东部，泰国西北部和越南东北部（赵正阶，2001）。

监测调查时于 1999 年 12 月在巴东县小神农架地区观察到 1 次，生境为林缘灌丛，海拔 1400m，数量 10 多只，与红头长尾山雀、灰眶雀鹛混群活动。2006 年 11 月 3 日在重庆五里坡自然保护区官阳镇坪前保护站潜伏观察动物时见到过 1 次，海拔 1875m，生境也是林缘灌丛，与灰眶雀鹛混群活动。均未采集标本，也未拍摄到影像资料。但本物种具有非常明显的羽色特征，容易准确辨认。调查人员曾于 1997 年 1 月在福建武夷山自然保护区观察到过 1 群斑胁姬鹛与画眉科鸟类混群活动的现象。由于是冬季见到，本种在三峡库区的居留型暂定为冬候鸟。

棕朱雀：本种 2 个亚种，我国均有分布。指名亚种 *Carpodacus edwardsii edwardsii*，分布于我国甘肃南部，四川北部、中部、西部和云南西北部等地，国外无分布。藏南亚种 *C. e. rubicunda*，国内分布于云南西部，西藏南部、东南部和东北部，国外分布于尼泊尔、孟加拉国、锡金和印度阿萨姆等喜马拉雅山地区。三峡库区本底调查 1997 年在开县一字梁（雪宝山自然保护区，海拔 2000~2200m）采集到标本，2006 年在重庆五里坡自然保护区的葱坪（海拔 1850~2200m）、坪前（海拔 1950m）野外目击到。棕朱雀在动物地理区划上划归古北界物种，分布型为喜马拉雅—横断山区型，分区分布为西南区、华南区，在三峡库区发现，表明了其分布区东扩现象。

②今后调查工作需要注意的鸟种：从动物地理区划分布来看巫山应该有分布，但调查中尚未见到的有：鹗 *Pandion haliaetus*、普通燕鸥 *Sterna hirundo*、短嘴山椒鸟 *Pericrocotus brevirostris*、蓝点颏 *Luscinia svecica*、蓝歌鸲 *L. cyane*、金色林鸲 *Tarsiger chrysaereus*、白眉林

鸫 *T. indicus*、白尾斑地鸫［白尾地鸫、白尾蓝鸫］*Cinclidium leucurum*、褐胁雀鹛 *Alcippe dubia*、斑翅鹩鹛 *Spelaeornis troglodytoides*、棕噪鹛 *Garrulax poecilorhynchus*、橙胸姬鹟 *Ficedula strophiata*、棕胸蓝姬鹟、白［锈］胸蓝姬鹟 *F. hodgsonii*、棕腹大仙鹟 *Niltava davidi*、白喉扇尾鹟 *Rhipidura albicollis*、红胁绣眼 *Zosterops erythropleura*、红交嘴雀 *Loxia curvirostra*、黑头蜡嘴雀 *Eophona personata*、锡嘴雀 *Coccothraustes coccothraustes*、栗鹀 *Emberiza rutila*、田鹀 *E. rustica*、白眉鹀 *E. tristrami* 等至少 23 种。

③特殊繁殖鸟种

白尾鹞 *Circus cyaneus*：古北界物种，分布型为全北型—温带（落叶阔叶林带—草原耕作景观）型，分区分布：东北、华北、蒙新、青藏区为繁殖鸟，西南、华中、华南区为旅鸟或冬候鸟。在巫山县大宁河大昌镇夏季（5～8 月份）多次见到成对活动现象，生境（距五里坡自然保护区界 3km）是开阔河滩冲积平原，以油芒 *Spodiopogon sp.* 为建群种的大面积高草丛，类似于这种鸟在我国北方繁殖地生境——芦苇滩地。在跟踪观察其活动行为的过程中，表现出护卫领域的行为和鸣叫声现象。因而将其在巫山的居留型定为冬候鸟—部分夏候鸟（繁殖鸟）。该生境已经被 2006 年 9 月下旬上涨的 156m 水位线淹没，形成一片大约 20km^2 的人工湖。

猎隼 *Falco cherrug*：古北界物种，分布型为全北型—寒带至寒温带（苔原—针叶林带），分区分布：蒙新、青藏区为繁殖鸟，东北、华北、西南、华中、华南区为旅鸟或冬候鸟。夏季（5～8 月份）在重庆五里坡自然保护区葱坪（海拔 2200m）先后见到 2 次，均为成鸟。因而将其在重庆五里坡自然保护区的居留型定为冬候鸟—部分夏候鸟（繁殖鸟）。

④鸟类物种数量级别确定：三峡库区本底调查和监测调查中，有关野生动物的数量级别划分主要是依据调查遇见率及生境范围等因素，大致划分的相对数量级指数为：优势种、常见种、少见种、稀有种 4 个级别。由于调查强度等因素的制约，许多物种的数量级划分不一定与实际状况相符。

查阅参考文献，地理分布区不在或邻近三峡库区的鸟类，大多定为稀有种，如山噪鹛、大噪鹛、黑头奇鹛等。

戴菊等画眉科、莺科、鹟科鸟类在本底调查中定为稀有种，实际上因为其活动习性较为隐蔽等缘故，还是定为少见种为妥。

红喉姬鹟、黄胸鹀在本底调查中定为稀有种，考虑到其迁徙季节的短暂时期容易见到，如同北灰鹟（本底调查定为少见种）一样，修订为少见种。

寿带在本底调查中定为常见种，且为全国广泛分布（属于东洋界鸟类，扩展较广），虽然在调查中见到过多次，而且还对其繁殖习性进行过专门研究，但仅限于三峡库区的局部地区，在大多数地区已经非常难以见到，因而修订为少见种。

红翅旋壁雀，典型的峭壁生境型鸟类，由于调查强度和工作方法因素，仅在局部区域见到，划分为稀有种。本种分布虽然很广，但在三峡库区以外的其他地区（华北、西南）调查均为稀有种，根据其活动习性和生境选择，很大可能在三峡库区（包括重庆五里坡自然保护区）应为少见种，因为本区域峭壁生境很多。暂定为冬候鸟（因为是在冬季见到的）。

鸟类中偶然分布的事例常有出现，如分布于我国南方的蓝翅八色鸫 *Pitta brachyura* 偶见于华北；北方的大鸨 *Otis tarda* 偶见于长江中游甚至福建；非洲的埃及雁 *Alopochen aegyptiac* 在北京出现过；分布于西伯利亚东部和美洲的沙丘鹤 *Grus canadensis* 偶见于我国江苏、浙江和江西鄱阳湖等地。三峡库区（包括重庆五里坡自然保护区）中划归为稀有种或少见种的某些鸟类，如斑胁姬鹛等，很可能应该属于偶然分布鸟种，但考虑到在本区域开展监测调查工作的时间空间跨度，以及投入的工作力度所限等因素，没有将偶见种鸟类确切划分。

⑤从属区系和分布型划分：鸟类从属区系参照《中国鸟类名称手册》（杭馥兰、常家传，1997）划分，将书中个别种类按照分布状况做了修订。分布型参照《中国动物地理》（张荣祖，1999）。鉴于鸟类物种分类方面尚存有不同见解，有些鸟类物种在本书中采用种名不同或没有列出，作者根据有关资料对这些鸟种的分布型进行了划分，难免有偏颇之处。

白冠长尾雉：从属区系划分为广布种（杭馥兰、常家传，1997），但考虑到该种分布型属于南中国型中的热带—暖温带型，分区分布为华北区黄土高原亚区、西南区西南山地亚区、华中区东部丘陵平原亚区和西部山地高原亚区，划分为东洋界种较为确切。

红腹锦鸡：从属区系划分为古北界种（杭馥兰、常家传，1997），但考虑到该种分布型属于东洋型中的中亚热带—北亚热带型，分区分布为青藏区青海藏南亚区、西南区西南山地亚区、华中区西部山地高原亚区，划分为东洋界种较为确切。

长嘴剑鸻：《中国动物地理》（张荣祖，1999）中未列出，参照的是剑鸻分布区，属于分类角度不同。

小灰山椒鸟：《中国动物地理》（张荣祖，1999）中未列出，参照的是暗灰鹃鵙分布区，属于分类角度不同。

黑眉柳莺：有的学者将黑眉柳莺和黄胸柳莺这2个种归入1个物种中的2个亚种，有的学者将其作为2个独立种看待。黑眉柳莺沿用了《中国动物地理》（张荣祖，1999）中黄胸柳莺的分布型，该书中黄胸柳莺的分布型不太适用于三峡库区（包括重庆五里坡自然保护区）目前确定分布的黄胸柳莺。

3.3.3　爬行类

（1）物种组成

1996～1998年三峡库区陆栖野生脊椎动物本底调查结果，爬行类动物记录为35种，分属于2目11科26属（肖文发等，2000）。1999年10月～2006年10月调查资料表明，三峡库区记录分布有爬行类动物42种（增添的7个新纪录种，有4个种是有关专家在重庆五里坡自然保护区进行调查时首先确认）。其中重庆五里坡自然保护区调查记录有分布的爬行类动物为35种（占三峡库区爬行类物种总数的87.50%），隶属于2目11科26属（表3-4）。

重庆五里坡自然保护区爬行类动物中目前尚无被列入国家保护动物级别的物种（三峡库区爬行类动物同样），列入中国物种红色名录中和IUCN（1994～2003年）濒危等级中评估为近危种（NT）以上的物种有11种，占爬行类物种总数的31.43%。

表3-4 重庆五里坡自然保护区爬行类分布名录

（2目11科26属35种；古北界1种，东洋界28种，广布种6种）

目	科	种名	保护级别	生境类型 森林	灌草丛	草地	洞穴裸岩	水域	农田	人类居住区	数量状况	海拔(m)	分布型	从属区系	东北区	华北区	蒙新区	青藏区	西南区	华中区	华南区
龟鳖目	鳖科 Trionychidae	1. 鳖⊕⊕ *Trionyx sinensis*						+			少	<800	Ea	广	+	+	+		+	+	+
	龟科 Emydidae	2. 乌龟⊕⊕ *Chinemys reevesii*						+			少	<1200	Sm	广		+			+	+	+
有鳞目	壁虎科 Gekkonidae	3. 多疣壁虎⊕⊕ *Gekko japonicus*					-		-	+	常	700	Sh	东						+	+
	鬣蜥科 Agamidae	4. 丽纹龙蜥⊕ *Japalura splendida*		+	+	+				-	优	<1200	Sh	东					+	+	
	蛇蜥科 Anguidae	5. 脆蛇蜥⊕⊕ *Ophisaurus harti*			+	+			+		常	<1200	Sb	东						+	+
	蜥蜴科 Lacertidae	6. 北草蜥⊕ *Takydromus septentrionalis*			+	+			+		常	<1500	E	广 ?	-	-	-			+	+
	石龙子科 Scincidae	7. 中国石龙子⊕ *Eumeces chinensis*		+	+	+			+	-	常	<1000	Sa	东						+	+
		8. 蓝尾石龙子⊕ *E. elegans*		+	+	+			+	-	少	<1000	Sf	东	·	+				+	+
		9. 铜蜓蜥［蝘蜓］ *Lygosoma indicum*［*Sphenomorphus indicus*］		-	+	+			+	-	常	<1200; 1800	We	广					+	+	+
	盲蛇科 Typhlopida	10. 钩盲蛇 *Ramphotyphlops braminus*			+	+				-	少	<1000	Wc	东						+	+
	游蛇科 Colubridae	11. 黑脊蛇⊕⊕ *Achalinus spinalis*			+	-					少	<1200	Sd	东					+	+	+
		12. 锈链腹链蛇⊕ *Amphiesma craspedogaster*			+	-	-		+		少	>1200	Sh	东					+	+	+
		13. 翠青蛇⊕⊕ *Entechinus major*		-	+	+			+		常	<2000	Sv	东					-	+	+
		14. 黄链蛇⊕⊕ *Dinodon flavozonatum*		+	+	-					稀	<1000	Sc	东					+	+	+
		15. 赤链蛇⊕⊕ *D. rufozonatum*		-	+	-	-		+	+	少	<1200	Ed	广	+	+	+				
		16. 双斑锦蛇⊕ *Elaphe bimaculata*		-	+	+			+	+	少	200	Sh	古						+	
		17. 王锦蛇⊕⊕ *E. carinata*		-	+	+	-		+	-	常	<2000	Sd	东					-	+	+
		18. 玉斑锦蛇⊕⊕ *E. mandarina*		+	+	+	-		+	-	少	360	Sd	东		+			+	+	+

（续）

目	科	种名	保护级别	森林	灌草丛	草地	洞穴裸岩	水域	农田	人类居住区	数量状况	海拔(m)	分布型	从属区系	东北区	华北区	蒙新区	青藏区	西南区	华中区	华南区
有鳞目	游蛇科 Colubridae	19. 紫灰锦蛇 *E. porpyracea*		+	+	+	−		+	−	稀	1000	We	东					+	+	+
		20. 黑眉锦蛇 *E. taeniura*		+	+	+	−		+	−	常	<2000	We	东	+	+			+	+	+
		21. 中国小头蛇⊕ *Oligodon chinensis*		+	+	+	−		−		少	1470	Sc	东						+	+
		22. 宁陕小头蛇⊕ *O. ningshaanensis*			+	+	−		−		少	1450	Sm	东					+		
		23. 平鳞钝头蛇⊕ *Pareas boulengeri*		+	+	−					稀	<1000	Sh	东						+	
		24. 中华斜鳞蛇 *Pseudoxenodon macrops*		−	+	+	−		+		少	<1200	We	东					−	+	+
		25. 颈槽蛇［颈槽游蛇］⊕⊕ *Rhabdophis nuchalis*			+	+	−	+	+		少	<1500	Sd	东						+	+
		26. 虎斑颈槽蛇［虎斑游蛇］⊕⊕ *R. tigrinus*			+	+	−	+	+		常	<1200	Ea	东	+	+			+	+	+
		27. 黑头剑蛇⊕⊕ *Sibynophis chinensis*		+	+	−					少	<1200	Sd	东	−				+	+	+
		28. 华游蛇［乌游蛇］⊕⊕ *Sinonatrix percarinata*			−	−		+	−		少	<2000	Sd	东						+	+
		29. 乌梢蛇 *Zaocys dhumnades*		+	+	+			+		常	<2000	Wc	东						+	+
	眼镜蛇科 Elapidae	30. 银环蛇⊕⊕ *Bangarus multicinctus*		−	+	+		−	+	−	少	<1200	Sc	东						+	+
	蝰科 Viperidae	31. 尖吻蝮⊕⊕ *Deinagkistrodon acutus*		+	+	+		−	+		少	<1200	Sc	东						+	+
		32. 短尾蝮［日本蝮］⊕⊕ *Gloydius brevicaudus* [*Agkistrodon blomhoffii*]		+	+	+		−	+		常	<1500	E	广	+	+				+	+
		33. 菜花原矛头蝮［菜花烙铁头］⊕⊕ *Protobothrops jerdonii*		+	+	+	−		+		少	1500 ~ 2500	Sj	东					+	+	−
		34. 原矛头蝮［烙铁头］⊕⊕ *P. mucrosquamatus*		+	+	+			+	−	少	<1200	Sd	东						+	+
		35. 竹叶青蛇 *Trimeresurus stejnegeri*		+	+	+			+		少	1000	We	东						+	+

注：

1. ⊕为我国特有种，⊕⊕为主要分布于我国。

2. 生境类型中，"＋"为主要生境，如繁殖地、觅食地、栖居场所等；"－"为次要生境，如短时间停留、短时觅食、或与其他生境利用有一定的关系等。

3. 数量状况为大致确定，主要依据调查中的遇见率。"优"为优势种，"常"为常见种，"少"为少见种，"稀"为稀有种。

4. 分布型和分区分布参照：《中国动物地理》（张荣祖，1999）；《中国动物志．爬行纲．第一卷．总论．龟鳖目、鳄形目》（张孟闻、宗愉、马积藩编著，1998）；《中国动物志．爬行纲．第三卷．有鳞目、蛇亚目》（赵尔宓、黄美华、宗愉等编著，1998）；《中国动物志．爬行纲．第二卷．有鳞目、蜥蜴亚目》（赵尔宓、赵肯堂、周开亚等编著，1999）。"＋"本亚区分布；"－"边缘分布。

特有种分布方面，仅分布于中国的爬行类物种有 8 个，分别是：丽纹龙蜥、北草蜥、中国石龙子、蓝尾石龙子、锈链腹链蛇 Amphiesma craspedogaster、双斑锦蛇、宁陕小头蛇 Oligodon ningshaanensis、平鳞钝头蛇；主要分布于中国的爬行类物种有 20 个，分别是鳖 Trionyx sinensis、乌龟 Chinemys reevesii、多疣壁虎 Gekko japonicus、脆蛇蜥、黑脊蛇 Achalinus spinalis、翠青蛇、黄链蛇、赤链蛇、王锦蛇、玉斑锦蛇、中国小头蛇 Oligodon chinensis、颈槽蛇〔颈槽游蛇〕Rhabdophis nuchalis、虎斑颈槽蛇〔虎斑游蛇〕、黑头剑蛇、华游蛇〔乌游蛇〕、银环蛇、尖吻蝮、短尾蝮〔日本蝮〕、菜花原矛头蝮〔菜花烙铁头〕、原矛头蝮〔烙铁头〕Protobothrops mucrosquamatus。特有种分布占爬行类物种总数的 80.00%。

中国物种红色名录和 IUCN（1994～2003）濒危等级中评估为低危种以上的物种，以及中国特有种共计 31 个，占爬行类物种总数的 88.57%。

（2）数量级别

依据调查遇见率及生境范围等因素，大致划分的相对数量级指数为：优势种、常见种、少见种、稀有种 4 个级别。

属于优势种 1 个，即鬣蜥科的丽纹龙蜥，占爬行类物种总数的 2.86%。

属于常见种 11 个，有壁虎科的多疣壁虎 1 种，蛇蜥科的脆蛇蜥 1 种，蜥蜴科的北草蜥 1 种，石龙子科的中国石龙子、铜蜓蜥〔蝘蜓〕2 种，游蛇科的翠青蛇、王锦蛇、黑眉锦蛇、虎斑颈槽蛇〔虎斑游蛇〕、乌梢蛇、短尾蝮〔日本蝮〕等 6 种，占爬行类物种总数的 31.43%。

属于少见种 20 个，有鳖科的鳖 1 种，龟科的乌龟 1 种，石龙子科的蓝尾石龙子 1 种，盲蛇科的钩盲蛇 1 种，游蛇科的黑脊蛇、锈链腹链蛇、赤链蛇、双斑锦蛇、玉斑锦蛇、中国小头蛇、宁陕小头蛇、中华斜鳞蛇、颈槽蛇〔颈槽游蛇〕、黑头剑蛇、华游蛇〔乌游蛇〕、银环蛇、尖吻蝮、菜花原矛头蝮〔菜花烙铁头〕、原矛头蝮〔烙铁头〕、竹叶青蛇 Trimeresurus stejnegeri 等 16 种，占爬行类物种总种数的 57.14%。

属于稀有种 3 个，占爬行类物种总种数的 11.11%。有游蛇科的黄链蛇、紫灰锦蛇、平鳞钝头蛇等 3 种。

（3）生境利用特征

依据陆栖野生脊椎动物的生境植被类型和景观特征，划分 7 个不同生境类型，将爬行类物种与各生境的利用程度和关系，概略分述如下。

①森林：与森林生境具有密切相关关系的爬行类有 17 种，具有一定程度相关关系的有 7 种，共计 24 种，占爬行类物种总数的 68.57%。

森林生境中的爬行类物种有些是在灌丛、草丛或地面等处活动，如石龙子 Eumeces spp.、铜蜓蜥〔蝘蜓〕、赤链蛇、双斑锦蛇、玉斑锦蛇、紫灰锦蛇、中国小头蛇、平鳞钝头蛇等；有些种类善于爬树，可以在乔木树干、树枝或树冠层活动觅食，如丽纹龙蜥、王锦蛇、黑眉锦蛇等。

②灌丛和灌草丛：与该生境具有密切相关关系的爬行类有 31 种，具有一定程度相关关系的有 1 种，共计 32 种，占爬行类物种总数的 91.43%。

③草地：与草地生境具有密切相关关系的爬行类有 27 种，具有一定程度相关关系的

有 4 种，共计 31 种，占爬行类物种总数的 88.57%。

灌丛和灌草丛、草地，这 2 种生境是爬行类物种较为适宜的生境，因而分布的物种数量比例较高。

④洞穴、裸岩石隙：爬行类动物，除了鳖和乌龟这 2 种典型的水域生境型物种外，几乎全部物种在进行冬眠、隐栖等行为时，均需要利用不同类型的洞穴、石隙、石缝等裸岩生境。由于这类生境不属于爬行类的主要觅食活动场所，加之爬行类动物的隐蔽性较强，难以对其进行跟踪观察研究，较为缺乏关于它们生态习性方面的有关资料，未能具体确定与洞穴生境具有密切相关关系的爬行动物种类，因而将其均归入与这类生境具有一定程度相关关系的物种 33 种，占爬行类物种总数的 94.29%。

⑤水域：与水域生境具有密切相关关系的爬行类有 5 种，具有一定程度相关关系的有 7 种，共计 12 种，占爬行类物种总数的 34.29%。

典型的依赖于水域生境生存的爬行类物种是鳖和乌龟，主要在水域生境活动觅食的种类有虎斑颈槽蛇［虎斑游蛇］、华游蛇［乌游蛇］、乌梢蛇；可以在水域生境进行觅食活动的有颈槽蛇［颈槽游蛇］、银环蛇、尖吻蝮、菜花原矛头蝮［菜花烙铁头］等。

⑥农田：该生境也是爬行类动物比较适宜生存的生境，大多数灌草丛、草地生境型的爬行类物种可以利用农田生境。

与农田生境具有密切相关关系的爬行类有 22 种，具有一定程度相关关系的有 5 种，共计 27 种，占爬行类物种总数的 77.14%。

⑦人类居住区：与人类居住区生境具有密切相关关系的爬行类有 3 种，具有一定程度相关关系的有 14 种，共计 17 种，占爬行类物种总数的 48.57%。

爬行类动物对人类居住区的适应能力远高于两栖类动物，有些物种已经非常适应于在居民区生境存活，成为该生境中的常见种，例如经常在墙壁或窗户上捕食昆虫的多疣壁虎等。在三峡库区一些靠近林地、农田的居民区，甚至有爬行类动物的树栖种能够到屋顶、宅旁大树上等处进行觅食活动，如丽纹龙蜥、黑眉锦蛇等。由于人们对蛇类的惧怕心理等因素，在居民区生境出现的蛇类经常遭到被捕杀的厄运。

依据表 3-4 数据，将不同类型生境中的爬行类物种数和适应能力数值制成图 3-3。适应能力值制定标准为：每个物种将其作为主要生境定为 2，次要生境定为 1，该类型景观区域中所有爬行类物种数值之和即为适应能力值。

（4）从属区系和分布型

重庆五里坡自然保护区目前确认分布的 35 个爬行类物种中，从属区系为：古北界 1 种，东洋界 28 种，广布种 6 种。不同从属区系物种分别占爬行类物种总种数的比例为：古北界 2.86%，东洋界 80.00%，广布种 17.14%（参见表 3-4）。

按照《中国动物地理》（张荣祖，1999）的划分标准，将重庆五里坡自然保护区分布的 35 种爬行类划归于 3 个不同的分布型（参见表 3-7），分布型代码沿用同一工具书中的规格（参见表 3-8）。不同分布型的爬行类物种概述如下。

①季风型（东部湿润地区为主）E：有 5 个物种，其中北草蜥、短尾蝮［日本蝮］等 2 个物种未划分亚型。其余 3 个物种分属于 2 个亚型，分别为：Ea 季风型（东部湿润地区为主），包括阿穆尔或再延展至俄罗斯远东地区型，有鳖、虎斑颈槽蛇［虎斑游蛇］2 种；

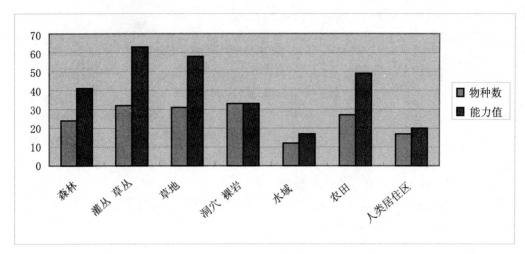

图例：物种数、能力值

图 3-3　不同类型生境中的爬行类物种数和适应能力值

Ed 季风型（东部湿润地区为主），包括至朝鲜与日本型，赤链蛇 1 种。季风型物种占爬行类物种总数的 14.29%。

②南中国型 S：有 23 个物种，分属于 9 个亚型，分别为：Sa 南中国型，热带型，有中国石龙子 1 种；Sb 南中国型，热带—南亚热带型，有脆蛇蜥 1 种；Sc 南中国型，热带—中亚热带型，有黄链蛇、中国小头蛇、银环蛇、尖吻蝮等 4 种；Sd 南中国型，热带—北亚热带型，有黑脊蛇、王锦蛇、玉斑锦蛇、颈槽蛇［颈槽游蛇］、黑头剑蛇、华游蛇［乌游蛇］、原矛头蝮［烙铁头］等 7 种；Sf 南中国型，南亚热带—北亚热带型，有蓝尾石龙子 1 种；Sh 南中国型，中亚热带—北亚热带型，有多疣壁虎、丽纹龙蜥、锈链腹链蛇、双斑锦蛇、平鳞钝头蛇等 5 种；Sj 南中国型，北亚热带型，有菜花原矛头蝮［菜花烙铁头］1 种；Sm 南中国型，热带—暖温带型，有乌龟、宁陕小头蛇 2 种；Sv 南中国型，热带—中温带型，有翠青蛇 1 种。南中国型物种占爬行类物种总数的 65.71%。

③东洋型 W：有 7 个物种，分属于 2 个亚型，分别为：Wc 东洋型，热带—中亚热带型，有钩盲蛇、乌梢蛇 2 种；We 东洋型，热带—温带型，有铜蜓蜥［蝘蜓］、紫灰锦蛇、黑眉锦蛇、中华斜鳞蛇、竹叶青蛇等 5 种。东洋型物种占爬行类物种总数的 20.00%。

（5）一些问题的说明

①菜花原矛头蝮［菜花烙铁头］：据《中国动物志·爬行纲·第三卷·有鳞目、蛇亚目》（赵尔宓等，1998）中记录，Pope 于 1935 年首次报道三峡库区的湖北省宜昌县（夷陵区）有该物种分布。毗邻三峡库区有该物种分布的县份还有重庆市南川、城口，湖北省利川县。本底调查在三峡库区范围未见分布。监测调查中，在三峡库区巴东县、开县、巫山县海拔 1450~2500m 的山地阔叶林、山地针阔混交林灌丛生境多次见到。文献报道表明三峡库区的奉节县也有该物种分布（蒋志刚，2002）。

②新纪录物种：在重庆五里坡自然保护区近年来发现的三峡库区新纪录物种有黑脊蛇、锈链腹链蛇、宁陕小头蛇、竹叶青蛇等 4 种，其中锈链腹链蛇、宁陕小头蛇是仅分布于中国的特有种，黑脊蛇是主要分布于中国的特有种。均为重庆市自然博物馆黄永昭研究

员调查确定，并采集到标本。

③尚未记录到的物种：从区系成分上来看，重庆五里坡自然保护区应该分布的爬行动物还有：蹼趾壁虎 *Gekko subpalmatus*、丽纹蛇 *Calliophis macclellandi*、赤链华游蛇［水赤链游蛇］*Sinonatrix anunlaris* 等，有待于今后调查工作中予以确证。

④丰富度较高值得关注的地点：重庆五里坡自然保护区的竹贤乡，有一处蛇种类和数量较多的沟谷，当地人称之为"蛇谷"，目前仅有 1 户村民居住。2006 年 5 月上旬的 1 次调查中，仅在海拔 1410～1421 m 落差、水平距离 440 m 的区段中，就目击到 3 条菜花原矛头蝮［烙铁头］。

3.3.4　两栖类

（1）物种组成

1996～1998 年三峡库区陆栖野生脊椎动物本底调查结果，两栖类记录为 2 目 9 科 14 属 32 种（肖文发等，2000）。1999 年 10 月至 2006 年 10 月调查资料表明，三峡库区记录分布有两栖类动物 33 种（增添 1 个新纪录种——巫山角蟾，也是仅分布于中国的特有种。是有关专家在重庆五里坡自然保护区进行调查时首先确认的）。其中重庆五里坡自然保护区调查记录有分布的两栖类物种为 23 种，隶属于 2 目 8 科 10 属（表 3-5）。国家级重点保护野生动物仅有 1 种，即国家Ⅱ级重点保护野生动物大鲵 *Andrias davidianus*，占重庆五里坡自然保护区两栖类物种总数的 4.35%。

表 3-5　重庆五里坡自然保护区两栖类分布名录

（2 目 8 科 10 属 23 种；国家Ⅱ级重点保护野生动物 1 种；古北界种 3 种，东洋界种 20 种）

目	科	种　名	保护级别	森林	灌草丛	草地	洞穴	水域	农田	人类居住区	数量状况	海拔(m)	分布型	从属区系	东北区	华北区	蒙新区	青藏区	西南区	华中区	华南区
有尾目	小鲵科 Hynobiidae	1. 巫山北鲵⊕ *Ranodon wushanensis*		+	+			+			少	>1400	Sn	东						+	
	隐鳃鲵科 Cryptobranchidae	2. 大鲵⊕ *Andrias davidianus*	Ⅱ	+	+	+		+			少	<1000	E	东		+			+	+	?
无尾目	锄足蟾科 Pelobatidae	3. 峨山掌突蟾⊕ *Leptolalax oshanensis*		+	+			+			少	>1200	Hc	东					+	+	
		4. 利川齿蟾⊕ *Oreolalax lichuanensis*		+	+						稀	1750	Y	东						+	
		5. 巫山角蟾⊕ *Megophrys wushanensis*		+	+			+			少	800～1500	Sn	东						+	
	蟾蜍科 Bufonidae	6. 华西大蟾蜍⊕ *Bufo andrewsi*			+	+		+	+		少	<1200	Sa	古					+	+	
		7. 中华大蟾蜍⊕⊕ *B. gargarizans*		+	+	+	−	+	+	−	常	<3000	Eg	古	+	+	+		+	+	
	雨蛙科 Ranidae	8. 华西雨蛙⊕ *Hyla annectans*		+	+	+		+	+	−	少	>800	Wd	东					+	+	+

（续）

目	科	种名	保护级别	森林	灌草丛	草地	洞穴	水域	农田	人类居住区	数量状况	海拔(m)	分布型	从属区系	东北区	华北区	蒙新区	青藏区	西南区	华中区	华南区
	雨蛙科 Ranidae	9. 无斑雨蛙⊕ *Hyla arborea*		−	+	+		+	+	−	少	700~800	E?	东		+				+	+
		10. 秦岭雨蛙⊕ *H. tsinlingensis*		−	+	+		+	+	−	稀	1000~1200	L	东						+	
		11. 棘腹蛙⊕⊕ *Rana boulengeri*		+	+	−		+			常	>400	Ha	东		+			+	+	+
		12. 沼蛙⊕ *R. guentheri*			+	+		+	+	−	少	<800	Sc	东					+	+	+
		13. 峨眉林蛙⊕ *R. omeimontis*		−	+	+		+	+		少	500~2100	Sh	东						+	
无尾目	蛙科 Ranidac	14. 中国林蛙⊕⊕ *R. chensinensis*		+	+	+		+	+		常	>800	Xa	古	+	+	+	+	+	+	
		15. 泽蛙 *R. liminocharis*			+	+		+	+		优	<1800	We	东		+			+	+	+
		16. 绿臭蛙⊕ *R. margaretae*		+	+	+		+			少	>500	Sh	东						+	
		17. 黑斑蛙⊕⊕ *R. nigromaculata*			+	+		+	+		优	<1800	Ea	东	+	+	+		+	+	+
		18. 湖北金线蛙⊕ *R. plancyi*			+	+		+	−	−	常	<1800	Si	东						+	
	蛙科 Ranidac	19. 隆肛蛙⊕ *R. quadranus*		−	+	+		+			少	>800	Sh	东		−				+	
		20. 花臭蛙⊕ *R. schmakeri*		+	+	−		+			少	>1000	Si	东					?	+	+
无尾目	树蛙科 Rhacophoridae	21. 斑腿树蛙 *Rhacophorus megacephalus*		+	+	+		+	+		少	>600	Wd	东						+	+
	姬蛙科 Microhylidae	22. 粗皮姬蛙 *Microhyla butleri*				+		+			少	<800	Wc	东						+	+
		23. 饰纹姬蛙 *M. ornata*				+		+	+		常	<1500	Wc	东						+	+

注：

1. ⊕为我国特有种，⊕⊕为主要分布于我国。

2. 生境类型中，"＋"为主要生境，如繁殖地、觅食地、栖居场所等；"－"为次要生境，如短时间停留、短时觅食、或与其他生境利用有一定的关系等。

3. 数量状况为大致确定，主要依据调查中的遇见率。"优"为优势种，"常"为常见种，"少"为少见种，"稀"为稀有种。

4. 分布型和分区分布参照：《中国动物地理》（张荣祖，1999）；《中国两栖动物图鉴》（中国野生动物保护协会主编、费梁执行主编，1999）。"＋"本亚区分布；"－"边缘分布。

两栖类中有 7 个物种被列入中国物种红色名录（2004 年）濒危等级评估标准近危种（NT）以上等级的物种（包括被列入国家重点保护野生动物级别的 1 个物种），占两栖类物种总数的 30.43%。例如，属于近危种（NT）级别中的巫山北鲵、利川齿蟾 Oreolalax lichuanensis、黑斑蛙、隆肛蛙 Rana quadranus 等 4 种；属于易危种（VU）级别中的巫山角蟾、棘腹蛙 2 种；被列为国家 Ⅱ 级重点保护野生动物的大鲵，中国物种红色名录（2004 年）对它的濒危等级评估是极危（CR）。

特有种分布方面，仅分布于中国的两栖类物种有 14 个，分别是巫山北鲵、大鲵、峨山掌突蟾、利川齿蟾、巫山角蟾、华西大蟾蜍 Bufo andrewsi、无斑雨蛙、秦岭雨蛙、沼蛙 Rana guentheri、峨眉林蛙 Rana omeimontis、绿臭蛙 R. margaretae、湖北金线蛙 R. plancyi、隆肛蛙、花臭蛙 R. schmakeri，主要分布于中国的两栖类物种有 4 个，分别是中华大蟾蜍、棘腹蛙、中国林蛙、黑斑蛙。特有种分布占两栖类物种总数的 78.26%。

保护物种、珍稀濒危物种和特有种（其中包含有保护物种和珍稀濒危物种）分布共计 18 个，占两栖类物种总数的 78.26%。

（2）数量级别

依据调查遇见率及生境范围等因素，大致划分的相对数量级指数为：优势种、常见种、少见种、稀有种 4 个级别。

属于优势种 2 个，有蛙科中的泽蛙和黑斑蛙，占两栖类物种总数的 8.70%。

属于常见种 5 个，有蟾蜍科的中华大蟾蜍 1 种，蛙科的棘腹蛙、中国林蛙、峨眉林蛙、湖北金线蛙等 4 种，棘蛙科的饰纹棘蛙 Microhyla ornata 1 种，占两栖类物种总数的 21.74%。

属于少见种 14 个，有小鲵科的巫山北鲵 1 种，隐鳃鲵科的大鲵 1 种，锄足蟾科的峨山掌突蟾、巫山角蟾 2 种，蟾蜍科的华西大蟾蜍 1 种，雨蛙科的华西雨蛙 Hyla annectans、无斑雨蛙 2 种，蛙科的沼蛙、峨眉林蛙、绿臭蛙、隆肛蛙、花臭蛙等 5 种，树蛙科的斑腿树蛙 1 种，姬蛙科的粗皮姬蛙 Microhyla butleri 1 种，占两栖类物种总种数的 60.87%。

属于稀有种 2 个，有锄足蟾科的利川齿蟾 1 种；雨蛙科的秦岭雨蛙 1 种，占两栖类物种总种数的 8.70%。

（3）生境利用特征

两栖类动物中的不同类群物种可以有水栖、陆栖、树栖和穴居等多种生活方式，由于两栖动物不具备典型陆栖动物所必备的生理机能特征，尽管它们能够适应于多种类型的陆地生境，但必须依赖于不同的水体环境或潮湿条件方能生存。

依据三峡库区陆栖野生脊椎动物的生境植被类型和景观特征，划分 7 个不同生境类型，将两栖类物种与各生境的利用程度和关系，概略分述如下：

①森林：与森林生境具有密切相关关系的两栖类有 11 种，具有一定程度相关关系的有 4 种，共计 15 种，占两栖类物种总数的 65.22%。

有些两栖类动物必须依赖于常年保持恒定水流或水位的溪流、水塘、坑潭、沼泽草甸等水域生境，而这类水域生境又必须依存于山区林地植被环境。例如有尾目中的巫山北鲵、大鲵，以及无尾目中锄足蟾科的峨山掌突蟾、利川齿蟾、巫山角蟾，雨蛙科的华西雨蛙、无斑雨蛙等，树蛙科的斑腿树蛙等。

②灌丛和灌草丛：与该生境具有密切相关关系的两栖类有 23 种，占两栖类物种总数的 100%。

森林生境型的两栖类物种也适应或部分适应于林缘灌木生境；不同植被群落类型的灌丛和灌草丛生境，依傍和穿插于森林、草地、农田等多种生境的边缘或之中，使得两栖类的许多广适性种类也得以在该生境中出现，因而利用该生境的两栖类物种数量比例最高。

③草地：与草地生境具有密切相关关系的两栖类有 17 种，具有一定程度相关关系的有 2 种，共计 19 种，占两栖类物种总数的 82.61%。

适应于草地生境的两栖类物种有许多也适应或部分适应于农田、灌草丛生境。

④洞穴：在重庆五里坡自然保护区尚未发现与洞穴生境具有密切相关关系的两栖类，具有一定程度相关关系的有中华大蟾蜍 1 种，占两栖类物种总数的 4.35%。

三峡库区两栖类的洞穴生境是特指较为深广的溶洞型洞穴，红点齿蟾 *Oreolalax rhodostigmatus*（目前在三峡库区范围仅记录丰都、奉节 2 个县发现分布）是典型的溶洞型生境物种，而且溶洞中必须有水流或暗河，在距洞口有一定距离的全黑暗环境处栖息活动，其蝌蚪生存的地点距离洞口更远。中华大蟾蜍进入溶洞是觅食原因，由于蝙蝠、金丝燕等穴居动物的粪便、遗体可以滋生昆虫等无脊椎动物。

如果将两栖类的冬眠等因素考虑在内，利用不同类型洞穴生境的两栖类动物种类实际上可能更多。

⑤水域：两栖类物种均与水域生境具有密切相关关系，占两栖类物种总数的 100%。

⑥农田：与农田生境具有密切相关关系的两栖类有 13 种，具有一定程度相关关系的有 1 种，占两栖类物种总数的 60.87%。

在农田生境栖息的两栖类物种均是草地、灌草丛等天然植被生境型物种的适应性结果，如华西大蟾蜍、沼蛙、林蛙、泽蛙、黑斑蛙等。位于林缘的农田尤其是水田，森林生境型的两栖类物种也可栖息于其中，如一些雨蛙、树蛙类。

⑦人类居住区：与人类居住区生境具有密切相关关系的两栖类几乎没有，具有一定程度相关关系的有 7 种，占两栖类物种总数的 30.43%。

人类居住区并不是两栖类动物的适宜生境，仅有那些依傍和穿插于不同类型植被群落生境的居民区生境，如城郊区、乡村、林场、园林式居民区等，两栖类动物才有可能利用。利用人类居住区生境的两栖类动物大多为适应性和移动性较强的种类，较为典型的是蟾蜍，其次为沼蛙、黑斑蛙、雨蛙等。

依据表 3 - 5 数据，将不同类型生境中的两栖类物种数和适应能力数值制成图 3 - 4。适应能力值制定标准为：每个物种将其作为主要生境定为 2，次要生境定为 1，该类型景观区域中所有两栖类物种数值之和即为适应能力值。

（4）从属区系和分布型

重庆五里坡自然保护区目前确认分布的 23 个两栖类物种中，从属区系为：古北界种 3 个，东洋界种 20 个。不同从属区系物种分别占两栖类物种总种数的比例为：古北界

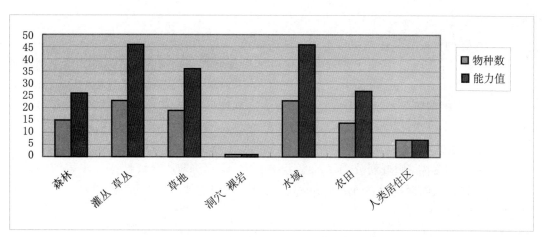

图 3 - 4　不同类型生境中的两栖类物种数和适应能力值

13.04%，东洋界 85.96%（参见表 3 - 5）。

按照《中国动物地理》（张荣祖，1999）中的划分标准，将重庆五里坡自然保护区分布的 23 种两栖类划归于 7 个不同的分布型（参见表 3 - 7），分布型代码沿用同一工具书中的规格（参见表 3 - 8），将不同分布型的两栖类物种概述如下：

①东北—华北型 X：仅有 1 个物种，属于 1 个亚型。Xa 东北—华北型，再包括阿穆尔、乌苏里、朝鲜半岛型，中国林蛙。东北—华北型物种占两栖类物种总数的 4.35%。

②季风型（东部湿润地区为主）E：有 4 个物种，其中巫山北鲵、无斑雨蛙 2 种未划分亚型。其余 2 个物种分属于 2 个亚型，分别为：Ea 季风型（东部湿润地区为主），包括阿穆尔或再延展至俄罗斯远东地区型，黑斑蛙 1 种；Eg 季风型（东部湿润地区为主），包括乌苏里、朝鲜型，中华大蟾蜍 1 种。季风型物种占两栖类物种总数的 17.39%。

③喜马拉雅—横断山区型 H：有 2 个物种，分属于 2 个亚型，分别为：Ha 喜马拉雅—横断山区型，喜马拉雅南坡型，棘腹蛙 1 种；Hc 喜马拉雅—横断山区型，横断山型，峨山掌突蟾 1 种。喜马拉雅—横断山区型物种占两栖类物种总数的 8.70%。

④云贵高原型 Y：仅有 1 个物种，即利川齿蟾，未划分亚型。云贵高原型物种占两栖类物种总数的 4.35%。

⑤南中国型 S：有 9 个物种，分属于 4 个亚型，分别为：Sa 南中国型，热带型，华西大蟾蜍 1 种；Sc 南中国型，热带—中亚热带型，沼蛙 1 种；Sh 南中国型，中亚热带—北亚热带型，有峨嵋林蛙、绿臭蛙、隆肛蛙等 3 种；Si 南中国型，中亚热带型，有湖北金线蛙、花臭蛙 2 种；Sn 南中国型，北亚热带型，巫山北鲵、巫山角蟾 2 种。南中国型物种占两栖类物种总数的 39.13%。

⑥东洋型 W：有 5 个物种，分属于 3 个亚型，分别为：Wc 东洋型，热带—中亚热带型，有粗皮姬蛙、饰纹棘蛙 2 种；Wd 东洋型，热带—北亚热带型，有华西雨蛙、斑腿树蛙 2 种；We 东洋型，热带—温带型，泽蛙 1 种。东洋型物种占两栖类物种总数的 21.74%。

⑦局地型 L：仅有 1 个物种，即秦岭雨蛙，未划分亚型。局地型物种占两栖类物种总

数的 4.35%。

（5）存疑物种或在某些方面有不同意见的物种

①峨眉林蛙：1996～1998 年，三峡库区陆栖野生脊椎动物本底调查结果，两栖类中没有记录峨眉林蛙 *Rana omeimontis*，而是记录有日本林蛙 *R. japonica* 分布（肖文发等，2000）；最近，根据相关专家提出的意见，认为三峡库区分布的不是日本林蛙，应该是峨眉林蛙。

②湖北金线蛙：《中国两栖动物图鉴》（费梁，1999）中为湖北侧褶蛙 *Pelophylax hubeiensis*，三峡库区本底调查划分采用的是金线蛙 *Rana plancyi*。金线蛙在《中国两栖动物图鉴》中称为金线侧褶蛙 *Pelophylax plancyi*。《中国动物地理》（张荣祖，1999）中列出的分布型仅有金线蛙。

3.4 动物区系分析

三峡库区（包括重庆五里坡自然保护区）在动物地理区划上属于东洋界、华中区、西部山地高原亚区。自然地理环境区域在我国三大自然区中属于季风区，温度带为亚热带中面积最宽广的中亚热带和部分山地北亚热带。生态地理动物群属于亚热带森林、林灌、草地、农田动物群（张荣祖 1999），动物群区系组成丰富程度在我国 7 个基本的生态地理动物群中位居第二，仅次于热带森林、林灌草地、农田动物群。

华中区分为东部丘陵平原亚区和西部山地高原亚区。总体来说，华中区动物区系是华南区的贫乏化。所有分布于本区的各类热带—亚热带成分，包括东洋型、南中国型、旧大陆或环球热带—亚热带性的种类，绝大多数均与华南区所共有。由华南区向华中区，热带成分有明显减少，以典型的类群（科）计算，减少约 1/3；从本区南部中亚热带至北部北亚热带，又进一步减少，仅为华南区的一半。但与华北区比较，本区陆栖野生脊椎动物区系显然比较丰富，特别是食虫类和翼手类。这一现象主要受气候条件的影响。对于许多东洋型或南中国型的成分，秦岭—淮河一线是它们分布上的北限。南中国型为本区的代表成分，但仅限于本区，而不见于华南区的很少（张荣祖，1999），如三峡库区中分布的有隆肛蛙、灰胸竹鸡、矛纹草鹛、叉尾太阳鸟、小麂、毛冠鹿等。还有灵长类的藏酋猴 *Macaca thibetana*，虽然见于西南区的北部，但主要分布于本区，可视为本区的代表种。本区与华北区共有的动物，大都为广泛分布于我国东部的北方成分。在本区的西部，则有一些喜马拉雅—横断山区型成分，甚至高地型成分渗入。

三峡库区范围涉及的动物地理省主要包括有秦巴—武当省（亚热带落叶、常绿阔叶林动物群），如开县、云阳、奉节、巫溪、巫山、巴东、秭归、兴山、宜昌；四川盆地省（农田、亚热带林灌动物群），如重庆市郊渝北和巴南区、长寿、武隆北部、涪陵、丰都、忠县、石柱；以及贵州高原省（亚热带常绿阔叶林灌、农田动物群）的少数边缘区域，如武隆南部。

西部山地高原亚区与华中区的另一亚区东部丘陵平原亚区，在自然条件方面的主要区别是海拔较高、地形地貌崎岖复杂，气候除四川盆地省外，大多比较温和凉爽。动物区系比另一亚区复杂。有许多喜马拉雅—横断山区型成分的物种分布至本亚区。另外还有一些为本亚区所特有和主要分布于本亚区的物种，这些物种在三峡库区分布的有：华西雨蛙、菜花原矛头蝮［菜花烙铁头］、川金丝猴、扫尾豪猪、红腹锦鸡等。喜马拉雅—横断山区型物种成分渗入分布于三峡库区的有：两栖爬行类中的峨山掌突蟾、棘腹蛙、宝兴树蛙［杜氏泛树蛙］*Rhacophorus dugritei*、丽纹龙蜥等，鸟类中的斑翅鹩鹛、白喉噪鹛、橙翅噪鹛、眼纹噪鹛、斑胁姬鹛、金胸雀鹛、黑头奇鹛、棕腹仙鹟、褐冠山雀 *Parus dichrous*、暗色朱雀、棕朱雀等，兽类中的 3 种绒鼠（*Eothenomys spp.*，*Caryomys sp.*）、藏鼠兔等。还有一些物种为本亚区与东部丘陵平原亚区所共有，但往往有不同亚种分化，如毛冠鹿、中华竹鼠，以及鸟类中画眉科的一些物种。

巫山县处于华中区西部山地高原亚区东北部，重庆五里坡自然保护区又位于巫山县东北部的大巴山南坡，与华中区的另一亚区东部丘陵平原亚区毗邻。大巴山是北亚热带与中亚热带的气候分界线，而其北面的秦岭南坡是北亚热带与暖温带的气候分界线，也是古北界与东洋界两大界动物区系的分界线（张荣祖，1999）；古北界华北区黄土高原亚区晋南—渭河伏牛省的暖温带森林—森林草原、农田动物群，与华中区西部山地高原亚区秦巴—武当省的亚热带落叶、常绿阔叶林动物群在此交汇。重庆五里坡自然保护区所处的地理位置，在动物地理区划方面可以视为古北、东洋两界，并涉及到 3 个亚区（古北界华北区的黄土高原亚区、东洋界华中区的西部山地高原亚区和东部丘陵平原亚区）的交汇地带，因而陆栖野生脊椎动物的物种多样性表现非常丰富。

重庆五里坡自然保护区目前确认分布的 422 个陆栖野生脊椎动物物种中，从属区系为：古北界种类 195 个，东洋界种类 263 个，广布种类 103 个。不同从属区系物种分别占物种总种数的比例为：古北界 34.76%，东洋界 46.88%，广布种类 18.36%。东洋界种类占有明显优势，古北界种类次之，广布种最少。但其中不同类群的动物有所差异（表 3-6）。

表 3-6　重庆五里坡自然保护区陆栖野生脊椎动物从属区系比例

类别	总种数	古北界（种数）	比例（%）	东洋界（种数）	比例（%）	广布种（种数）	比例（%）
哺乳类	70	17	24.29	36	51.43	17	24.29
鸟类	294	110	37.41	113	38.44	71	24.15
繁殖鸟类*	226	58	25.66	110	48.67	58	25.66
爬行类	35	1	2.86	28	80.00	6	17.14
两栖类	23	3	13.04	20	86.96	-	-
合计	422	131	31.04	197	46.68	94	22.27

*繁殖鸟类从属区系种类未计入合计栏目数值。

为了使表 3-6 中的数据资料表达得较为明显直观，依据表中数据绘制成图 3-5。

从表 3-6 中数据看出，活动能力强、迁徙范围广的鸟类物种中，古北界种类（37.41%）接近东洋界种类（38.44%），广布种种类（24.15%）也占有不可忽视的比例，这 2 个区系类型的鸟类物种合并之后的比例远高于东洋界鸟类物种。但鸟类从属区系如果仅涉及到 227 种繁殖鸟类，则东洋界种占有明显优势，接近古北界和广布种种类二者之和。

兽类中东洋界种已经占有明显优势，古北界种和广布种二者合并也不及东洋界种数

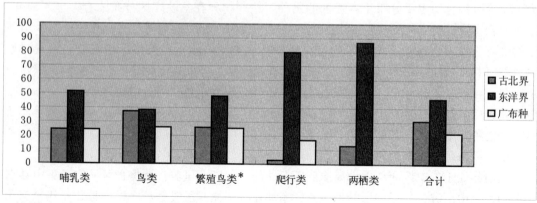

*繁殖鸟类从属区系种类未计入合计栏目数值。

图3-5 重庆五里坡自然保护区陆栖野生脊椎动物从属区系比例

量。在活动能力较弱、地方特有种成分较多的两栖类和爬行类动物中，东洋界种占有绝对优势；两栖类的东洋界种甚至可以达到86.96%的比例，在4个类群脊椎动物中位居最高。

分布型方面，依据《中国动物地理》（张荣祖，1999）的划分标准，重庆五里坡自然保护区分布的422种陆栖野生脊椎动物可以划归于14个分布型，详细资料如表3-7所示。

表3-7 重庆五里坡自然保护区陆栖野生脊椎动物分布型

分布型	兽类 70种	比例 （％）	鸟类 294种	比例 （％）	爬行类 35种	比例 （％）	两栖类 23种	比例 （％）	总计 422种	比例 （％）
全北型	2	2.86	25	8.50	–	–	–	–	27	6.40
古北型	10	14.29	41	13.95	–	–	–	–	51	12.09
东北型	–	–	25	8.50	–	–	–	–	25	5.92
华北型	–	–	1	0.34	–	–	–	–	1	0.24
东北—华北型	–	–	4	1.36	–	–	1	4.35	5	1.18
季风型	4	5.71	4	1.36	5	14.29	4	17.39	17	4.03
中亚型	–	–	2	0.68	–	–	–	–	2	0.47
高地型	–	–	3	1.02	–	–	–	–	3	0.71
喜马拉雅—横断山区型	5	7.14	33	11.22	–	–	2	8.70	40	9.48
云贵高原型	–	–	–	–	–	–	1	4.35	1	0.24
南中国型	13	18.57	32	10.88	23	65.71	9	39.13	77	18.25
东洋型	28	40.00	89	30.27	7	20.00	5	21.74	129	30.57
局地型	–	–	–	–	–	–	1	4.35	1	0.24
广泛分布型	8	11.43	35	11.90					43	10.19

为了使表3-7中的数据资料表达得较为明显直观，依据表中数据绘制成图3-6。

从表3-7中数据看出，兽类缺乏东北型、华北型、东北—华北型、中亚型、高地型、云贵高原型、局地型这7个分布型。与鸟类相似之处是东洋型种类最多，占重庆五里坡自然保护区兽类物种总数的40%，甚至高出鸟类东洋型物种比例9.63个百分点；其余比例

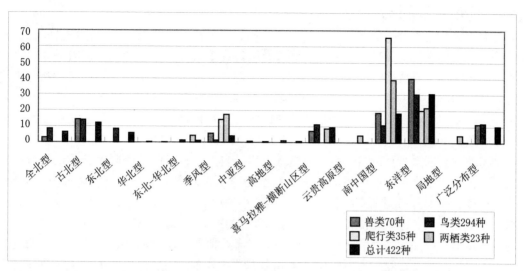

图 3 - 6 重庆五里坡自然保护区陆栖野生脊椎动物分布型

由高到低依次排列为南中国型、古北型、广泛分布型、喜马拉雅—横断山区型、季风型、全北型。

鸟类在陆地生态系统中是活动性和适应性较强的类群，在 14 个分布型中，鸟类除了云贵高原型和局地型物种外，所有的分布型物种在重庆五里坡自然保护区均有分布。种类最多的为东洋型，达到 89 个物种，占鸟类物种总数的 30.27%；其余比例超过鸟种总数 10 个百分点的分布型为古北型、喜马拉雅—横断山区型、南中国型、广泛分布型。

爬行类仅有 3 个分布型物种，北方物种所占比例很小。南中国型占有明显优势，比例达到 65.71%，其余依次为东洋型、季风型。

两栖类缺乏的分布型多达 7 个，北方物种所占比例不多。比例最高的是南中国型和东洋型物种，其余为季风型、喜马拉雅—横断山区型；东北—华北型、云贵高原型和局地型均仅分布 1 种，占总种数的 4.35%。

巫山县北部的大巴山（重庆五里坡自然保护区主要区域），向东延至湖北省巴东县、兴山县北部的神农架，向西北延伸经巫溪县（红池坝）、开县（一字梁）和城口县，是中亚热带北界，在温度带对动物物种的阻限作用方面有所表现。由于北亚热带为一狭窄的地带，与中亚热带没有明显的地形上的障碍。因而，中亚热带北界对动物分布的影响，主要是气候条件和与其相联系的栖息环境和食物等因素（张荣祖，1999），是导致重庆五里坡自然保护区不同类群的陆栖野生脊椎动物在地理分布方面的特征有所差异的重要因素。

哺乳类动物有些在北亚热带秦岭南坡分布的北方代表性物种在重庆五里坡自然保护区有分布，如普通刺猬、藏鼠兔、中华姬鼠［龙姬鼠］等，但缺乏分布秦岭有分布的北方成分物种，如麝鼹 *Scaptochirus moschalus*、中华鼢鼠 *Myospalax fantanieri* 等。许多种古北界动物可渗入到本区域，如兽类中的狗獾、狍是典型的古北界种类；其他种如狼、貂、赤狐、褐家鼠，是全国广布的古北界种类。重庆五里坡自然保护区还缺乏三峡库区中有分布的一些贵州和广西交界的南方成分物种，如黑叶猴 *Presbytis francoisi*、斑林狸 *Prionodon pardicol-*

or、拟家鼠 *Rattus rattoides*、藏酋猴等。

鸟类中属古北界种类的包括雁形目的赤麻鸭、绿翅鸭、绿头鸭、红头潜鸭、鸳鸯、秋沙鸭等，以及隼形目中的鸢、苍鹰、雀鹰、金雕等在重庆五里坡自然保护区有分布，由此导致巫山县的古北界成分占有相当的比例。从局部地域而言，巫山县还是东西动物分布渗透的通道，鼩鼱、甘肃鼹，以及锈脸钩嘴鹛、棕颈钩嘴鹛及多种凤鹛，还有斑胁姬鹛、棕朱雀等，均以川西横断山脉为其演化和分布的中心，在包括巫山县在内的三峡库区发现是其分布区东扩的结果。

动物地理和区系特征的复杂性导致重庆五里坡自然保护区的陆栖野生脊椎动物分布型亦表现出很高的多样性，该区域的物种分布型涵盖了古北界动物分布型中的北方分布型、东北分布型、高地分布型和东洋界动物分布型的东南亚热带—亚热带型、南中国型、喜马拉雅—横断山区型、旧大陆热带—亚热带型，同时由于巫山县特殊的地理位置，使候鸟、旅鸟过境频繁，成为鸟类南北迁徙的中转站。对于两栖爬行动物而言，在南北和东西向物种渗透方面，这两类动物也有所反映，尤其南方动物分布区向北渗透的情形更为明显，无论两栖类或爬行类，南方种类都占绝对优势，主要表现为南中国型和东洋型；两栖类和爬行类中除了有1种东北—华北型物种（中国林蛙）分布外，没有全北型、古北型、华北型、东北型等北方种类分布（图3-6、表3-8）。

表3-8 重庆五里坡自然保护区陆栖野生脊椎动物分布型代码

（兽类70种，鸟类294种，爬行类35种，两栖类23种，共计422种）

编号		代码	分布型	分布型种类计数	分布型类别计数	共计
1	1	Ba	B华北型，a还包括周边地区	鸟1	鸟B1	B1
2	2	C	C全北型	鸟2	兽C2 鸟C25 （繁殖鸟11）	C27
	3	Ca	C全北型，a寒带至寒温带（苔原—针叶林带）	鸟2（繁1）		
	4	Cb	C全北型，b寒温带—中温带（针叶林带—森林草原）	鸟2（繁1）		
	5	Cc	C全北型，c寒温带（针叶林带）为主	鸟3		
	6	Cd	C全北型，d温带（落叶阔叶林带—草原耕作景观）	鸟3（繁1）		
	7	Cd（O₄）	C全北型，d温带（落叶阔叶林带—草原耕作景观），（O₄）旧大陆—北美	鸟1（繁1）		
	8	Ce	C全北型，e北方湿润—半湿润带	鸟3（繁1）		
	9	Cf	C全北型，f中温带为主	鸟5（繁2）		
	10	Cg	C全北型，g温带为主，再延伸至热带（欧亚温带—热带型）	鸟1（繁1）		
	11	Ch	C全北型，h中温带为主，再延伸至亚热带（欧亚温带—亚热带型）	兽2 鸟3（繁3）		
3	12	D	D中亚型（中亚温带干旱区分布）	鸟1	鸟D2	D2
	13	Df	D中亚型……，f伸展至天山或附近地区	鸟1		

（续）

编号	代码		分布型	分布型种类计数	分布型类别计数	共计
4	14	E	E 季风型（东部湿润地区为主）	鸟 1（繁 1）	兽 E 4 鸟 E 4 （繁殖鸟 3） 爬 E 5 两 E 4	E 17
				爬 2		
				两 2		
	15	Ea	E 季风型……，a 包括阿穆尔或再延展至俄罗斯远东地区	爬 2		
				两 1		
	16	Ed	E 季风型……，d 包括至朝鲜与日本	兽 1		
				爬 1		
	17	Eg	E 季风型……，g 包括乌苏里、朝鲜	两 1		
				兽 3		
	18	Eh	E 季风型……，h 包括俄罗斯远东地区、日本	鸟 3（繁 2）		
5	19	Ha	H 喜马拉雅—横断山区型，a 喜马拉雅南坡	鸟 1（繁 1）	兽 H 5 鸟 H 33 （繁殖鸟 29） 两 H 2	H 40
				两 1		
	20	Hc	H 喜马拉雅—横断山区型，c 横断山	兽 4		
				鸟 9（繁 8）		
				两 1		
	21	Hm	H 喜马拉雅—横断山区型，m 横断山及喜马拉雅（南翼为主）	鸟 23（繁 20）		
				兽 1		
6	22	Ka	K 东北型（东部为主），a 包括阿穆尔、东西伯利亚、乌苏里、朝鲜半岛	鸟 1（繁 1）	鸟 K 1 （繁殖鸟 1） 鸟 M 24 （繁殖鸟 14）	K + M 25
	23	Kb	K 东北型……，b 包括乌苏里及朝鲜半岛	鸟 1		
	24	M	M 东北型（我国东北地区或再包括附近地区）	鸟 11（繁 7）		
	25	Ma	M 东北型……，a 包括贝加尔、蒙古、阿穆尔、乌苏里（或部分地区）	鸟 2（繁 1）		
	26	Mb	M 东北型……，b 包括乌苏里及朝鲜半岛	鸟 3（繁 2）		
	27	Mc	M 东北型……，c 包括朝鲜半岛	鸟 1（繁 1）		
	28	Md	M 东北型……，d 再分布至蒙古	鸟 1		
	29	Me	M 东北型……，e 包括朝鲜半岛和蒙古	鸟 1（繁 1）		
	30	Mf	M 东北型……，f 包括朝鲜半岛、乌苏里及远东地区	鸟 2		
	31	Mg	M 东北型……，g 包括乌苏里及东西伯利亚	鸟 1（繁 1）		
	32	Mi	M 东北型……，阿尔泰山地或更包括附近地区	鸟 1（繁 1）		
7	33	L	L 局地型	两 1	两 L 1	L 1
8	34	O	O 不易归类的分布，其中不少分布比较广泛的种，大多与下列类型相似但又不能视为其中的某一类	兽 5	兽 O 8 鸟 O 35 （繁殖鸟 26）	O 43
				鸟 2（繁 1）		

编号	代码	分布型	分布型种类计数	分布型类别计数	共计
8	35	O（Uh）	O 不易归类的分布……（Uh）古北型，中温带为主，再延伸至亚热带（欧亚温带—亚热带型）	鸟 1（繁 1）		
	36	O_1 *	O 不易归类的分布……，旧大陆温带、热带或温带—热带	兽 1		
				鸟 16（繁 15）		
	37	O_1b	O 不易归类的分布……，旧大陆温带、热带或温带—热带，热带、南亚热带	鸟 1		
	38	O_2	O 不易归类的分布……，环球温带—热带	鸟 3（繁 1）		
	39	O_3	O 不易归类的分布……，地中海附近—中亚或包括东亚	鸟 8（繁 5）		
	40	O_3（Ub）	O 不易归类的分布……，（U 古北型，b 寒温带—中温带 [针叶林带—森林草原]）	兽 1		
	41	O_3（Uh）	O 不易归类的分布……，（U 古北型，h 中温带为主，再伸至亚热带 [欧亚温带—亚热带型]）	兽 1		
	42	O_5	O 不易归类的分布……，东半球（旧大陆—大洋洲）温带—热带	鸟 3（繁 2）		
	43	O_7	O 不易归类的分布……，亚洲中部	鸟 1（繁 1）		
9	44	Pa（Hm）	P 高地型，a 包括附近山地（H 喜马拉雅—横断山区型，m 横断山及喜马拉雅 [南翼为主]）	鸟 1	鸟 P 3（繁殖鸟 2）	P 3
	45	Pf（Hc）	P 高地型，f 东北部	鸟 2（繁 2）		
10	46	S 鸟	S 南中国型	鸟 1（繁 1）	兽 S 13 鸟 S 32（繁殖鸟 32）爬 S 23 两 S 9	S 77
	47	Sa 爬	S 南中国型，a 热带	爬 1		
				两 1		
	48	Sb 兽	S 南中国型，b 热带—南亚热带	兽 1		
				爬 1		
	49	Sc	S 南中国型，c 热带—中亚热带	兽 1		
				鸟 4（繁 4）		
				爬 4		
				两 1		
	50	Sd	S 南中国型，d 热带—北亚热带	兽 8		
				鸟 18（繁 18）		
				爬 7		
	51	Sf	S 南中国型，f 南亚热带—北亚热带	爬 1		
	52	Sh	S 南中国型，h 中亚热带—北亚热带	鸟 1（繁 1）		
				爬 5		
				两 3		

（续）

编号		代码	分布型	分布型种类计数	分布型类别计数	共计
10	53	Si	S 南中国型，i 中亚热带	兽 1		
				两 2		
	54	Sj	南中国型，j 北亚热带型	爬 1		
	55	Sm	S 南中国型，m 热带—暖温带	鸟 1（繁 1）		
				爬 2		
	56	Sn	S 南中国型，n 北亚热带	鸟 1（繁 1）		
				两 2		
	57	St	S 南中国型，t 中亚热带	鸟 1（繁 1）		
	58	Sv	S 南中国型，v 热带—中温带	兽 2		
				鸟 5（繁 5）		
				爬 1		
11	59	U	U 古北型	鸟 8（繁 5）	兽 U 10 鸟 U 41（繁殖鸟 22）	U 51
	60	Ua	U 古北型，a 寒带至寒温带（苔原—针叶林带）	鸟 1		
	61	Ub	U 古北型，b 寒温带—中温带（针叶林带—森林草原）	兽 2		
				鸟 6（繁 2）		
	62	Uc	U 古北型，c 寒温带（针叶林带为主）	鸟 7（繁 2）		
	63	Ud	U 古北型，d 温带（落叶阔叶林带—草原耕作景观）	鸟 5		
	64	Ue	U 古北型，e 北方湿润—半湿润带	兽 2		
				鸟 2（繁 2）		
	65	Uf	U 古北型，f 中温带为主	鸟 3（繁 2）		
	66	Ug	U 古北型，g 温带为主，再延伸至热带（欧亚温带—热带型）	鸟 1（繁 1）		
	67	Uh	U 古北型，h 中温带为主，再延伸至亚热带（欧亚温带—亚热带型）	兽 6		
				鸟 7（繁 7）		
	68	Uo	U 古北型，o 不易归类的分布	鸟 1（繁 1）		
12	69	Wa	W 东洋型，a 热带	兽 1	兽 W 28 鸟 W 89（繁殖鸟 85） 爬 W 7 两 W 5	W 129
				鸟 7（繁 6）		
	70	Wb	W 东洋型，b 热带—南亚热带	兽 1		
	71	Wc	W 东洋型，c 热带—中亚热带	兽 4		
				鸟 13（繁 13）		
				爬 2		
				两 2		
	72	Wd	W 东洋型，d 热带—北亚热带	兽 8		
				鸟 37（繁 37）		
				两 2		

（续）

编号	代码	分布型	分布型种类计数	分布型类别计数	共计
12	73	W 东洋型，e 热带—温带	兽 14 鸟 30（繁 27） 爬 5 两 1		
	74	We（Ea）	W 东洋型，e 热带—温带（E 季风型［东部湿润地区为主］，a 包括阿穆尔或再延展至俄罗斯远东地区）	鸟 1（繁 1）		
	75	Wf	W 东洋型，f 中亚热带—北亚热带	鸟 1		
13	76	X	X 东北—华北型	鸟 4（繁 2）	鸟 X 4(繁殖鸟 2) 两 X 1	X 5
	77	Xa	X 东北—华北型，a 再包括阿穆尔、乌苏里、朝鲜半岛	两 1		
14	78	Y	Y 云贵高原型	两 1	两 Y 1	Y 1
合计		14 个分布型，68 个分布亚型（在 10 个分布型中的 43 个物种未划分亚型）		422	

＊ 该分布型中的 O_1，O_3，O_6，O_7 均可视为广义的古北型。

3.5 珍稀濒危种及中国特有种

截至 2006 年 11 月的调查资料表明，重庆五里坡自然保护区分布有陆栖野生脊椎动物 422 种，隶属于 29 目 94 科 252 属。其中国家 I 级重点保护野生动物 8 种，II 级重点保护野生动物 47 种，共计 55 种，占陆栖野生脊椎动物物种总数的 13.03%。中国特有种分布有 70 种（仅分布于中国的有 41 种，主要分布于中国的有 29 种），占陆栖野生脊椎动物物种总数的 16.59%。被列入中国物种红色名录（2004 年）濒危等级评估标准近危种（NT）以上等级的物种 79 种（这其中包括了一些国家级重点保护野生动物和中国特有种），占陆栖野生脊椎动物物种总数的 18.72%。

国家级重点保护野生动物、中国特有种，以及被中国物种红色名录（2004 年）和 IUCN（1994～2003 年）濒危等级评估标准列为近危种（NT）以上等级的物种共计 145 种，占陆栖野生脊椎动物物种总数的 34.36%（重庆五里坡自然保护区陆栖野生脊椎动物中的珍稀濒危物种名录参见表 3-14）。

将重庆五里坡自然保护区、三峡库区和重庆市分布的陆栖野生脊椎动物总数、国家级重点保护野生动物、中国特有种动物与全国相比较，重庆五里坡自然保护区分布的物种种类和数量在三峡库区和重庆市占有比较重要的地位，如表 3-9、3-10 所示。

从表 3-9 和 3-10 中的数据可以看出，在动物地理区划上涵盖东洋界华中区西南山地高原亚区 2 个动物地理省（秦巴-武当省、四川盆地省）的三峡库区，调查的 18 个区（县）55 000km^2 面积分布的陆栖野生脊椎动物，其物种多样性丰富程度接近于面积 82 400km^2 的重庆市（三峡库区调查的 18 个区、县中有 14 个属于重庆市），物种总数达到重庆市的

69.75%，国家重点保护物种和中国特有种总数分别达到重庆市的 69.62% 和 66.02%。

表 3 - 9　重庆市、三峡库区、重庆五里坡自然保护区与全国在物种分布上的比较

类别	物种类群					国家重点保护物种（Ⅰ、Ⅱ级）				
	哺乳类	鸟类	爬行类	两栖类	类群合计	哺乳类	鸟类	爬行类	两栖类	类群合计
全国 *	475 * *	1288	398	270	2431	96	234	16	7	353
重庆	124	406	42	33	605	22	56	-	1	79
占全国比例（%）	26.11	31.52	10.55	12.22	24.39	22.92	23.93	-	14.29	22.38
三峡库区	103	397	42	33	575	22	53	-	1	76
占全国比例（%）	21.68	30.82	10.55	12.22	23.65	22.92	22.65	-	14.29	21.53
占重庆比例（%）	83.06	97.78	100	100	95.04	100	94.64	-	100	92.60
重庆五里坡自然保护区	70	294	35	23	422	17	37	-	1	55
占全国比例（%）	14.74	22.83	8.79	8.52	17.36	17.71	15.81	-	14.29	15.58
占重庆比例（%）	56.45	72.41	83.33	69.70	69.75	77.27	66.07	-	100	69.62
占三峡库区比例（%）	67.96	74.06	83.33	69.70	73.39	77.27	69.81	-	100	73.37

注：

兽类物种的国家保护动物级别调整，将林麝由Ⅱ级升级为Ⅰ级（根据国家林业局 2003 年第七号令）。

* 全国各类陆栖野生脊椎动物物种总数：哺乳类依据《中国哺乳动物分布》（张荣祖，1997）书中数据，不计入鲸目、鳍脚目、海牛目动物种类；鸟类依据《中国鸟类志》（赵正阶编著，2001）；爬行类依据《中国动物志. 爬行纲. 第一卷. 总论. 龟鳖目、鳄形目》（张孟闻等编著，1998 年）、《中国动物志. 爬行纲. 第二卷. 有鳞目、蜥蜴亚目》（赵尔宓等编著，1999），《中国动物志. 爬行纲. 第三卷. 有鳞目、蛇亚目》（赵尔宓等编著，1998）；两栖类依据《中国两栖动物图鉴》（费梁主编，1999）。

* * 全国分布哺乳类动物栏目中未计入鲸目、海牛目，以及食肉目的海豹科等水栖脊椎动物，如江豚、白暨豚、儒艮、斑海豹、环海豹、髯海豹等。

表 3 - 10　重庆市、三峡库区、重庆五里坡自然保护区与全国在特有种分布数量上的比较

类别	仅分布于中国					主要分布于中国					合计				
	哺乳类	鸟类	爬行类	两栖类	类群合计	哺乳类	鸟类	爬行类	两栖类	类群合计	哺乳类	鸟类	爬行类	两栖类	类群合计
全国 *	84	59	134	193	470	57	3	94	48	202	141	62	228	241	672
重庆	19	14	12	21	66	8	2	22	7	39	27	16	34	28	105
占全国比例（%）	22.62	23.73	8.96	10.88	14.04	14.04	66.67	23.40	14.58	19.31	19.15	25.81	14.91	11.62	15.63
三峡库区	13	13	12	21	59	7	2	22	7	38	20	15	34	28	97
占全国比例（%）	15.48	22.03	8.96	10.88	12.55	12.28	66.67	23.40	14.58	18.81	14.18	24.19	14.91	11.62	14.43
占重庆比例（%）	68.42	92.31	100	100	89.93	87.50	100	100	100	97.44	74.07	93.33	100	100	92.38
重庆五里坡自然保护区	8	11	8	14	41	3	2	20	4	29	11	13	28	18	70
占全国比例（%）	9.52	18.64	5.97	7.25	8.72	3.51	66.67	21.28	8.33	14.36	7.80	20.97	12.28	7.47	10.42
占重庆比例（%）	42.11	79.92	66.67	66.67	62.12	42.86	100	90.91	57.14	74.36	40.74	80.00	82.35	64.29	66.67
占三峡库区比例（%）	61.54	84.62	66.67	66.67	69.50	42.86	100	90.91	57.14	76.32	55.00	85.71	82.35	64.29	72.16

* 特有种划分依据《中国动物地理》（张荣祖，1999）。

重庆五里坡自然保护区陆栖野生脊椎动物物种的多样性在与其他保护区的比较中也可充分体现。与处于同一个动物地理省（秦巴—武当省）的神农架国家级自然保护区相比较，五里坡自然保护区面积（352.77km^2）为神农架国家级自然保护区（704.67km^2）（朱兆泉等，1999）的50.06%，分布的野生动物目、科、属、种的数量与神农架的比值分别为107.41%、109.30%、101.20%、94.62%（表3-11）。明确表现出这2个互相毗邻的自然保护区在陆栖野生脊椎动物的物种多样性方面虽然具有很高的相似性，但由于其各自地貌、生境、小气候等方面差异（尽管从宏观尺度而言可能非常微小）形成的生境多样化，从而导致这2个自然保护区在物种分布方面表现出各具千秋的不同特征，在珍稀濒危物种和中国特有种方面最为明显。充分说明这2个自然保护区在陆栖野生脊椎动物的生物多样性保护方面具有同等重要的地位。

表3-11　重庆五里坡自然保护区与神农架国家级自然保护区陆栖野生脊椎动物物种之比较

类别	目	科	属	种	Ⅰ级保护种	Ⅱ级保护种	Ⅰ、Ⅱ级合计	特有种*	特有种**	特有种共计
神农架哺乳类	7	22	53	75	4	10	14	11	8	19
五里坡哺乳类	8	24	57	70	6	11	17	8	3	11
比率（%）	114.29	109.10	107.55	93.33	150	110.00	121.43	72.73	37.50	57.89
神农架鸟类	16	48	158	308	3	48	51	7	1	8
五里坡鸟类	17	51	159	294	2	35	37	11	2	13
比率（%）	106.25	106.25	100.63	95.45	66.67	72.92	72.55	157.14	200	162.50
神农架爬行类	2	9	27	40	–	–	–	8	22	30
五里坡爬行类	2	11	26	35	–	–	–	8	20	28
比率（%）	100.00	122.22	96.30	87.50				100.00	90.91	93.33
神农架两栖类	2	7	11	23	–	2	2	13	6	19
五里坡两栖类	2	8	10	23	–	1	1	14	4	18
比率（%）	100.00	114.29	90.91	100.00		50.00	50.00	107.69	66.67	94.74
神农架合计	27	86	249	446	7	60	67	39	37	76
五里坡合计	29	94	252	422	8	47	55	41	29	70
比率（%）	107.41	109.30	101.20	94.62	114.29	78.33	82.09	105.13	78.38	92.11

* 仅分布于中国的特有种，** 主要分布于中国的特有种。

三峡库区陆栖野生脊椎动物本底和监测调查区域涉及行政区划18个区（县）***，面积55 000km^2（其中重庆库区14个区县总计面积43 400km^2）。巫山县面积2980km^2（占三峡库区面积的5.42%），其中重庆五里坡自然保护区面积为352.77km^2，仅占三峡库区面积的0.64%，分布的陆栖野生脊椎动物物种总数占三峡库区物种总数的73.39%，其中的国家级重点保护野生动物和中国特有种数量也分别达到三峡库区的73.37%和72.16%，数量在三峡库区18个区（县）中居于前列（参见表3-12）。虽然如此，但具体到每个物种的濒危等级评估，仅从重庆五里坡自然保护区的生境空间尺度来看，尚不能较为客观全

*** 三峡库区本底和监测调查区域涉及的18个区（县）（未包括江津县）为：1. 渝北区，2. 巴南区，3. 长寿区，4. 武隆县，5. 涪陵区，6. 丰都县，7. 忠县，8. 开县，9. 云阳县，10. 石柱县，11. 万州区，12. 奉节县，13. 巫溪县，14. 巫山县，15. 巴东县，16. 秭归县，17. 兴山县，18. 夷陵区（宜昌县）。

面地反映其局部区域的真实状况。例如有些珍稀濒危种（金猫、金钱豹）在全国范围处于极危（CR）状态，在三峡库区处于濒危（EN）状态，而从重庆五里坡自然保护区的分布状况进行评估很可能尚处于易危（VU）状态。

基于在三峡库区长期进行的本底调查和监测调查结果，对重庆五里坡自然保护区分布的珍稀濒危种和特有种依据其在三峡库区的种群和濒危状况作初步评价，其濒危等级参照中国物种红色名录（2004 年）和 IUCN（1994～2003 年）濒危等级评估标准，如灭绝（EX）、野外灭绝（EW）、极危（CR）、濒危（EN）、易危（VU）、近危（NT）、低危（LR）、无危（LC）；其中低危等级中含依赖保护（od）、接近受危（nt）、需予关注（lc）、数据缺乏（DD）、未予评估（NE）等标准。

将重庆五里坡自然保护区分布的相关物种，按照保护级别、濒危状态评估等级、特有种分布，以及物种分类顺序分述如下。

3.5.1　哺乳类

重庆五里坡自然保护区分布的 70 种哺乳动物，列为国家Ⅰ级重点保护野生动物的有 6 种，列为国家Ⅱ级重点保护野生动物的有 11 种，共计 17 种；被列入中国物种红色名录（2004 年）和 IUCN（1994～2003 年）濒危等级评估标准近危种（NT）以上等级的物种 45 种（这其中包括了一些国家级重点保护野生动物和中国特有种），占哺乳类动物物种总数的 64.29%。

特有种方面，仅分布于中国的兽类物种 8 种，主要分布于中国的兽类物种 3 种，共计 11 种，占哺乳类动物物种总数的 15.71%。

国家级重点保护野生动物、中国特有种，以及被中国物种红色名录（2004 年）和 IUCN（1994～2003 年）濒危等级评估标准列为近危种（NT）以上等级的物种共计 46 种，占重庆五里坡自然保护区兽类物种总数的 65.71%。

（1）国家Ⅰ级重点保护野生动物

有川金丝猴、云豹、金钱豹、虎、林麝、梅花鹿，共计 6 种。

①中国物种红色名录（2004 年）濒危等级评估标准列为极危（CR）状态：有金钱豹、虎 2 种。

②中国物种红色名录（2004 年）濒危等级评估标准列为濒危（EN）状态：有云豹、林麝、梅花鹿 3 种。

③中国物种红色名录（2004 年）濒危等级评估标准列为易危（VU）状态：仅有川金丝猴 1 种。

（2）国家Ⅱ级重点保护野生动物

有猕猴、穿山甲、豺、黑熊、青鼬、水獭、大灵猫、小灵猫、金猫、苏门羚［鬣羚］、斑羚，共计 11 种。

①中国物种红色名录（2004 年）濒危等级评估标准列为极危（CR）状态：仅有金猫 1 种。

②中国物种红色名录（2004 年）濒危等级评估标准列为濒危（EN）状态：有穿山

甲、豺、水獭、大灵猫等4种。

③中国物种红色名录（2004年）濒危等级评估标准列为易危（VU）和近危接近易危（NT~VU）状态：有猕猴、黑熊、青鼬［黄喉貂］、小灵猫、鬣羚［苏门羚］、斑羚等6种。

（3）中国特有种

仅分布于中国的兽类物种有大足鼠耳蝠、南蝠、川金丝猴、林麝、小鹿、藏鼠兔、复齿鼯鼠、罗氏［小］鼢鼠等8种，主要分布于中国的兽类物种有毛冠鹿、鬣羚［苏门羚］、红颊［赤颊］长吻松鼠等3种，共计11种。

①中国物种红色名录（2004年）濒危等级评估标准列为濒危（EN）状态：仅有林麝1种，列为国家Ⅱ级重点保护野生动物（前已述及）。

②中国物种红色名录（2004年）濒危等级评估标准列为易危（VU）和近危接近易危（NT~VU）状态：有南蝠、川金丝猴、小鹿、毛冠鹿、鬣羚［苏门羚］、复齿鼯鼠、红颊［赤颊］长吻松鼠等7种。

③中国物种红色名录（2004年）濒危等级评估标准列为无危（LC）状态：有大足鼠耳蝠、藏鼠兔、罗氏［小］鼢鼠等3种。

（4）未列为国家重点保护野生动物，也不属于中国特有种，但被列入中国物种红色名录（2004年）濒危等级评估标准近危种（NT）以上等级的物种，有小鼩鼱*、甘肃鼹、小菊头蝠、皱唇蝠、中华鼠耳蝠、狼、赤狐、貉、香鼬、黄腹鼬、黄鼬、鼬獾、狗獾［獾］、猪獾、花面狸［果子狸］、食蟹獴、豹猫、狍、扫尾豪猪、豪猪、中华竹鼠、巢鼠等22种。

①中国物种红色名录（2004年）濒危等级评估标准列为易危（VU）状态：有甘肃鼹、皱唇蝠、中华鼠耳蝠、狼、貉、豹猫、狍、扫尾豪猪、豪猪、中华竹鼠等10种。

②中国物种红色名录（2004年）濒危等级评估标准列为近危接近易危（NT~VU）状态：有赤狐、香鼬、黄腹鼬、黄鼬、鼬獾、狗獾［獾］、猪獾、花面狸［果子狸］、食蟹獴等9种。

③中国物种红色名录（2004年）濒危等级评估标准列为近危（NT）状态：有小鼩鼱、小菊头蝠2种。

④中国物种红色名录（2004年）濒危等级评估标准列为无危（NT）状态，但被IUCN（1994~2003年）濒危等级评估标准列为低危/接近受危（LR/nt）状态：仅有巢鼠1种。

（5）濒危现状分析

尽管三峡库区历经人类经济活动长时期的过度开发，自然生态环境和天然植被群落在较大范围内发生了剧烈变化和演替，但目前尚存的兽类珍稀濒危物种和中国特有种，在我国的生物多样性保护和恢复方面具有重要意义。重庆五里坡自然保护区分布的兽类珍稀濒危物种和中国特有种，在三峡库区生物多样性保护中具有重要地位。

重庆五里坡自然保护区哺乳动物中的保护种和特有种分布共计47个物种，被中国物种红色名录（2004年）濒危等级评估标准在国内范围列为极危或野外灭绝（CR）状态的

---

*　按照新近分类标准，三峡库区分布的"小鼩鼱"应归入短尾鼩鼱属 *Blarinella*，为淡灰黑齿鼩鼱 *Blarinella griselda*（王应祥，2003）。中国物种红色名录（2004年）将其评估为近危种（NT）。

有 3 种（其中金猫、金钱豹在三峡库区尚可作为濒危 EN 状态看待；虎在三峡库区已是接近甚至是野外灭绝 CR/EW 状态），濒危（EN）状态的有 7 种（其中豺在三峡库区已是接近或野外灭绝 CR/EW 状态），易危（VU）状态的有 19 种（其中狼在三峡库区已是极危或野外灭绝 CR/EW 状态），近危接近易危（NT ~ VU）状态的有 12 种（其中南蝠在三峡库区是濒危 EN 状态，赤狐是濒危或极危 EN/CR 状态），近危（NT）状态的有 2 种，无危（LC）状态的有 3 种。

　　这意味着有些兽类珍稀濒危物种由于种群数量很低，加之栖息地面积大量缩减和破碎化等原因，已经处于生态灭绝或野外灭绝状态，例如虎、狼、豺等。这类物种即使将来其生境得以恢复，很大可能也需要进行耗资巨大的物种再引入项目，方能使该物种种群在库区得以重现。

　　处于濒危（EN）等级状态的物种，如果及时采取有效保护措施，种群有可能恢复。如金猫、云豹、金钱豹等。但并不是所有这类物种在实施有效保护措施之后种群均可得到恢复或增长，因为不同物种最小生存种群（MVP）的标准有所差别。其定义是"最小生存种群是任何生境中的任一物种的隔离种群，即使在可预见的种群数量、环境、遗传变异和自然灾害等因素的影响下，都有99%的可能性存活1000年。"换言之，最小生存种群是在可预见的将来，具有很高的生存机会的最小种群。假如，三峡库区目前尚分布有30 ~ 50只云豹或金钱豹，它们可能存活200 ~ 500年，甚至还可以使种群数量得以增长；但如果仅有30 ~ 50只川金丝猴或其他同类型动物，即使实行了非常关注的保护管理措施，存活时期可能延续不到100年。

　　处于易危（VU）和近危接近易危（NT ~ VU）状态的物种，其野生种群已经明显下降，如不采取或实施有效保护管理措施，势必成为"濒危"或接近"濒危"的物种，相关责任部门或单位必须予以保护，方能使这类物种得以生存，例如三峡库区内的川金丝猴、黑熊、豹猫、水獭、大灵猫、小麂、毛冠鹿、斑羚、鬣羚［苏门羚］、扫尾豪猪、中华鼠耳蝠等。

3.5.2　鸟类

　　重庆五里坡自然保护区分布的 294 种鸟类，列为国家 Ⅰ 级重点保护野生动物的有 2 种，列为国家 Ⅱ 级重点保护野生动物的有 35 种，共计 37 种；被列入中国物种红色名录（2004 年）和 IUCN（1994 ~ 2003 年）濒危等级评估标准近危种（NT）以上等级的物种 50 种（这其中包括了一些国家级重点保护野生动物和中国特有种），占鸟类动物物种总数的 17.01% 。

　　特有种方面，仅分布于中国的鸟类物种 11 种，主要分布于中国的鸟类物种 2 种，共计 13 种，占鸟类动物物种总数的 4.42% 。

　　国家级重点保护野生动物、中国特有种，以及被中国物种红色名录（2004 年）和 IUCN（1994 ~ 2003 年）濒危等级评估标准列为近危种（NT）以上等级的物种共计 50 种，占重庆五里坡自然保护区鸟类物种总数的 17.01% 。

　　鸟类中没有被中国物种红色名录（2004 年）濒危等级评估标准列为极危种（CR）的物种。

（1）国家Ⅰ级重点保护野生动物

有金雕、白肩雕2种；繁殖鸟仅有金雕1种。其中金雕被中国物种红色名录（2004年）濒危等级评估标准列为无危（LC）状态，白肩雕被列为易危（VU）状态。

（2）国家Ⅱ级重点保护野生动物

有赤颈鹧鹏、鸳鸯、鸢、苍鹰、赤腹鹰、雀鹰、松雀鹰、大鵟、普通鵟、灰脸鵟鹰、白腹隼雕［山雕］、白尾鹞、猎隼、游隼、燕隼、灰背隼、红脚隼、红隼、红腹角雉、勺鸡、白冠长尾雉、红腹锦鸡、红翅绿鸠、绯胸鹦鹉、草鸮、红角鸮、领角鸮、雕鸮、黄脚［腿］渔鸮、领鸺鹠、斑头鸺鹠、鹰鸮、灰林鸮、长耳鸮、短耳鸮等35种；其中繁殖鸟有鸢、赤腹鹰、雀鹰、松雀鹰、白腹隼雕［山雕］、游隼、燕隼、红隼、红腹角雉、勺鸡、白冠长尾雉、红腹锦鸡、红翅绿鸠、草鸮、红角鸮、领角鸮、雕鸮、黄脚［腿］渔鸮、领鸺鹠、斑头鸺鹠、鹰鸮、灰林鸮等22种，部分繁殖鸟有灰脸鵟鹰、白尾鹞、猎隼等3种，居留型不明鸟类有绯胸鹦鹉1种。

鸟类中的国家Ⅱ级重点保护野生动物，没有被中国物种红色名录（2004年）濒危等级评估标准列为濒危（EN）状态。

①中国物种红色名录（2004年）濒危等级评估标准列为易危（VU）状态：仅有白冠长尾雉1种。

②中国物种红色名录（2004年）濒危等级评估标准列为近危接近易危（NT～VU）状态：有鸳鸯、红腹角雉、勺鸡、绯胸鹦鹉等3种。

③中国物种红色名录（2004年）濒危等级评估标准列为无危稀有（LC/R）状态：有灰脸鵟鹰、游隼、红翅绿鸠、雕鸮、黄脚［腿］渔鸮等5种。

鸟类中的其余26种国家Ⅱ级重点保护野生动物均被列入无危（LC）状态。

（3）中国特有种

仅分布于中国的鸟类物种有白冠长尾雉、红腹锦鸡、白头鹎、宝兴歌鸫、山噪鹛、大噪鹛、橙翅噪鹛、白眶鸦雀、银脸长尾山雀、酒红朱雀、蓝鹀等11种，主要分布于中国的鸟类物种有领雀嘴鹎［绿鹦嘴鹎］、黑眉长尾山雀2种，共计13种。其中除了山噪鹛目前划归于冬候鸟之外，其余12个中国特有种均为繁殖鸟。

①中国物种红色名录（2004年）濒危等级评估标准列为易危（VU）状态：仅有白冠长尾雉1种，也属于国家Ⅱ级重点保护野生动物。

②中国物种红色名录（2004年）濒危等级评估标准列为近危接近易危（NT～VU）状态：仅有红腹锦鸡1种，也属于国家Ⅱ级重点保护野生动物。

鸟类中的其余11种中国特有种均被列入无危（LC）状态。

（4）濒危现状分析

重庆五里坡自然保护区分布鸟类的保护物种和特有种分布共计51个物种，被中国物种红色名录（2004年）濒危等级评估标准在国内范围列为濒危（EN）状态的有1种，易危（VU）状态的有2种（包括1种国家Ⅰ级重点保护野生动物，1种国家Ⅱ级重点保护野生动物），近危接近易危（NT～VU）状态的有7种（包括4种国家Ⅱ级重点保护野生动物），无危但稀有（LC/R）状态的有5种（均属于国家Ⅱ级重点保护野生动物），无危

（LC）状态的有 35 种（包括 1 种国家 I 级重点保护野生动物，25 种国家 II 级重点保护野生动物）。

与兽类物种相比，鸟类中的保护物种和特有种的濒危等级大多较低，由于鸟类活动范围广，迁徙能力强，特有种分布相比其他类群的陆栖野生脊椎动物也少得多。但鸟类中的国家级重点保护野生动物要大大高于其他类群的动物。因而对鸟类物种的保护也同样需要加以关注。在三峡库区处于易危状态的白冠长尾雉、红腹角雉和勺鸡，曾经种群数量较多，如果不及时实行有效保护措施，很有可能在短时期内成为濒危种。

与兽类物种有所区别的是，有些处于濒危状态的鸟类，如果生境条件在施加保护管理措施的情况下得以改善并逐步恢复到适宜状态，种群在短期内恢复增长的可能性很大。重庆五里坡自然保护区的坪前、葱坪等地，森林停伐将近 20 年来，许多种珍稀濒危鸟类种群得以明显增长，红腹角雉等珍稀雉类在野外已经比较容易见到。

红腹锦鸡目前在三峡库区种群数量尚具有较大规模，但也面临着偷捕滥猎、栖息地面积缩减，以及生境条件恶化导致天敌危害严重等不良因素的影响。三峡库区的红腹锦鸡目前仅能在一些人口密度较低、森林植被状况较好的自然保护区、林场、森林公园等处见到。偷猎者在分布区生境大量布设的踩铗和套扣是影响红腹锦鸡、红腹角雉等雉科珍稀濒危鸟类种群数量增长的一个不容忽视的重要问题。另外，在红腹锦鸡分布区，有些居民家中私自饲养雄性红腹锦鸡，有关部门应严格查禁，因为这种人工饲养鸟往往可以在春季野外红腹锦鸡发情时作为"圈子"，用于诱捕野外雄性红腹锦鸡，因为雄性红腹锦鸡在繁殖期有占据领域非常好斗的习性。

3.5.3　爬行类

在三峡库区，爬行类特有种分布比例要远高于兽类和鸟类。

重庆五里坡自然保护区分布的 35 种爬行类，目前尚无被列为国家 I 级和 II 级重点保护野生动物的物种。

特有种方面，仅分布于中国的爬行类物种 8 种，主要分布于中国的爬行类物种 20 种，共计 28 种，占爬行类动物物种总数的 80%。

中国特有种，以及被列入中国物种红色名录（2004 年）和 IUCN（1994~2003 年）濒危等级评估标准近危种（NT）以上等级的物种 30 种（这其中包括了一些中国特有种），占爬行类动物物种总数的 85.71%。

（1）中国特有种

仅分布于中国的爬行类物种有丽纹龙蜥、北草蜥、中国石龙子、蓝尾石龙子、锈链腹链蛇、双斑锦蛇、宁陕小头蛇、平鳞钝头蛇等 8 种，主要分布于中国的爬行类物种有鳖、乌龟、多疣壁虎、脆蛇蜥、黑脊蛇、翠青蛇、黄链蛇、赤链蛇、王锦蛇、玉斑锦蛇、中国小头蛇、颈槽蛇［颈槽游蛇］、虎斑颈槽蛇［虎斑游蛇］、黑头剑蛇、华游蛇［乌游蛇］、银环蛇、尖吻蝮、短尾蝮［日本蝮］、菜花原矛头蝮［菜花烙铁］、原矛头蝮［烙铁头］等 20 种，共计 28 种。

①中国物种红色名录（2004 年）濒危等级评估标准列为濒危（EN）状态：仅有乌龟 1 种。

②中国物种红色名录（2004 年）濒危等级评估标准列为易危（VU）状态：有鳖、北

草蜥、王锦蛇、玉斑锦蛇、宁陕小头蛇、银环蛇、尖吻蝮、短尾蝮［日本蝮］等8种。

爬行类中的其余19种中国特有种被中国物种红色名录（2004年）濒危等级评估标准列为无危（LC）状态。

（2）未列为国家重点保护野生动物，不属于中国特有种，但被列入中国物种红色名录（2004年）濒危等级评估标准近危种（NT）以上等级的物种

中国物种红色名录（2004年）濒危等级评估标准列为易危（VU）状态有黑眉锦蛇、乌梢蛇2种。

（3）濒危现状分析

虽然三峡库区爬行类动物中目前尚无被列为国家重点保护野生动物的物种，但列入中国濒危动物红皮书（1998年）濒危等级评估标准的物种和中国特有种的数目合计有34种，在物种总数中占有相当高的比例，对于生物多样性保护方面具有重要意义。

爬行类物种被中国物种红色名录（2004年）濒危等级评估标准在国内范围列为濒危（EN）状态的有1种，易危（VU）状态的有10种，无危（LC）状态的有19种。

尽管爬行类动物繁殖能力较强，但在人类长期过度利用和捕捉的情况下，许多广泛分布的物种在野外的种群现状却处于极危和濒危状态，甚至成为稀有种或接近灭绝种。例如三峡库区分布的鳖、乌龟、黄链蛇、紫灰锦蛇、平鳞钝头蛇这5个极危或接近野外灭绝的种类，主要是由于长期大量捕捉而致。

乌龟和鳖在我国一直被视为传统中药和滋补品，曾广泛分布于三峡库区，但目前仅在人为干扰较少的少数河段上有少量分布，以至于在目前的三峡库区已经成为极危甚至野外灭绝（CR/EW）状态，野外难于见到其踪迹。蛇类在我国作为中药材利用历史悠久，加之近20年来医药领域对蛇类制品用于一些疑难病症临床应用方面的发展，还有饮食行业对蛇类的大量需求，导致我国的蛇类种群数量急剧降低，许多地区野外已经难于见到蛇类的踪迹。在三峡库区本底调查中，见到有蛇类被大量捕捉收购的现象。1996～1998年期间，库区有大量蛇类被捕获。当时统计资料表明，三峡库区仅秭归县1年输出的蛇类总重量可达到8t，巴东县沿渡河镇1年输出的无毒蛇可达到3～5t。1999～2003年的监测调查中：这类大量输出贩运蛇类的现象已经杜绝。这当然主要是由于当地野生动物主管部门大力加强了执法检查力度的结果，但也表明了蛇类资源量已经大大降低。

蜥蜴类在三峡库区所面临的威胁也不可忽视（尽管库区没有分布可作为珍贵药材的蜥蜴类）。广泛分布于库区的丽纹龙蜥，是仅分布于我国的特有种。三峡库区本底调查：野外数量级别是优势种；监测调查：在野外也比较容易见到。但近几年在三峡库区已经出现大量收购丽纹龙蜥贩运到城市作为宠物出售的现象。"油炸蜥蜴"渐成为粤菜中的习尚食品，这将导致这一特有种的种群数量如同许多种曾经非常丰富的爬行类动物数量一样迅速减少，因而将其划归到库区的易危种内。即使在三峡库区目前还可以作为常见种分布的多疣壁虎等，也有可能面临过度捕捉的威胁。壁虎别名"守宫"，其干制品称为"天龙"，也是一种传统的中药。

总之，三峡库区爬行类动物的致危因素主要是人为过度捕捉和利用，其次是环境污染。

3.5.4　两栖类

在三峡库区，两栖类如同爬行类动物一样特有种比例要远高于兽类和鸟类。

重庆五里坡自然保护区分布的 23 种两栖类，仅有大鲵是被列为国家Ⅱ级重点保护野生动物的物种。

特有种方面，仅分布于中国的两栖类物种 14 种，主要分布于中国的两栖类物种 4 种，共计 18 种，占两栖类动物物种总数的 78.26%。

中国特有种，以及被列入中国物种红色名录（2004 年）和 IUCN（1994～2003 年）濒危等级评估标准近危种（NT）以上等级的物种 18 种（这其中包括了一些中国特有种），占两栖类动物物种总数的 78.26%。

（1）国家Ⅱ级重点保护野生动物

仅有大鲵 1 种。中国物种红色名录（2004 年）濒危等级评估标准列为极危（CR）状态。

（2）中国特有种

仅分布于中国的两栖类物种有巫山北鲵、大鲵、峨山掌突蟾、利川齿蟾、巫山角蟾、华西大蟾蜍、无斑雨蛙、秦岭雨蛙、沼蛙、峨眉林蛙、绿臭蛙、湖北金线蛙、隆肛蛙、花臭蛙等 14 种，主要分布于中国的两栖类物种有中华大蟾蜍、中国林蛙、棘腹蛙、黑斑蛙 4 种，共计 18 种。

①中国物种红色名录（2004 年）濒危等级评估标准列为极危（CR）状态仅有大鲵 1 种，属于国家Ⅱ级重点保护野生动物。

②中国物种红色名录（2004 年）濒危等级评估标准列为易危（VU）状态有巫山角蟾、棘腹蛙 2 种。

③中国物种红色名录（2004 年）濒危等级评估标准列为近危（NT）状态有巫山北鲵、利川齿蟾、黑斑蛙、隆肛蛙等 4 种。

两栖类中的其余 11 种中国特有种被中国物种红色名录（2004 年）濒危等级评估标准列为无危（LC）状态。

（3）濒危现状分析

三峡库区两栖类动物中被列为国家重点保护野生动物的仅有大鲵 1 种，但列入中国濒危动物红皮书（1998 年）濒危等级评估标准的物种和中国特有种的数目合计有 27 种。如同爬行类动物一样，在物种总数中也占有相当高的比例，对于生物多样性保护方面具有重要意义。

两栖类物种被中国物种红色名录（2004 年）濒危等级评估标准在国内范围列为极危（CR）状态的有 1 种（大鲵），易危（VU）状态的有 2 种，近危（NT）状态的有 4 种，无危（LC）状态的有 11 种。

两栖类动物的繁殖能力不亚于爬行类，但三峡库区两栖类与爬行类相比，处于极危或稀有状态物种的比例明显偏高。这其中有部分物种是由于自身属狭生境分布而稀有的缘故，如黄斑拟小鲵 *Pseudohynobius flavomaculatus*（目前在三峡库区范围仅记录奉节、巴东 2 个县发现分布）、文县疣螈、利川齿蟾、红点齿蟾等，导致它们数量减少的主要因素还是人为过度捕捉和环境变化。受到人为捕捉影响而导致种群数量锐减到野外几乎绝迹的物种最为明显的是大鲵，尽管大鲵已经被列为国家Ⅱ级重点保护野生动物，但作为一种价格昂贵的食品，高消费者中的不良饮食偏爱所导致的市场需求会致使偷捕现象时常发生，近10年来，在三峡库区大鲵的私下收购价格呈逐年攀升状态。随着大鲵资源的枯竭，形体类似于大鲵的两栖动物如小鲵、疣螈等，也遭到了过度捕捉、贩运到火锅餐饮业的厄运。监测调查中发现，在一些交通不便人迹罕至的僻远山区溪流中，巫山北鲵的种群密度很高，可以达到在溪流石块间随处可见的程度。而在一些人类容易到达的区域，类似的溪流中翻动几十块石头也难于见到1只个体，而且从这类区域溪流中的石块状态来看，均被捕捉小鲵的人将河道长距离搜寻过多次。重庆五里坡自然保护区官阳镇林业站，近几年来多次查获到在山区私自大量收购小鲵的现象。因而在三峡库区加大并强化野生动物及其产品的检查执法力度，是保护两栖类等动物的重要、有效措施之一。

与其他类群动物具有重要区别的是，两栖类动物对水域和潮湿生境的依赖程度很大，其幼体阶段必须如同鱼类一样在水中生活，绝大多数种类终生不能远离水域或潮湿生境。许多种两栖类动物生活于其中的水体生境规模不大，有些种类还必须要求生境中具有水量恒定的稳定溪流或水潭，这些生境条件很容易因为周边环境的变化（如植被改变、土石方工程、施放农药、倾注污水等）导致剧烈变动。大多数两栖类动物的脆弱皮肤对水体环境污染非常敏感，大气中的酸雨对它们的皮肤也具有强烈的损伤作用。

从监测调查所获得的结果来看，三峡库区两栖类动物所面临的致危因素将导致其存活前景非常严峻。

3.6 讨论和分析

3.6.1 陆栖野生脊椎动物和生境的现状，以及面临的人类活动影响

重庆五里坡自然保护区所处的地理位置，及其独特的地貌特征和自然气候条件，分布有丰富的陆生动植物资源，生物多样性丰富度极高。种类繁多的不同类型植被群落、丰富的环境类型为不同类群的野生动物提供了复杂多样的生境类型。从动物地理和区系特征的角度来看，重庆五里坡自然保护区的陆栖野生脊椎动物亦表现出很高的多样性，分布的422种陆栖野生脊椎动物可以划分为14个不同的分布型、70个分布亚型。

尽管三峡库区历经长期的人类经济开发活动致使大多数区域的原生植被类型遭到剧烈改变，但目前尚存的陆栖野生脊椎动物的珍稀濒危物种仍然占有相当重要的比例，这些物种主要分布在包括重庆五里坡自然保护区在内的三峡库区生物多样性最为丰富的"热点"地区。三峡工程导致长江水文情势改变，形成水库淹没区和移民搬迁，成为近期影响生物多样性直接或间接的主要因素。三峡工程完成蓄水将要淹没陆地面积632km²（其中耕地、园地、河滩地占284km²），规划搬迁的移民人口将达到113万人，这数量巨大的移民将主要由58 000km²的库区吸纳解决（黄真理，2001）。淹没区虽然仅占库区总面积的1.01%，但搬迁后新建城镇等类型的人类居住区面积往往要大于原先占地面积，加之道路、车站等配套工程设施的扩展和改建，大量建材石料的开采，就地后靠移民安置区占用农田林地等

环境，林地和灌丛草地转化为农田或居民区等因素，将会导致库区许多陆栖野生脊椎动物的生境条件恶化甚至局部区域的生境丧失。作为三峡水库重点淹没区之一的巫山县，面临的这类问题更加突出。

三峡水库建成蓄水后，淹没区面积和新建移民区的占用面积，以及其他大型工程的开发建设，将导致库区低海拔地带的陆栖野生脊椎动物群落组成，在物种多样性和丰富度方面进一步贫乏化，并间接涉及和影响到中山带的野生动物群落及其生境。只有在长期实施科学有效的合理保护措施的情况下，才有可能使其得以恢复和发展。由于三峡库区海拔 1200～1300m 以下的低中山针叶、阔叶林带区域，是我国动物地理区划东洋界华中区西部山地高原亚区的代表性生态地理动物群——亚热带森林—林灌草地、农田动物群的分布区，该动物群区系组成丰富程度在我国 7 个基本生态动物地理群中位居第二，仅次于热带森林、林灌草地、农田动物群，在生物多样性保护方面非常重要。

蓄水后的三峡水库面积约 1080km^2，水面平均宽度 1100m（比天然情况增加 1 倍）。三峡地区的特殊地形地貌，断面窄深，保持狭长的条带河道形状，属典型河道型水库（黄真理，2001）。由于在库区很难形成具有大规模面积的浅水滩涂水域生境，水禽类物种增加的可能性很小，在数量方面虽有增加，但规模有限（葛洲坝水库就是一个范例），除非实施合理的人工保护招引措施。

今后如何在三峡库区日趋增强的人类经济开发活动中，对自然生态环境实施正确有效的保护措施，在对自然资源的利用方面真正做到可持续发展，尽力减低以至避免对自然环境和生物物种的不良影响，具有非常重要的意义。

3.6.2　重庆五里坡自然保护区分布的珍稀濒危动物在三峡库区中的地位

重庆五里坡自然保护区分布的国家级重点保护野生动物、中国特有种，以及被中国物种红色名录（2004 年）和 IUCN（1994～2003 年）濒危等级评估标准列为近危种（NT）以上等级的物种（共计 145 种），从三峡库区分布的尺度来看其分布状况、濒危等级特征、地区分布差异，以及需要予以关注的保护对策等，总结概述如下。

（1）濒危等级特征

重庆五里坡自然保护区分布的国家级重点保护野生动物、中国特有种、被列入中国物种红色名录（2004 年）和 IUCN（1994～2003 年）濒危等级评估标准近危种（NT）以上等级的物种，其不同类群的濒危程度等级见表 3-12。

表 3-12　不同濒危等级物种比例*

动物类群	CR	比例（%）	EN	比例（%）	VU	比例（%）	NT	比例（%）	LC	比例（%）	合计物种数
哺乳类	3	6.38	7	14.89	19	40.43	14	29.79	4	8.51	47
鸟类	-	-	1	2.00	2	4.00	7	14.00	40	80.00	50
爬行类	-	-	1	3.33	10	33.33	-	-	19	63.33	30
两栖类	1	5.56	-	-	2	11.11	4	22.22	11	61.11	18
合计	4	2.76	9	6.21	33	22.76	25	17.24	74	51.03	145

* CR = 极危，含接近野外灭绝或野外灭绝；EN = 濒危；VU = 易危；NT = 近危，含近危接近易危 NT/VU；LC = 无危，含无危但稀有 LC/R。

总体来说，重庆五里坡自然保护区珍稀濒危物种中的无危种（LC）数量最多，占陆栖野生脊椎动物物种总数的比例达 50.69%；易危种（VU）次之，占有比例达 22.92%；之后依次排列顺序为：近危种（NT）17.36%，濒危种（ET）6.25%，极危种（CR）2.78%。

根据表 3-12 中数据，将每一濒危等级中的不同类群物种按比例从高到低依次排序，可以表明下述特征。

①兽类：濒危等级依次排序为——极危种（含稀有、接近野外灭绝或灭绝）（CR）6.52%，濒危种（EN）15.22%，易危种（VU）41.30%，近危种（NT）30.44%，无危种（LC）6.52%。兽类中极危种比例与无危种同样最低，但其中含有的接近野外灭绝或者很大可能已经野外灭绝的种类成分较多，这意味着即使在施加了合理有效的保护措施后，也很难使其在三峡库区中得以恢复，例如虎、豺等。

②鸟类：濒危等级依次排序为——易危种（VU）41.30%，近危种（NT）30.44%，无危种（LC）6.53%，濒危种（EN）2.00%。鸟类中的中国特有种中有常见和优势种（领雀嘴鹎、白头鹎）2 种，鸟类中无极危种。

由于鸟类活动性强、分布范围相对较广，在三峡库区的自然状态下难以见到以至消失的种类如天鹅、黑鹳、白琵鹭等，在对栖息地施加了保护恢复措施后，比较容易重新出现于库区。巫山县大宁河大昌镇的大片耕地和近岸草丛，目前已经淹没成为三峡库区面积最大的人工湖，在施加合理人工管护措施的条件下，将来有可能演变成为三峡库区规模较大的水禽越冬地生境。

③爬行类：濒危等级依次排序为——无危种（LC）63.33%，易危种（VU）33.33%，濒危种（EN）3.33%。

爬行类物种的致危因素主要是由于人类长期过度捕捉利用，其次为生境条件改变。

④两栖类：濒危等级排序为——无危种（LC）61.11%，近危种（NT）22.22%，易危种（VU）11.11%，极危种（含稀有、接近野外灭绝或灭绝）（CR）5.56%。

三峡库区两栖类物种中的狭生境特有种非常丰富，而且在面对人为影响和环境条件变化方面，是最为脆弱的物种。最为明显的是中国特有种大鲵，分布在长江、黄河及珠江中下游的支流中，在我国遍及华中、华南、西南地区，曾经是许多分布区种群数量较多的常见种，但目前已经成为极危种，在许多地区已经成为野外灭绝种。

3.6.3 三峡库区珍稀濒危物种的地区分布差异

以三峡库区 162 个国家级重点保护物种和中国特有种总数为依据，采用最高数量和最低数量求级差的方法，将库区 18 个区（县）分为 3 个等级，Ⅰ级数量物种点数在 69~118 之间，Ⅱ级数量物种点数在 42~69 之间，Ⅲ级数量物种点数在 40 以下（表 3-13）。由于项目规模和调查强度所限，因而有可能导致区（县）之间的一些偏差，不过相对于国家级重点保护物种和中国特有种而言，这种偏差幅度较小。

从表 3-13 中数据可以看出，三峡库区国家级重点保护物种和中国特有种的物种丰富程度较高的区（县）多集中在开县以东区域，巫山县（五里坡自然保护区）明显居于最高数量级，超过 100 个物种，占三峡库区国家级重点保护物种和中国特有种总数的

72.84%。这主要是由于这些区（县）范围在动物地理区划中属于华中区西部山地高原亚区中动物物种较为丰富的秦巴—武当省（亚热带落叶、常绿阔叶林动物群），其余县份在动物地理区划中大多属于四川盆地省（农田、亚热带林灌动物群），仅有个别县（区）如武隆南部、丰都的七曜山）属于或者邻近贵州高原省（亚热带常绿阔叶林灌、农田动物群）的少数边缘区域。另外，丰都世坪林场（世坪森林公园）保存的小范围面积（4km²）经 40 年天然更新的亚热带原始常绿阔叶林生境，在陆栖野生脊椎动物的物种多样性和丰富度方面具有不可忽视的重要作用。

表 3 - 13　　三峡库区各县（区）分布保护物种和中国特有种总种数

各区（县）地理位置顺序（从西向东）*																	
1	2	3	4	5	6	7	8	9	10	11	12	13	14	15	16	17	18
渝北	巴南	长寿	武隆	涪陵	丰都	忠县	开县	云阳	石柱	万州	奉节	巫溪	巫山	巴东	秭归	兴山	夷陵
48	49	44	52	50	74	42	70	32	48	47	64	54	118	93	69	75	70
各区（县）分布保护物种和中国特有种总种数排序及数量级别**																	
118	93	75	74	70	70	69	64	54	52	50	49	48	48	47	44	42	32
巫山	巴东	兴山	丰都	夷陵***	开县	秭归	奉节	巫溪	武隆	涪陵	巴南	渝北	石柱	万州	长寿	忠县	云阳
I	I	I	I	I	I	I	II	II	II	II	II	II	II	II	II	II	III

　*栏目中 1、2、3、4、5……18 为地理位置顺序，48、49、44、52……70 为物种数量。

　**栏目中 118、93、75、74……32 为物种数量，I、II、III 为物种数量级。

　***"夷陵区"原为"宜昌县"。

　　总体来看，三峡库区各区（县）在物种分布方面虽有差异，但均具有数目可观、值得关注的野生动物种类。重庆五里坡自然保护区之所以能够在三峡库区中成为国家级重点保护物种和中国特有种物种数量级最高的区域，除了其所处的动物地理省属于生态动物地理群较为丰富的区域之外，还有一个重要的因素是拥有相对较大面积人为扰动因素低的生境区域。重庆五里坡自然保护区面积达到 352.77km²，在三峡库区的 36 个自然保护区中属于面积大于 300km² 的 6 个自然保护区之一，其无人居住的核心区（173.23km²）和缓冲区（65.56km²）共计占保护区总面积的 67.69%，加之五里坡自然保护区为典型的中深切割中山地形，海拔落差幅度达到 2510m（170～2680m），野生动物生境类型多样，为多种珍稀濒危物种种群的生存具备了基本条件。

3.7　陆栖野生脊椎动物保护

3.7.1　致危因素影响

　　重庆五里坡自然保护区所处的三峡库区，与地球上其他地方已经发生和正在发生的现象一样，近代人类活动是导致生物物种致危以至于灭绝的主要因素，超过 99% 的物种灭绝事件是由人类活动造成的。在三峡库区，长时期人类活动导致自然环境的大规模变动已经改变、恶化和破坏了大范围面积的自然景观，促使一些物种甚至整个群落陷入灭绝境地。库区人类活动对生物多样性造成的主要威胁是生境的破坏、破碎和退化（包括污染），以及人类对野生动物物种资源的过度开发利用，还有外来物种的引入和疫病的传播。野生动物中的绝大多数受威胁物种至少面临上述两个方面的致危因素，从而加速野生动物的灭绝速率，致使保护这些濒危物种的愿望，以及随之付出的各种措施和行动无从施展和收效甚微。人类活动对野生动物及其生境产生的直接或间接影响具体表现在以下几个方面。

（1）对野生动物资源的直接需求和过度开发

随着近年来城镇区域面积的持续扩展和人口的迅速增加，在相当大的程度上提高了野生动物资源的市场需求，尤其是随着 20 世纪 90 年代以来部分城镇居民大幅度增加了收入并显著提高了生活水准，还有旅游业的兴起使得大量高收入者能够深入乡村林区，这些因素促进了对野生动物的过量猎捕和对珍稀濒危动物的偷猎。

三峡库区珍稀濒危野生动物的分布区，目前已退缩集中到如五里坡自然保护区这样山势陡峭、交通不便的僻远山区，其乡村居民大多处于生活贫困状态，对提高自身生活水平的迫切要求使得其中部分成员成为技艺娴熟的猎人，传统的捕猎技巧配合现代材料和器械，极大地提高了捕猎效率，而且对野生动物种群破坏的程度远高于猎枪的选择性猎捕。另外，近 10 年来交通设施的改善和电讯技术的发展，使得贩运和出售野生动物及其产品比以往任何时候都要便利。在某些情况下，物种稀有更能增加需求，因此某些可作为珍贵药材和昂贵食品的野生动物及其产品，数量越少价格越高，致使一些偷猎者和采集者更为仔细地搜寻所剩无几的珍稀物种。库区中难以见到虎、金钱豹、麝、乌龟、鳖、大鲵等动物的踪迹，以及金钗（石斛）*Dendrobium* spp.、头顶一颗珠（延龄草）*Trillium tschonoskii*、野生天麻 *Gastrodia elata* 等药材植物几乎绝迹，就是一个明证。一些不损伤动物个体数量的采集行为也会导致这类警觉性高的动物舍弃良好的长期固有巢穴。例如人类采集作为中药材的动物排泄物夜明砂、猴结、五灵脂等，对这类动物造成的惊恐和驱赶，严重干扰其正常生活，尤其是在非常重要的繁殖生境或繁殖期。

另外，随着社会经济的不断发展，人们对精神生活的追求日趋强烈，休闲、旅游、度假、荒野探寻等活动正在成为一些偏爱享受自然风光人群的时尚追求。这会成为人类对自然资源的重要组成部分——生物群落的另一种利用方式，如果相关的、科学严谨的自然管理保护措施不能随之实行，将形成对野生动物资源的另一种过度开发和利用，对野生动物栖息地及生存于其中的关键物种产生巨大的潜在性破坏影响。

（2）生境破坏

重庆五里坡自然保护区除核心区外，绝大多数林地均遭到过大面积皆伐，许多砍伐迹地在付出了长期巨大人力管护作用下，更新为人工纯林，原生植被群落类型的野生动物生境范围发展受到一定程度的限制。

生物多样性遭到破坏的最严重后果就是物种的丧失，而物种保护最有效的手段是保护完整的生物群落。野生动物适宜生境面积大幅度缩减以及目前残存的斑块状"良好"生境仍然在遭到人类活动的蚕食，是野生珍稀濒危动物生存面临的最大威胁，这可以导致人类对野生动物资源的过度利用更加明显，以及由此而引发的小种群问题、种群遗传变异降低、特异生境物种的狭窄适应性，等等，致使珍稀濒危物种的生存能力更加脆弱。

山区乡村居民的燃料消耗，是森林植被遭到持续破坏的首要因素；传统的不良炊饮炉灶和冬季取暖方式，长期保持着惊人的燃料耗费量。粗略的调查表明，三峡库区边缘或林区生活的居民，每户没有节柴灶的人家每年需砍伐胸径 10～20cm 以上的树木 100～150 棵，这还没有计算枝桠和农作物秸秆的燃烧量；而使用节柴灶的人家仅需耗费 20%～30% 的树木，甚至可以仅利用枝桠和农作物秸秆作燃料（苏化龙等，2006）。推广使用简易高效节柴灶，对当地森林植被的保护和恢复具有重要作用，尤其是在那些海拔较高（由于长时间的低温季节导致沼气效果不好）的山地区域。

消耗树木的另一个重要因素是木炭的市场需求。城镇传统的冬季取暖以及餐饮业大量的火锅、烧烤方式，对木炭的需求量在毁损树木方面不亚于乡村居民的日常生活，而且烧制木炭需要生长多年的大径材，硬质阔叶树烧制的木炭价格更高。改变当地社区消耗木炭的传统不良生活习惯，或者推广使用非木材原料的"机制木炭"，是当地森林植被得以保护和恢复的一个重要措施。

（3）生境破碎化

表现在三峡库区较大的、连续的野生动物栖息地缩减成为斑块状，而且被进一步分割成多个片断状的破碎化的过程，在库区的一些生物多样性较为丰富的"热点"地区持续产生，五里坡自然保护区除核心区外也面临这一问题。由于库区目前尚存的野生动物较为适宜的栖息地，植被类型较为完好，其山势地貌和溪流飞瀑等构成了引人入胜的风景秀丽的"景点"，度假村和高等级道路的修建，以及随之而来的频繁机动车流量，加之近年来在许多山区修建电站水坝而形成的一些"狭长"水库，构成了野生动物中地栖物种难以逾越的隔离带或死亡带。因而，这些具有旅游观光休闲价值的地区呈现出生境破碎化日趋强烈的局面。2007 年初，在湖北神农架国家级自然保护区核心区与重庆五里坡自然保护区之间落成蓄水的山间水库，形成了超过 9km 的狭长深水水面隔离带，加之 3 年前完成道路硬化工程的"环形"旅游公路，对川金丝猴群体的移动形成了非常明显的阻隔效应。

除了明显的道路以外，人类居住区的许多设施均能成为阻碍野生动物程度不等的隔离带，如水渠、高压线、篱笆或围墙、防火通道等。隔离带限制物种的扩散和移动能力，许多种栖息于林地深处生境的动物由于惧怕天敌的本性而不敢穿越距离很短的开阔地，这其中也包括很多种鸟类。而当生境破碎导致动物的长距离移动减少时，依赖动物传播种子的多种植物也会受到影响，因而生境中的植被群落难以进行正常自然更新，群落中的物种组成将日趋贫乏，也就加速了生境条件的进一步退化。另外，隔离带还能使野生动物对生境中的食物资源过度利用，这在食草动物中表现的最为明显。长此下去，将会导致野生动物"自行"毁坏生境而趋于灭绝。

生境破碎化能够导致幸存于其中的珍稀濒危野生动物快速灭绝，这在三峡库区中邻近大中城市的自然保护区和森林公园已经表现的非常明显。而且，随着库区经济开发活动的不断进展，道路交通设施将会日益发展和完善，加之传统的发达水运事业，对于库区人口如此密集而面积仅 50 000km^2 多的区域，在不久的将来，将不会再有交通不便、人群难以到达、较为良好的生物群落成分构成的野生动物生境。

（4）生境退化和污染

即使一定面积的野生动物生境没有受到人为直接的明显破坏和破碎化影响，但该生境中的群落和物种也不可避免地会受到人为活动的间接影响。前已述及，处于濒危状态下的野生动物面临着最小生存种群（MVP）问题，一旦某种野生动物数量低于该物种能够维持持续生存的最小种群标准，无论采取何种保护措施，该物种都将会在或短或长的一定时期内灭绝。植物物种也同样如此，低于一定面积的特定植被类型将会向着另一种植被类型演替。而在不同类群的野生动物生境中，特定的植被类型在物种群落中处于主导地位。三峡库区野生动物生境退化的形式具体表现在首先是没有足够规模的面积，周边不具备条件良好的缓冲区，以及居民居住区、农田或药材种植园等镶嵌或穿插其中；其次是人员进入林中对林下植物进行高强度的选择性采集（如采挖中药材、珍贵野菜、大量攫取野生兰花等），以及大量旅游者的践踏等，这些因素可导致森林植被群落中许多物种丧失，甚至林下植被层荡然无存。

生境受到污染同样可以使栖息于其中的野生动物种群数量锐减以至于遭到灭绝，这点已经得到人们的公认。杀虫剂、水污染、垃圾污染、大气污等，在三峡库区对野生动物生境的影响同样是从事自然保护管理的有关部门需要面对的一个严峻问题。

杀虫剂和非法毒鼠药剂的施放在很多地区不仅引起食虫鸟、涉禽、猛禽和中小型食肉兽的大量死亡，甚至这类化学药剂的残毒已经波及到人类自身的健康安全。三峡库区曾经广泛分布比较常见的雉科鸟类白冠长尾雉，就是因为化学药剂处理种子而导致其成为目前的稀有种。水污染导致了数目可观的两栖类动物死亡，以往在我国南方各地蛙类繁殖季节，随处可闻蛙鸣的现象，目前已经难得一遇。实际上，水体和垃圾污染导致蛙类遭致灭绝的影响程度要远高于人为过度捕捉。

大气污染对于森林植被群落具有值得关注的影响，仅酸雨就可造成严重后果。酸雨能够破坏和削弱许多树木种类，使得它们容易遭到昆虫、真菌和疫病的侵袭，这些已经得到社会公众的广泛认同。即使酸雨表面上看暂时对某个地区的森林没有造成严重危害，但附生在岩石或树干上的地衣类植物对酸雨异常敏感，轻微的酸雨即可导致大量地衣类植物死亡。地衣类植物是自然生态系统中的一个重要组成部分，具有促进岩石风化、充当先锋植物等重要作用。三峡库区小神农架和巫山分布的川金丝猴，将地衣类植物松萝 Usnea spp.、树衣、树耳等作为冬季的重要食物源，但目前这些地区森林中的松萝已经大为少见，对川金丝猴的生存造成了不利影响。酸雨对许多种两栖类动物具有严重威胁，山间水体规模较小的积水坑塘往往是蝌蚪的发育场所，很容易受到酸雨侵害。大多数两栖类动物的皮肤湿润而脆弱，大气中高浓度的二氧化硫可以直接侵蚀它们的皮肤。

（5）外来种侵入和疫病传播

外来物种侵入同样是给当地生物群落带来严重威胁的一个重要因素。地球上许多物种的地理分布范围被地形地貌、环境气候等屏障所限而难以扩散或迁移，从而在长时期的自然演替过程中形成具有鲜明的地域性特征、类型丰富的现生生物分布格局，学术界将其定义为"动植物地理区划"。而人类尤其是近代人类通过在全球范围内传送物种，大大改变了自然物种的分布格局，许多物种被人类有意识或偶然地引入到不是它们自身分布区的地方。尽管绝大多数外来物种由于不能适应新环境难以繁衍定居，但仍有部分物种能够在"侵入"的地区生存并形成种群，而它们的种群繁荣是以排挤或牺牲当地物种为代价，这类外来物种往往通过争夺生境中的有限资源而取代当地物种。引入的动物物种可能捕食当地物种直至它们灭绝，或者改变当地生境条件导致土著种难以生存。

人类活动创造的反常环境条件使得外来物种能够比当地物种更适应这些条件，外来物种往往集中出现在人类活动改变条件最明显的生境中。例如三峡库区的林地生境中，如果穿插或镶嵌的道路、房屋等设施达到一定程度，家猫即会取代豹猫等食肉兽而成为捕食者；如果林地面积达到足够的范围，即使毗邻人类居住区，其中的小型食肉兽如豹猫、灵猫等还能生存。

有些非常适应于毗邻人类居住区生境的野生动物物种，对于局部范围地区而言，也可视为"外来种侵入"现象。例如三峡库区许多处白鹭、夜鹭等鹭科鸟类的集中营巢繁殖地，均位于城郊或乡村人类居住区中的小面积林地。在面积较大而又尚未破碎化的保护区或林场林地生境，鹭科鸟类绝不会成为优势种繁殖鸟。集中繁殖的鹭科鸟类，往往导致局部区域的两栖类动物数量大大缩减甚至绝迹。外来侵入性物种的增加，使得当地竞争能力弱小、反捕食或反猎捕能力差的动物物种日趋减少。那些由于能够适应人类活动而非常繁荣的当地物种，也是珍稀濒危物种生存和自然保护管理工作需要面临的一个严峻问题。

一个地方的野生动植物生境在遭到缩减、退化、破碎和污染后，只要原有物种存在，就有可能存在历经若干年的保护措施后恢复的潜在能力。但外来物种一旦定居，从群落中清除将是非常困难且代价高昂。三峡库区目前引入或侵入的植物外来至少在 40 种以上，它们在库区原生植被群落类型的恢复和重建方面具有很大的消极作用，从而影响到野生动物生境恢复和种群增长。重庆五里坡自然保护区同样面临外来物种入侵导致当地生物群落成分发生改变的潜在影响。

另外，野生动物执法管理部门经常查获没收野生动物活体，在放归野外时，会导致无意中外来物种引入的现象。这在两栖和爬行类动物中最为明显，因为这类动物的种类鉴别比较容易混淆。有时不法贩运者的长途运输因素，甚至可以引起跨国界的外来物种引入。例如，近年来我国广东和广西地区查没边境贸易中的动物放生到野外的印度穿山甲 *Manis crassicaudata*，对生物多样性保护非常不利（汪松，1998）。两栖动物人工养殖业近年来的发展，也是外来种引入的重要因素。如我国南方人工养殖较为普遍的牛蛙 *Rana catesbeiana*、猪蛙 *Rana grylio*、河蛙 *Rana heckscheri*，体大粗壮，繁殖力强，逃逸到野外生境，很有可能排挤或取代当地蛙类。其中牛蛙产卵量数以万计，繁殖力相当强，在我国许多省（自治区），已有野外种群分布（李振宇等，2002）。

重庆五里坡自然保护区分布爬行类动物物种的 80.00%（28 种）、两栖类动物物种的78.26%（18 种），属于中国特有种，防止外来物种入侵占据其生态位，是今后需要加强的重要保护措施之一。

生境面积狭小而野生动物种群形成较高密度，如它们被限定在一个自然保护区而又不能大范围迁移活动时，很有可能导致寄生虫和疾病的侵袭。野生动物生境被破坏或非常靠近人类居住的状况下，也能够增加生境中动物对疾病的易感性。三峡库区分布的雉科鸟类大多是珍稀濒危物种和中国特有种，与家禽可以共同感染多种疫病；家畜和猫、狗携带或可以感染给野生兽类的疫病种类也有多种；人类与灵长目的猴科动物可以共患多种疾病。但人类及其饲养的禽畜目前大都进行疫苗预防，而野生动物在不具备免疫能力的状况下很容易大批感染死亡。

3.7.2　珍稀濒危物种抵御灭绝的脆弱性

当野生动物种群和生境在受到人类活动的极大影响后，许多物种会陷入濒危状态而趋于灭绝境地，但各个物种的灭绝速率有所不同，一些特殊的物种阶层由于其自身的生态生物学特征在面临灭绝时特别脆弱，因而在进行监测和实施保护措施时需要给予特别关注。三峡库区和重庆五里坡自然保护区分布的面临灭绝危机、特别脆弱的物种可以属于下述1个或多个类别。

（1）地理分布区狭窄的物种

仅见于小范围地理分布区中的1个或几个地点，其生境一旦受到人类活动影响，灭绝的可能性很大。例如重庆五里坡自然保护区分布的鼩鼹、甘肃鼹、绒鼠、大噪鹛、暗色鸦雀、黄斑拟小鲵、巫山北鲵、文县疣螈、利川齿蟾、红点齿蟾、秦岭雨蛙等物种。

（2）仅有1个或几个种群的物种

森林火灾、地质灾害、疫病爆发，如同人类活动大规模摧毁动物栖息地一样，可以导致某个物种种群的地区灭绝。如三峡库区中仅分布于武隆芙蓉江峡谷的黑叶猴，小神农架和巫山的川金丝猴等[*]。

（3）小规模种群和遗传基因多样性非常低的物种

由于对数量变动和环境变化的脆弱性较高，以及遗传变异性丧失较快，小规模种群比大规模种群更容易变成地区灭绝。三峡库区中有黑叶猴、斑林狸、金钱豹、虎、黑熊等，是处于很小或极小规模种群的物种（由于生境破碎化，导致巫山分布的川金丝猴很有可能已经成为易于灭绝的小规模种群）。小种群会出现诸如近交衰退、进化可塑性丧失、不等性比、繁殖变异等一系列问题，使该物种抵御环境变化和自然灾害的能力大大降低。一个物种种群如果具有特别低的遗传变异，还会使得该物种缺乏抵御疾病的能力。

（4）种群规模正在趋于衰落的物种

曾经数量很多，但显示出种群数量长期持续降低的物种易于灭绝，除非找到引起种群衰落的真正原因并采取了确实有效的保护措施。三峡库区和重庆五里坡自然保护区中相当

---

[*]　按照新近分类标准（王应祥，2003），川金丝猴有3个亚种：川西亚种 *Rhinopithecus roxellanae roxellanae* 分布于四川西部（理县、南坪、北川、平武、天全、宝兴、泸定、黑水、松潘、若尔盖等地）和甘肃南部（文县、康县、武都、白水江等地）；秦岭亚种 *R. r. qinlingensis* 分布于陕西南部（秦岭山区的周至、宁陕、太白、佛坪等地）；湖北亚种 *R. r. hubeiensis* 分布于湖北西部（神农架）和重庆东部（巫山）。湖北亚种是种群数量最少、生境面积最小的一个亚种。据最近几年的调查统计资料，川金丝猴在我国4个省总计数量在25 000只左右，其中湖北神农架的数量大约为500只（朱兆泉等，2003）。川金丝猴湖北亚种在三峡库区分布于巫山、巴东（小神农架）、兴山3个县，其中巫山据文献报道分布约100只（汪松，1998）。川金丝猴湖北亚种在神农架和小神农架的生境面积大约140km²（朱兆泉等，1999），巫山生境面积大约50km²。最近的研究结果表明（苏化龙等，2004；2007），神农架、小神农架、巫山是多个金丝猴群体共同循环利用的生境区域，共同利用这个区域的金丝猴种群数量不低于600～800只。该区域西部毗邻巫山县五里坡林场（2000年9月建立巫山县五里坡自然保护区，县级；2002年12月，建立重庆五里坡自然保护区，市级）2006年的调查结果表明，本区域存在有面积不低于50km²、人为活动干扰较少的金丝猴良好生境。川金丝猴湖北亚种的良好生境面积仅200km²左右，其中大、小神农架区域有140km²（朱兆泉等，1999）。在中国，川金丝猴湖北亚种是3个川金丝猴亚种中种群数量最少、生境面积最小的种群。

一部分（49 种）处于濒危或极危等级标准的野生动物种群大多属于这种状态，例如红腹角雉、勺鸡、白冠长尾雉、红翅绿鸠、鳖、乌龟、大鲵等。

（5）种群密度低的物种

如果人类活动导致野生动物生境破碎，种群密度低的物种在每个片段生境中仅能保留小规模种群。小种群使得物种无法持续生存，最终在整个景观中将会消失。三峡库区（包括五里坡自然保护区）分布的许多在调查中数量级呈现为少见和稀有的大多数物种，属于这种状况。

（6）需要大面积领域的物种

大型动物倾向于占有面积较大的生境，它们需要有较多的食物，并且容易遭到猎人的捕杀而灭绝。三峡库区的大型食草动物如较大的鹿类早以灭绝；虎现在即便没有彻底在野外灭绝，也已经是处于生态灭绝的境地。库区中目前尚存的大型哺乳动物仅有黑熊，在局部区域有小规模种群分布。

（7）不具备有效迁移和扩散能力的物种

不能适应生境条件变化的物种，而又不能尽快迁移到更为适宜的生境，只有陷入灭绝境地。人类活动导致的生境变化非常快速，原有物种几乎难以在这种变化了的生境中产生适应性，只有能够进行有效迁移的物种可以存活。那些不能够穿越道路、农田、人类居住区等人类活动形成生境障碍的动物，将无法逃脱灭绝的命运。近代人类在地球上造成的动物灭绝事件，几乎均局限于不会飞行的兽类、两栖爬行类动物和少数鸟类。目前三峡库区中面临这种状况最为严峻的是大多数两栖类、部分爬行类，以及黑叶猴、川金丝猴等兽类。

（8）需要特殊小生境的物种

最为明显的是三峡库区分布的黄斑拟小鲵、巫山北鲵、利川齿蟾、红点齿蟾、巫山角蟾等，需要特殊小生境才能繁衍存活。这些狭生境分布的两栖类，需要具备周边植被状况良好、水质清澈洁净且水流稳定的溪流水体生境，才能进行产卵孵化、幼体发育等漫长的繁殖过程。红点齿蟾几乎终生栖息于特定条件的溶洞深处溪流生境，其蝌蚪甚至是在距离洞口 3000m 左右的水体中进行缓慢的生长发育过程。这类动物的特殊小生境非常脆弱，周边环境稍有改变或者仅人类的频繁进入就可导致其灭绝。

（9）特异性地栖息于稳定生境中的物种

许多物种仅适应于在极少受到干扰的环境中生存。如古老持久的热带雨林、亚热带常绿阔叶林或温带落叶林的中心地带，或者某个海拔幅度的地段，等等。例如在三峡库区分布的川金丝猴，必须具有较大面积的天然林生境，才能维持其最小生存种群标准；五里坡自然保护区分布的这类物种还有林麝、毛冠鹿、斑羚、狍、红腹角雉、勺鸡等。

（10）永久或临时集群的物种

在特殊生境集群栖息的动物非常容易在人类活动的干扰下导致地区灭绝。例如，蝙蝠仅夜间在宽广的区域觅食，白天则在特殊的山洞中依据其物种习性以各自特异的方式集群栖居。进入山洞的猎人能够非常方便地捕获大量个体，甚至斩尽杀绝。进入蝙蝠洞穴收集粪便（中药夜明砂）的人也会对蝙蝠造成极大的惊扰和驱赶现象，在繁殖季节这种行为对蝙蝠的危害甚为严重。类似于蝙蝠洞栖生活习性的还有金丝燕，只不过鸟类是白天活动夜晚归宿。

（11）容易遭受人类捕杀和采集的物种

许多种野生动物自身或其衍生物、排泄物，被人类视为食物、皮张、珍贵药材等资源，长期遭到捕杀、捕捉或采集等方式的利用。这种行为如果得不到法律的约束或者当地传统可持续利用方式的调节，这类物种最终将会灭绝。三峡库区在这方面因素导致濒危或稀有的野生动物种类很多，例如兽类中的蝙蝠类（捕杀或采集粪便）、黑叶猴、穿山甲、黑熊、水獭、灵猫、金猫、豹猫、云豹、金钱豹、虎、林麝、复齿鼯鼠等；鸟类中的红腹角雉、勺鸡、白冠长尾雉等；爬行类中的鳖、乌龟、多种蛇类等；两栖类中的黄斑拟小鲵、巫山北鲵、大鲵、多种蛙类等。

3.7.3　保护对策探讨

生物多样性包括有物种多样性、遗传基因（同种遗传）多样性、群落多样性和生态系统多样性4个层面。生物多样性本身即是自然资源的重要组成部分。三峡库区所处的地理位置和气候条件使其成为生物多样性非常丰富的重要区域之一。尽管人类在长期依赖和利用自然资源的过程中，自觉或不自觉地对生物多样性造成程度不等的毁坏，毋庸置疑，生物多样性给人类的发展和生存带来了巨大利益，其直接和间接的经济价值高到难以估量的程度。

与地球上受到人类活动影响的大多数区域一样，三峡库区目前生存的野生动物物种有许多处于程度不等的濒危状态，有些已经即将灭绝。及时制定并实施合理有效的自然保护管理措施，使这类物种避免灭绝的厄运，维持自然生态系统的完整性，是当今人类不可推卸的责任和义务。

针对三峡库区目前野生动物的分布和濒危状况，以及所面临的人类影响因素，在三峡库区生物多样性保护方面急需实行和加强以下几个方面工作：

（1）法律保护

法律保护可用于保护生物多样性的各个方面，许多国家特别针对保护物种立法。我国先后颁布实施的有关物种和环境保护方面有《中华人民共和国野生动物保护法》（1988）、《中华人民共和国环境保护法》（1989年）、《中华人民共和国森林法》（1984年）、《中华人民共和国野生植物保护条例》（1996年）、《中华人民共和国自然保护区条例》（1994年）、《中华人民共和国水土保持法》（1991年）、《中华人民共和国水污染防治法》（1984年）等一系列法律法规。这类法律法规的制定、颁布和实施，对于物种及其生境的保护奠定了先决条件，极大地促进了我国生物多样性保护事业的健康发展。

《中华人民共和国野生动物保护法》对野生动物中的受保护物种明确了其合理利用的程度及管理责任，对违反该法案的行为明确了处罚制度。对猎杀野生动物的处罚包括罚款、服刑，甚至死刑。我国各级地方人民代表大会、政府也制定了相应的配套法规和规章，有的省（自治区、直辖市）还按照"一区一法"原则专门为保护区颁布了具体的管理办法。这些法律法规和行政规章，为全国野生动物保护管理工作提供了重要的法律依据。

具体到三峡库区，需要注重以下几点：

加强宣传教育力度，提高全民对物种保护的意识，使得社会公众自觉保护野生动物资源，做到不购买、不食用野生动物，也不饲养野生动物作为宠物。对使用野生动物产品及其衍生物（如皮毛、工艺品、药材等）的行为自觉抵制。杜绝野生动物的非法市场需求。

正确处理野生动物保护与利用的关系。对于一些由于毗邻人类生境而种群数量能够迅速增长的物种，实行切实合理的科学管理调控措施。

加强自然保护管理人员培训，提高执法人员素质和业务水平，真正做到严格执法，不徇私情，而又能正确辨认物种，证据鉴定准确。对查获没收的野生动物活体，必须准确辨认其分布区，然后进行合理的救治放归处理，尤其是兽类和两栖爬行类物种。因为从一个生境中清除外来种与恢复当地物种种群相比，付出的人力物力代价将会非常昂贵。

在三峡库区建立野生动物保护发展基金制度，并致力于培养和支持从事或关注野生动物物种研究和保护方面的专业队伍和社会民间组织。

将野生动物物种、种群及其生境植被群落的保护工作与天然林保护、退耕还林等国家支持和实施的项目紧密结合。

（2）自然保护区的建立和运作

关于物种和生物群落的保护，最重要和最有效的措施就是建立合法的自然保护区。仅依靠法律法规对人类活动的约束，并不能保证对野生动物生存最重要的生境进行有效的保护。因此，自然保护区的建立对于保护野生动物是一个重要的良好开端。

三峡库区范围内（未包括江津县）截至 2003 年 4 月建立的自然保护区或保护小区达到 35 个，森林公园达到 32 个，其范围几乎涵盖了库区目前所有的珍稀濒危野生动物种类较为丰富、森林植被群落类型较为良好的区域。为库区生物多样性保护和珍稀濒危物种种群的恢复，具备了必不可少的先决条件。

保护区建立后，如果期望对生物多样性进行有效保护，就必须立即采取有效的管理措施。不能简单地认为保护区内的生物群落能够保证其自行演替就是最好的保护措施，尽管这种观点对于一些面积规模足够大的保护区可能是正确的。对于在人类活动干扰过后的区域建立的保护区（在三峡库区很少存在无人类活动干扰的大面积生境），其中现存的物种和群落，或者说是人们期望保护的物种和群落，往往也必须在人类的干预下才能生存。许多没有得到管理的自然保护区，正在逐渐地，甚至是迅速地丧失物种，其生境质量也在迅速退化，也就是人们通常所关注的为什么有些保护区的被保护物种数量反而日趋减少的缘故。因而多数情况下保护区必须积极地进行管理工作，以维持其生物多样性，这一点至关重要。然而要尽快制定保护区管理决策，往往需要研究项目提供信息资料依据，而且必须落实运作经费，方能实施保护区管理计划。

三峡库区与我国其他地区一样，建立的自然保护区数量虽然可观，但不少保护区普遍存在经费不足，管理水平没有科学化、规范化，管理人员亟待培训等问题。有的保护区甚至仅仅停留在文件上，还不是真正意义上的自然保护区。迄今为止，处于动物群区系组成丰富程度在我国 7 个基本生态动物地理群中位居第二的三峡库区，也只有 1 个面积仅

76km²的国家级自然保护区，而且还位于生态动物地理群物种丰富程度略低的库区东北端的四川盆地省（农田、亚热带林灌动物群）。在三峡库区中，动物地理区划属于华中区西部山地高原亚区中动物物种最为丰富的秦巴—武当省（亚热带落叶、常绿阔叶林动物群）区域，需要尽快将几个面积广阔（超过300km²）、珍稀濒危物种（尤其是旗舰种、特有种）丰富的保护区提升为国家级，填补物种、生境、群落的保护空缺，惟有如此，方能达到生物多样性保护的基本要求，为珍稀濒危物种种群的恢复和发展、保持生态系统的健康运行具备先决条件。

（3）保护区周边居民问题

人类对自然资源的利用是客观事实，实际上从人类出现以来就已经成为全球所有生态系统的一个组成部分。适度的人类活动在某种程度上导致了生境类型的多样性，不应将所有的人类活动均视为对生物多样性保护的负面影响。当地居民的参与是生物多样性保护策略一个极为重要的组成部分，将同一地区的人类活动和自然环境的保护结合为一个整体，是当今合理利用自然资源、维持可持续发展的重要理念。

我国政府对三峡库区的生态环境建设问题非常关注，库区相关部门和单位在生物多样性保护及自然保护区建设方面也投入了相当大的工作量，并取得了一定成效。虽然出发点是为了当地经济的可持续发展和提高群众生活水平的长远利益，但如果单纯或片面地贯彻执行生物多样性保护措施，取得的预期效果可能有限，在经济落后地区尤其如此。如果当地居民能够理解生物多样性保护与他们的自身利益密切相关，对自然资源持有主人翁观念并赋予很大的责任心，积极配合并参与生物多样性保护工作，并将其纳入到当地社区的保护行动，可以卓有成效。至少在很大程度上可以节省用于法律监管方面的费用和人力，这些可以投入到重要的直接对生物群落保护方面的工作。因此对保护区社区公众进行必要的保护意识教育，是许多自然保护区亟待开展并需要特别注重的工作内容之一。

（4）协调经济发展与自然保护之间的关系

生物多样性保护的愿望和措施有时会与人类的需求发生矛盾，这首先需要公民、保护主管部门或组织、以及政府机构，在观念上取得共识，认为可持续发展的必要性非常重要，物种和生物群落代表了自然资源的一种直接或间接经济价值，为了保护这种价值必须防止其受到损害。可持续发展的定义是指经济的发展在满足当前和未来人类对自然资源需求的同时，对生物多样性的损害降低到最低程度。可持续发展在保护生物学中一个有用的概念，就是强调在发展的同时不伴随自然资源消耗的增长。

大型水坝工程极大地改变了当地水体环境的水深、水流模式，增加了泥沙淤积并且为一些动物的散布设置了障碍，从而对水生生态系统造成了破坏。由于环境的剧烈变化，以及随后的人工调节水位涨落模式等因素，邻接这种人工水域的陆地生境条件也会发生剧烈变动，许多物种将无法生存。三峡大坝及库区中的一些梯级水电站大坝，使得这种危及动物生境的状况在库区表现得尤为明显。但大型水坝工程中也蕴含着对陆栖野生脊椎动物生境条件改善和恢复的不可忽视的重大积极因素，这种积极因素能否得以发挥并转变为现实，取决于人类如何运行和操控。已有的研究表明，对水生生态系统导致严重威胁的大型水利工程，必须依赖对流域面积范围内植被群落的保护和恢复才能获得长期运行成功。目前已经取得的共识认为，保护和恢复水库流域面积内的森林和其他类型的自然植被（相当于改善和恢复陆栖野生脊椎动物的生境条件，尤其是珍稀濒危物种），是保证水利工程有效和长久运行的重要手段，该种方式费用相对较少，可以使用工程造价 1% ~ 10% 的费用，减低由于水土流失降低 30% ~ 40% 工程效率的损失（Richard Primack & 季维智，2000）。

（5）城镇社会公众的道德水准和消费观念

近代人口数量的大幅度增长，导致对自然资源的需求持续增加。人类对诸如木柴、野生动植物等自然资源的利用，还有将大量的自然植被生境转变为农牧业和居住区用地，这类因素对生物多样性程度的降低具有不可忽视的作用。但仅仅人口数量的增加并不是物种灭绝和生境破坏的惟一原因，因为许多地区的居民仅获取其自给自足的基本生活所需不会对生物群落造成严重破坏，而且城市化进程的加剧使得相当一部分人群已经不是依靠薪柴作为燃料，处于现代农耕和工业社会居民的日常生活，必须的蛋白质食物早已不是野生动物产品所能够满足。现代城镇居民对于野生动物资源的消费，并不是为日常生活所必需，多数是富裕阶层人群出于所谓追求时尚的猎奇心理在餐饮、服装毛皮、工艺品等方面的高消费，这类消费能够使本来不应该成为稀有种或濒危种的野生动物趋于野外灭绝。因此，对城镇社会公众应持续加强关于物种保护方面的宣传教育，树立正确的道德伦理观念，注重自然界生物物种的存在价值。

使用木炭是现代城镇居民对野生动物生境造成破坏的传统不良消费习惯，如果全体城市居民仍然采用这种生活方式，主要依靠木柴和木炭作为日常燃料，森林植被将荡然无存。但目前如此庞大的城镇人口，仅有其中的少部分人群出于怀旧或好奇心理继续消费木炭，所需要砍伐的树木也非常可观，对野生动物的生境植被就会造成严重的后果，产生不良影响。三峡库区政府有关执法部门在查禁木炭方面已经进行了多年工作，但仍需长期坚持。

表 3 – 14　重庆五里坡自然保护区陆栖野生脊椎动物珍稀濒危种及中国特有种名录

目	科	种　名	保护级别	国内濒危等级	三峡库区濒危状况	IUCN濒危等级	CITES附录等级
食虫目	鼩鼱科	1.　小鼩鼱 Sorex minutus		NT	LR		
	鼹科	2.　甘肃鼹 Scapanulus oweni		VU	EN	LR/lc	
翼手目	菊头蝠科	3.　小菊头蝠 Rhinolophus blythi		NT	NT		
	犬吻蝠科	4.　皱唇蝠 Tadarida teniotis		VU	NT		
	蝙蝠科	5.　中华鼠耳蝠 Myotis myotis		VU	VU		
		6.　大足鼠耳蝠⊕ M. rickettii		LC	EN	LR/nt	
		7.　南蝠⊕ Ia io		NT ~ VU	EN	LR/nt	
灵长目	猴科	8.　猕猴 Macaca mulatta	Ⅱ	VU	VU	LR/nt	Ⅱ
		9.　川金丝猴⊕ Rhinopithecus roxellanae	Ⅰ	VU	VU	VU	Ⅰ
鳞甲目	穿山甲科	10.　穿山甲 Manis pentadactyla	Ⅱ	EN	EN	LR/nt	Ⅱ
食肉目	犬科	11.　狼 Canis lupus		VU	CR/EW		Ⅱ
		12.　赤狐 Vulpes vulpes		NT ~ VU	EN/CR		Ⅱ

（续）

目	科	种　名	保护级别	国内濒危等级	三峡库区濒危状况	IUCN濒危等级	CITES附录等级
食肉目	犬科	13. 貉 Nyctereutes pocyonoides		VU	EN		
		14. 豺 Cuon alpinus	II	EN	CR/EW	VU	
	熊科	15. 黑熊 Selenarctos thibetanus	II	VU	VU	VU	I
	鼬科	16. 青鼬［黄喉貂］Martes flavigula	II	NT～VU	NT		
		17. 香鼬 Mustela altaica		NT～VU	VU		
		18. 黄腹鼬 M. kathiah		NT～VU	NT		
		19. 黄鼬 M. sibirica		NT～VU	NT		
		20. 鼬獾 Melogale moschatal		NT～VU	NT		
		21. 狗獾［獾］Meles meles		NT～VU	NT		
		22. 猪獾 Arctonyx collaris		NT～VU	NT		
		23. 水獭 Lutra lutra	II	EN	EN	VU	I
	灵猫科	24. 大灵猫 Viverra zibetha	II	EN	VU		
		25. 小灵猫 Viverricula indica	II	VU	NT		
		26. 花面狸［果子狸］Paguma larvata		NT～VU	VU		
		27. 食蟹獴 Herpestes urvu		NT～VU	VU		
	猫科	28. 金猫 Felis temmincki	II	CR	EN	VU	I
		29. 豹猫 F. bengalensis		VU	NT		II
		30. 云豹 Neofelis nebulosa	I	EN	EN	VU	I
		31. 金钱豹 Panthera pardus	I	CR	EN	EN/CR	I
		32. 虎 P. tigris	I	CR	CR/EW	EN/CR/EX	I
偶蹄目	鹿科	33. 林麝⊕ Moschus berezovskii	I	EN	EN/CR	LR/nt	II
		34. 小麂⊕ Muntiacus reevesi		VU	VU		
		35. 毛冠鹿⊕⊕ Elaphodus cephalophus		VU	VU	DD	
		36. 梅花鹿 Cervus nippon	I	EN	EN*	EN/CR/DD	
		37. 狍 Capreolus capreolus		VU	VU		
	洞角科	38. 鬣羚［苏门羚］⊕⊕ Capricornis sumatraensis	II	VU	LR	VU	
		39. 斑羚 Naemorhedus goral	II	VU	LR	VU	I
兔形目	鼠兔科	40. 藏鼠兔⊕ Ochotona thibetana		LC	R/LR		
啮齿目	鼯鼠科	41. 复齿鼯鼠⊕ Trogopterus xanthipes		VU	VU	EN	
	松鼠科	42. 红颊［赤颊］长吻松鼠⊕⊕ D. rufigenis		NT～VU	VU		
	豪猪科	43. 扫尾豪猪 Atherurus macrourus		VU	VU		
		44. 豪猪 Hystrix hodgsoni		VU	VU	VU	
	竹鼠科	45. 中华竹鼠 Rhizomys sinensis		VU	VU		
	鼠科	46. 巢鼠 Micromys minutus		LC	LC	LR/nt	
		47. 罗氏［小］鼢鼠⊕ Myospalax rothschildi		LC	R/LR		

（续）

目	科	种　名	保护级别	国内濒危等级	三峡库区濒危状况	IUCN濒危等级	CITES附录等级
鹏鹏目	鹏鹏科	48.　赤颈鹏鹏 *P. grisegena*	Ⅱ	LC	LC		
雁形目	鸭科	49.　鸳鸯 *Aix galericulata*	Ⅱ	NT～VU	VU		
		50.　棉凫 *Nettapus coromandelianus*		EN	EN		
隼形目	鹰科	51.　鸢 *Milvus migrans*	Ⅱ	LC	VU		
		52.　苍鹰 *Accipiter gentilis*	Ⅱ	LC	VU		
		53.　赤腹鹰 *A. soloensis*	Ⅱ	LC	VU		
		54.　雀鹰 *A. nisus*	Ⅱ	LC	VU		
		55.　松雀鹰 *A. virgatus*	Ⅱ	LC	VU		
		56.　大鵟 *Buteo hemilasius*	Ⅱ	LC	VU		
		57.　普通鵟 *B. buteo*	Ⅱ	LC	VU		
		58.　灰脸鵟鹰 *Butastur indicus*	Ⅱ	LC/R	VU		Ⅱ
		59.　金雕 *Aquila chrysaetos*	Ⅰ	LC	EN		Ⅱ
		60.　白肩雕 *A. heliaca*	Ⅰ	VU	EN	VU	Ⅰ
		61.　白腹隼雕［山雕］*Hieraaetus fasciatus*	Ⅱ	LC	EN		Ⅱ
		62.　白尾鹞 *Circus cyaneus*	Ⅱ	LC	VU		
	隼科	63.　猎隼 *Falco cherrug*	Ⅱ	LC	VU		Ⅱ
		64.　游隼 *F. peredrinus*	Ⅱ	LC/R	VU		Ⅱ
		65.　燕隼 *F. subbuteo*	Ⅱ	LC	VU		
		66.　灰背隼 *F. columbarius*	Ⅱ	LC	VU		
		67.　红脚隼 *F. amurensis*	Ⅱ	LC	VU		
		68.　红隼 *F. tinnunculus*	Ⅱ	LC	VU		
鸡形目	雉科	69.　红腹角雉 *Tragopan temminckii*	Ⅱ	NT～VU	VU		
		70.　勺鸡 *Pucrasia macrolopha*	Ⅱ	NT～VU	VU		
		71.　白冠长尾雉⊕ *Syrmaticus reevesii*	Ⅱ	VU	EN	VU	Ⅰ
		72.　红腹锦鸡⊕ *Chrysolophus pictus*	Ⅱ	LC	LR		Ⅱ
鸽形目	鸠鸽科	73.　红翅绿鸠 *Treron sieboldii*	Ⅱ	LC/R	EN		
鹦形目	鹦鹉科	74.　绯胸鹦鹉 *Psittacula alexandri*	Ⅱ	NT～VU	R		
鸮形目	草鸮科	75.　草鸮 *Tyto capensis*	Ⅱ	LC	EN		
	鸱鸮科	76.　红角鸮 *Otus scops*	Ⅱ	LC	VU		
		77.　领角鸮 *O. bakkamoena*	Ⅱ	LC	LR		
		78.　雕鸮 *Bubo bubo*	Ⅱ	LC/R	EN		Ⅱ
		79.　黄脚［腿］渔鸮 *Ketupa flavipes*	Ⅱ	LC/R	EN		Ⅱ
		80.　领鸺鹠 *Glaucidium brodiei*	Ⅱ	LC	VU		
		81.　斑头鸺鹠 *G. cuculoides*	Ⅱ	LC	LR		

（续）

目	科	种 名	保护级别	国内濒危等级	三峡库区濒危状况	IUCN濒危等级	CITES附录等级
鸮形目	鸱鸮科	82. 鹰鸮 *Ninox scutulata*	II	LC	VU		
		83. 灰林鸮 *Strix aluco*	II	LC	LR		
		84. 长耳鸮 *Asio otus*	II	LC	VU		
		85. 短耳鸮 *A. flammeus*	II	LC	VU		
雀形目	鹎科	86. 领雀嘴鹎［绿鹦嘴鹎］⊕⊕ *Spizixos semitorques*		LC	优势种/常见种		
		87. 白头鹎⊕ *P. sinensis*		LC	优势种/常见种		
	画眉科	88. 山噪鹛⊕ *G. davidi*		LC	VU		
		89. 大噪鹛⊕ *G. maximus*		LC	VU		
		90. 画眉 *G. canorus*		NT ~ VU	VU		
		91. 橙翅噪鹛⊕ *G. ellioti*		LC	LR/Lc		
		92. 红嘴相思鸟 *Leiothrix lutea*		NT ~ VU	VU		
	鸦雀科	93. 白眶鸦雀⊕ *Paradoxornis conspicillatus*		LC	VU		
	长尾山雀科	94. 黑眉长尾山雀⊕⊕ *A. bonvaloti*		LC	R		
		95. 银脸长尾山雀⊕ *A. fuliginosus*		NT ~ VU	VU	NT	
	雀科	96. 酒红朱雀⊕ *C. vinaceus*		LC	LR/Lc		
		97. 蓝鹀⊕ *Latoucheornis siemsseni*		LC	LR/Lc		
龟鳖目	鳖科	98. 鳖⊕⊕ *Trionyx sinensis*		VU	CR/EW	VU	
	龟科	99. 乌龟⊕⊕ *Chinemys reevesii*		EN	CR/EW	EN	
有鳞目	壁虎科	100. 多疣壁虎⊕⊕ *Gekko japonicus*		LC	常见种/优势种		
	鬣蜥科	101. 丽纹龙蜥⊕ *Japalura splendida*		LC	LR/Lc		
	蛇蜥科	102. 脆蛇蜥⊕⊕ *Ophisaurus harti*		LC	LR/Lc		
	蜥蜴科	103. 北草蜥⊕ *Takydromus septentrionalis*		VU	常见种/优势种		
	石龙子科	104. 中国石龙子⊕ *Eumeces chinensis*		LC	常见种/优势种		
		105. 蓝尾石龙子⊕ *E. elegans*		LC	VU		
	游蛇科	106. 黑脊蛇⊕⊕ *Achalinus spinalis*		LC	VU		
		107. 锈链腹链蛇⊕ *Amphiesma craspedogaster*		LC	R/VU		
		108. 翠青蛇⊕⊕ *Entechinus major*		LC	LR/Lc		
		109. 黄链蛇⊕⊕ *Dinodon flavozonatum*		LC	CR/EW		
		110. 赤链蛇⊕⊕ *D. rufozonatum*		LC	EN		

（续）

目	科	种　名	保护级别	国内濒危等级	三峡库区濒危状况	IUCN濒危等级	CITES附录等级
		111. 双斑锦蛇⊕ *Elaphe bimaculata*		LC	EN		
		112. 王锦蛇⊕⊕*E. carinata*		VU	VU		
		113. 玉斑锦蛇⊕⊕*E. mandarina*		VU	EN		
		114. 黑眉锦蛇 *E. taeniura*		VU	VU		
		115. 中国小头蛇⊕⊕*Oligodon chinensis*		LC	VU		
		116. 宁陕小头蛇⊕ *O. ningshaanensis*		VU	R/VU		
		117. 平鳞钝头蛇⊕ *Pareas boulengeri*		LC	CR/EW		
	游蛇科	118. 颈槽蛇［颈槽游蛇］⊕⊕ *Rhabdophis nuchalis*		LC	EN		
		119. 虎斑颈槽蛇［虎斑游蛇］⊕⊕ *R. tigrinus*		LC	VU		
		120. 黑头剑蛇⊕⊕*Sibynophis chinensis*		LC	EN		
		121. 华游蛇［乌游蛇］⊕⊕ *Sinonatrix percarinata*		LC	EN		
		122. 乌梢蛇 *Zaocys dhumnades*		VU	EN		
有鳞目	眼镜蛇科	123. 银环蛇⊕⊕*Bangarus multicinctus*		VU	EN		
		124. 尖吻蝮⊕⊕*Deinagkistrodon acutus*		VU	EN		
		125. 短尾蝮［日本蝮］⊕⊕ *Gloydius brevicaudus*［*Agkistrodon blomhoffii*］		VU	VU		
	蝰科	126. 菜花原矛头蝮［菜花烙铁头］⊕⊕ *Protobothrops jerdonii*		LC	EN		
		127. 原矛头蝮［烙铁头］⊕⊕ *P. mucrosquamatus*		LC	EN		
有尾目		128. 巫山北鲵⊕ *Ranodon wushanensis*		NT	CR/EW		
		129. 大鲵⊕ *Andrias davidianus*	Ⅱ	CR	CR/EW		
	锄足蟾科	130. 峨山掌突蟾⊕ *Leptolalax oshanensis*		LC	EN		
		131. 利川齿蟾⊕ *Oreolalax lichuanensis*		NT	CR/EW		
		132. 巫山角蟾⊕ *Megophrys wushanensis*		VU	R/EN		
无尾目	蟾蜍科	133. 华西大蟾蜍⊕ *Bufo andrewsi*		LC	VU		
		134. 中华大蟾蜍⊕⊕*B. gargarizans*		LC	LR		
	雨蛙科	135. 无斑雨蛙⊕ *Hyla arborea*		LC	EN		
		136. 秦岭雨蛙⊕ *H. tsinlingensis*		LC	CR/EW		
	蛙科	137. 棘腹蛙⊕⊕*Rana boulengeri*		VU	EN		
		138. 沼蛙⊕ *R. guentheri*		LC	VU		

（续）

目	科	种　名	保护级别	国内濒危等级	三峡库区濒危状况	IUCN濒危等级	CITES附录等级
无尾目	蛙科	139. 峨眉林蛙$^{\oplus}$ R. omeimontis		LC	LR		
		140. 中国林蛙$^{\oplus\oplus}$ R. chensinensis		LC	LR		
		141. 绿臭蛙$^{\oplus}$ R. margaretae		LC	VU		
		142. 黑斑蛙$^{\oplus\oplus}$ R. nigromaculata		NT	常见种/优势种		
		143. 湖北金线蛙$^{\oplus}$ R. plancyi		LC	常见种/优势种		
		144. 隆肛蛙$^{\oplus}$ R. quadranus		NT	VU		
		145. 花臭蛙$^{\oplus}$ R. schmakeri		LC	VU		

注：$\oplus$为我国特有种，$\oplus\oplus$为主要分布于我国。

保护级别栏中：数字序号 I 和 II 表示国家重点保护野生动物级别。

国内濒危等级栏、IUCN 濒危等级栏中，沿用的是《中国物种红色名录 第一卷》（汪松、解焱，2004）引用的 IUCN（1994～2003 年）等级标准：EX = 绝灭；EW = 野外绝灭；RE = 地区绝灭；CR = 极危；EN = 濒危；VU = 易危；NT = 近危；LR = 低危；LR/nt = 低危/接近受危；LC = 无危；DD = 数据缺乏；NE = 未予评估；NA = 不宜评估。

三峡库区濒危状况栏：字母代码基本采用 IUCN 濒危等级新标准（2003），缺失项如 "R = 稀有，I = 未定；cd = 含依赖保护，lc = 需予关注" 等采用 IUCN（1994）濒危等级标准。

* IUCN（2003）：山西梅花鹿极危（CR），华南梅花鹿濒危（EN），华北梅花鹿极危（CR），东北梅花鹿数据缺乏（DD），四川梅花鹿濒危（EN），台湾梅花鹿极危（CR）。

第 4 章　重庆五里坡自然保护区其他动物类群

4.1　鱼类

重庆五里坡自然保护区地表水源丰富，径流总量 1.5 亿 m^3，有当阳河、庙堂河等 2 条主要河流，另有众多溪流遍布其中，均属长江干流水系。长江干流在巫山县境内流经 60km，长江一级支流大宁河在县境内长约 60km，水产资源十分丰富。有关巫山县和重庆市的鱼类物种数量，发表的文献报道中有所差异：有文献报道巫山县分布有鱼类 10 目 24 科 161 种（张顺荣，1998），但此文献中未列出鱼类物种名录。有文献报道重庆市分布有鱼类 7 目 19 科 180 种（曹豫等，2003），此文献也未列出鱼类物种名录。查阅中国优秀博士、硕士学位论文全文数据库中，2005 年西南农业大学孙燕军发表的硕士学位论文中论述重庆市分布有鱼类物种 9 目 20 科 95 属 170 种，并列有重庆市鱼类物种名录和分布水域。根据这篇硕士学位论文，巫山县分布有鱼类 9 目 18 科 82 属 134 种，目、科、属、种分别占重庆市的 100%、90.00%、86.32%、78.82%。

有关重庆五里坡自然保护区范围内的鱼类，目前尚未进行系统深入的调查工作，仅能根据西南大学生命科学学院王志坚教授提供的最新调查资料，列出保护区内及其周边区域（仅涉及与保护区集水区相关的大宁河水系）较大范围的鱼类名录作为参照资料（表 4-1），共计分布有鱼类 7 目 16 科 72 属 113 种，目、科、属、种分别占重庆市鱼类的 77.78%、80.00%、75.79%、66.47%，占巫山县鱼类的 77.78%，88.89%，87.80%，84.33%。这意味着五里坡自然保护区的森林生态系统，所涵养水源对于重庆市的长江水系和巫山县的大宁河水系中的鱼类生物多样性保护具有非常重要的作用和地位。

表 4-1　重庆五里坡自然保护区及其周边区域分布鱼类物种名录

类别	科名	属名	种　名
鳗鲡目	鳗鲡科 Anguillidae	鳗鲡属	1.　鳗鲡 *Anguilla japonica* Temminck et Chlegel
		间银鱼属	2.　前颌间银鱼 *Hemisalanx prognathus* Regan
		新银鱼属	3.　太湖新银鱼 *Neosalanx taihuensis* Chen
鲤形目	胭脂鱼科 Catostomidae	胭脂鱼属	4.　胭脂鱼 *Myxocyprinus asiaticus*（Bleeker）
	鳅科 Gobitidae	副鳅属	5.　红尾副鳅 *Paracobitis variegatus*（Sauvage，Dabry et Thietsant）
		高原鳅属	6.　贝氏高原鳅 *Triplophysa bleekeri*（Sauvage et Dabry）
		沙鳅属	7.　中华沙鳅 *Botia superciliaris* Günther
			8.　宽体沙鳅 *B. reevesae* Chang
		副沙鳅属	9.　花斑副沙鳅 *Parabotia fasciata* Dabry de Thiersant

（续）

类别	科名	属名	种名
鲤形目	鳅科 Gobitidae	薄鳅属	10. 长薄鳅 *Leptobotia elongata*（Bleeker）
		泥鳅属	11. 泥鳅 *Misgurnus anguillicaudatus*（Cantor）
	鲤科 Cyprinidae	鱲属	12. 宽鳍鱲 *Zacco platypus*（Temminck et Schlegel）
		马口鱼属	13. 马口鱼 *Opsariichthys bidens* Günther
		青鱼属	14. 青鱼 *Mylophatyngodon piceus*（Richardson）
		草鱼属	15. 草鱼 *Ctenopharyngodon idellus*（Cuvier et Valenciennes）
		赤眼鳟属	16. 赤眼鳟 *Squaliobarbus curriculus*（Richardson）
		鳡属	17. 鳡 *Ochetobius elongatus*（Kner）
		鳤属	18. 鳤 *Luciobranma macrocephalus*（Lacepede）
		鳤属	19. 鳤 *Elopichthys bambusa*（Richardson）
		近红鲌属	20. 高体近红鲌 *Ancherythroculter kurematsui*（Kimura）
			21. 汪氏近红鲌（短鳍近红鲌）*A. wangi*（Tchang）
		飘鱼属	22. 飘鱼（银飘鱼）*Pseudolaubuca sinensis* Bleeker
			23. 寡鳞飘鱼 *P. engraulis*（Nichols）
		鳌属	24. 鳌 *Hemniculter leucsculus*（Basilewsky）
			25. 张氏鳌（黑尾鳌）*H. tchangi* Fang
			26. 油鳌 *H. bleekeri bleekeri* Warpachowsky
		半鳌属	27. 半鳌 *Hemiculterella sauvgei* Warpachowsky
		原鲌属	28. 红鳍原鲌（红鳍鲌）*Cultrichthys erythropterus*（Basilerwsky）
		鲌属	29. 翘嘴鲌（翘嘴红鲌）*Culter alburnus* Basilerwsky
			30. 蒙古鲌（蒙古红鲌）*C. mongolicus mongolicus*（Basilewsky）
			31. 尖头鲌（尖头红鲌）*C. oxycephalus* Bleeker
			32. 达氏鲌（青梢红鲌）*C. dabryi dabryi* Bleeker
		鲴属	33. 银鲴 *Xenocypris argentea* Günther
			34. 黄尾鲴 *X. davidi* Bleeker
		圆吻鲴属	35. 圆吻鲴 *Distoechodon tumirostris* Peters
		似鳊属	36. 似鳊（逆鱼）*Pseudobrama simoni*（Bleeker）
		鳙属	37. 鳙 *Aristichthys nobilis*（Richardson）
		鲢属	38. 鲢 *Hypophthalmichthys molitrix*（Cuvier et Valenciennes）
		鳍属	39. 唇鳍 *Hemibarbus labeo*（Pallas）
			40. 花鳍 *H. maculatus* Bleeker
		似鳍属	41. 似鳍 *Belligobio nummifer*（Boulenger）
		麦穗鱼属	42. 麦穗鱼 *Pseudorasbora parva*（Temminck et Schlegel）
		鳈属	43. 黑鳍鳈 *Sarcocheilichthys nigripinnis*（Günther）
		银鮈属	44. 银鮈 *Squalulus argentatus*（Sauvage et Dabry）

（续）

类别	科名	属名	种　名
鲤形目	鲤科 Cyprinidae	银鲌属	45.　点纹银鲌 S. wolterstorffi（Regan）
		铜鱼属	46.　铜鱼 Coreius heterodon（Bleeker）
			47.　圆口铜鱼 C. guichenoti（Sauvage et Dabry）
		吻鮈属	48.　吻鮈 Rhinogobio typus Bleeker
			49.　圆筒吻鮈 R. cylindricus Günther
			50.　长鳍吻鮈 R. ventralis Sauvage et Dabry
		片唇鮈属	51.　裸腹片唇鱼（裸腹片唇鮈）Platysmacheilus nudiventris Lo，Yao et Chen
		棒花鱼属	52.　棒花鱼 Abbottina rivularis（Basilewsky）
		似鮈属	53.　似鮈 Pseudogobio vaillanti（Sauvage）
		蛇鮈属	54.　蛇鮈 Saurogobio dabryi Bleeker
			55.　光唇蛇鮈 S. gymnocheilus Lo，Yao et Chen
		异鳔鳅鮀属	56.　异鳔鳅鮀 Xenophysogobio boulengeri Tchang
		鳅鮀属	57.　短身鳅鮀 Gobiobotia abbreviata Fang et Wang
			58.　宜昌鳅鮀 G. filifer（Garman）
		鳑鲏属	59.　高体鳑鲏（中华鳑鲏）Rhodeus ocellatus（Kner）
			60.　彩石鳑鲏 R. lighti（Wu）
		倒刺鲃属	61.　中华倒刺鲃 Spinibarbus sinensis（Bleeker）
		光唇鱼属	62.　云南光唇鱼 Acrossocheilus yunnanensis（Regan）
			63.　宽口光唇鱼 A. monticola（Günther）
		白甲鱼属	64.　白甲鱼 Onychostoma sima（Sauvage et Dabry）
			65.　小口白甲鱼 O. lini（Wu）
			66.　四川白甲鱼 O. angustistomata（Fang）
			67.　稀有白甲鱼 O. rara（Lin）
		多鳞铲颌鱼属	68.　多鳞铲颌鱼 Scaphesthes macrolepis（Bleeker）
		华鲮属	69.　华鲮 Sinilabeo rendahli（Kimura）
		直口鲮属	70.　泸溪直口鲮 Rectoris luxiensis Wu et Yao
		泉水鱼属	71.　泉水鱼 Pseudogyrincheilus prochilus（Sauvage et Dabry）
		墨头鱼属	72.　墨头鱼 Garra pingi pingi（Tchang）
		盘鮈属	73.　云南盘鮈 Discogobio yunnanensis（Regan）
		裂腹鱼属	74.　短须裂腹鱼 Schizothorax（Schizothorax）wangchiachii（Fang）
			75.　齐口裂腹鱼 S.（Schizothorax）prenanti（Tchang）
			76.　中华裂腹鱼 S.（Schizothorax）sinensis Herzenstein
			77.　异唇裂腹鱼 S.（Schizothorax）heterochitus Ye et Fu
			78.　重口裂腹鱼 S.（Racoma）davidi（Sauvage）

（续）

类别	科名	属名	种名
鲤形目	鲤科 Cyprinidae	原鲤属	79. 岩原鲤 *Procypris rabaudi*（Tchang）
		鲤属	80. 鲤 *Cyprinus*（*Cyprinus*）*carpio* Linnaeus
		鲫属	81. 鲫 *Carassius auratus*（Linnaeus）
	平鳍鳅科 Homalopteridae	犁头鳅属	82. 犁头鳅 *Lepturichthys fimbriata*（Günther）
		金沙鳅属	83. 短身金沙鳅（短身间吸鳅）*Hemimyzon jinshaia abbreviata* Günther）
			84. 中华金沙鳅（中华间吸鳅）*H. sinensis*〔Sauvage et Dabry〕
		华吸鳅属	85. 四川华吸鳅 *Sinogastromuzon szechuanensis* Fang
鲇形目	鲿科 Bagridae	黄颡鱼属	86. 长须黄颡鱼 *Pelteobagrus eupogon*（Boulenger）
			87. 瓦氏黄颡鱼 *P. vachelle*（Richardson）
			88. 光泽黄颡鱼 *P. nitilus*（Sauvage et Dabry）
		鮠属	89. 长吻鮠 *Leiocassis longirostris* Günther
			90. 粗唇鮠 *L. crassilabris* Günther
		拟鲿属	91. 切尾拟鲿 *Pseudobagrus truncatus*（Regan）
			92. 短尾拟鲿 *P. brevicaudatus*（Wu）
			93. 乌苏拟鲿 *P. ussuriensis*（Dybowski）
			94. 细体拟鲿 *P. pratti* Günther
			95. 凹尾拟鲿 *P. emarginatus*（Regan）
		鳠属	96. 大鳍鳠 *Mystus macropterus*（Bleeker）
	鲇科 Siluridae	鲇属	97. 鲇 *Silurus asotus* Linnaeus
			98. 大口鲇 *S. meridionalis* Chen
	钝头鮠科 Amblycipitidae	鉠属	99. 白缘鉠 *Liobagrus marginatus*（Günther）
			100. 黑尾鉠 *L. nigricauda* Regan
			101. 拟缘鉠 *L. margintoides*（Wu）
	鮡科 Sisoridae	纹胸鮡属	102. 中华纹胸鮡 *Glyptothorax sinense sinense*（Regan）
鳉形目	青鳉科 Cyprinodontidae	青鳉属	103. 青鳉 *Oryzias latipes*（Temminck et Schlegel）
颌针鱼目	鱵科 Hemiramphidae	鱵属	104. 鱵 *Hemiramphus kurumeus* Jordan et Starks
合鳃鱼目	合鳃鱼科 Synbranchidae	黄鳝属	105. 黄鳝 *Monopterus albus*（Zuiew）
鲈形目	鮨科 Serranidae	鳜属	106. 鳜 *Siniperca chuatsi*（Basilewsky）
			107. 大眼鳜 *S. kneri* Garman
			108. 斑鳜 *S. scherzeri* Steindachner

（续）

类别	科名	属名	种　名
鲈形目	塘鳢科 Eleotridae	黄鲖属	109. 黄鲖 *Hypsenleotris swinhonis*（Günther）
	鰕虎鱼科 Gobiidae	栉鰕虎鱼属	110. 子陵栉鰕虎鱼 *Ctenogobius giurinus*（Rutter）
			111. 褐栉鰕虎鱼 *C. brunneus*（Temminck et Schlegel）
			112. 波氏鰕虎鱼 *C. cliffordpopei*（Nichols）
	鳢科 Channidae	鳢属	113. 乌鳢 *Channa argus*（Gantor）

4.2　昆虫

　　昆虫是自然生态系统中非常重要的动物群落。在长期的地球生命历史年代中，相当数量的陆生植物物种与难以计数的昆虫种类在协同进化过程中，形成了互相依存而共生的密切关系。昆虫和植物两者之间最为明显的共生关系是传粉和获取花蜜。自从大量陆生植物物种将开花作为繁衍种群的方式以来，风和动物就成为植物繁衍后代过程中不可缺少的重要因素。作为植物群落主要类群的被子植物，其形态和色彩变幻多端的植物花朵，加之许多种植物花朵释放的不同类型的芳香气味，主要适应功能是吸引昆虫、鸟类（例如太阳鸟、啄花鸟、花蜜鸟等）和哺乳动物（例如蝙蝠、鼠类、食虫类等小型动物）。每一种类型的花朵吸引它们自己的传粉媒介，保证花粉首先是有机会、其次是有效地散布到其他同种植物的花朵柱头上。植物也以各种策略罗致昆虫、鸟类和哺乳动物散布和播种它们的种子，作为其种群增长、扩散的一种重要途径，对于为数众多的某些类群的植物物种而言甚至是惟一的途径。毋庸置疑，当今的地球生命时代，倘若昆虫消失，现存的植物群落将不复存在。昆虫以其功能独特、种群变化多端、以及难以想象的物种多样性构成生态系统中庞大的物种基因库，其物种数量至少是陆生植物物种数量的几十乃至上百倍之多。依据重庆五里坡自然保护区所处的地理位置和气候带条件，昆虫物种数量至少应该是当地植物物种的 5~10 倍。

　　有关巫山的昆虫物种，进行过比较系统深入的研究有蝴蝶类（刘文萍等，2000 年；李树恒等，2001），根据采集到的标本，记录巫山分布有蝴蝶 10 科 74 属 124 种，科、属、种分别占三峡库区蝴蝶物种总数（12 科 165 属 368 种）的 83.33%、44.85%、33.70%。文献报道的巫山蝴蝶种类名录参见表 4 - 2。

　　2006 年 5~11 月，中国林业科学研究院森林环境与保护研究所自然保护区项目动物调查组对重庆五里坡自然保护区昆虫资源进行了调查，因调查时间和强度所限，调查缺乏系统性和广泛性，涉及的昆虫种类和数量都有一定的局限。在具有较为系统的本底调查资料（刘文萍等，2000 年；李树恒等，2001）可以进行比照的蝴蝶类昆虫方面，巫山蝴蝶增添了 14 属 32 种。如此，巫山目前调查记录分布的蝴蝶类昆虫有 10 科 88 属 156 种，科、属、种与三峡库区的比值分别为 83.33%、53.33%、42.39%，与毗邻的神农架国家级自然保护区（11 科 90 属 119 种）（朱兆泉等，1999）的比值分别为 90.91%、97.78%、131.09%（表 4 - 3）。

表4-2　文献报道巫山蝴蝶名录

科名	属名	种名
凤蝶科 Papilionidae	Troides	1.　金裳凤蝶 Troides aeacus（Felderet Felder）
	Byasa	2.　麝凤蝶 Byasa alcinous（Klug）
	Papilio	3.　蓝凤蝶 Papilio protenor
		4.　玉带凤蝶 Papilio polytes Linnaeus
		5.　碧凤蝶 Papilio bianor Cramer
		6.　窄斑翠凤蝶 Papilio arcturus Westwood
		7.　柑桔凤蝶 Papilio xuthus Linnaeus
		8.　金凤蝶 Papilio machaon Linnaeus
	Graphium	9.　青凤蝶 Graphium sarpedon（Linnaeus）
	Pazala	10.　乌克兰剑凤蝶 Pazala euroa（Leech）
绢蝶科 Parnassiidae	Parnassius	11.　冰清绢蝶 Parnassius glacialis Bulter
粉蝶科 Pieridae	Dercas	12.　橙翅方粉蝶 Dercas nina Mell
	Colias	13.　斑缘豆粉蝶 Colias erate（Esper）
		14.　橙黄豆粉蝶 Colias fieldii Ménétriès
	Eurema	15.　宽边黄粉蝶 Eurema hecabe（Linnaeus）
	Gonepteryx	16.　尖钩粉蝶 Gonepteryx mahaguru Cistel
		17.　钩粉蝶 Gonepteryx rhamni（Linnaeus）
		18.　圆翅钩粉蝶 Gonepteryx amintha Blanchard
	Aporia	19.　酪色绢粉蝶 Aporia potanini Alphéraky
	Pieris	20.　菜粉蝶 Pieris rapae（Linnaeus）
		21.　东方菜粉蝶 Pieris canidia（Linnaeus）
		22.　暗脉菜粉蝶 Pieris napi（Linnaeus）
		23.　黑纹粉蝶 Pieris melete Ménétriès
	Anthocharis	24.　红襟粉蝶 Anthocharis cardamines（Linnaeus）
	Leptidea	25.　圆翅小粉蝶 Leptidea gigantean（Leech）
环蝶科 Amathusiidae	Stichophthalma	26.　箭环蝶 Stichophthalma hawqua（Westwood）
眼蝶科 Satyridae	Lethe	27.　黛眼蝶 Lethe dura（Marschall）
		28.　白带黛眼蝶 Lethe confusa（Aurivillius）
		29.　罗丹黛眼蝶 Lethe laodamia Leech
		30.　蛇神黛眼蝶 Lethe satyrina Bulter
	Neope	31.　黄斑荫眼蝶 Neope pulaha Moore
		32.　蒙链荫眼蝶 Neope muirheadii（Felder）
	Rhaphicera	33.　网眼蝶 Rhaphicera dumicola（Oberthür）

(续)

科名	属名	种名
眼蝶科 Satyridae	Tatinga	34. 藏眼蝶 Tatinga thibetana (Oberthür)
	Lasiommata	35. 黄环链眼蝶 Lopinga achine (Scopoli)
		36. 斗毛眼蝶 Lasiommata deidamia (Eversmann)
	Kirinia	37. 多眼蝶 Kirinia epaminondas (Staudinger)
	Mycalesis	38. 小眉眼蝶 Mycalesis mineus (Linnaeus)
		39. 稻眉眼蝶 Mycalesis gotama Moore
		40. 拟稻眉眼蝶 Mycalesis francisca (Stoll)
	Melanargia	41. 白眼蝶 Melanargia halimede (Ménétriès)
		42. 华北白眼蝶 Melanargia epimede (Staudinger)
		43. 山地白眼蝶 Melanargia Montana Leech
	Minois	44. 蛇眼蝶 Minois dryas (Scopoli)
	Ypthima	45. 矍眼蝶 Ypthima balda (Fabricius)
		46. 卓矍眼蝶 Ypthima zodia Bulter
		47. 幽矍眼蝶 Ypthima conjucnta Leech
		48. 融斑矍眼蝶 Ypthima nikaea Moore
		49. 前雾矍眼蝶 Ypthima praenubila Leech
		50. 完壁矍眼蝶 Ypthima perfecta Leech
		51. 东亚矍眼蝶 Ypthima motschulskyi (Bremer et Grey)
		52. 中华矍眼蝶 Ypthima chinensis Leech
		53. 密纹矍眼蝶 Ypthima multistriata Bulter
	Palaeonympha	54. 古眼蝶 Palaeonympha opalina Butller
	Callerebia	55. 大艳眼蝶 Callerebia suroia Tylter
		56. 混同艳眼蝶 Callerebia confusa Watkins
	Aphantopus	57. 阿芬眼蝶 Aphantopus hyperanthus (Linnaeus)
蛱蝶科 Nymphalidae	Polyura	58. 二尾蛱蝶 Polyura narcaea (Hewitson)
	Cethosia	59. 红锯蛱蝶 Cethosia bibbernardus (Fabricius)
	Apatura	60. 紫闪蛱蝶 Apatura iris (Drury)
	Chitoria	61. 武铠蛱蝶 Chitoria ulupi (Doherty)
	Timelaea	62. 猫蛱蝶 Timelaea maculata (Bremer et Grey)
	Argyronome	63. 绿豹蛱蝶 Argyronome paphia (Linnaeus)
		64. 裴豹蛱蝶 Argyronome hyperbius (Linnaeus)
		65. 老豹蛱蝶 Argyronom laodice (Pallas)
		66. 红老豹蛱蝶 Argyronom ruslana (Motschulsky)
	Nephargynnis	67. 云豹蛱蝶 Nephargynnis anadyomene (Felder et Felder)
	Damora	68. 青豹蛱蝶 Damora sagana (Gray)

（续）

科名	属名	种名
蛱蝶科 Nymphalidae	Fabriciana	69. 灿福蛱蝶 Fabriciana ddippe（Denis et Schiffermuller）
	Limenitis	70. 折线蛱蝶 Limenitis sydyi Ledere
		71. 扬眉线蛱蝶 Limenitis helmanni Ledere
		72. 戟眉线蛱蝶 Limenitis homeyeri Tancre
		73. 断眉线蛱蝶 Limenitis doerriesi Staudinger
		74. 残锷线蛱蝶 Limenitis sylpitia（Cramer）
	Athyma	75. 虬眉带蛱蝶 Athyma opalina（Kollar）
		76. 玉杵带蛱蝶 Athyma jina Moore
	Litinga	77. 拟缕蛱蝶 Litinga mimica（Poujade）
	Neptis	78. 小环蛱蝶 Neptis sappho（Pallas）
		79. 中环蛱蝶 Neptis hylas（Linnaeus）
		80. 链环蛱蝶 Neptis pryeri Bulter
	Hypolimnas	81. 幻紫斑蛱蝶 Hypolimnas bolina（Linnaeus）
	Vanessa	82. 大红蛱蝶 Vanessa indica（herbst）
		83. 小红蛱蝶 Vanessa cardui（Linnaeus）
	Kaniska	84. 琉璃蛱蝶 Kaniska canace（Linnaeus）
	Junonia	85. 翠蓝眼蛱蝶 Junonia orithya（Linnaeus）
		86. 钩翅眼蛱蝶 Junonia iphita Cramer
	Symbrenthia	87. 散纹盛蛱蝶 Symbrenthia lilaea（Hewitson）
	Melitaea	88. 大网蛱蝶 Melitaea scotosia Buter
喙蝶科 Libytheidae	Libythea	89. 朴喙蝶 Libythea celtisq Gordat
蚬蝶科 Riodinidae	Dodona	90. 银纹尾蚬蝶 Dodona eugenes Bates
灰蝶科 Lycaenidae	Cordelia	91. 宓妮珂灰蝶 Cordelia Minerva（Leech）
	Deudorix	92. 海南玳灰蝶 Deudorix hainana（Moore）
	Satyrium	93. 拟杏洒灰蝶 Satyrium pseudopruni Murayama
		94. 久保洒灰蝶 Satyrium kuboi Chou et Tong
	Heliophorus	95. 摩来彩灰蝶 Heliophorus moorei（Hewiston）
	Niphanda	96. 黑灰蝶 Niphanda fusca（Bremer et Grey）
	Pseudazizeeria	97. 酢浆灰蝶 Pseudazizeeria maha（Kollar）
	Everes	98. 蓝灰蝶 Everes argiade（pallas）
	Celastrina	99. 大紫琉璃灰蝶 Celastrina oreas（Leech）
	Caerulea	100. 靛灰蝶 Caerulea coeligena（Oberthür）
	Scolitiantides	101. 珞灰蝶 Scolitiantides orion（Pallas）

（续）

科名	属名	种 名
弄蝶科 Hesperiidae	Lobola	102. 双带弄蝶 *Lobola bifasciata*（Bremer et Grey）
	Lobocla	103. 嵌带弄蝶 *Lobocla proxima*（Leech）
	Erynnis	104. 珠弄蝶 *Erynnis tages*（Linnaeus）
		105. 深山珠弄蝶 *Erynnis montanus*（Bremer）
	Daimao	106. 黑弄蝶 *Daimao ththys*（Ménétriès）
	Gerosis	107. 匪夷捷弄蝶 *Gerosis phisara*（Moore）
	Aeromachus	108. 疑锷弄蝶 *Aeromachus dubius* Elwes
		109. 标锷弄蝶 *Aeromachus stigmatus*（Moore）
	Astictopterus	110. 腌翅弄蝶 *Astictopterus jama*（Felder et Felder）
	Baoris	111. 刺胫弄蝶 *Baoris farri*（Moore）
	Pseudoborbo	112. 拟籼弄蝶 *Pseudoborbo bevani*（Moore）
	Parnara	113. 直纹稻弄蝶 *Parnara guttata*（Bremer et Grey）
		114. 曲纹稻弄蝶 *Parnara ganga* Evans
	Pelopidas	115. 中华谷弄蝶 *Pelopidas sienesis*（Mabille）
		116. 南亚谷弄蝶 *Pelopidas agna*（Moore）
	Polytremis	117. 刺纹孔弄蝶 *Polytremis zina*（Evans）
	Ochlodes	118. 小赭弄蝶 *Ochlodes venata*（Bremer et Grey）
		119. 黄赭弄蝶 *Ochlodes crataei*（Leech）
		120. 白斑赭弄蝶 *Ochlodes subhyalina*（Bermer et Grey）
	Thmyelicus	121. 豹弄蝶 *Thymelicus leoninus*（Bulter）
		122. 黑豹弄蝶 *Thymelicus sylvaticus*（Bremer）
	Potanthus	123. 孔子黄室弄蝶 *Potanthus corfucius*（Felder et Felder）
		124. 曲纹黄室弄蝶 *Potanthus flavus*（Murray）

表 4-3 重庆五里坡自然保护区蝴蝶类昆虫与所属行政区划和相邻自然保护区之比较

类别	科	属	种
三峡库区蝴蝶	12	165	368
五里坡自然保护区蝴蝶	10	88	156
比率（%）	83.33	53.33	42.39
神农架自然保护区蝴蝶	11	90	119
五里坡自然保护区蝴蝶	10	88	156
比率（%）	90.91	97.78	131.09

在重庆五里坡自然保护区已鉴定昆虫种类：12 目 73 科 209 属 258 种。其中：蜻蜓目（ODONATA）4 科 10 属 11 种；螳螂目（MANTODEA）1 科 2 属 2 种；直翅目（ORTHOP-TERA）8 科 15 属 19 种；革翅目（DERMAPTERA）1 科 1 属 4 种；同翅目（HO-MOPTERA）5 科 7 属 8 种；半翅目（HEMIPTERA）6 科 26 属 28 种；鞘翅目（COLEOP-

TERA）12 科 39 属 43 种；脉翅目（NEUOPTERA）1 科 1 属 1 种；长翅目（MECOP-TERA）1 科 1 属 1 种；鳞翅目（LEPIDOPTERA）20 科 78 属 103 种；双翅目（DIPTERA）4 科 10 属 12 种；膜翅目（HYMENOPTERA）10 科 19 属 26 种；未鉴定出种名 12 目 59 科 218 种（表 4 - 4）。

表 4 - 4 五里坡自然保护区 2006 年调查鉴定昆虫种类

类别	科名	属名	种 名
蜻蜓目 ODONATA	蜻科 Lbellulidae	*Cephalaeschna*	1. 黑额头蜓 *Cephalaeschna masoni*（Martin）
	蜓科 Aeschnidae	*Libellula*	2. 基斑蜻 *Libellula depressa* Linnaeus
		Orthetrum	3. 白尾灰蜻 *Orthetrum albistylum speciosum*（Uhler）
			4. 异色灰蜻 *O. triangulara melania* Selys
		Pantala	5. 黄蜻 *Pantala flavescens* Fabricirus
		Pseudothemis	6. 玉带蜻 *Pseudothemis zonata* Burmeister
		Sympetrum	7. 坚眉赤蜻 *Sympetrum eroticum* ardens
		Trithemis	8. 晓褐蜻 *Trithemis aurora* Burmeiter
		Urothemis	9. 赫斑曲钩脉蜻 *Urothemis signata* Rambur
	色蟌科 Agriidae	*Matrona*	10. 透顶单脉色蟌 *Matrona basilaris basilaris* Selys
	蟌科 Coeragrionidae	*Ischnura*	11. 赛内加尔瘦蟌 *Ischnura senegalensis*（Rambur）
螳螂目 MANTODEA	螳螂科 Mantidae	*Ranatra*	12. 水螳螂 *Ranatra chinensis*
		Statilia	13. 小刀螳螂 *Statilia maculata* Thunborg
直翅目 ORTHOPTERA	蚱科 Tetrigidae	*Tetrix*	14. 日本蚱蜢 *Tetrix japonica*（Bol.）
	网翅蝗科 Arcyptefidae	*Chorthippus*	15. 东方雏蝗 *Chorthippus intermedius* B. – Bienko
			16. 黑翅雏蝗 *C. aethalinus*（Zub.）
		Omocestus	17. 红腹牧草蝗 *Omocestus haemorrhoidalis*（Charp.）
	丝角蝗科 Dedipodidae	*Stenocatantops*	18. 长角直斑腿蝗 *Stenocatantops splendens*（Thunberg）
		Catantops	19. 红褐斑腿蝗 *Catantops pinguis*（Stal）
		Oxya	20. 无齿稻蝗 *Oxya adentata* Will.
			21. 中华稻蝗 *O. chinensis* Thunb.
	剑角蝗科 Acrididae	*Truxalis*	22. 黄流荒地蝗 *Truxalis huangliuensis* Liu et Li
		Acrida	23. 中华剑角蝗 *Acrida cinerea*（Thunberg）
	蟋蟀科 Gryllidae	*Loxoblemmus*	24. 大扁头蟋 *Loxoblemmus doenitzi* Stein
			25. 小扁头蟋 *L. equestris* Saussure
		Tarbinskiellus	26. 花生大蟋 *Tarbinskiellus portentosus*（Lichtenstern）
		Velarifictorus	27. 长颚蟋 *Velarifictorus aspersus*（Walker）

（续）

类别	科名	属名	种　名
直翅目 ORTHOPTERA	树蟋科 Oecanthidae	Oecanthus	28.　中华树蟋 Oecanthus sinensis Walker
	蝼蛄科 Gryllotalpidae	Gryllotalpa	29.　非洲蝼蛄 Gryllotalpa africana Palisot de Beauvois
	螽蟖科 Tettigoniidae	Conocephalus	30.　剑尾草螽 Conocephalus gladiatus Redt.
		Homorocoryphus	31.　黑斑草螽 C. maculatus（Le Guil.）
			32.　狭翅尖头草螽 Homorocoryphus lineosus（Walker）
革翅目 DERMAPTERA	球蝼科 Forficulidae	Forficula	33.　华球蝼 Forficula sinica Bey-Bienko
			34.　桃源球蝼 F. taoyuanensis Ma et Chen
			35.　维代球蝼 F. vicaria Semenov
		Oreasiobia	36.　中华山球蝼 Oreasiobia chinensis Steinmann
同翅目 HOMOPTERA	蝉科 Cicadidae	Oncotympana	37.　鸣蝉 Oncotympana maculaticollis（Mats.）
	沫蝉科 Aphrophoridae	Callitettix	38.　赤斑禾沫蝉 Callitettix versicolor Fabricius
		Clovia	39.　褐带平冠沫蝉 Clovia bipunctata（Kirby）
		Aphtrophora	40.　尖胸沫蝉 Aphtrophora notabilis
	蜡蝉科 Fulgoridae	Lycorma	41.　斑衣蜡蝉 Lycorma delicatula（White）
	象蜡蝉科 Dictyopharidae	Thanatotlctya	42.　纵带细象蜡蝉 Thanatotlctya lineata（Donovin）
	叶蝉科 Cicadelloidea	Tettigoniella	43.　大青叶蝉 Tettigoniella viridis（Linne）
			44.　黑尾大叶蝉 T. ferruginea（Fabricins）
半翅目 HEMIPTERA	龟蝽科 Plataspidae	Coptasoma	45.　两点圆龟蝽 Coptasoma binota Yang
	蝽科 Pentatomidae	Dalpada	46.　绿背蝽 Dalpada smaragdina Walker
		Dolycoris	47.　斑须蝽 Dolycoris baccarum（Linnaeus）
		Eurydema	48.　横纹菜蝽 Eurydema gebleri Kolenati
		Eurygaster	49.　扁盾蝽 Eurygaster testudinarius（Geoffroy）
		Eysarcoris	50.　二星蝽 Eysarcoris guttiger Thunberg
		Graphosoma	51.　赤条蝽 Graphosoma rubrolineata（Westwood）
		Hoplistodera	52.　玉蝽 Hoplistodera fergussoni Distant
		Plautia	53.　黄珀蝽 Plautia viridicollis（Westwood）
		Rubiconia	54.　珠蝽 Rubiconia intermedia（Wolff）
		Zicrona	55.　纯蓝蝽 Zicrona caerula Linnaeus
	缘蝽科 Coreidae	Aeschyntelus	56.　褐伊缘蝽 Aeschyntelus sparsus Blote

（续）

类别	科名	属名	种 名
半翅目 HEMIPTERA	缘蝽科 Coreidae	Anacestra	57. 中稻缘蝽 Anacestra spiniger Hsiao
		Cletus	58. 稻棘缘蝽 Cletus punctiger Dallas
			59. 黑须棘缘蝽 C. punctulatus Westwood
			60. 宽棘缘蝽 C. rusticus Stal
		Derepteryx	61. 月肩奇缘蝽 Derepteryx lunata（Distant）
		Homoeocerus	62. 一点同缘蝽 Homoeocerus（H.）unipunctatus Thunberg
		Mirperus	63. 密缘蝽 Mirperus marginatus Hsiao
		Myrmus	64. 黄边迷缘蝽 Myrmus lateralis Hsiao
		Riptortus	65. 条峰缘蝽 Riptortus linearis Fabricius
	长蝽科 Lygaeidae	Geocoris	66. 川西大腿长蝽 Geocoris chinensis Jakovlv
		Paradieuches	67. 褐斑点列长蝽 Paradieuches dissimilis（Distant）
		Pachygrontha	68. 拟黄纹棱长蝽 Pachygrontha similis Uhler
	姬蝽科 Nabidae	Himacerus	69. 泛希姬蝽 Himacerus apterus（Fabricius）
	盲蝽科 Miridae	Deraeocoris	70. 大黑齿爪盲蝽 Deraeocoris ater Jakovlev
		Lygocoris	71. 绿丽盲蝽 Lygocoris（Apolygus）lucorum（Meyer–Dür）
		Stenodema	72. 瘦狭盲蝽 Stenodema angustatum Zheng
鞘翅目 COLEOPTERA	步甲科 Carabidae	Calosoma	73. 暗星步甲 Calosoma（Charmosta）lugens Chaudoir
		Carabus	74. 威步甲 Carabus（Coptolabrus）augustus Bates
		Chlaenius	75. 点沟青步甲 Chlaenius praefectus Bates
		Diplocheila	76. 偏额重唇步甲 Diplocheila latifrons Dejean
		Dolichus	77. 蠋步甲 Dolichus halensis halensis（Schaller）
			78. 蠋步甲 D. halensis halensis（Schaller）
		Harpahus	79. 黑足梦步甲 Harpahus（Pseudoophonus）roninus Bates
			80. 肖毛梦步甲 H.（Pseudoophonus）jureceki（Tedlicka）
		Pheropsophus	81. 广屁步甲 Pheropsophus occipitalis（Macleay）
	皮蠹科 Dermestidae	Dermestes	82. 钩纹皮蠹 Dermestes ater（Deg.）
	朽木甲科 Alleculidae	Cteniopinus	83. 黄朽木甲 Cteniopinus hypocrita Marseul
	叩甲科 Elateridae	Agrypnus	84. 泥红槽缝叩甲 Agrypnus（Sabikikorius）argillaceus（Solsky）
		Xanthopenthes	85. 粒翅土叩甲 Xanthopenthes granulipennis（Miwa）
	瓢虫科 Coccinellidae	Chilomenes	86. 四斑月瓢虫 Chilomenes quadriplagiata（Swartz）
		Harmonia	87. 八斑和瓢虫 Harmonia octomaculata（Fabricius）
		Hippodamia	88. 黑斑突角瓢虫 Hippodamia（Asemiadalia）potanini（Weise）

（续）

类别	科名	属名	种　名
鞘翅目 COLEOPTERA	瓢虫科 Coccinellidae	*Leis*	89.　异色瓢虫 *Leis axyridis*（Pallas）
		Menochilus	90.　六斑月瓢虫 *Menochilus sexmaculata*（Fabricius）
		Oenopia	91.　淡红巧瓢虫 *Oenopia emmerichi* Mader
			92.　黄缘巧瓢虫 *O. sauzeti* Mulsant
		Olleis	93.　狭叶素瓢虫 *Olleis confusa* Timberlake
		Propylaea	94.　龟纹瓢虫 *Propylaea japonica*（Thunberg）
		Verania	95.　稻红瓢虫 *Verania discolor*（Fabricius）
	葬甲科 Silphidae	*Eusilpha*	96.　二色真葬甲 *Eusilpha bicolor*（Fairmaire）
		Necrophorus	97.　尼负葬甲 *Necrophorus nepalensis* Hope
	鳃金龟科 Melolnthidae	*Holotrichia*	98.　毛黄鳃金龟 *Holotrichia trichophora*（Fairmaire）
			99.　四川大黑鳃金龟 *H. szechuanensis* Chang
		Polyphylla	100.　戴云鳃金龟 *Polyphylla davidis* Fairmaire
		Melolontha	101.　弟兄鳃金龟 *Melolontha frater* Arrow
		Holotrichia	102.　棕色鳃金龟 *Holotrichia titanis* Reitter
	花金龟科 Cetoniidea	*Neophaedimus*	103.　褐斑背角花金龟 *Neophaedimus auzouxi* Lucas
	天牛科 Cerambycidae	*Nupserha*	104.　黄腹筒天牛 *Nupserha testaceipes* Pic.
		Astathes	105.　黄荆重突天牛 *Astathes violaceipennis* Thomson
		Annamanum	106.　灰斑安天牛 *Annamanum albisparsum*（Gahar）
		Paraleprodera	107.　蜡斑齿胫天牛 *Paraleprodera carolina* Fairmaire
		Chlorophorus	108.　裂纹虎天牛 *Chlorophorus separatus* Gressitt
	卷象科 Attelabiadae	*Apoderus*	109.　膝卷象 *Apoderus geniculatus* Jekel
	叶甲科 Chrysomelidae	*Cryptocephalus*	110.　斑鞘隐头叶甲 *Cryptocephalus regalis* Gebler
		Paleosepharia	111.　枫香凹翅莹叶甲 *Paleosepharia liquidambra* Gressitt et Kimoto
		Laccoptera	112.　甘薯腊龟甲 *Laccoptera quadrimaculata*（Thunberg）
		Smaragdina	113.　黑额光叶甲 *Smaragdina nigrifrons*（Hope）
		Podontia	114.　漆树叶甲 *Podontia lutea*（Olivier）
	小蠹科 Scolytidae	*Dendroctonus*	115.　红脂大小蠹 *Dendroctonus valens* Leconte
脉翅目 NEUOPTERA	草蛉科 Chrysopidae	*Chrysoperla*	116.　晋通草蛉 *Chrysoperla shansiensis*（Kuwayama）
长翅目 MECOPTERA	蝎蛉科 Panorpidae	*Neopanorpa*	117.　疑似小新蝎蛉 *Neopanorpa dubis* Chon et Wamg
鳞翅目 LEPIDOPTERA	螟蛾科 Pyralidae	*Chilo*	118.　台湾稻螟 *Chilo auricilius* Dudgeon
		Maruca	119.　豆荚野螟 *Maruca testulalis* Geyer

（续）

类别	科名	属名	种　名
鳞翅目 LEPIDOPTERA	螟蛾科 Pyralidae	*Orthaga*	120. 栗叶瘤丛螟 *Orthaga achatina* Bulter
		Polyocha	121. 水稻多拟斑螟 *Polyocha gensanalis*（South）
		Stegotnyris	122. 纹窗水螟 *Stegotnyris diagonalis*（Guenee）
			123. 纹窗水螟 *S. diagonalis*（Guenee）
		Sylepta	124. 棉卷叶野螟 *Sylepta derogata* Fabricius
		Tryporyza	125. 三化螟 *Tryporyza incertulas*（Walker）
	钩蛾科 Drepanidae	*Auzatella*	126. 白绢钩蛾 *Auzatella guinguelineata*（Leech）
	枯叶蛾科 Lasiocampidae	*Dendrolimus*	127. 德昌松毛虫 *Dendrolimus punctalus tehchangensis* Tsai et Lu
	带蛾科 Eupterotidae	*Eupterote*	128. 中华金带蛾 *Eupterote chinensis* Leech
	天蛾科 Sphingidae	*Oxyambulyx*	129. 鹰翅天蛾 *Oxyambulyx ochracea*（Butler）
	大蚕蛾科 Saturniidae	*Salassa*	130. 鹗目大蚕蛾 *Salassa lola* Westwood
		Caligula	131. 黄目大蚕蛾 *Caligula anna* Moore
	锚纹蛾科 Callidulidae	*Pterodecta*	132. 锚纹蛾 *Pterodecta felderi* Bremer
	尺蛾科 Geometridae	*Calospilos*	133. 榛金星尺蛾 *Calospilos sylvata* Scopoli
		Campaea	134. 叉线青尺蛾 *Campaea dehaliaria* Wehrli
			135. 长纹绿尺蛾 *C. argentataria*（Leech）
		Heterolocha	136. 黄玫隐尺蛾 *Heterolocha subroseata* Warren
		Iotaphora	137. 青辐射尺蛾 *Iotaphora admirabilis* Oberthür
		Opisthograptis	138. 骐黄尺蛾 *Opisthograptis moelleri* Warren
		Ourapteryx	139. 接骨木尾尺蛾 *Ourapteryx sambucaria* Linnaeus
		Pachyodes	140. 黄边垂耳尺蛾 *Pachyodes costiflavens*（Wehrli）
	舟蛾科 Notodontidae	*Peridea*	141. 赭小内斑舟蛾 *Peridea graeseri*（Staudinger）
	灯蛾科 Arctiidae	*Callimorpha*	142. 大丽灯蛾 *Callimorpha histrio* Walker
		Pericallia	143. 乳白斑灯蛾 *Pericallia galactina*（Hoeven）
		Spilarctia	144. 多点污灯蛾 *Spilarctia multiguttata*（Walker）
			145. 异淡黄污灯蛾 *S. heringi* Daniel
			146. 黑带污灯蛾 *S. quercii*（Oberthür）
		Spilosoma	147. 白雪灯蛾 *Spilosoma niveus*（Ménétriès）

（续）

类别	科名	属名	种　名
鳞翅目 LEPIDOPTERA	苔蛾科 Lithosiidae	*Agylla*	148. 白黑华苔蛾 *Agylla ramelana*（Mooer）
	夜蛾科 Noctuidae	*Amphipyra*	149. 桦扁身夜蛾 *Amphipyra schrenckii* Ménétriès
		Callopistria	150. 白斑散纹夜蛾 *Callopistria albomacula* Leech
		Calyptra	151. 疖角壶夜蛾 *Calyptra minuticarnis* Guenée
		Chasmina	152. 丹日明夜蛾 *Chasmina stgillata* Ménétriès
		Chrysorithrum	153. 客来夜蛾 *Chrysorithrum amata* Bremer
		Cocytodes	154. 苎麻夜蛾 *Cocytodes caerulea* Guenée
		Diarsia	155. 灰歹夜蛾 *Diarsia canescens*（Butler）
		Hypocala	156. 苹梢鹰夜蛾 *Hypocala subsatura* Guenée
		Leucomelas	157. 比夜蛾 *Leucomelas juvenilis* Bremer
		Orthogonia	158. 白斑胖夜蛾 *Orthogonia canimaculata* Warren
	凤蝶科 Papilionidae	*Papilio*	159. 碧凤蝶 *Papilio bianor* Cramer
			160. 柑橘凤蝶 *P. xuthus* Linnaeus
			161. 蓝凤蝶 *P. o protenor* Cramer
			162. 玉带凤蝶 *P. polytes* Linnaeus
	绢蝶科 Pamassiidae	*Parnassius*	163. 冰清绢蝶 *Parnassius glacialis* Butler
			164. 黄毛白绢蝶 *P. slacialis* Btlr.
	粉蝶科 Pieridae	*Aporia*	165. 大翅绢粉蝶 *Aporia largeteaui*（Oberthür）
		Arthocharis	166. 橙翅襟粉蝶 *Arthocharis bambusarum* Oberthür
		Artogeia	167. 褐脉菜粉蝶 *Artogeia melete* Ménétriès
		Cepora	168. 黑脉园粉蝶 *Cepora nerissa*（Fabricius）
		Colias	169. 斑缘豆粉蝶 *Colias erate*（Esper）
			170. 橙黄豆粉蝶 *C. fieldii* Ménétriès
			171. 山豆粉蝶 *C. montium* Oberthür
			172. 黑缘豆粉蝶 *C. palaeno*（Linnaeus）
		Eurema	173. 檗黄粉蝶 *Eurema blanda*（Boisduval）
			174. 宽边黄粉蝶 *E. hecabe*（Linnaeus）
		Gonepteryx	175. 钩粉蝶 *Gonepteryx rhamni*（Linnaeus）
		Pieris	176. 东方菜粉蝶 *Pieris canidia*（Sparrman）
			177. 黑纹粉蝶 *P. melete* Ménétriès
			178. 菜粉蝶 *P. rapae*（Linnaeus）
	环蝶科 Amathusiidae	*Faunis*	179. 灰翅串珠环蝶 *Faunis aerope*（Leech）
		Stichophthalma	180. 双星箭环蝶 *Stichophthalma neumogeni* Leech
	眼蝶科 Satyridae	*Aphantopus*	181. 阿芬眼蝶 *Aphantopus hyperanthus*（Linnaeus）

（续）

类别	科名	属名	种 名
鳞翅目 LEPIDOPTERA	眼蝶科 Satyridae	Lethe	182. 白带黛眼蝶 *Lethe confusa*（Aurivillius）
			183. 深山黛眼蝶 *L. insana* Kollar
			184. 棕褐黛眼蝶 *L. christophi*（Leech）
		Melanargia	185. 白眼蝶 *Melanargia halimede*（Ménétriès）
			186. 华西白眼蝶 *M. leda* Leech
		Tatinga	187. 藏眼蝶 *Tatinga tibetana*（Oberthur）
		Melanitis	188. 睇目眼蝶 *Melanitis phedima* Cramer
			189. 蓝斑丽眼蝶 *M. regalis*（Leech）
		Neope	190. 黄斑荫眼蝶 *Neope pulaha*（Moore）
			191. 网纹荫眼蝶 *N. christi*（Oberthür）
		Mycalesis	192. 小眉眼蝶 *Mycalesis mineus*（Linnaeus）
		Ypthima	193. 矍眼蝶 *Ypthima balda*（Fabricius）
			194. 魔女矍眼蝶 *Y. medusa* Leech
			195. 完璧矍眼蝶 *Y. perfecta* Leech
	蛱蝶科 Nymphalidae	Araschnia	196. 布网蜘蛱蝶 *Araschnia burejana*（Bremer）
			197. 断纹蜘蛱蝶 *A. dohertyi* Moore
		Argyronome	198. 老豹蛱蝶 *Argyronome laodice*（Pallas）
		Athymas	199. 玉杵带蛱蝶 *Athymas jina* Moore
		Callerebia	200. 混同艳蛱蝶 *Callerebia confusa* Watkins
		Junonia	201. 翠蓝眼蛱蝶 *Junonia orithya*（Linnaeus）
		Limenitis	202. 断眉线蛱蝶 *Limenitis doerriesi* Staudinger
			203. 横眉线蛱蝶 *L. moltrechti* Kardakoff
		Mrgynnis	204. 绿豹蛱蝶 *Mrgynnis paphia*（Linnaeus
		Neptis	205. 珂环蛱蝶 *Neptis clinia* Moore
			206. 链环蛱蝶 *N. pryeri* Butler
			207. 单环蛱蝶 *N. rivularis*（Scopoli）
			208. 断环蛱蝶 *N. sankara*（Kollar）
	灰蝶科 Lycaenidae	Chilades	209. 阔翅紫灰蝶 *Chilades lajus* Cr.
		Everes	210. 蓝灰蝶 *Everes crgides*（Pallas）
		Heliophorus	211. 斜斑彩灰蝶 *Heliophorus phoenicoparyphus*（Holland）
		Niphanda	212. 黑灰蝶 *Niphanda fusca*（Bremer et Grey）
		Papala	213. 燕灰蝶 *Papala varuna*（Horsfield）
		Pseudozizeria	214. 酢浆灰蝶 *Pseudozizeria maha*（Kollar）
		Taraka	215. 竹蚜灰蝶 *Taraka hamada* Druce
		Tongeia	216. 波太玄灰蝶 *Tongeia potanini*（Alpheraky）

（续）

类别	科名	属名	种名
鳞翅目 LEPIDOPTERA	弄蝶科 Hesperiidae	Choaspes	217. 绿弄蝶 Choaspes benjaminii（Guerin – Menerille）
		Coladenia	218. 明窗弄蝶 Coladenia ganioides Elwes et Edwards
		Daimio	219. 黑弄蝶 Daimio tethys（Ménétriès）
		Parnara	220. 曲纹稻弄蝶 Parnara ganga Evans
双翅目 DIPTERA	水虻科 Stratiomyiidae	Pteoticus	221. 金黄指突水虻 Pteoticus aurifer（Walker）
	食虫虻科 Asilidae	Psilomyx	222. 白毛径食虫虻 Psilomyx humeralis Hsai
		Machimus	223. 毛圆突食虫虻 Machimus setibarbus Loew
	食蚜蝇科 Syrphidae	Episyrphus	224. 黑带食蚜蝇 Episyrphus balteatus（De Geer_）
		Eristalis	225. 灰带管蚜蝇 Eristalis cerealis Fabricius
			226. 长尾管蚜蝇 E. tenax（Linnaeus）
		Melanostoma	227. 梯斑黑食蚜蝇 Melanostoma scalare Fabricius
		Paragus	228. 刻点小食蚜蝇 Paragus tibialis（Fallen）
		Sphaerophoria	229. 印度细腹蚜蝇 Sphaerophoria indiana Bigot
			230. 宽带细腹食蚜蝇 S. macrogaster（Thomson）
		Syrphus	231. 凹带食蚜蝇 Syrphus nitens Zetterstedt
	毛蚋科 Bibionidae	Bibio	232. 黑毛蚋 Bibio tenebrlsus
膜翅目 HYMENOP- TERA	叶蜂科 Tenthredinidae	Tenthredo	233. 米林叶蜂 Tenthredo mainlingensis Xiao et Zhou
	姬蜂科 Ichneumonidae	Metopius	234. 斜纹夜蛾盾脸姬蜂 Metopius（Metopius）rufus browni（Ashmead）
		Mesoleptus	235. 窄环厕蝇姬蜂 Mesoleptus laticinctus（Walker）
	青蜂科 Chrysididae	Chrysis	236. 上海青蜂 Chrysis shanghaiensis Smith
	土蜂科 Scolioidea	Campsomeris	237. 金毛长腹土蜂 Campsomeris prismatica（Smith）
	蚁科 Formicidae	Formica	238. 高加索黑蚁 Formica gagatoidea Ruzsky
		Tetramorium	239. 铺道蚁 Tetramorium caespitum（L.）
		Pseudolasius	240. 污黄拟毛蚁 Pseudolasius cibdelus Wu et Wang
		Lasius	241. 玉米毛蚁 Lasius alienus（Foerster）
		Aphaenogaster	242. 舒尔氏盘腹蚁 Aphaenogaster schurri Forel
			243. 史氏盘腹蚁 A. smythiesi Forel
			244. 家盘腹蚁 A. famelica（Smitn）
		Camponotus	245. 日本弓背蚁 Camponotus japonicus Mayr
			246. 拟光腹弓背蚁 C. pseudoirritaus Wu et Wang

— 271 —

（续）

类别	科名	属名	种　名
膜翅目 HYMENOP- TERA	蚁科 Formicidae	*Camponotus*	247. 尼科巴弓背蚁 *C. micobarensis* Mayr
	蜾蠃科 Eumenidae	*Eumenes*	248. 镶黄蜾蠃 *Eumenes*（*Oreumenes*）*decoratus* Smith
	胡蜂科 Vespidae	*Vespa*	249. 金环胡蜂 *Vespa mandarinia mandarinia* Smith
			250. 基胡蜂 *V. basalis* Smith
		Dolichovespula	251. 石长黄胡蜂 *Dolichovespula saxonica saxonica*（Fabricius）
	马蜂科 Polistidae	*Polistes*	252. 柑马蜂 *Polistes mandarinus* Saussure
			253. 日本马蜂 *P. japonicus* Saussure
			254. 约马蜂 *P. jokahamae* Radoszkowski
	熊蜂科 Bombidae	*Bombus*	255. 信义熊蜂 *Bombus formosellus*
		Amegilla	256. 熊无垫蜂 *Amegilla bombiomrpha* Wu
	蜜蜂科 Apidae	*Apls*	257. 意大利蜂 *Apls mellifera* L.
		Apis	258. 中华蜜蜂 *Apis cerana* Fabricius

4.3　地表无脊椎动物 *

地表无脊椎动物属于五界分类系统中的原生动物界（KINGDON PROTISTA）中的原生动物亚界（SUBKINGDON PROTOZOA）和动物界（KINGDON ANMALIA）中的后生动物亚界（SUBKINGDON ANMALIA）。原生动物亚界包括 8 门，即扁形动物门（PLATYHEL-MINTHES）、线形动物门（NEMATODA）、轮虫动物门（ROTIFERA）、缓步动物门（TAR-DIGRADA）、软体动物门（MOLLUSCA）、环节动物门（ANNELIDA）、节肢动物门（AR-THROPODA）7 个门，其中节肢动物门包括 7 个纲，即蛛形纲（ARACHNIDA）、甲壳纲（CRUSTACEA）、贫足纲（PAUROPODA）、倍足纲（DIPLOPODA）、唇足纲（CHILOPO-DA）、综合纲（SYMPHYLA）和昆虫纲（INSECTA）。

地表无脊椎动物所形成的庞大复杂的群落体现了陆生和水生生态系统结构和功能的许多特征，如群落的稳定性及对环境扰动的反应等。同时无脊椎动物因其种类、数量以及其理化环境与食物等生态因子和营养类型的差异而占据有不同的生态位，发挥着不同的生态功能。

在自然生态系统中，作为捕食者（或初级消费者）和被捕食者的无脊椎动物在物质循环和能量流动过程中扮演了十分重要的角色，其种群或群落的明显改变在很大程度上可以影响到食物网的组成，因此也直接或间接地影响其他较低和较高生物类群的分布和丰度。

＊ 致谢：本调查得到巫山县林业局有关人员的大力支持，中国林业科学研究院森林生态环境与保护研究所苏化龙研究员协助完成了野外工作，中国科学院动物研究所李枢强研究员、王茜博士、张秀峰硕士鉴定了全部的蜘蛛和部分多足类标本，中国林业科学研究院杨秀元研究员、张培毅研究员鉴定了部分昆虫标本，在此一并致谢。

所有陆生生态系统（森林、草原、荒漠、农田）中的无脊椎动物，大多数种类生活在土壤里或生活史中的某个时期在土壤中度过（Gilyarov M S，1977），因而无论其种类和数量都十分丰富。

地表无脊椎动物在生态系统中的作用主要表现为：（1）改变了土壤的化学性质以及水热情况，不同程度地影响着土壤的形成；（2）在生态系统中的生物循环过程中，对于营养元素的转换、储存和释放，具有特殊功能性作用；（3）是土地熟化程度的指示动物，而且也是土壤污染的敏感指示生物，能敏感反映土壤污染程度、实践变化和最终生态学效应。

4.3.1　研究方法

（1）地表无脊椎动物采集方法

2006 年 5~6 月间，因条件的限制，采用陷阱法和手拣法（《土壤动物研究方法手册》编写组，1998）。具体做法：依据五里坡自然保护区调查资料，按不同垂直分布，选取马尾松纯林（A）、常绿阔叶林（B）、针阔混交林（C）、农田（D）、竹林（E）、阔叶混交林（F）、冷杉纯林（G）、亚高山草甸（H）、落叶阔叶林（I）等 9 种植被类型进行调查。在不同植被类型中，在固定样带内，布设 2 条平行布设两列陷阱（内置稀酒精液体），沿折线方式每隔 10m 左右在每条样线布设 1 个陷阱，依据样地面积分别布设 25~40 个陷阱不等。同时在每个生境中任选 5 个 20cm × 20cm 样方，在 0~5cm 土层中野外手拣收集（表 4 - 5）。

表 4 - 5　样地基本情况

类　别		马尾松	常绿阔叶林	针阔混交林	农田	竹林	阔叶混交林	冷杉林	高山草甸	落叶阔叶林
地形	海拔（m）	670	770	980	1800	1830	1430	2450	2070	2130
	坡度（°）	28	36	30	18	27	28	15	5	25
	坡向	西北	东南	东南	正南	东南	西南	东北	全坡向	西北
土壤	土壤类型	黄壤	黄壤	黄壤	山地黄壤	山地黄壤	山地黄壤	黄棕壤	山地黄壤	山地黄壤
	土壤厚度（cm）	30	20	30	30	40	35	60	20	40
植被	优势种	马尾松	麻栎、青冈栎	栎类、马尾松	蔬菜	巫溪箬竹、鄂西箬竹	红桦、栎类	冷杉	橐吾草丛、凤仙花草丛	红桦、杨树
	枯落物层（cm）	17	10	21	0	26	16	25	12	24
调查	陷阱数	30	30	30	32	24	27	31	24	39
	手拣法样方数	5	5	5	5	5	5	5	5	5

地表无脊椎动物除蜱螨类外鉴定到科水平（尹文英，1998）。功能团划分依据张贞华（1993）关于土壤动物食性进行划分。

（2）数据分析

各类群数量等级划分：个体数量占全部捕获量 10% 以上为优势类群，介于 1%~10% 之间的为常见类群，介于 0.1%~1% 为稀有类群，0.1% 以下的为极稀有类群。

群落多样性指数采用香农—威纳多样性指数（Shannon – Weiner index）、Pielou 均匀性指数和辛普森指数（Simpson index）。

即 $H' = -\sum_{i=1}^{s} P_i \ln(P_i)$、$J_s = H'/\ln(S)$，式中 P_i 为类群 i 占类群总个体数的比例，S 为类群数。

群落相似性采用 Jaccard（q）指数 $q = c/(a + b - c)$，式中 a、b 分别为群落 A、群落 B 的类群数，c 为两类群的共有类群数。

非参数 Kruskal – Wallis 及其多重比较分析地表无脊椎动物个体数量、类群丰富度、类群多样性以及类群均匀性之间的差异。

4.3.2 调查结果

（1）地表无脊椎动物物种组成

本次调查共采集无脊椎动物 12 715 只，其中未鉴定标本 263 只。隶属 3 门 11 纲 28 目 3 亚目 118 科。优势类群 3 类，即蚁科 Formicidae、长角䖬科 Entomobryidae、疣䖬科 Neanuridae，分别占所采集的无脊椎动物数量的 22.70%、11.87% 和 11.43%；常见类群 12 类，即隐翅虫科 Staphylinidae、棘䖬科 Onychiuriclae、狼蛛科 Lycosidae、圆䖬科 Sminthuridae、甲螨亚目 Cryptostigmata、长奇盲蛛科 Phalangiidae、等节䖬科 Isotomidae、鳞䖬科 Tomoceridae、前气亚目 Prostigmata、中气亚目 Mesostigmata、步甲科 Carabidae、缨甲科 Ptiliidae，分别占所采集无脊椎动物数量的 9.98%、5.54%、5.18%、5.10%、3.94%、3.82%、2.15%、1.94%、1.65%、1.43%、1.43%、1.15%（表 4 – 6）。

不同林型土壤无脊椎动物个体数和类群数存在一定的差别，仅从采集的数量而言，如图 4 – 1 所示，9 种林型土壤无脊椎动物的个体数和类群数依次为落叶阔叶林 > 针阔混交林 > 马尾松 > 阔叶混交林 > 高山草甸 > 常绿阔叶林 > 冷杉林 > 竹林 > 农田；阔叶混交林 > 竹林 > 落叶阔叶林 > 针阔混交林 > 常绿阔叶林 > 马尾松 > 农田 > 高山草甸 > 冷杉林。

Kruskal – Wallis 检验表明，不同植被类型、不同陷阱中采集地表无脊椎动物个体数、

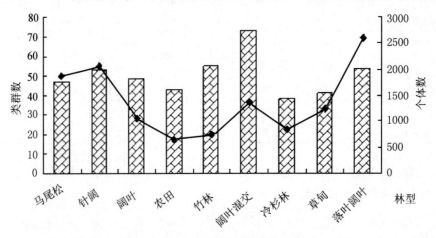

图 4 – 1　不同植被类型中地表无脊椎动物个体和类群分布

表 4 – 6　重庆五里坡自然保护区地表无脊椎动物统计

单位：个

名　称	马尾	针混	常阔	农田	竹林	混交	冷杉	草甸	落阔	频度	多度
环节动物门 ANNELIDA											
1. 寡毛动物纲 OLIGOCHAETA											
（1）后孔寡毛目 OLIGOCHAETA OPISTHOPORA											
①钜蚓科 Megascolecidae	6	3	1			4				0.11	
软体动物门 MOLLUSCA											
2. 腹足纲 GASTROPODA											
（2）柄眼目 STYLOMMATOPHORA											
②巴蜗牛科 Bradybaenidae			1		4	3				0.06	
③瓦娄蜗牛科 Valloniidae			1							0.01	
④嗜黏蛞蝓科 Philomycidae	3			1	1	2			1	0.06	
⑤蛞蝓科 Limacidae						3				0.02	
（3）中腹足目 MESOGASTROPODA											
⑥环口螺科 Cyclophoridae			1							0.01	
节肢动物门 ARTHROPODA											
3. 蛛形纲 ARACHNIDA											
（4）蜘蛛目 ARANEAE											
⑦暗蛛科 Amaurobiidae	1				1			2	3	0.06	
⑧蝼蟷蛛科 Ctenizidae	4	2								0.05	
⑨地蛛科 Atypidae			1							0.01	
⑩光盔蛛科 Liocranidae	4	1				9			3	0.14	
⑪卷叶蛛科 Dictynidae		1							4	0.04	
⑫巨蟹蛛科 Heteropodidae			3							0.02	
⑬狼蛛科 Lycosidae	64	88	1	10		31	329	120	3	5.18	*
⑭卵形蛛科 Oonopidae	1									0.01	
⑮六纺蛛科 Hexathelidae	1			1						0.02	
⑯皿蛛科 Linyphiidae	10	10	3	2	4	2	14	39	16	0.80	
⑰拟平腹科 Zodariidae	12	1	2			3			5	0.18	
⑱平腹蛛科 Gnaphosidae	7	9			1	2	21		4	0.35	
⑲跳蛛科 Salticidae		3	2	1						0.05	
⑳肖蛸科 Tetragnathidae									3	0.02	
㉑蟹蛛科 Thomisidae	8	5	5	1	1	4		1	2	0.22	
㉒圆蛛科 Araneidae		1		2			2	7	2	0.11	
㉓栅蛛科 Hahniidae		3		1			2	1		0.06	
㉔球蛛科 Theridiidae		1			1					0.02	
（5）伪蝎目 PSEUDOSCORPIONES											
㉕木伪蝎科 Neobisiidae							1			0.01	
（6）盲蛛目 OPILIONES											
㉖鼓肢盲蛛科 Sabaconodae									1	0.01	

(续)

名　称	马尾	针混	常阔	农田	竹林	混交	冷杉	草甸	落阔	频度	多度
㉗长奇盲蛛科 Phalangiidae	7	11	22	10	36	30	8	32	321	3.82	*
（7）蜱目 ACARIFORMES											
（8）前气亚目 PROSTIGMATA	71	33	16	4	30	21	4	6	21	1.65	*
（9）甲蜱亚目 CRYPTOSTIGMATA	68	85	103	5	36	27	66	47	55	3.94	*
（10）中气亚目 MESOSTIGMATA	44	35	33	3	6	18	5	17	18	1.43	*
4. 软甲纲 MALACOSTRACA											
（11）等足目 ISOPODA											
㉘卷甲虫科 Armadillidiidae			1							0.01	
㉙鼠妇科 Procellionidae			2			1				0.02	
㉚海蟑螂科 Ligiidae			2	38	3			3	5	0.41	
5. 倍足纲 DIPLOPODA											
（12）带马陆目 POLYDESMIDA											
㉛带马陆科 Polydesmidea	1	1	3	1	1	2		1	1	0.09	
（13）山蛩目 SPOROBOLIDA											
㉜山蛩科 Spirobolidae			7		2	4				0.10	
6. 唇足纲 CHILOPODA											
（14）地蜈蚣目 GEOPHILOMORPHA											
㉝地蜈蚣科 Geophilidae			2			1				0.02	
（15）石蜈蚣目 LITHOBIOMORPHA											
㉞石蜈蚣科 Lithobiidae	1		1		1	2		2	4	0.09	
（16）蜈蚣目 SCOLOPENDROMORPHA											
㉟蜈蚣科 Scolopendriidae	2	1							1	0.03	
7. 综合纲 SYMPHYLA											
（17）综合目 SYMPHYLA											
㊱么蚰科 Scutigerellidae									1	0.01	
8. 弹尾纲											
（18）弹尾目 COLLEMBOLA											
㊲鳞跳科 Tomoceridae	12	12	31		22	97	16	5	47	1.94	*
㊳长角跳科 Entomobryidae	436	218	86	3	83	356	68	114	118	11.87	* *
㊴长角长跳科 Orchesellidae			1							0.01	
㊵等节跳科 Isotomidae		30	48	20	15	16	13	51	75	2.15	*
㊶棘跳科 Onychiuriclae	18	13	21	3	2	11	21	99	504	5.54	*
㊷跳虫科 Poduridae	1	1	2			7			2	0.10	
㊸球角跳科 Hypogastruridae	3	1				3	1		16	0.19	
㊹疣跳科 Neanridae	2		195	88	30	76	10	218	807	11.43	* *
㊺圆跳科 Sminthuridae	20	77	97	104	86	50	93	38	71	5.10	*
9. 双尾纲											
（19）双尾目 DIPLURA											
㊻铗虬科 Japygidae									1	0.01	

（续）

名 称	马尾	针混	常阔	农田	竹林	混交	冷杉	草甸	落阔	频度	多度
10. 昆虫纲 INSECT											
（20）襀翅目 PLECOPTERA											
㊼襀科 Perlidae 幼虫	2	1							1	0.03	
（21）蜚蠊目 BLATTARIA											
㊽蜚蠊科 Blattidae		7	5							0.10	
（22）等翅目 ISOPTERA											
㊾白蚁科 Termitidae 残体						1				0.01	
（23）直翅目 ORTHOPTERA											
㊿斑腿蝗科 Catantopidae	34			7		36				0.62	
(51)斑腿蝗科 Catantopidae 幼虫		11								0.09	
(52)菱蝗科 Tetrigidae		20		7	3		7	3		0.32	
(53)蛉蟋科 Trigonidiidae				7						0.06	
(54)网翅蝗科 Arcypteridae		1								0.01	
(55)蟋蟀科 Gryllidae			2	7						0.07	
(56)灶马科 Rhaphidophoroidae		7	10	5	11	3		4	10	0.40	
(57)蜢科 Eumastacidae							7			0.06	
（24）革翅目 DERAMPTERA											
(58)蠼螋科 Labiduridae	3	1		12	2	5	2			0.20	
（25）缨翅目 THYSANOPTERA											
(59)管蓟马科 Phlaeothripidae	14	22	3	1		7	8		6	0.49	
（26）同翅目 HOMOPTERA（幼虫）											
(60)叶蝉科 Cicadellidae	20	21	2	3						0.37	
(61)蝉科 Cicadoidae	28	6	1	4	1	7	1	1	1	0.40	
(62)蚜科 Aphididae						2				0.02	
（27）半翅目 HEMIPTERA											
(63)扁蝽科 Aradidae						2				0.02	
(64)长蝽科 Lygaeidae					2	5				0.06	
(65)蝽科 Pentatomidae（残体）	2			1						0.02	
(66)蝽科 Pentatomidae（幼虫）	2	5	1		1					0.07	
(67)红蝽科 Pyrrhocoridae			1		1	1				0.02	
(68)姬蝽科 Nabidae					1					0.01	
(69)膜蝽科 Hebridae						1				0.01	
(70)奇蝽科 Enicocephalidae		2				3	2			0.06	
（28）鞘翅目 COLEOPTERA											
(71)扁甲科 Cucujidae	1		1		4	7			3	0.13	
(72)步甲科 Carabidae	5	16	28	4	4	22	35	18	46	1.43	*
(73)长角象甲科 Anthribidae							1			0.01	
(74)长朽木甲科 Melandryidae					2					0.02	
(75)齿小蠹科 Ipidae						5				0.04	

（续）

名　称	马尾	针混	常阔	农田	竹林	混交	冷杉	草甸	落阔	频度	多度
⑦出尾蕈甲科 Scaphidiidae	1	13		3	15	1	3	4	6	0.37	
⑦大花蚤甲科 Rhipiphoridae	1				1					0.02	
⑦大蕈甲科 Erotylidae						1	1			0.02	
⑦粪金龟科 Geotrupidae									1	0.01	
⑧虎甲科 Cicindelidae		1		2	1	4	2			0.08	
⑧花萤科 Cantharidae						1				0.01	
⑧金龟甲科 Scarabaeidae					2	2	1	1	1	0.06	
⑧叩头甲科 Elateridae				8	1	1	4			0.11	
⑧露尾甲科 Nitidulidae				1	2	1		1		0.04	
⑧埋葬甲科 Silphidae			1	2	1	1	2	1	5	0.10	
⑧毛蕈甲科 Diphyllidae						3	1	2		0.05	
⑧拟步甲科 Tenebrionidae	5	3	2	5	3	2		7		0.22	
⑧盘甲科 Discolomidae					2					0.02	
⑧苔甲科 Scydmaenidae								5	27	0.26	
⑨天牛科 Cerambycidae						1				0.01	
⑨跳甲科 Halticidae						5	4	1	10	0.16	
⑨锹甲科 Lucanidae			1							0.01	
⑨丸甲科 Byrrhidae						4	1	3		0.06	
⑨伪瓢甲科 Endomychidae		1		1					1	0.02	
⑨象甲科 Curculionidae	1	10	2		2	29			4	0.38	
⑨小蕈甲科 Mycetophagidae					2	3		1		0.05	
⑨薪甲科 Latbridiidae	2				1				1	0.03	
⑨朽木甲科 Alleculidae									5	0.04	
⑨阎甲科 Histeridae		2				3				0.04	
⑩叶甲科 Chrysomelidae				12	5	2	4	1		0.19	
⑩蚁甲科 Pselaphidae	3		3	15	8	3	3	3	11	0.39	
⑩隐翅虫科 Staphylinidae	34		55	197	142	166	88	317	246	9.98	*
⑩隐食甲科 Cryptophagidae					19	1		1	2	0.18	
⑩缨甲科 Ptiliidae	13	34	24	3	10	10		37	12	1.15	*
步甲科 Carabidae（幼虫）					7	1	2	2		0.10	
叩头甲科 Elateridae（幼虫）	1		2	2	1					0.05	
苔甲科 Scydmaenidae（幼虫）									1	0.01	
叶甲科 Chrysomelidae（幼虫）						2				0.02	
隐翅虫科 Staphylinidae（幼虫）						1				0.01	
（29）双翅目 DIPTERA											
⑩食虫虻科 Asillidae（幼虫）					6					0.05	
⑩蚊科 Culicidae（幼虫）						1				0.01	
⑩蝇科 Muscidae（幼虫）					3				1	0.03	
⑩瘿蚊科 Cecidomyiidae（幼虫）					1					0.01	

（续）

名　称	马尾	针混	常阔	农田	竹林	混交	冷杉	草甸	落阔	频度	多度
（30）鳞翅目 LEPIDOPTERA											
⑩⑨蝙蝠蛾科 Hepialidae（幼虫）								1		0.01	
⑩刺蛾科 Eucleidae（幼虫）					1	1			1	0.02	
⑪袋蛾科 Psychidae（幼虫）									1	0.01	
⑫枯叶蛾科 Lasiocampidae（幼虫）									1	0.01	
⑬蓑蛾科 Psychidae（幼虫）			3		2	3	2			0.08	
⑭弄蝶科 Hesperiidae（幼虫）	1									0.01	
⑮夜蛾科 Noctuidae（幼虫）			1							0.01	
⑯舟蛾科 Notodontidae（幼虫）	4					1			1	0.05	
⑰尺蛾科 Geometridae（幼虫）					1		2			0.02	
（31）膜翅目 HYMENOPTERA											
⑱叶蜂科 Tenthredinidae（幼虫）						7				0.06	
⑲蚁科 Formicidae	896	1233	224	87	89	200		18	86	22.70	＊＊
个体数	1880	2063	1064	659	758	1362	855	1236	2604	100.0	
类群数	47	53	49	43	55	73	38	41	54		
未知		2				2	1				
1 幼虫？			2								
2 直翅目成虫	1		1								
3 直翅目幼虫		19		1							
4 双翅目幼虫	2	8	11	2	1	13	1	3	4		
5 鞘翅目成虫	2	2	3	11	2	1	5	17	11		
6 鞘翅目幼虫	3	4			1	2	1	2	2		
7 半翅目幼虫	4				1	1	1				
8 半翅目若虫							2				
9 鳞翅目幼虫			1								
10 后孔寡毛目幼虫						1					
11 同翅目若虫					1						
12 同翅目幼虫	1	3		1	16	8	16	15	7		
13 柄眼目			1								
14 盲蛛目			1		1						
15 蜘蛛目残体						1	8				

注：马尾＝马尾松纯林（海拔 670m）；针混＝暖性针叶＋常绿阔叶混交林（海拔 980m）；常阔＝常绿阔叶林（海拔 770m）；混交＝落叶阔叶＋常绿阔叶混交林（海拔 1430m）；冷杉＝冷杉林（海拔 2450m）；草甸＝亚高山草甸（2070m）；落阔＝落叶阔叶林（海拔 2130m）。

类群数、多样性及均匀性差异显著（$X^2_{个体数} = 107.66$，$X^2_{类群数} = 63.79$，$X^2_{多样性指数} = 84.51$，$X^2_{均匀性指数} = 94.45$，$a < 0.01$），其差异显著性如表4-7。

表4-7　地表无脊椎动物个体数、类群数、多样性与均匀性差异性

	类别	常绿阔叶林	针阔混交林	农田	竹林	阔叶混交林	冷杉纯林	高山草甸	落叶阔叶林
个体	马尾松	-15.68	83.30*	127.80*	80.87*	21.70	100.72*	26.60	6.19
	常绿阔叶林		98.98*	143.49*	96.55*	37.38*	116.40*	42.28*	21.87
	针阔混交林			44.50*	-2.43	-61.60*	17.42	-56.70*	-77.11*
	农田				-46.94*	-106.10*	-27.08	-101.21*	-121.62*
	竹林					-59.17*	19.85	-54.27*	-74.68*
	阔叶混交						79.02*	4.90	-15.51
	冷杉							-74.13*	-94.53*
	高山草甸								-20.41
类群	马尾松	-22.33	12.15	84.38*	-17.39	-79.86*	55.50*	-2.33	-14.82
	常绿阔叶林		34.48*	106.72*	4.94	-57.53*	77.83*	20.00	7.52
	针阔混交林			72.23*	-29.54	-92.01*	43.35*	-14.48	-26.97
	农田				-101.78*	-164.24*	-28.89	-86.71*	-99.20*
	竹林					-62.47*	72.89*	15.06	2.57
	阔叶混交						135.36*	77.53*	65.04*
	冷杉							-57.83*	-70.31*
	高山草甸								-12.49
多样性	马尾松	-6.17	-85.85*	-12.27	-114.30*	-128.21*	-24.33	-53.93*	-57.59*
	常绿阔叶林		-79.68*	-6.11	-108.13*	-122.04*	-18.16	-47.76*	-51.43*
	针阔混交林			73.58*	-28.45	-42.36*	61.52*	31.93	28.26
	农田				-102.03*	-115.93*	-12.05	-41.65*	-45.32*
	竹林					-13.91	89.97*	60.38*	56.71*
	阔叶混交						103.88*	74.28*	70.61*
	冷杉							-29.60	-33.27*
	高山草甸								-3.67
均匀性	马尾松	5.23	-119.68*	-114.02*	-126.16*	-81.02*	-93.66*	-59.60*	-52.90*
	常绿阔叶林		-124.92*	-119.25*	-131.40*	-86.25*	-98.90*	-64.83*	-58.13*
	针阔混交林			5.67	-6.48	38.67*	26.02	60.08*	66.78*
	农田				-12.15	33.00*	20.35	54.42*	61.12*
	竹林					45.15*	32.50	66.56*	73.26*
	阔叶混交						-12.65	21.42	28.12
	冷杉							34.06	40.76*
	高山草甸								6.70

注：* 表示显著差异 $p < 0.05$。

（2）地表无脊椎动物群落结构多样性

重庆五里坡自然保护区9种林型中土壤无脊椎动物群落调查表明，不同林型土壤无脊椎动物群落共同组成组成有明显的差异（图4－2）。

其中，马尾松林土壤无脊椎动物类群以膜翅目、弹尾目为优势类群（≥10%），直翅目、同翅目幼虫、鞘翅目和蜘蛛目为常见类群（介于1%～10%之间），其他为稀有类群和极稀有类群（<1%）。

针阔混交林土壤无脊椎动物类群以膜翅目、弹尾目和蜱螨目为优势类群（≥10%），缨翅目、同翅目幼虫、直翅目、鞘翅目、蜘蛛目、蜱螨目为常见类群（介于1%～10%之间），其他为稀有类群和极稀有类群（<1%）。

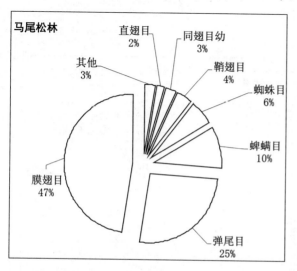

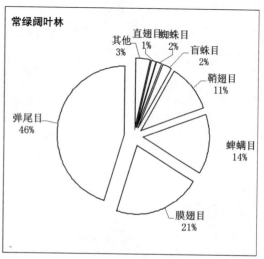

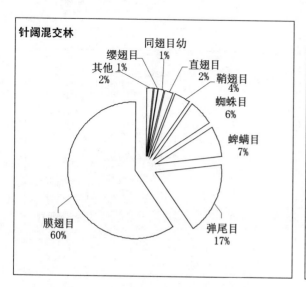

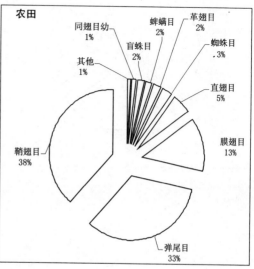

图4－2　不同林型土壤无脊椎动物群落主要类群的百分比

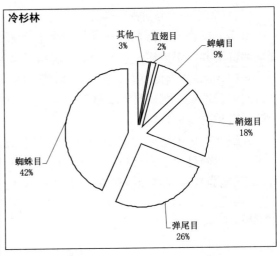

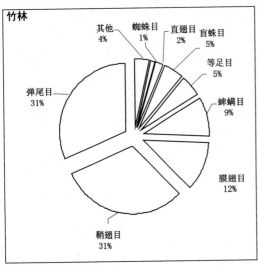

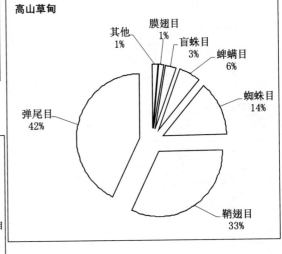

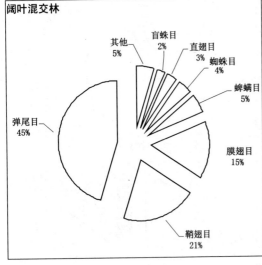

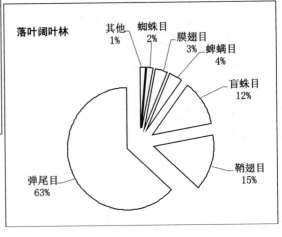

图4-2　不同林型土壤无脊椎动物群落主要类群的百分比（续）

常绿阔叶林土壤无脊椎动物类群以鞘翅目、蜱螨目、膜翅目、弹尾目为优势类群（≥10%），直翅目、蜘蛛目、盲蛛目为常见类群（介于1%～10%之间），其他为稀有类群和极稀有类群（<1%）。

农田土壤无脊椎动物类群以膜翅目、弹尾目、鞘翅目为优势类群（≥10%），同翅目幼虫、盲蛛目、蜱螨目、革翅目、蜘蛛目、直翅目为常见类群（介于1%～10%之间），其他为稀有类群和极稀有类群（<1%）。

竹林土壤无脊椎动物类群以膜翅目、鞘翅目、弹尾目为优势类群（≥10%），蜘蛛目、直翅目、盲蛛目、等足目、蜱螨目为常见类群（介于1%～10%之间），其他为稀有类群和极稀有类群（<1%）。

阔叶混交林土壤无脊椎动物类群以鞘翅目、弹尾目为优势类群（≥10%），盲蛛目、直翅目、蜘蛛目、蜱螨目为常见类群（介于1%～10%之间），其他为稀有类群和极稀有类群（<1%）。

冷杉林无脊椎动物类群以鞘翅目、弹尾目、蜘蛛目为优势类群（≥10%），直翅目、蜱螨目为常见类群（介于1%～10%之间），其他为稀有类群和极稀有类群（<1%）。

高山草甸无脊椎动物类群以蜘蛛目、鞘翅目、弹尾目为优势类群（≥10%），膜翅目、盲蛛目、蜱螨目为常见类群（介于1%～10%之间），其他为稀有类群和极稀有类群（<1%）。

落叶阔叶林土壤无脊椎动物类群以盲蛛目、鞘翅目、弹尾目为优势类群（≥10%），蜘蛛目、膜翅目、蜱螨目为常见类群（介于1%～10%之间），其他为稀有类群和极稀有类群（<1%）。

（3）土壤无脊椎动物多样性

香农—威纳多样性指数 H' 与均匀性 Js 见表4−8。不同林型土壤无脊椎动物群落多样性指数 H' 依次为竹林＞阔叶落叶混交林＞常绿阔叶林＞高山草甸＞农田＞落叶阔叶林＞冷杉林＞马尾松＞针阔混交林，表明竹林无脊椎动物群落组成最丰富，其次是阔叶混交林，针阔混交林组成最不丰富。

表4−8　地表无脊椎动物群落多样性和相似性

		马尾松	常绿阔叶林	针阔混交林	农田	竹林	阔叶混交林	冷杉林	高山草甸	落叶阔叶林
	H'	1.9788	2.6418	1.7958	2.4656	2.9212	2.8280	2.3171	2.4983	2.3393
	Js	0.5139	0.6788	0.4523	0.6555	0.7290	0.6591	0.6370	0.6728	0.5864
q	马尾松		0.5410	0.4478	0.4308	0.4627	0.4270	0.2360	0.4107	0.5833
	常绿阔叶林			0.4058	0.4762	0.3611	0.3656	0.2644	0.386	0.4844
	针阔混交林				0.4308	0.4627	0.4111	0.2222	0.4364	0.4179
	农田					0.4627	0.3511	0.2941	0.549	0.3971
	竹林						0.5119	0.3095	0.6809	0.5323
	阔叶混交							0.4474	0.7556	0.7273
	冷杉								0.4630	0.3380
	草甸									0.4844

群落均匀性指数 J 依次为竹林＞常绿阔叶林＞高山草甸＞阔叶落叶混交林＞农田＞冷杉林）＞落叶阔叶林＞马尾松＞针阔混交林，表明尽管竹林土壤无脊椎动物组成最丰富，但其分布最不均匀，其次常绿阔叶林，针阔混交林无脊椎动物分布最均匀。

群落相似性指数 q 值最高的是阔叶混交林与高山草甸之间，其次是阔叶混交林与落叶阔叶林之间，再其次是竹林与高山草甸之间，最小是针叶混交林与冷杉纯林之间。q 值越小，无脊椎动物群落间的相似性越低；q 值越高，无脊椎动物群落间的相似性越高。因此，阔叶混交林与高山草甸之间地表无脊椎动物群落组成的相似程度最高，而针叶混交林与冷杉纯林之间地表无脊椎动物群落组成相似程度最低。

（4）地表无脊椎动物功能群组成与分布

地表无脊椎动物动物如何利用食物资源以及取食方式，是将其划分为不同生物学或者生态学类群的基础。由于其种类的多样性，其营养方式也各有不同，一般来说，按照土壤动物的摄食方式和食物营养特性，将其划分植食性、枯食性、尸食性、粪食性、菌食性、捕食性以及杂食性等不同的功能类群。由于受各种条件的限制，一些标本只能根据大类进行鉴定，如轮虫动物、线虫动物、缓步动物；对于这类土壤动物的营养型进行划分时，依据是首先根据整体进行划分，如轮虫和缓步动物。而对类似线虫类土壤动物，由于种类繁多、数量丰富、形态和习性多样，将其划为杂食性。另一类目前尚无法了解其生态习性，只能根据大类进行初步分类，如综合纲。

重庆五里坡自然保护区地表无脊椎动物功能群共有 8 种，即尸食性、菌食性、粪食性、枯食性、杂食性、植食性、捕食性、腐食性，分别占功能群的 0.79%、5.51%、0.79%、0.79%、18.11%、35.58%、27.56% 和 7.87%。不同林型土壤无脊椎动物功能群组成不同，其中菌食性、杂食性、植食性和捕食性在各种林型中所占的比例较大（图 4-3）。

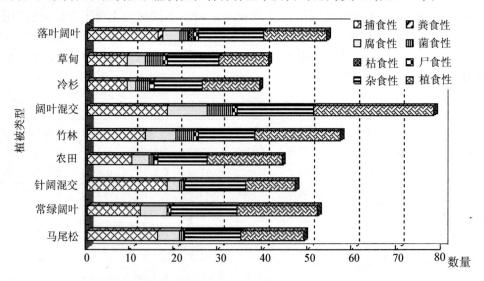

图 4-3　不同植被类型中地表无脊椎动物功能群组成（仿 Reichle　1970）

（5）地表无脊椎动物垂直分布

地表无脊椎动物个体数和类群数随海拔变化趋势见图 4-4。其中仅 1800~1430m 之间地表无脊椎动物每瓶平均个体数呈上升趋势，而类群数则 1800～2130m 之间地表无脊椎动物类群数呈上升趋势；多样性指数和类群指数变化趋势相同（图 4－5），地表无脊椎动物多样性在海拔 770～1830m 之间基本呈上升趋势，在 1830～2130m 之间呈下降趋势，其均匀性在 980～2130m 之间基本呈现下降趋势。

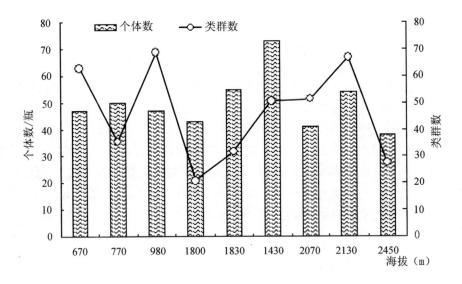

图 4－4　地表无脊椎动物随海拔高度变化

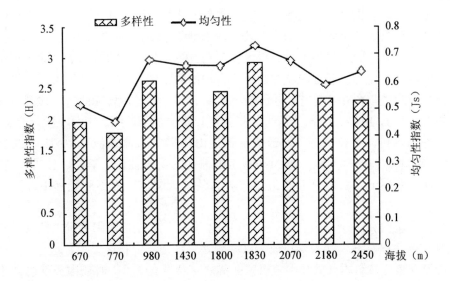

图 4－5　地表无脊椎动物多样性与均匀性随海拔变化

第 5 章 生态旅游

旅游是满足现代人类高层次生活的需求，旅游业也是当今世界非常重要、增长最快、赢利较丰的行业之一，并将继续保持增长趋势，在国民经济持续发展的国家中表现的尤为明显。在处于长期都市化生活方式状态的人群中，生态旅游已成为许多人首选的旅游方式，呈现出日渐发展的趋势而有望成为主导潮流。除了历史文化积淀丰厚，文化遗产与人文景观独具魅力之外，同时拥有良好生态环境和生物多样性丰富度较高的区域，将会对游客产生日益增强的吸引力。巫山县因其独特的自然地理环境，具备丰富多样的自然景观。群峰连绵，高山峡谷，加之丰厚的文化积淀、文化遗产与人文景观独具魅力，赋予巫山特有的旅游资源。处于巫山县境内的重庆五里坡自然保护区，依托周边优越的旅游环境氛围，在生态旅游事业的发展方面处于区位优势。

5.1　巫山县旅游资源简介

5.1.1　人文和自然景观条件优越

巫山县在 1997 年就被誉为"中国旅游大县"，巫山的美是大自然的神奇造化和人类智慧创造的完美组合。巫山自然风光独树一帜。闻名中外的长江三峡，巫山就拥有巫峡的全部和瞿塘峡的大部分。著名的"巫山十二峰"屏列大江南北，峡中云雨之多，变化之频，云态之美，雨景之奇，令人叹为观止。唐代诗人元稹的"曾经沧海难为水，除却巫山不是云"成为千古绝唱，也是对长江三峡巫山这千古神韵的精辟写照。"三台八景"更令巫山充满神秘色彩，除楚阳台外，还有让陆游发出"秦、华、衡、卢皆无此奇"之感叹的授书台，瑶姬斩龙于此的便是斩龙台。"八景"指南陵春晓、夕阳返照、宁河晚渡、清溪鱼钓、澄潭秋月、秀峰禅刹、女观贞石、朝云暮雨。"山川借文采而风流"，屈原《九歌·山鬼》、宋玉《高塘赋》、《神女赋》均为描写巫山神女的千古佳作，李白、杜甫、白居易、陆游、刘禹锡、邓道元、黄庭坚乃至近现代著名的文人墨客，无不驻足巫山，留下篇篇佳作。

小三峡（大宁河）位于巫山之侧，至 20 世纪 80 年代才走出深闺为世人惊叹。它全长50km，由龙门峡、巴雾峡、滴翠峡组成，以峰奇秀、水奇清、石奇美闻名遐迩，并伴以险滩急浪、飞瀑秀泉，被日本前首相中曾根康弘称之"天下绝景"，时任国务院总理李鹏也在 1992 年 11 月留下了"中华奇观"的赞美之词。1982 年，巫山小三峡被列为全国重点风景名胜保护区，1991 年与长江三峡同时被评为"中国旅游胜地四十佳"，2000 年被评为国家首批 AAAA 级旅游区，2002 年被评为中国优秀旅游城市，2003 年国家特为小三峡发行了邮票及特种邮资明信片。

三峡工程蓄水为巫山旅游带来了新的发展机遇。2003 年 6 月 10 日，三峡工程顺利实现二期蓄水，使巫山在 1/3 景点被淹的同时，又催生了高峡平湖。蓄水后，巫山大宁河上已形成了凝翠湖、琵琶湖和双龙湖 3 大湖泊，宽阔的湖面成为千帆竞渡、碧波泛舟和水上竞技的绝好去处。另外，境内长江和大宁河的 6 条小支流水位随之抬高，成为新的峡谷风光，鳊鱼溪、抱龙河、神女溪、大溪河、马渡河（小小三峡）等支流，其景色将比大宁河（小三峡）更幽深，峡谷更狭窄，植被更茂盛，其景其色更加秀丽、迷人。景区中，湖峡相映成趣，形成了"湖峡相连，湖尽峡来，峡隐湖现"的诱人美景。

　　巫山现已成为整个三峡风景区的几何中心，区位优势非常明显。以巫山县城为中心，在 130km 半径之内，囊括了三峡大坝、神农架、神农溪、天坑地缝等著名的风景名胜。

5.1.2　文化内蕴丰富

　　走进巫山，就走进了人类的故乡。如果把中华文明史比作一部渐进展开的长卷的话，巫山无疑是这部长卷的卷首。古人类化石就发掘于巫山的龙骨坡，亚洲最早的直立人——"三峡人"、"巫山人"曾在这里点燃人类史的火种；早在 200 万年以前，早期人类就在这段峡谷里繁衍生息。"巫山猿人"距今 201 万年至 204 万年，属早更新世早期，比"元谋猿人"早 30 多万年，是迄今我国发现的最早人类化石。

　　5000 多年前的新石器文化遗址坐落在大溪镇，这便是名扬世界的"大溪文化"。唐尧时，巫山以巫咸而得名。春秋战国为楚国巫郡，秦汉改郡为县，时名巫县。秦末汉初的古栈道，千年的悬棺，保存完整的汉墓群及明初大昌古建筑群，规模宏大、为长江最老古刹之一的高唐古寺遗址，曾因南宋诗人陆游夜泊而得名的陆游洞，以及因宋玉作《神女赋》、《高唐赋》而名扬天下的神女峰、楚阳台等众多名胜古迹，无不昭示着这里不仅是大溪文化的发源地，还是巴楚文化、神女文化和巫山文化的起源地。巫山目前已发现的古迹有 40 余处，珍稀文物 1000 多种，为三峡库区及重庆市内之首，成为海内外华人寻根问祖的热点地区之一，并赢得"巫山文物，国之瑰宝"的称誉。

　　有关巫山云雨的诗词歌赋，林林总总，洋洋大观，计有万首之多。从屈原、宋玉到李白、杜甫，从春秋的楚王到历代的将相，云牵雨挂，魂缠梦绕，或词或赋，或梦或歌，不是"回合藏云月，霏微雨带风"，就是"朝云暮雨浑虚语，一夜猿啼明月中。"这满峡的诗词歌赋，除了云雨之情还是云雨之情，儿女情长太多太绵。只有一代伟人毛泽东，在巫山云雨的思绪中鹏飞万里，甩开神女的纠缠，豪情遐想，写下了气吞寰宇，雄伟豪迈的诗篇，让巫山云雨给人以壮丽之感，"截断巫山云雨，高峡出平湖。神女应无恙，当惊世界殊。"当看见三峡大坝一泓平湖的时候，不能不遥想那千年的巫山云雨，终于在这里写下了波澜壮阔的诗章。

5.2　五里坡自然保护区旅游资源

　　重庆五里坡自然保护区内森林旅游资源非常丰富，但由于各方面的原因，一直没有开展旅游活动。鉴于其地形优势、生态优势、环境质量优势、区域优势（与湖北神农架、大宁河小三峡、长江三峡等都可以组织旅游环线）等方面的有利条件，规划加强旅游基础设施建设，在实验区内开辟若干条生态旅游线路，组织开展多种形式的生态旅游活动，在提高保护区的自养能力、促进保护工作发展、进行生物多样性保护教育等方面，具有重要意义。

五里坡自然保护区为典型的中深切割中山地形，辖区内重峦叠嶂、峡谷相间，溪流纵横，地形复杂，处处茂林修竹，惊险绝伦，极富华山之韵。有鬼斧神工、悬崖千仞的薄刀梁；有茫茫苍苍、风吹草低见牛羊的大葱坪、朝阳坪草甸；有奇峰突兀、怪石嶙峋的打鼓岭；有植被丰茂、垂直带谱分布明显、动物出没其间的冷家湾、里河、铁磁沟等原始森林；还有麻布筷、羊翻水、后溪河、阎王鼻子鬼门关等一些奇特的自然景观。同时这里的人文景观也极为丰富，尤其是红恩寺、八王寨和钟安寺遗址。富有神秘色彩的八王寨，传说是张献忠抗击清兵的营寨，有旗杆台、洗马池、拴马桩等古战场的遗迹，具有很高的旅游开发价值。

5.2.1　发展森林生态旅游前景分析

（1）区位优势

五里坡自然保护区地处渝、鄂交界处，同时又与湖北神农架国家级自然保护区毗邻。小范围内有小三峡、小小三峡、白帝城等景区可形成旅游环线；大范围内有丰都鬼城、长江三峡、神农架林区等一批国内外知名旅游区相呼应。因此，五里坡自然保护区具有极大的旅游发展优势。

（2）生态优势

五里坡自然保护区有丰富的动、植物资源，保存较好的森林植被，垂直的植被分布带谱，完整的森林生态系统，良好的森林生态环境。这些不仅是建立自然保护区的优势，也是开展森林生态旅游的最佳条件。

（3）景观优势

五里坡自然保护区独特的自然特点形成了奇异的景观条件，使其不仅具有景观多样性，也具有景观多层次性。

景观多样性：这里有高山、深谷、悬崖、峭壁、急流、险滩，还有茫茫的草甸、幽静的原始森林、飞泻的瀑布、奇花异草、珍禽异兽，更有那满山遍野的冬雪、飘渺的云雾令人魂牵梦绕，乐不思蜀。

景观多层次性：由于该地区海拔高差形成的温度、湿度、水文、气象等差异而导致不同高度的垂直景观层次；由于地形复杂而形成远近、深浅、虚实的水平景观层次；还由于不同的声响、色调、物感气味等形成的感官层次。多层次的相互混合和交融，大大加强了景观的立体层次和观赏、游览效果。

（4）气候优势

五里坡自然保护区属中亚热带湿润季风气候区，由于北部秦岭、大巴山的屏障作用，在该区域形成了冬季较为温暖的气候特征。海拔落差达 2510m 的地形、地貌条件，形成了巫山县山地气候垂直差异较大，以及地形小气候多样性等特色。沿江低坝河谷地带最冷月平均气温 5~8℃，比长江中下游高 3~13℃，属淮南亚热带气候类型；海拔向上依次为中亚热带、山地北亚热带和暖温带气候类型，也有零星地区属于温带气候类型。这些条件使得保护区气候四季分明，冬季可赏雪，夏季可纳凉，春秋万紫千红，非常有利于旅游活动的开展。

5.2.2　发展森林旅游制约因素分析

重庆五里坡自然保护区发展森林旅游存在着很多制约因素，主要表现在以下方面。

（1）基础条件差

目前，五里坡自然保护区公路与外界相通，但路况差，严重影响了景区的可进入性；保护区内部也几乎没有交通网络，许多地方甚至连小路也没有，很多景点都使游客望而却步；接待能力弱，缺乏必要的旅游设施，通讯不畅，严重制约了旅游业的发展。

（2）旅游投入大

五里坡自然保护区发展森林旅游业，必须加强基础设施建设，完善配套措施。如公路建设、旅游道路建设、接待设施建设等都需要大量资金投入。

5.2.3　景区景点规划

重庆五里坡自然保护区幅员面积广阔，自然条件优越，在发展森林生态旅游方面有着很大的潜力。

（1）相思岭景区

铁坚油杉王：位于庙堂乡，是亚洲第二大铁坚油杉，树龄 1000 年，胸径 208cm，树高 38m，冠幅 25m。可建立铁坚油杉园，对铁油坚杉进行栽植、培育，形成面积为 5000m² 的集休闲、科考于一体的小型专题园林。

渔泉：位于庙堂乡，春季有鱼从泉中流出，远近闻名。

回音岩：位于庙堂乡，属峡谷地形，人在谷中呐喊，回声经久不息。

（2）五里坡景区

五里坡林场由于地势高，是夏季纳凉、冬季滑雪的好地方，境内有黄天洞、燕子洞、偏岩子等著名景点，可在此修建五里坡度假村，日接待能力为 100 人。

（3）平定河景区

九盘岭：原名九十盘，位于当阳峡谷，地势险要，峡谷陡峭，垂直高差达 1000m 多，是当地人外出的必经通道之一。在此观赏当阳峡谷的绝妙景观，红岩头的峭壁陡岩和起伏的山峦，是旅游观光的绝佳之处。可在此修凉亭 3 处，石板路 2km。

羊翻水：瀑布位于当阳峡谷内，垂直高差近 200m，飞流直下，如云似雾，常有道道彩虹隐现，激起人们无限暇想。周围怪石林立，花香鸟语。可修集吃、住、行、游一条龙服务的度假村。

白果树王（银杏）：位于高坪村，树龄 1200 年，胸径 210cm，树高 40m，冠幅直径达 30m，是三峡库区最大的白果树王。可在此建白果园，面积为 5000m²，形成集休闲、科学考察于一体的专题园林。

大石峡：位于当阳峡谷中段，悬崖陡峭，如刀切斧劈，景色壮观，气势磅薄。可在此修 5 处小亭和石板路，以供行人游玩。

姑娘岩：位于葱坪黄竹垭，因其岩边有一岩石酷似窈窈淑女而得名，与大三峡的神女峰相似。修建葱坪公路时，可建亭、铺路，供游人观赏。

（4）竹贤景区

蛇园：浩大的 40hm^2 毒蛇养殖园本身就是一个不能不去、一睹为快的地方。而置身蛇园中，身体四周全是恐怖的毒蛇，能有幸亲身实地去仔细观察和了解它们又何尝不是人生一大经历。

后溪河：是小三峡风景区马渡河的支流，其清幽的环境，险峻的峡谷，清澈的河水，众多的野生动物均让人流连忘返。后溪河已被列为巫山县旅游开发项目。

第6章 社区及社区经济

巫山历经千载，历史文化积淀丰厚。唐尧时，巫山以巫咸而得名。春秋战国为楚国巫郡，系楚国西陲门户。战国时期，巫山县系楚国西陲门户，县境属巫郡地。秦昭襄王三十年（公元前227年），巫郡以县隶（辖现大昌镇）属秦国，后改属南郡，以巫名县，为本境建县之始。开皇三年（583年）巫县加"山"字，巫山县名自此始。清康熙九年（1670年）大昌县并入本县；1951年3月，湖北省建始县铜鼓乡划归本县官渡区境域；1961年3月，龙溪人民公社所属上安、下安、双河，划归巫溪县境，形成至今的巫山县境。

巫山县位于重庆市东部，三峡库区腹心地带，地理坐标介于109°3′~110°11′E、30°45′~31°28′N之间，东、南与湖北省相邻，西接奉节县，北依巫溪县。辖26个乡镇、315个村，3个国有林场，已建2个森林公园，3个自然保护区。

巫山县幅员面积2958km²，现有林业用地213 228hm²，占全县幅员面积295 666hm²的72.1%，其中森林126 010hm²，疏林地1474.5hm²，灌木林地68725.6hm²，森林覆盖率42.6%。活立木总蓄积4 400 000万m³。

2007年，巫山总人口61万，其中农业人口51万，人口密度202.2人/km²。耕地面积34 667hm²，粮食总产量225 000t，农民人均纯收入2579元。

目前，全县辖26个乡镇、315个村。有汉族、土家族、蒙古族、回族、苗族、彝族、朝鲜族、满族等8个民族，其中，汉族占总人口的99.89%。

6.1 自然保护区社区人文情况

6.1.1 社区分区

重庆五里坡自然保护区位于巫山县东北部，地处渝、鄂两省市交界处，和神农架国家级自然保护区及重庆巫溪阴条岭市级自然保护区相连，地理座标在109°47′~110°10′E，31°15′~31°29′N之间，距县城约120km。行政区域属巫山县管辖，保护区范围包括五里坡林场，梨子坪林场朝阳坪管理站，庙堂乡全部，当阳乡的高坪村、里河村、红槽村、平定村、红岩村、官阳镇的老鹰村、三合村、雪马村、鸦鹊村、金顶村，平河乡的大峡村、朗子村、起阳村，骡坪镇的路口村，竹贤乡的福坪村、阮村、药材村、石院村、下庄村，共涉及6个乡镇20个村，总面积35276.6hm²（352.77km²）。辖区最高峰太平山，海拔2680m，最低点脚步典海拔170m。

6.1.2 保护区机构与社区关系

重庆五里坡自然保护区各基层保护管理站的运行，有关保护区的退耕还林、天然林保护、野生动植物保护、野生动物救护、基本建设、护林防火、物资运输、外来人员管理、临时用工等，均须依靠当地政府和村民的协助来完成。当地社区在发展脱贫致富、路桥修建等公益事业方面也不时依靠保护区给予技术、经济方面的指导与资助。保护区与当地社区已建立了相互依存、共同发展的良好关系。

6.2 社区社会结构

6.2.1 经济产业结构

重庆五里坡自然保护区人为活动较多的主要有官阳、当阳、竹贤 3 个乡镇，而林场、林区人为活动较少。其产业结构以农业、林业为主，辅以少量养殖业，经济来源主要依靠外出务工的收入。当地居民的生活水平较低，农民人均纯收入仅 928 元，还有部分居民不能解决基本生活所需。由于地形等因素的制约，当地人民受教育的程度低，连小学都很难普及，因为部分地方离学校太远，如庙堂乡的部分居民，只有数十里外才有学校，就学十分困难。区内的医疗、卫生条件也极差，只有乡镇所在地有条件简陋的医院，很难满足人们日常生活健康需求。保护区内没有邮电所。就保护区的整体而言，保护区内的基本社会保障体系尚待完善，应在建设过程中适当调节，提高区内经济发展速度和人民生活水平，以保障保护区和社区经济的同步发展。

6.2.2 农民生活情况

五里坡自然保护区属巫山县重点天然林保护区域，为巫山县最偏远的地方，境内山高坡陡，交通极为不便，信息闭塞；农村人畜饮水还没有彻底解决；保护区内由于海拔差异较大，气候条件特殊，只适宜种植土豆、玉米、红薯等农作物，但野猪、猕猴等野生动物危害农作物的情况普遍，收获的农作物不能满足农民基本生活需求。

6.3 农村能源情况

保护区内有小型水电站 7 个，其中当阳乡 5 个，平河乡 1 个，竹贤乡 1 个，电力能源只能解决试验区居民的照明所需；保护区内没有煤炭等矿藏，农村生产（烤烟、烹煮猪食、炮制药材等）生活能源主要依赖林地（集体林所谓的"柴山"）采伐，按每户每年沿用传统落后、浪费极大的燃烧方式消耗 15~20t 薪材计算，社区 695 户农户年消耗薪材达 10 425~13 900t，相当于 46hm² 林地 20~25 年的生长量。

6.4 人口状况

保护区内山势险要，地形复杂，只有少数河谷地区有人口居住，人烟极为稀少。根据调查统计，保护区内总人口 2779 人，集中分布在当阳、官阳等地。

6.5　社区发展概况

6.5.1　保护管理与社区发展

　　人类对保护区内资源的利用形式复杂多样，这涉及到许多方面的问题。保护区范围内的当地居民，长期以来的传统生产、生活方式对森林资源的依赖性很强，农民经济收入中相当一部分是与森林有直接关系的林副业产品，这种经济形式在一定程度上对动植物群落生境的恢复和发展具有负面影响，给自然保护区今后的管护工作提出了更高的要求。传统上一直从自然保护区所处区域获取自然资源和产品的社区居民，如果突然不能进入保护区，将会失去维持生计的基本生活资料来源，这会导致他们对生物多样性保护持不赞成、不支持的态度。许多保护区日常工作的开展和运行能否正常，在很大程度上取决于社区居民的支持和配合程度，或者保护区的开发工作能够接受他们参与的程度。对于生物多样性保护最为理想的状况，是社区居民参与了保护区的管理和规划，他们获得了有关方面知识的培训并被保护区管理部门聘任，从保护生物多样性和保护区的日常管理工作中获益。如果社区居民和政府部门之间的关系没得到很好协调，社区居民没有接受保护区的理念，也不遵守保护区的规定，保护区管理工作的运行将会面临各种各样的问题。

　　人类对自然资源的利用是客观事实，实际上从人类出现以来就已经成为全球所有生态系统的一个组成部分。适度的人类活动在某种程度上导致了生境类型的多样性，我们不应将所有的人类活动均视为对生物多样性保护的负面影响。当地居民的参与是生物多样性保护策略一个极为重要的组成部分，将同一地区的人类活动和自然环境的保护结合为一个整体，是当今合理利用自然资源、维持可持续发展的重要理念。

　　因此，保护区在今后的的保护管理工作中需要充分考虑村民的经济利益。首要工作是引导保护区内的村民在保护好动植物群落及其生境的前提下积极发展非林经济，改变对林木资源消耗极大的不良传统生产生活习俗，大幅度降低对自然资源的直接消耗和依赖。例如，首先大力推广三峡库区已有成功范例的简易高效节柴灶（尤其是在海拔700m以上沼气效率受季节性限制的区域）（苏化龙等，2006），将日常薪柴消耗降低到40%以下，以利于明显提高天然林植被的恢复增长速率；其次扶持引导村民发展诸如传统中药材种植、特种珍稀濒危动物养殖、食用菌栽培、中华蜂养殖等，对这些生物资源的开发和可持续利用，能够促进当地社区的经济发展。另外，在自然保护区的缓冲区，允许社区居民在适宜的季节或不影响动植物繁衍的状况下进入获取自然产品，进行适度的对生物群落不造成破坏的自然资源利用方式，这对自然保护区及社区居民均为有利。这种方案被称为保护—发展综合项目，在某些地区可能是最佳保护对策之一。

6.5.2　开发项目存在的潜在影响

　　重庆五里坡自然保护区今后应在积极保护好区内植被和森林生态环境的前提下，突出对国家重点保护野生动、植物的保护，开展科学研究、引种培育、物种驯化等活动，并在此基础上，适度合理开发生物资源，增强保护区的自养能力，加快保护区基本管理体系和现代化管理手段建设，将保护区建成一个原生植被保存完好、物种多样性丰富、自然环境优美、生物多样性保护和人类生存和谐统一的自然生态系统，实现保护区的可持续发展。目前，保护区机构还不够完善，基础设施建设还比较滞后，因此必须加快基础设施建设，尽快建立和完善自然保护区管理体系，有效发挥自然保护区的作用。拟开发的项目主要有以下几个方面。

(1) 两栖、爬行动物研究所及蛇毒开发中心

两栖、爬行动物研究所和蛇毒开发中心是保护区建设的重点工程，对于保存、保护和发展保护区内两栖、爬行动物有着重大的意义。竹贤乡不仅在地形气候条件上与保护区一脉相承，而且水、电、路等基础条件也比较好，符合建设条件。因此，规划将两栖、爬行动物研究所和蛇毒开发中心建设于此。规划涉及到办公楼、饲养场、厂房、冷冻室、医疗所、标本室、生活设施、绿化与美化等方面，规划总面积40hm^2。

截至目前的调查资料表明，重庆五里坡自然保护区内分布有两栖、爬行类动物58种，堪称长江三峡库区之最。其中菜花铬铁头、中国小头蛇、隆肛蛙、巫山北鲵等分布广，数量大，极具开发价值。通过对两栖、爬行类动物的研究、培育、饲养、开发，可以实现最有效的保护和利用。两栖、爬行动物研究所及蛇毒开发中心是实现这一功能的主要部门。

蛇毒开发是对自然生境中野生动物种群影响最小却获取效益最高的保护、发展项目。饲养繁殖蛇类作为食品出售是一次性获益，因为蛇类生长缓慢，如果饲养技术不成熟，按目前市场价格看，其饲养开发的经济效益不高。将蛇类作为食品销售的所谓"繁殖饲养场"，很有可能成为野外大量捕捉蛇类而后"合法"销售的中转站。蛇毒价值很高，饲养毒蛇可以长期多次取毒，不需要频繁到自然生境去捕捉蛇类。蛇毒开发在国内已有成功范例。

大鲵曾经在我国分布广泛。作为容易遭受人类捕捉和采集的物种大鲵，在三峡库区已成为少见种甚至稀有种，已被中国物种红色名录（2004年）濒危等级评估标准列为极危(CR)状态，也被列为国家Ⅱ级重点保护野生动物。但作为一种价格昂贵的食品，高消费者中的不良饮食偏爱所导致的市场需求会致使偷捕现象时常发生。近10年来，在三峡库区，大鲵的私下收购价格呈逐年攀升状态。随着大鲵资源的枯竭，形体类似于大鲵的两栖动物如小鲵、疣螈等，也遭到了过度捕捉、贩运到餐饮业的厄运。人工养殖大鲵具有明显经济效益，目前关键问题是解决种苗。巫山县龙溪镇2005年建立了1处大鲵人工养殖场，2006年已成功孵化出幼体，但需要解决孵化率偏低问题。

大鲵人工饲养需要具备清澈且无污染的溪水环境，在适宜区域指导扶持社区居民进行大鲵规模化、普遍化人工养殖，不仅可以提高当地居民收入，而且由于大鲵对水体质量的特殊要求，可以促使当地社区居民将水土保持、水源涵养等生物多样性保护工作纳入自觉行为。

(2) 普及中华蜂现代养殖技术

中华蜂，俗称土蜜蜂，具有易于过冬、不需转场追花、不易感染病虫害等优点；只是在植物集中开花的地点或时期，产蜜量不如意大利蜂。非常适于保护区内及周边区域的分散农户饲养，也是我国南方山区长时期以来较为普遍的民间养殖蜂种。但传统的养殖方法

产蜜量很低，每桶蜂年产蜜量仅有 1~3kg。采用蜂箱法饲养，每箱蜜蜂产蜜量可达到30~50kg，效率提高几十倍。按照现行市场价格，中华蜂蜂蜜在当地即可达到每千克 16~20 元人民币，运抵城市价格更高，是当今备受都市人群推崇的绿色食品，也是市场需求潜力很大的产品之一。箱式饲养中华蜂在我国近几年已成为成熟技术，易于推广普及。每箱中华蜂年产值相当于 2 亩农田的玉米产值，而且中华蜂饲养一旦成为当地具有价值的产业之后，仅出于对蜜源植物的需求，就会导致当地社区居民自觉参与到对天然植被群落及其生境的保护行动之中。另外，当地社区居民如果出于对蜜蜂的保护目的主动减少对农药的依赖，就能够起到保护害虫的天敌动物（例如鸟类、蝙蝠、蜘蛛、青蛙和蟾蜍等）、以及授粉媒介动物（例如蜜蜂、蛾、蝴蝶和甲虫等）及其繁殖地的作用。

（3）农林特产品基地建设

巫山县具得天独厚的自然环境和气候条件，为茶叶、药材、食用菌、山野菜等农林特产品的开发利用具备了优越条件。贝母、天麻、庙党（庙堂党参）、北岸连（黄连）*、黄檗、厚朴等优质药材行销东南亚；福田云雾茶、薇菜、各种竹笋等土特产备受欢迎；乌柏、蓑草（高级造纸原料）产量居全国前列；魔芋、蚕丝大量出口日本，等等。有些已形成较大的生产规模，如茶叶、药材、魔芋等，并建成产业项目基地。

这类农林特产品基地的建设，不仅可增加自然保护区及其周边社区村民的收入，又能使采药、挖笋等人为活动在保护区内相应减少，在一定程度上保护了森林生态系统，减轻了自然保护区管护工作的压力。

（4）生态移民

为确保核心区生态环境安全，已将核心区内对生态环境安全有影响的农民 200 人外迁，由巫山县政府参照长江三峡库区移民办法在实施退耕还林工程中列为生态移民，在县内妥善安置，完成核心区移民工作。

巫山县是移民大县，三峡工程建设和移民迁建活动给当地经济发展和解决移民劳动就业问题带来机遇，新建县城面积大为扩展，城市人口容纳量大幅度提高，所有乡镇均在不同程度规模上得以改造和扩建发展。依傍大宁河大面积淹没区的大昌镇和双龙镇，是三峡库区生态村镇系统建设试点镇，已经完成主体基本建设工程，不仅可以安置大量农村移民，而且还具有观光、度假等旅游开发价值，通过发展旅游业带动其他产业的发展。

近年来大批农民外出务工一方面导致乡村常住人口的急剧减少，另一方面是人均收入的大幅度提高，出现了乡镇→县城、村庄→乡镇、零散农户→村庄的集中居住移民趋势，加之当地政府对生态移民的鼓励政策，使得那些交通不便、山高坡陡的偏远山区村落人口处于逐渐减少的状态，大大降低了对自然资源直接利用的压力，留在农村务农的劳动力就能获得更多的土地和资源，有利于保护区的生物多样性保护。当然，这一发展趋势已导致保护区面临周边社区人口老龄化和劳动力短缺问题，这对当地经济发展、就业、农民增

---

　　* 黄连主产于四川洪雅、彭县，重庆石柱、城口，在湖北利川、竹溪，湖南、贵州、陕西等地也有分布。其中，重庆石柱和湖北利川等地素有"黄连之乡"的美誉。而产于重庆石柱、湖北利川、恩施等地的被称为"南岸连"，产量较大；产于重庆城口、巫山，湖北房县、竹溪等地的被称为"北岸连"，产量少但质量好。黄连还有产于峨眉一带的"雅连"和产于云南地区的"云连"。

收、农业生产甚至保护区的基本建设方面也可能产生一定程度的负面影响，究其根源在于我国城乡之间劳动强度和劳动报酬均存在巨大"势差"。如何妥善处理这种局面，是今后保护区建设需要关注和解决的一个问题。

随着保护区建设的开展，大量资金、技术的投入，可带动地方经济快速发展，不仅增加地方财政和农民的收入，还可提供了大量就业机会。结合生态移民，保护区的贫困农民就可迅速脱贫，奔向小康。

（5）天然林保护和退耕还林工程

重庆成为直辖市以来，巫山县先后实施了天然林保护、退耕还林、三峡水库周边绿化带建设三大工程，坚持走大工程带动大发展之路，取得了很大成效。大量资金的投入，结合抚育、造林、育苗等方面的劳务用工，在一定程度上解决了五里坡自然保护区社区居民的就业和增收问题。对于保护和改善保护区和周边区域的森林状况、野生动物和生境的保护方面，具有明显的良性效应。

（6）旅游开发及管护措施

土地用于传统农林业生产时，其年产值很低；而用于生态旅游并产生效益时，其价值至少增加一个数量级。保护区具有发展森林生态旅游的自然基础，具有区位优势、生态优势、景观优势、气候优势等多方面的有利条件，而且生态旅游基础设施的投资费用很低，仅相当于传统旅游的1/4左右（李中秋，2001）。但由于各方面的原因，保护区一直没有开展旅游活动。规划加强旅游基础设施建设，在实验区内开辟若干条生态旅游线路，组织开展多种形式的生态旅游活动，在提高保护区的自养能力、促进保护工作发展、进行生物多样性保护教育等方面，具有重要意义。目前主要有基础条件差、旅游投入大的制约因素，在很大程度上限制了旅游开发活动。今后拟在实验区开辟相思岭、五里坡、平定河、竹贤等4个景区，进行规划建设，以森林植被、地理地貌等自然景观和人文景观的优势，在生物多样性保护的前提下，开发以观赏珍稀动植物群落、徒步跋涉山野为主题的荒野旅游观光业。但旅游业的发展，虽然促进了保护区及其周边区域的经济发展，带动了相关产业，也给保护区的管护工作带来负面影响，需要采取相应的补救管护措施。主要表现在以下两个方面。

①加剧公害矛盾：如能源需求可能导致薪炭消耗增多，或者煤炭等化石燃料对大气环境的污染；公路建设通常会导致道路两侧大量水土流失，以及妨碍野生动物通行；垃圾和污染物对环境和水体的污染；践踏植被、噪声污染、建筑物与景观不协调等。

应对措施：在保护区及其周边地区硬性规定使用节柴灶，除了液化气、天然气、优质煤炭等化石燃料外，不允许高硫、含氟煤炭进入保护区；在缓冲区只修简易道路，旅游者进入缓冲区方式尽量采用徒步或骑马等方式。保留实验区公路边的原始植被，公路建设尽可能减少对天然植被造成的破坏，并在公路两边种植当地树种或灌木草丛来恢复天然植被；公路建设预留野生动物通道，至少要考虑到两栖类和爬行类动物甚至一些小型兽类的通过能力，并限制夜晚机动车通行时间和路段（因为兽类大多是夜行性）。正确处理垃圾和污染物，例如污水排放处理、选择合适的洗涤方式等，不能分解的垃圾必须运出保护区。房屋建筑与色彩尽量与自然保护区风光协调融洽并遵照当地的传统风格，尽量使用天然建筑材料，使建筑物与自然景观更加协调一致。坚持保护为主、适度开发、保护与开发相结合的原则，合理确定环境容纳量，严格控制游人人数。

②对自然资源的需求增大，加速旅游资源损耗：旅游业的兴起使得大量高收入者能够深入乡村林区，可导致对野生动植物产品的市场需求增大，如野生药材、花卉、动植物（包括昆虫）和岩石标本、木雕石刻等手工艺品、甚至还有"野味"，等等。对这些因素如果不施加严格管护措施，将会促使对野生植物的过量采集、珍稀濒危动物的偷猎、盗挖化石等不良现象经常发生，对生物多样性和景观多样性的保护极其不利。

应对措施：重视旅游开发经营管理人员的生态知识培训，对所有生态旅游开发经营管理人员和旅游服务人员建立定期检查、考核和培训制度，强化生态旅游环境管理工作。保护区管护人员应经常与旅游者进行沟通和交流，及时掌握旅游者的基本情况和思想动态，正确引导旅游者的旅游行为，使其在旅游过程中自觉接受生态环境和生物多样性保护教育，避免污染和破坏旅游生态环境的不良行为发生（如丢弃垃圾、购买携归非法"纪念品"等），使得生态旅游者的行为层次由亲近自然到学习自然，进而上升到保护自然的最高层次（钟林生等，2000）。

总之，生态旅游体现了人与自然的和谐，旅游地点大多是未受破坏和污染的自然区域，游客参与生态旅游的动机也多是为了享受和了解自然。生态旅游体现的是社会文明和进步，生态旅游集休闲、科普教育于一体，需要依靠科学性的高标准规划和管理程序进行运作，对管理者、旅游者、导游和经营者，甚至当地社区居民等相关人群，均具有高标准和高素质的要求。

第 7 章 自然保护区评价

7.1 保护区生态区位评价

重庆五里坡自然保护区地处重庆市最东端，三峡库区腹心，渝、鄂交界处，恰在大巴山弧和川东褶皱带的结合部。保护区及其周边区域的生态环境状况与三峡工程、西部生态环境建设、天然林保护等其他重大生态建设工程密切相关。

7.1.1 水土流失治理

已有的研究表明，对水生生态系统导致严重威胁的大型水利工程，必须依赖对流域面积范围内植被群落的保护和恢复才能获得长期运行成功。目前已经取得的共识认为，保护和恢复水库流域面积内的森林和其他类型的自然植被（相当于改善和恢复陆栖野生脊椎动物的生境条件，尤其是珍稀濒危物种），是保证水利工程有效和长久运行的重要手段，该种方式费用相对较少，可以使用工程造价1% ~ 10%的费用，减低由于水土流失降低30% ~ 40%工程效率的损失（Richard Primack & 季维智，2000）。三峡库区生态环境十分脆弱，水土流失导致的大量泥沙沉积是三峡库区生态环境的巨大隐患。因此，保护区及其周边区域的水土保持、生态环境建设和生物多样性保护工作，将对整个三峡库区生态环境的建设和保护起到良好的连锁效应，减少水土流失和进入水库的泥沙量，为三峡工程安全运营、持续发挥预期功能建立生态屏障。

7.1.2 三峡库区将成为长江流域最大的淡水水源基地

南水北调的中线方案将向三峡库区取水，长江一级支流大宁河是重要的取水点之一。重庆五里坡自然保护区大面积原始森林植被对于保障三峡水库的水质安全和生态安全具有非常重要的意义，成为长江上游和三峡库区"绿色屏障"的重要组成部分和敏感区域，其自然生态系统的稳定性对长江上游和三峡库区乃至长江流域中下游地区的生态安全产生着关键性影响。

7.1.3 是神农架林区生态系统和生物多样性保护的重要延伸和补充

重庆五里坡自然保护区位于中国生态分区的秦巴山地生态区。秦巴山地生态区属北亚热带湿润区，主要地貌类型为山地，主要土地利用类型为森林。五里坡自然保护区位于我国三大台阶中第三台阶丘陵平原区向第二台阶山地的过渡线上，气候主要受东南季风影响随南北坡向及海拔高低不同而有很大差异，高山峻岭鳞次栉比，原始森林莽莽苍苍。五里坡自然保护区全面代表了秦巴山地的气候、地貌和土地利用特点。

重庆五里坡自然保护区和湖北神农架国家级自然保护区相连，由于神农架自然保护区海拔主要为 1000m 以上地区，而五里坡自然保护区的海拔为 170～2680m，相对于神农架林区的生态系统和生物多样性而言，五里坡自然保护区海拔 1000m 以上区域的生态系统和生物多样性是重要补充，海拔 1000m 以下区域的生态系统和生物多样性则是重要延伸。

7.1.4　生物多样性及生态系统保护

世界自然基金会（WWF）已连续 2 年将重庆五里坡自然保护区所在区域确定为中国 17 个生物多样性热点地区之一，是我国最早进入 MAB（国际人与生物圈）网络的重要区域，也是世界生物多样性热点地区之一。五里坡自然保护区在国家级保护区网络中，起到了承接南北、平衡东西、优化布局、提升国家级自然保护区群科学性的重要作用。亚热带地带性森林及其山地垂直带丰富多样的森林生态系统类型，在我国森林生态系统由南到北的梯度分布大格局中是不可替代的。五里坡自然保护区在亚热带具有极强的生态系统类型代表性，对国家级自然保护区科学目标的实现，具有非常重要的意义。

7.1.5　地带性森林植被的重要性

常绿阔叶林和常绿落叶阔叶混交林是我国特有的植被类型，在世界植被和国际生态保护和研究中具有独一无二的地位。五里坡自然保护区是向国际社会展示我国特有的亚热带森林生态系统的重要窗口。青藏高原的隆起和东南季风等因素的综合作用，在我国形成了世界上独一无二的亚热带植被区，它与同纬度的回归线荒漠带形成了鲜明的对比，因而备受国际社会关注。它不同于南、北半球因地中海型气候（冬冷湿，夏干热）导致的地中海式的森林区，更不同于北半球的北回归线荒漠带。湿润温暖的北亚热带，孕育了丰富的生物多样性，组合出各类森林生态系统。这些生态系统，不但具有很高的生物生产力，而且为整个区域人类的生存和生活提供了巨大的服务功能，这在同纬度地区是少有的。

7.1.6　喀斯特地区生态系统的恢复和重建

重庆五里坡自然保护区处于我国渝鄂接壤喀斯特区，该区的森林生态系统保存完好，对于喀斯特地区石漠化治理具有重要的借鉴和示范意义。喀斯特被学术界定为世界上主要的生态环境脆弱地区之一，同时喀斯特也面临着贫困与环境恶化的双重难题，已成为影响社会可持续发展的阻碍因素。我国的黔、滇、桂、渝、鄂、湘接壤地区是世界上最大的喀斯特高原，总面积（裸露、覆盖、埋藏 3 个类型）达 344.3 万 km²，其中裸露型面积为 90.7 万 km²。喀斯特生态系统是中国生态环境中的脆弱带，面临着极为严峻的生态环境问题，如何维持喀斯特生态系统及其功能的健康发育、保护喀斯特生态系统及其生物多样性、恢复和重建喀斯特生态系统的生态功能，已成为中国目前亟待解决的难题和当代中国西南部地区社会经济发展的瓶颈。五里坡自然保护区保存完好的森林生态系统，对于喀斯特地区石漠化治理具有重要的借鉴和示范意义。

7.2 保护区生态系统和生物多样性评价

7.2.1 具有亚热带森林生态系统特征

重庆五里坡自然保护区地理位置靠近中亚热带北缘，是典型的中亚热带与北亚热带的过渡地带，气候具有亚热带湿润季风区山地气候特点，由于北部秦岭、大巴山的屏障作用，加上海拔落差2510m的地形地貌的影响，气候和植被的垂直差异较大，形成复杂多样的生态环境，植被类型多种多样，7个植被型、19个植被亚型、59个群系。

海拔1300m以下一般为亚热带常绿阔叶林，1300~2000m之间为常绿与落叶阔叶混交林，2000~2680m为山地暗针叶林。河谷海拔200m左右的地带热量最为丰富，甚至南方的芭蕉等植物种类能够正常生长结实。海拔2000m左右的冷湿山地生长有繁茂的北方耐寒树种巴山冷杉、云杉、日本落叶松、桦木等高大乔木。不仅不同垂直气候带树种的分布不同，即使同一海拔高程的山地因坡向、土质等因素，也会导致森林植被类型的差异。正是由于气候垂直变化较大，五里坡自然保护区能够满足多种植物各自生物学特性对生态环境的不同需求，因此这里的植物种类和植被类型复杂多样，表现出丰度很高的生物多样性。

7.2.2 生物多样性非常丰富

（1）陆生植物

重庆五里坡自然保护区内分布有种子植物164科831属2438种，相比中国301科2980属24 550种来说，植物种类是非常丰富的，构建起中国植物的重要骨架，体现了西南地区作为中国植物宝库的重要地位；其中尤其是裸子植物，其科属种的占有比例分别为60.00%、58.82%、17.62%，远高于被子植物，是中国裸子植物繁衍的重要基地，对于裸子植物的保存来说具有战略性的地位。

种子植物（裸子植物34种，被子植物2404种）约占全国种子植物总数的9.93%，占三峡库区种子植物总数（裸子植物88种，被子植物5600种，共计5688种）的42.86%。

五里坡自然保护区植物种类的丰富性在与其他保护区的比较中也可充分体现，与邻近地区其他自然保护区的维管植物相比，无论是植物种类还是所占有的科数属数，均不相伯仲，甚至更高。如湖北神农架国家级自然保护区记录有植物199科872属2762种、湖北星斗山国家级自然保护区记录有植物200科843属2033种，湖北后河国家级自然保护区记录有植物194科819属2088种。

（2）陆栖野生脊椎动物

截至2006年11月的调查资料表明，重庆五里坡自然保护区分布有陆栖野生脊椎动物422种，隶属于29目94科252属。目、科、属、种分别占重庆市陆栖野生脊椎动物总数（30目105科312属605种）的96.67%、89.52%、80.77%、69.75%，占三峡库区的（29目100科298属575种）的100%、94.00%、84.56%、73.39%。

重庆五里坡自然保护区陆栖野生脊椎动物物种的多样性在与其他保护区的比较中也可

充分体现。与处于同一个动物地理省（秦巴武当省）的湖北神农架国家级自然保护区比较，五里坡自然保护区面积（352.77km²）为神农架国家级自然保护区（704.67km²）（朱兆泉等，1999）的 50.06%，五里坡保护区分布的野生动物目、科、属、种的数量与神农架保护区的比值分别为 107.41%、109.30%、101.20%、94.62%。明确表现出这两个互相毗邻的自然保护区在陆栖野生脊椎动物的物种多样性方面虽然具有很高的相似性，但由于其各自地貌、生境、小气候等方面差异（尽管从宏观尺度而言可能非常微小）形成的生境多样化，从而导致这两个自然保护区在物种分布方面表现出各具千秋的不同特征，在珍稀濒危物种和中国特有种方面最为明显。充分说明这两个自然保护区在陆栖野生脊椎动物的生物多样性保护方面具有同等重要的地位。

（3）其他动物类群

鉴于重庆五里坡自然保护区的鱼类、昆虫及地表无脊椎等动物类群尚未进行过系统深入的区系调查工作，而且所属行政区和相邻区域这方面的本底资料也很不完整，因而难以进行其所属的生物地理省区、行政省区或相邻自然保护区的对比参照。因三峡库区和神农架国家级自然保护区的蝴蝶类昆虫进行过比较系统深入的研究工作，因此，将这些资料作为五里坡自然保护区的对比参照资料。根据文献报道（刘文萍等，2000 年；李树恒等，2001），记录巫山分布有蝴蝶 10 科 74 属 124 种，科、属、种分别占三峡库区蝴蝶物种总数（12 科 165 属 368 种）的 83.33%、44.85%、33.70%。加上 2006 年中国林业科学研究院森林生态环境与保护研究所科研人员在重庆五里坡自然保护区采集鉴定的昆虫标本，巫山目前调查记录分布的蝴蝶类昆虫有 10 科 88 属 156 种。

2006 年采集的昆虫标本 12 目 73 科 258 种。

根据西南大学生命科学学院王志坚教授提供的最新调查资料，列出保护区内及其周边区域（仅涉及与保护区集水区相关的大宁河水系）的鱼类名录作为参照资料，共计分布有鱼类 7 目 16 科 72 属 113 种。

2006 年初次进行的地表无脊椎动物取样调查，在 9 个样方采集地点布设的 360 个陷阱采集杯样本中，鉴定到地表无脊椎动物 3 门 11 纲 28 目 3 亚目 118 科。

7.2.3　生态系统的群落多样性

（1）植被类型

初步调查统计表明，重庆五里坡自然保护区分布的植被类型有 5 个植被型组、7 个植被型、32 个群系组、59 个群系，几乎拥有三峡库区的所有植被型组和植被型。

五里坡自然保护区具有明显的亚热带森林生态系统的地带性特征，代表了该区域山地地带性森林生态系统类型。五里坡自然保护区地理位置靠近中亚热带北缘，是典型的中亚热带与北亚热带的过渡地带，气候具有亚热带湿润季风区山地气候特点，由于北部秦岭、大巴山的屏障作用，加之地形地貌的影响，形成复杂多样的生态环境。生态系统类型多种多样，其植被型、植被亚型和群系，将亚热带森林生态系统的地带性特征表现得淋漓尽致。

（2）动物生境

特殊的地理地貌，不同梯度海拔的植被带，多种多样的植被类型和群系等诸多因素导致野生动物生境类型复杂多样，五里坡自然保护区陆栖野生脊椎动物的生境可以大致划分为 7 个生境类型和至少 17 个亚生境类型。为许多不同类群的野生动物，尤其是那些珍稀濒危物种和地方特有种，具备了基本生存条件。

7.2.4 珍稀濒危物种和地方特有种丰富，保护意义重大

（1）植物

五里坡自然保护区不但植物种类丰富，地理成分复杂，起源古老，而且特有植物和珍稀濒危植物种类多，有《国家重点保护野生植物名录（第一批）》中的 19 种（Ⅰ级保护植物 4 种，Ⅱ级保护植物 15 种），兰科植物 58 种，共计 77 种。另有《中国植物红皮书》（珍稀濒危植物）和《国家重点保护野生植物名录（第二批）》调整意见通知中的保护植物，合计 22 种。总计达到 99 种。栽培种尚未列入，如银杏、厚朴。

植物特有种方面，中国特有科植物 10 科，中国特有属植物 37 属，仅特有属中就含中国特有种植物 41 种。

国家级保护植物有些是单种科，如珙桐、水青树和连香树都是著名的单种科植物，这些植物在植物分类学上的地位重要，对于研究植物进化具有不可替代的作用。

（2）野生动物

五里坡自然保护区分布有陆栖野生脊椎动物 422 种，其中国家Ⅰ级重点保护野生动物 8 种，Ⅱ级重点保护野生动物 47 种，共计 55 种，占陆栖野生脊椎动物物种总数的 13.03%。中国特有种分布有 70 种（仅分布于中国的有 41 种，主要分布于中国的有 29 种），占陆栖野生脊椎动物物种总数的 16.59%。被列入中国物种红色名录（2004 年）濒危等级评估标准近危种（NT）以上等级的物种 79 种（这其中包括了一些国家级重点保护野生动物和中国特有种），占陆栖野生脊椎动物物种总数的 18.72%。

国家级重点保护野生动物、中国特有种，以及被中国物种红色名录（2004 年）和 IUCN（1994～2003 年）濒危等级评估标准列为近危种（NT）以上等级的物种共计 146 种，占巫山县陆栖野生脊椎动物物种总数的 34.60%。

以三峡库区分布的 162 个国家级重点保护野生动物物种和中国特有种总数为依据，采用最高数量和最低数量求级差的方法，在三峡库区 18 个区（县）中，重庆五里坡自然保护区分布的国家级重点保护物种和中国特有种的物种丰富程度，明显居于最高等级数值（达到 118 种），占重庆市国家级重点保护野生动物物种和中国特有种总数（172 种）的 68.60%，占三峡库区的 72.84%。与毗邻的神农架国家级自然保护区相比，五里坡自然保护区分布的国家Ⅰ、Ⅱ级重点保护野生动物物种的比值达到 79.71%，中国特有种比值达到 90.79%。

据文献记载，早在 20 世纪 90 年代，五里坡保护区就有川金丝猴 2～3 群，种群数量超过 100 多只，对整个神农架地区金丝猴保护具有重要意义。保护区的许多珍稀野生动物分布范围狭窄、数量极少，如宁陕小头蛇、巫山北鲵、巫山角蟾、利川齿蟾等都是分布非常狭窄的中国特有种，其中巫山北鲵、巫山角蟾均仅分布在巫山县及附近地区，分布区域不超过 200 000hm²。对这些物种进行保护研究，具有极其重要的意义。

7.2.5 物种区系交汇、过渡特征显著，古老孑遗物种较多

（1）植物

重庆五里坡自然保护区位于中国—日本森林植物亚区的最西端，并与中国—喜马拉雅森林植物亚区的东部相邻，这种地理位置决定了五里坡自然保护区是两个亚区区系的过渡地带，两个亚区在此融会为一体。东亚分布的两个变型中国—喜马拉雅变型和中国—日本变型在此汇集。五里坡自然保护区地处北亚热带与暖温带、华中地区与西南地区南北、东西的过渡地带，地形复杂，海拔差异大，气候条件多样，这对于创造植物新类型、保存植物古老类型以及接纳迁移种都是极其有利的生态环境。

起源于热带、亚热带其他地区的植物温带成分从东、西、南三面向本区汇集，同时，重庆五里坡自然保护区位于亚热带北缘，温带地区植物区系中的温带成分渗透到本区中，有些还通过本区继续南下。这样，东西南北四方交汇，加上本地起源，就使五里坡自然保护区植物区系中的温带成分极大地丰富起来。

古生代末期，本区所在的秦岭—大巴山隆起，中生代白垩纪开始了褶皱运动，到了白垩纪末期大巴山形成。第四纪以来，虽然由于新构造运动和气候的变迁，大巴山也发生了一定程度的山岳冰川，但在雪线以下的南坡地区，水热条件较优越，多层次的立体气候和复杂环境，利于植物生存发展，使本区成为众多有名的第三纪植物的庇护所，第三纪古老植物丰富。

五里坡自然保护区的地理条件为第三纪植物躲避冰川的侵袭提供了天然的屏障，其植物区系有众多第三纪时期就产生的古老科如：槭树科、山茱萸科、天南星科、五加科、大戟科、小檗科、壳斗科、桦木科、胡桃科、樟科、木兰科、杨柳科、桑科、无患子科、椴树科、七叶树科、安息香科、珙桐科、杜仲科和八角枫科等。裸子植物中的松属、云杉属、榧树属、三尖杉属、油杉属和冷杉属等产生于白垩纪。五里坡自然保护区种子植物区系的大部分是第三纪和第三纪以前古老种类延续和繁衍的后裔。

五里坡自然保护区植物区系的古老性非常明显，表现出单种科、单种属、少种属丰富，孑遗植物多。保护区内有单种科24科，占总科数的16.78%；单种属285属，占总属数的45.09%；少种属256属，占总属数的40.54%，占据了植物区系整体的很大一部分。单种科在分类上是孤立的，在进化上处于原始阶段，它们往往是呈孤立的残遗分布或间断分布，这些科集中汇集在本区域，强有力地证明了五里坡自然保护区植物区系的古老性。与单种科一样，单种属在进化上也是原始的，或多或少反映了植物区系的古老性。

（2）动物

在中国动物地理区划方面，巫山县处于华中区西部山地高原亚区东北部，是华中区西部山地高原亚区中动物物种较为丰富的秦巴—武当省（亚热带落叶、常绿阔叶林动物群），重庆五里坡自然保护区又位于巫山县东北部的大巴山南坡，与华中区的另一亚区东部丘陵平原亚区毗邻。大巴山是北亚热带与中亚热带的气候分界线，而其北面的秦岭南坡是北亚热带与暖温带的气候分界线，也是古北界与东洋界两大界动物区系的分界线（张荣祖，1999）；古北界华北区黄土高原亚区晋南—渭河伏牛省的暖温带森林—森林草原、农田动物群，与华中区西部山地高原亚区秦巴—武当省的亚热带落叶、常绿阔叶林动物群在此交

汇。重庆五里坡自然保护区所处的地理位置，在动物地理区划方面可以视为古北、东洋两界，并涉及到 3 个亚区（古北界华北区的黄土高原亚区、东洋界华中区的西部山地高原亚区和东部丘陵平原亚区）的交汇地带，因而陆栖野生脊椎动物的物种多样性表现非常丰富。

鸟类中属古北界种类的包括雁形目的赤麻鸭、绿翅鸭、绿头鸭、红头潜鸭、鸳鸯、秋沙鸭等，以及隼形目中的鸢、苍鹰、雀鹰、金雕等在巫山县有分布，由此使巫山县的古北界成分占有相当的比例。从局部地域而言，巫山县还是东西动物分布渗透的通道，鼩鼹、甘肃鼹、锈脸钩嘴鹛、棕颈钩嘴鹛及多种凤鹛，还有斑胁姬鹛、棕朱雀等，均以川西横断山脉为其演化和分布的中心，在包括巫山县在内的三峡库区发现是其分布区东扩的结果。

东洋界华中区西部山地高原亚区与华中区的另一亚区东部丘陵平原亚区，在自然条件方面的主要区别是海拔较高、地形地貌崎岖复杂，气候除四川盆地省外，大多比较温和凉爽。动物区系比另一亚区复杂。有许多喜马拉雅—横断山区型成分的物种分布至本亚区。另外还有一些为本亚区所特有和主要分布于本亚区的物种，这些物种在五里坡自然保护区分布的有：华西雨蛙、菜花原矛头蝮［菜花烙铁头］、川金丝猴、扫尾豪猪、红腹锦鸡等。喜马拉雅—横断山区型物种成分渗入分布于三峡库区（包括五里坡自然保护区）的有：两栖爬行类中的峨山掌突蟾、棘腹蛙、丽纹龙蜥等；鸟类中的白喉噪鹛、橙翅噪鹛、眼纹噪鹛、斑胁姬鹛、金胸雀鹛、黑头奇鹛、棕腹仙鹟、暗色朱雀、棕朱雀等；兽类中的藏鼠兔等。还有一些物种为本亚区与东部丘陵平原亚区所共有，但往往有不同亚种分化，如毛冠鹿、中华竹鼠，以及鸟类中画眉科的一些物种。

动物地理和区系特征的复杂性，导致五里坡自然保护区的陆栖野生脊椎动物分布型亦表现出很高的多样性，该区域的物种分布型涵盖了古北界动物分布型中的北方分布型、东北分布型、高地分布型和东洋界动物分布型的东南亚热带—亚热带型、南中国型、喜马拉雅—横断山区型、旧大陆热带—亚热带型，同时由于五里坡自然保护区特殊的地理位置，使候鸟、旅鸟过境频繁，成为鸟类南北迁徙的中转站。对于两栖爬行动物而言，在南北和东西向物种渗透方面，这两类动物也有所反映，尤其南方动物分布区向北渗透的情形更为明显，无论两栖类或爬行类，南方种类都占绝对优势。

动物中古老物种为食虫目的小鼩鼱、灰麝鼩、短尾鼩、鼩鼹、甘肃鼹等。

7.2.6 生态系统、生物群落和生物种群的脆弱性

重庆五里坡自然保护区海拔落差较大，同时保护区区域属于季风气候区，降水集中，在缺乏植被保护的情况下容易发生水土流失甚至大规模滑坡现象，造成生态灾难。虽然目前保护区的森林植被大多处于良性恢复增长状态，但人类严重干扰活动对保护区内生态系统的破坏将导致极其严重的后果。例如有些植被型一旦遭到破坏，将需要漫长的恢复时期（例如巴山冷杉林、亚高山湿润草甸等），甚至永远消失。植物群落中的一些珍稀濒危种类（例如属于单种科、寡种科、单种属、少种属，以及古孑遗植物等）在保护区生境条件变动的境况下，非常容易遭到灭绝而不复生的厄运。

野生动物种群和生境在受到人类活动的极大影响后，许多物种会陷入濒危状态而趋于灭绝境地，但各个物种的灭绝速率有所不同，一些特殊的物种阶层由于其自身的生态生物

学特征在面临灭绝时特别脆弱。五里坡自然保护区分布的面临灭绝危机特别脆弱的野生动物物种可以属于 11 个类别：①地理分布区狭窄的物种；②仅有 1 个或几个种群的物种；③小规模种群和遗传基因多样性非常低的物种；④种群规模正在趋于衰落的物种；⑤种群密度低的物种；⑥需要大面积领域的物种；⑦不具备有效迁移和扩散能力的物种；⑧需要特殊小生境的物种；⑨特异性地栖息于稳定生境中的物种；⑩永久或临时集群的物种；⑪容易遭受人类捕杀和采集的物种。

7.3 保护区自然环境评价

7.3.1 保护区的自然性

由于巫山山脉地形陡峭、地貌复杂，加之五里坡自然保护区地处偏远区域，交通不便，许多区域海拔在 2000m 左右，因而人为活动很少，森林植被具有明显的原始性，基本保持原生状态。保护区内 173.23km² 的核心区和 65.56km² 的缓冲区无人居住，113.98km² 的实验区人口密度仅为 24.38 人/km²。尤为值得关注的是，保护区内至少有 30km² 从未遭到砍伐的原始森林。原来的森工作业区域已经停伐 15～20 多年，受到砍伐的森林已经完成了植被的天然更替，正处于生长旺盛时期。尤其是在当阳河—金家坪—园林漕—葱坪—太平山一带，森林植被更具有原生特征；实行森林禁伐后的五里坡、里河、葱坪、朝阳坪等地区也呈现了原生植被的明显迹象；保护区内的其他地区森林植被也相当丰茂，只是由于历史的原因，受人为的干扰相对较大，要向原始林植被顶级群落方向演替尚需长期的保护和发展。

五里坡自然保护区内海拔 1600m 以上的区域，保存有典型的中亚热带、山地北亚热带和暖温带原始森林特征，能够代表亚热带气候特征的植被类型在保护区内基本上均有分布。在海拔 2200～2650m 的大葱坪、朝阳坪分布有原生状态良好的亚高山草甸植被带，分布有面积将近 3km² 的亚高山沼泽草甸，其间穿插有常年不干涸的积水坑塘 10 多处。是三峡库区中保存较为完好的大面积原生性亚高山草甸植被类型，也是一些两栖动物的特殊繁殖生境，尤其是分布区域非常狭窄的一些地方特有种。大面积原生性亚高山草甸的分布，为北亚热带区域亚高山草甸的科学研究提供了最好的原生环境和材料。

7.3.2 保护区面积的适宜性

重庆五里坡自然保护区建立于 2000 年 9 月，经巫山县人民政府批准为县级自然保护区，面积 278.27km²（37 827hm²）；2002 年 12 月经重庆市人民政府批准为市级自然保护区，面积 380.40km²（38039.9hm²）；2008 年调整为 352.77km²（35 276.6hm²），属于森林生态系统类型自然保护区。

根据我国已建立保护区面积的大小，可划分为 3 个等级，小于 100km² 的列为小型的保护区，它适于作为小型物种保护和人口稠密地区的保护区；100～10 000km² 的列为中型的保护区，它适于作为各类生态系统的和人口半稠密地区的保护区；大于 10 000km² 的列为大型的保护区，它适于作为多个生态系统和人口稀疏地区的保护区。重庆五里坡自然保护区依据其类型、保护对象、社区状况和保护区面积，正符合我国中型保护区的典型特征。

重庆市建立有不同类型的自然保护区 46 个（截至 2003 年底），属于国家级的有 3 个（南川金佛山、城口大巴山、北碚缙云山）。其中面积大于 1000km² 的大型保护区有 2 个（城口大巴山、彭水茂云山），面积大于 100km² 的中型保护区有 16 个。

三峡库区已经建立的 36 个自然保护区中，属于国家级的仅有 1 个（北碚缙云山，面积 76km²）；面积大于 100km² 的中型保护区有 11 个（其中面积大于 300km² 的保护区有 6 个），还有 2 个面积在 90 ~ 100km² 之间的保护区也可以计入中型保护区，这样，三峡库区的中型保护区共计有 13 个，占保护区数目的 37. 14%；总面积 3619. 504km²，占库区自然保护区总面积的 89. 70%。库区这类中型自然保护区对于保护金丝猴、黑叶猴、豺、黑熊、云豹、金钱豹、以及可能还残存的虎等较为大型的珍稀濒危野生动物物种，和金佛山兰 *Tangtsinia nanchuannica*、水杉、三尖杉、红豆杉、崖柏 *Thuja sutchuenensis*、珙桐等珍稀濒危野生植物物种，具有非常重要的意义。

五里坡自然保护区属于森林生态系统类型自然保护区，该类型保护区在三峡库区有 27 个，是三峡库区数量最多的保护区。其中有些面积较大、海拔高差较为明显的自然保护区内包含有部分亚高山草甸等生态系统类型。在这些保护区中，尤其是那些面积在 40 ~ 50km² 以上的保护区，可以对金丝猴、黑熊、金猫、云豹、金钱豹、林麝、斑羚、以及多种雉类等珍稀濒危野生动物实行较为有效的保护。相当于 IUCN 近期分类系统的级别 I，即严格的自然保护区或未受破坏的区域（国家林业局野生动植物保护司，2002 年）[*]。

7.4 保护区的社会经济效益评价

7.4.1 保护区的生态效益

生态系统的稳定性对于人类生存和延续至关重要，而生物多样性的完整性是保证生态系统稳定性的基本条件。在当今全球物种正以前所未有的速度消亡，而且受威胁的物种数量已经远远超过了当代灭绝物种的数量，在这种严峻的生态系统面临危机的状况下，占全球陆地面积不足 10%（我国自然保护区面积已达国土面积 14.4%，居世界领先水平）的自然保护区对防止生物多样性的减弱具有重要意义。

巫山地处三峡库区腹地，是我国长江上游生态环境建设、水土保持的主要区域，也是我国"天然林保护工程"实施的重点区域。五里坡自然保护区分布有大面积森林植被，在调节改善当地小气候环境、水土保持、水源涵养等方面具有极其重要的作用，为当地经济发展和人民生活提供了生态保障。保护区及周边区域的生物多样性保护、生态环境的恢复和建设，将对三峡库区宏观生态环境的保护和建设起到积极推动作用，减少水土流失和进入水库的泥沙量，为三峡工程发挥预期功能，建立生态屏障。

---

[*] 严格的自然保护区（Strict Nature Reserve）定义：拥有一定突出的或有代表性的生态系统、地质或自然景观和物种的陆地和海域，主要用来进行科学研究和环境监测。管理目标：维护所在地构造景观和岩石露头；保持已建立的生态过程；尽可能在没有人为干扰的情况下，保存栖息地、生态系统和物种；在一种动态和进化情况下保持遗传多样性；为科学研究、环境监测和教育提供场所；保护典型的自然生境；通过精心规划，降低人为活动的干扰；禁止公众进入。

五里坡自然保护区各类群动植物物种丰富，尤其是珍稀濒危物种和地方特有种，以及起源古老的孑遗物种，目前大多数仅分布在保护区范围内。物种是生物多样性的重要组成部分，物种对于人类具有巨大的直接和间接经济价值，而且大多数物种潜在的间接经济价值，远远大于人类仅在少数物种利用方面所得到的直接经济价值，这一点随着人类经济、文化、科学等方面的日益发展，已明显得以体现。尽管从宏观尺度而言三峡库区的自然保护区和森林公园面积仅占幅员面积的 8.22%（根据 2003 年数据统计），但在保护区内为数众多并得以幸存的野生动植物物种对于生态系统的健康运行，以及生态系统的全面恢复和发展具有举足轻重的地位。

7.4.2　保护区的社会效益

五里坡自然保护区的建设和发展，可以对野生动物生境及其周边区域的居民加强自然环境保护方面的宣传教育工作，提高当地居民对生物多样性保护的生态意识，使三峡库区生物多样性的保护工作成为库区人们的自觉行为，将广大社会公众的环保意识和物种多样性保护概念提高到现代生活层次。

加强保护区的建设，不但可以使保护区内的生物多样性得到保护，同时，通过社区共建项目和保护区的多种经营，及生态旅游项目等，为保护区和社区居民创造经济效益，进一步提高社区民众对自然环境保护的积极性，促进社区社会进步和民族传统文化的保护。

自然保护区对开展保护意识教育和开辟自然研究教育中心非常有利，对青少年环境保护意识和生物多样性保护意识教育提供了很好的基地。自然环境和生态系统的保护是一个长期进行项目，甚至需要几代人的努力方可达到预期目标，而自然保护区建立可以通过提高社会公众对一些关于自然保护方面重要问题的认识（尤其是青少年人群），促进生物多样性保护中远期目标的实现。

7.4.3　保护区的经济效益

五里坡自然保护区国有林地面积为 19 688.4hm^2，集体林地面积为 15 588.2hm^2。采用间接法计算如下：根据"中国森林生物多样性价值核算"一文（张颖，2001）对我国森林生物多样性运用直接市场评价法进行价值核算。五里坡自然保护区地处南方区，每公顷森林生物多样性的价值是 59 246 元（人民币），按照自然保护区森林面积 21 246.6hm^2 计，推算本保护区的森林价值为 1 258 776 063.60 元（人民币）。

生物多样性具有的外在和内在价值，对于维持人类的正常生存是非常重要的，实际上也是必不可少的。物种是生物多样性的重要组成部分，物种对于人类具有巨大的直接和间接经济价值，而且大多数物种潜在的间接经济价值，远远大于人类仅在少数物种利用方面所得到的直接经济价值，这一点随着人类经济、文化、科学等方面的日益发展，已明显得以体现。

五里坡自然保护区丰富的物种资源为维持当地社区居民的生产生活提供了基本条件，对这些生物资源的开发和可持续利用，能够促进当地社区的经济发展。例如传统中药材的种植、特种珍稀濒危动物的养殖（贵重药用动物林麝、灵猫、毒蛇、林蛙等，食用动物中华竹鼠、果子狸、蛇类、大鲵、棘腹蛙等）、食用菌栽培、中华蜂养殖等，必须是对保护区及其周边区域生物多样性施行有效保护的前提下方能收到显著成效。保护区周边社区居民的林地面积人均超过 1hm²，日常生活能源"柴山"提供的薪炭占有重要比例。根据在三峡库区兴山县的调查数据分析，倘若改变对木柴消耗极大的传统落后的不良燃料消耗方式，可降低 2/3 甚至 3/4 的木柴消耗量（苏化龙等，2006）。林地植被群落恢复后，从而获取的林下产品（药材、山野菜、食用菌等）或非木材林产品的价值远高于当地社区人均耕地的农产品价值。

五里坡自然保护区还具有丰富的旅游资源，多种类型的地质、地貌及植被景观，珍稀濒危动植物群落，以及独特的民间传统文化习俗等，均可作为具有开发潜力的旅游资源。天然植被、鸟类、蝴蝶等生物物种可以在很大程度上提高人类的生活质量、促进环境的健康发展，以及人们对大自然的理解和欣赏能力。人们情愿花费巨大代价在人口密集地区建立所谓的"野生"动物园或植物园，以及有些风景旅游区在假日期间的"游人如织"，就是一个明证。对这类旅游资源进行合理利用，可以显著提高当地社区的经济发展水平，增强保护区的自养能力，为生物多样性的保护和发展创造良好条件。

7.5 综合评价

7.5.1 自然属性

（1）典型性

重庆五里坡自然保护区动物区系位于华中区西部山地高原亚区中动物物种较为丰富的秦巴—武当省（亚热带落叶、常绿阔叶林动物群），在动物地理区划方面可以视为古北、东洋两界，并涉及到 3 个亚界（古北界华北区的黄土高原亚区、东洋界华中区的西部山地高原亚区和东部丘陵平原亚区）的交汇地带；植物区系位于中国—日本森林植物亚区的最西端，并与中国–喜马拉雅森林植物亚区的东部相邻，这种地理位置决定了五里坡自然保护区是两个亚区区系的过渡地带，自然生态系统属于生物地理省区的最好代表。

（2）脆弱性

生态系统、生物群落和生物种群地理分布狭窄，破坏后极难恢复。例如亚高山地带的寒性针叶林（巴山冷杉）植被型、沼泽草甸植被型、中山—亚高山的珍稀濒危野生动物（川金丝猴、金钱豹、黑熊、林麝等）的生境植被，以及狭小生境的地方特有种，等等。

（3）多样性

生态系统的组成成分与结构极为复杂，类型复杂多样；物种相对丰度极高。五里坡自然保护区内陆栖野生脊椎动物物种总数与所属行政区相比，目、科、属、种分别占重庆市陆栖野生脊椎动物总数的 96.67%、89.52%、80.77%、69.75%，占三峡库区的 100%、94.00%、84.56%、73.39%。

种子植物（裸子植物 34 种，被子植物 2404 种）约占全国种子植物总数的 9.93%，占三峡库区高等植物总数（5688 种）的 42.86%。三峡库区的植被型和群系都非常丰富。

五里坡自然保护区昆虫物种调查最全面的蝴蝶类科、属、种与三峡库区的比值均超过 40%。

（4）稀有性

五里坡自然保护区分布有属于世界性和国内珍稀濒危、残遗类型的物种（如狭生境的中国特有种巫山北鲵、巫山角蟾、利川齿蟾等；国家重点保护野生动物川金丝猴、云豹、金钱豹、林麝等）。国家Ⅰ级和Ⅱ级重点保护野生保护共计 55 种，占陆栖野生脊椎动物物种总数的 13.03%。中国特有种分布有 69 种，占陆栖野生脊椎动物物种总数的 16.35%。

五里坡自然保护区特有植物和珍稀濒危植物种类较多，有列入《国家重点保护野生植物名录（第一批）》的 19 种，兰科植物 58 种，共计 77 种。另有《中国植物红皮书》（珍稀濒危植物）和《国家重点保护野生植物名录（第二批）》调整意见通知中的保护植物，合计 22 种。总计达到 99 种。栽培种尚未列入，如银杏、厚朴。

（5）自然性

尽管三峡库区人类开发历史悠久，但由于重庆五里坡自然保护区所处地理位置特殊、地貌地形复杂，虽有少量人为干扰活动存在，但保护区核心区内保持自然状态。通过政府搬迁移民，目前已经做到核心区和缓冲区内无居民。

7.5.2 可保护属性

（1）面积适应性

重庆五里坡自然保护区面积 352.77km²，在重庆市的 46 个自然保护区中居于第八位，在三峡库区 36 个自然保护区中居于第五位，达到湖北神农架国家级自然保护区的 50.06%，而且核心区和缓冲区面积占有较高比例（67.69%），足以有效维持其目前生态系统状况的结构和功能。

（2）科学价值

重庆五里坡自然保护区所处地理位置的特殊性使其生物多样性极为丰富，具有重要的科学价值和研究潜力。由于山势陡峭峡谷深切，至今尚有超过 50km² 的区域人员难以进入，未进行过较为系统全面的科考调研工作。保护区中生物资源的不同层面亟待相关专家进行深入系统的研究工作，例如仅分布于狭小区域的地方特有种和珍稀濒危种的濒危机制；与毗邻的神农架国家级自然保护区的物种多样性指数和相似性指数的差别机理；不同类群的物种群落在生态系统中的功能与作用；川金丝猴湖北亚种 *Rhinopithecus roxellanae hubeiensis* 在巫山的种群现状和生境利用特征；小种群珍稀濒危物种的遗传多样性特征、种群生存力，等等；这类问题在生态、遗传、经济等方面均具有极高研究价值。

（3）经济和社会价值

重庆五里坡自然保护区目前生物多样性状况具有的外在和内在价值，在物种资源的可持续利用、保护性生态旅游业的开展，以及为科学研究、环境监测和社会公众的生物多样性科普教育提供场所等方面，具有不可忽视的重大意义。

第8章 自然保护区管理

8.1 基本现状

8.1.1 历史和法律地位

2000年，经巫山县人民政府批准建立五里坡县级自然保护区；2002年12月经重庆市人民政府批准五里坡自然保护区升级为市级自然保护区；2003年巫山县机构编制委员会批准在巫山县五里坡林场增挂五里坡市级自然保护区管理处牌子，2007年巫山县机构编制委员会决定将五里坡林场更名为重庆五里坡市级自然保护区管理处。

8.1.2 人员编制

根据有关文件，保护区编制为40名。五里坡自然保护区现有职工40人，其中大中专毕业生为11人，占职工总数的27.5%。

8.1.3 土地权属

五里坡自然保护区位于巫山县东北部，地处重庆市与湖北省交界处，地理坐标109°47′~110°10′E，31°15′~31°29′N之间。保护区范围涉及2个林场、6个乡镇20个村，总面积35 276.6hm²。

保护区内的土地既有国有林地，也有集体林地，由于庙堂乡拟实施整体搬迁和对竹贤乡阮村、药材村等村的林地实行国社共管，已将庙堂乡和竹贤乡阮村、药材村等村的林地划归五里坡自然保护区管理处统一管理。

五里坡自然保护区边界清楚，权属清晰，无土地使用纠纷，保护区总面积35 276.6hm²，其中国有林地面积19 688.4hm²，占保护区总面积55.81%；集体土地面积15 588.2hm²，占保护区总面积44.19%。

8.1.4 社区经济

五里坡自然保护区包括巫山县五里坡林场、梨子坪林场朝阳坪管理站、庙堂乡全部，当阳乡的高坪村、里河村、红槽村、玉灵村、平定村、红岩村，官阳镇的老鹰村、三合村、雪马村、鸦鹊村、金顶村，平河乡的大峡村、起阳村、朗子村，骡坪镇的路口村，竹贤乡的福坪村、阮村、药材村、石院村、下庄村，共涉及6个乡镇20个村。

保护区内总人口2779人，其中官阳镇350人，平河乡337人，骡坪镇214人，竹贤乡247人，当阳乡1631人。区内居民居住在实验区，核心区和缓冲区无人居住。

保护区海拔差异较大，气候条件特殊，适宜种植土豆、玉米、红薯等农作物和中药材，农民的主要副业是药材种植和家畜养殖。药材种植以当归、独活、冬花、木香等为主，养殖业以猪、牛、羊和马为主，人均年粮食产量420kg，年人均纯收入1080元。种植业和养殖业是保护区人民生活的重要生活来源，也是主要经济来源。

社区居民的生活水平较低，有部分居民不能解决基本生活所需，基本社会保障体系很不完善。居民受教育的程度普遍低，有些地方离学校太远，学生就学十分困难。只有乡镇所在地有条件较差的医院，村里都没有医疗单位，很难满足居民的医疗需要。

8.2　主要管理措施及成就

五里坡自然保护区建立以来，在巫山县人民政府和巫山县林业局的大力支持下，保护区在动植物保护和科学研究方面做了大量工作，并取得了相应成果。

8.2.1　建立保护管理机构

2002年12月建立市级自然保护区后，重庆市、巫山县各级政府及林业部门对该区的建设极为重视，2003年巫山县机构编制委员会决定增挂保护区管理处牌子。挂牌后，自然保护区设置了办公室、保护科、科研科、计财科，配备了保护、管理、科技、生产人员，建立了一套较为严格和完整的管理体制，制定了科室、站、点一系列详细的工作制度；从管理处处长、书记直到各护林员，层层签定岗位目标责任书，明确岗位职责、岗位目标和奖惩规定，严格执行，对管理人员和职工都起到很好的激励作用。此外，保护区还与有关部门成立了联合保护委员会。

8.2.2　进行科学考察及其他科学研究

五里坡自然保护区依托各大专院校和科研单位开展了大量的科研工作，进行了重点野生植物资源调查、重点动物资源调查、湿地动植物资源调查、植被调查等；聘请中国林业科学研究院有关专家对保护区的自然地理、植被分布、珍稀植物、野生动物等进行了综合考察；与重庆有关科研单位协作，进行了红豆杉等珍稀植物的生态、生物学特性研究和野生动物引种、驯化与繁殖研究等。目前，涉及保护区的相关论文已逾30多篇，专著2部。主要文献有：

①马泽忠，周爱霞，江晓波，周万村. 2003. 高程与坡度对巫山县土地利用/覆盖动态变化的影像. 水土保持学报，17（2）：107～109；

②张顺荣. 1998. 巫山渔业资源保护与开发前景. 四川水利，19（3）：53～53；

③刘承钊，胡淑琴，杨抚华. 1960. 四川巫山两栖类初步调查报告. 动物学报，12（2）：278～292。

8.2.3　加强资源保护管理

五里坡自然保护区成立后，不断加大保护力度，配备了专职护林人员护林巡视，严肃查处毁林案件，集中开展了严厉打击各种破坏野生动植物资源的专项行动，保持了无重大森林火灾事故和森林病虫害发生的良好成绩。保护区与周边社区建立了自然保护区森林防火、动植物保护联防委员会，制定了联防公约，定期召开联防会议，实行联防共建；加强宣传，在交通要道口设立宣传标牌多处，每年印刷、书写上千份宣传品，发送和张贴到各乡、镇、村、居民点、学校、机关单位，收到了良好的社会效果。

8.2.4　生态移民成效卓著

五里坡自然保护区原有人口较多，而且散居在高山地区。为加强保护区资源保护，有效促进生态环境的恢复和发展。近年来，当地政府和保护区采取各种措施，对保护区重点地区的居民进行了生态搬迁。其中庙堂乡原有居民 600 多户 2300 多人，散居在 800 ~ 2400m 的高寒山区，与自然保护区的核心区距离较近，多保护区生态环境和自然资源保护带来一定压力。2007 年 11 月当地政府启动庙堂乡"整乡生态扶贫搬迁"计划，2008 年 1 月开始实质性搬迁，在未来 2 年内，这些居民将搬迁到县城、城郊的安置点。

8.2.5　森林防火成果显著

五里坡自然自然保护区建立前，森林资源由巫山县林业局经营管理。巫山县林业局对森林资源保护极为重视，连续 10 多年保持了无重大森林火灾事故和森林病虫害发生的良好成绩，确保了资源安全，为建立自然保护区奠定了坚实的基础。保护区建立后，通过广泛宣传，艰苦工作，继续保持了无森林火灾和森林病虫害的良好业绩。

8.3　存在的主要问题

五里坡自然保护区建立以来，在各有关部门的支持下，虽然取得了很大成效，但由于受经济、体制、职工素质等诸多方面原因的制约，保护区的建设与管理尚未完全步入规范化、现代化发展轨道，在基础设施建设、人才队伍建设、管理机制等方面有待进一步提高，社区工作有待进一步加强与完善。目前存在的主要问题有：

8.3.1　资金缺乏，基础设施落后

由于五里坡自然保护区地处西部地区，交通不便，经济落后，当地政府财政紧张，投入保护区的建设资金十分有限，严重制约着保护区的发展和建设。由于经费等限制，保护区基础设施陈旧，缺乏基本的办公和科研设备。目前保护区仅有办公、生活用房 400m^2、2 个管护站、5 个护林点、120km 林区便道等基础设施，设施建设严重落后。办公用房大部分是 30 年前修建的简陋房屋，年久失修。保护区管理处只有 1 台计算机、4 部程控电话及少量简单的扑火工具，缺乏基本的科研办公设备，不能满足现代化森林生态环境建设的基本需求。保护区是一个面积较大的中型自然保护区，但区内主要道路大部分是沙石路，冻融反浆时有发生，桥梁涵洞年久失修，许多地方不仅不通公路，就连小路也不通；许多地方不通电，不能直接接收电视和广播。

8.3.2　人员结构不合理，管理能力有待提高

由于五里坡自然保护区自然条件艰苦，基础设施较差，信息封闭，加之管理机制不够

灵活，难以吸引和留住人才。使保护区人员结构不合理，整体文化素质不高，缺乏专业技术人员。保护区现有职工 40 人，但大中专毕业生仅 11 人，占职工总数的 27.5%。现有的管理人员和专业技术人员，大多是经过培训和实践选拔产生的，缺乏专业技术知识，其专业素质和管理能力有待进一步提高。

8.3.3 资源管护难度较大

五里坡自然保护区位于湖北与重庆交界处，虽然保护区内居民不多，但保护区边界线长，周边人口较多，保护区内管理站点不够，而且设置不合理，管理人力不足，巡护路少，不能覆盖整个保护区，使资源管护难度较大。仍有极少数人员非法进入保护区内，从事放牧、挖药、砍柴等破坏资源与环境的活动，给保护管理工作带来较大压力。

8.3.4 宣教培训工作不足，对外联系与交流不够

由于五里坡自然保护区缺少必要的宣传教育设施设备，宣传教育及培训工作明显滞后。保护区缺乏规范、系统的培训计划与措施，不能对职工及社区公众进行行之有效的教育培训。保护区的"窗口"作用未得到充分发挥，反过来又影响对外交流工作的进一步开展。

8.3.5 社区居民落后的农业生产生活方式对资源保护构成一定压力

五里坡自然保护区社区居民传统的生产、生活方式对森林资源的依赖性很强，农村经济收入中相当一部分是与森林有直接关系的林副业产品，这种经济形式在一定程度上对野生动植物资源的恢复和发展具有负面影响，给保护区今后的管护工作提出了更高的要求。由于受交通和科技条件的限制，农业生产方式还很落后，传统的广种薄收的耕作方式还存在，以烧火土的方式增加土壤肥力的方法还较为普遍，对保护区资源保护构成较大压力。

8.4 管理规划

8.4.1 组织机构

规划保护区管理机构名称为"重庆五里坡国家级自然保护区管理局"，隶属巫山县人民政府，行政级别为处级，下设办公室、保护科、科研科（科研监测中心）、计划财务科、宣传教育科（宣教培训中心）、社区发展科等 6 个职能科室。这些科室与 4 个管理站，3 个检查站，10 个管护点一起构成保护区管理局—管理站—管护点三级管理体系（图 8 - 1）。

8.4.2 人员编制

重庆五里坡自然保护区管理局编制定为 104 人，按隶属关系分工如表 8 - 1。其中资源利用和旅游服务人员不纳入正式编制。现有定编人数不变，随着保护区资源保护和旅游事

业的发展，需要增加的部分工作人员可采用雇佣临时工、招收合同工的形式予以解决。

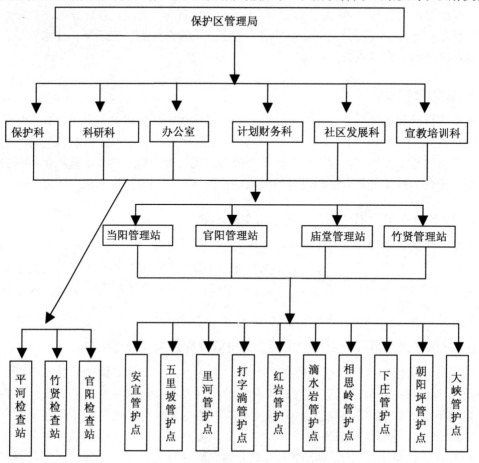

图 8-1 保护区组织机构示意图

表 8-1 规划人员编制表

机构名称	人 数	编 制
管理局领导	4	局长 1 人、副局长 3 人
办公室	4	主任 1 人、业务人员 3 人
保护科	6	科长 2 人，业务人员 4 人
科研科	7	科长 1 人，科研与监测人员各 3 人
计划财务科	5	科长 1 人，会计、出纳、基建、计划各 1 人
宣教培训科	3	科长 1 人，业务人员 2 人
社区发展科	5	
管理站	24	每站 6 人
检查站	6	每站 2 人
管护点	20	每点 2 人
两栖爬行动物保护研究基地	5	
珍稀植物保护培育基地	5	
其他	10	
合计	104	

8.4.3　任务与职能

（1）管理局领导

负责保护区综合管理工作，贯彻落实上级主管部门的有关精神，执行国家、地方有关政策、法律和法规，进行保护区重大事项的科学决策，并协调配置各科室的人力、财务资源；指导、监督和考核各科室管理干部的工作业绩，进行干部任免；制定切实可行的干部、员工管理办法及奖惩制度，依法行政；严格审核、监督各项财政经费的开支。

（2）办公室

负责行政事务和后勤管理工作，包括宣传、公关、文秘、档案、统计、内务管理及后勤管理工作；承办党务、纪检、监察、机构编制、人事劳资等方面的具体工作。落实上级主管部门及局领导交给的其他任务。

（3）计划财务科

负责财务管理和财务检查工作。负责制订各专项经费、事业经费的预算计划和用款方案，进行用款审批；承担保护区长远规划和年度计划的编制、申报、统计工作；严格执行《中华人民共和国会计法》和《重庆市预算资金管理条例》以及其他财经制度与纪律，制订财务管理制度；编制保护区财务计划方案，做好预决算；准确及时地处理财务往来帐目，管好用好固定资产。负责基本建设和资金统计、报告和审计等工作，负责保护区基建工程的招标、监督与管理；负责保护区道路规划建设及养护。

（4）保护科

负责保护区自然资源的保护管理工作；贯彻执行国家有关自然保护的方针、政策和法规，建立健全自然资源保护的规章制度，做到有法可依，有章可循，严格执法；监督、检查、指导各管理站的工作，制定相应的森林保护管理措施。落实巡山护林、消防瞭望和消防巡逻工作；组织对森林火灾的预防、扑救、调查、处理等工作；制定森林消防与环境建设计划；做好森林病虫害预测预报工作，了解和掌握保护区内森林病虫害的发生、发展规律，及时采取有效防治措施。

（5）科研科

负责保护区科研项目的计划、审核、上报、审批等，开展科研项目的实施、管理、成果的评估和推广工作，负责科技信息的收集、科技资料管理；掌握国内外有关自然保护区建设方面的科技信息，加强对外的科技交流与合作。负责科研技术引进、推广、传授、交流，森林病虫害防治；积极开展生物多样性保护的科研和监测工作，掌握保护区的资源消长变化，资源结构变化及野生动植物资源的分布与变化趋势。

（6）宣传教育培训科

负责保护区宣传、教育、培训等工作；加强对周边社区及外来人员、游客宣传教育，负责职工在职培训、继续教育、管理培训中心、科普教育等。

（7）社区发展科

负责协调保护区与社区关系，组织实施生态旅游，负责保护区资源利用及社区发展，制订资源利用及社区经济发展规划和近期、年度发展计划并指导实施，探索保护区综合利用项目，并做好资源利用创收工作。

（8）管理站

负责辖区内的资源保护管理和生产经营工作，指导所辖管护点的资源管护工作，并做好邻近站点的联系及配合工作。

（9）检查站

负责对进出保护区的车辆进行检查，对进出保护区的行人、车辆实行严格检查，杜绝违禁物品进入保护区。

（10）管护点

负责辖区的野生动植物的保护与巡查，做好护林防火安全工作。

参考文献

北京大学心理学系灵长类动物研究小组，湖北神农架国家级自然保护区科考站. 2000. 金丝猴的社会：野外研究. 北京：北京大学出版社.

曹洪麟，蔡锡安，彭少麟，余作岳. 1999. 鹤山龙口村边次生常绿阔叶林群落分析. 热带地理，119（4）：312~317.

曹豫，李虹，张继凯，邱成松. 2003. 重庆市渔业资源开发利用研究. 重庆水产，64（3）：5~9.

曹子章，左伟，申文明. 2001. 三峡库区土地覆被动态变化遥感分析. 农村生态环境，17（4）：6~11.

陈服官. 1980. 陕西省秦岭大巴山地区兽类分类和区系研究. 西北大学学报自然科学版，（1）：137~147.

陈国阶，徐琪，杜榕桓等. 1995. 三峡工程对生态与环境的影响及对策研究. 北京：科学技术出版社.

陈鸿熙，郑光帼. 1983. 四川蛇类一新记录. 两栖爬行动物学报，2（1）；78~79.

陈化鹏，高中信主编. 1992. 野生动物生态学. 哈尔滨：东北林业大学出版社.

陈灵芝，陈清郎，刘文华. 1997. 中国森林多样性及其地理分布. 北京：科学出版社.

陈灵芝主编. 1983. 中国的生物多样性及其保护对策. 北京：科学出版社.

陈星球. 1989. 鄂西星斗山自然保护区蕨类植物. 鄂西星斗山自然保护区综合考察文集，15~22.

程瑞梅，肖文发，李建文，马娟，韩景军. 2002. 三峡库区森林植物多样性分析. 应用生态学报，13（1）：35~40.

重庆市林业规划设计院. 2002. 重庆市五里坡市级自然保护区综合科考报告（内部资料）.

邓其祥，赖朝文. 1992. 四川省首次发现环纹华游蛇. 两栖爬行动物学论文集. 成都：四川科学技术出版社.

邓其祥，余志伟，胡锦矗等. 1993. 四川省部份市县爬行动物调查报告. 两栖爬行动物学报，2（3）：68~69.

邓友平. 1992. 鄂西后河自然保护区蕨类植物研究. 华中师范大学学报（自然科学版），26（1）：89~94.

费梁，叶昌媛，杨戎生. 1984. 疣螈属一新种和一新亚种（蝾螈目，蝾螈科）. 动物学报，30（1）：85~90.

费梁，叶昌媛. 1982. 湖北省两栖动物地理分布特点，包括一新种. 动物学报，28（3）：393~300.

费梁，叶昌媛. 1983. 小鲵科的分类探讨，包括一新属. 两栖爬行动物学报，2（4）：31~38.

费梁主编. 1999. 中国两栖动物图鉴. 郑州：河南科学技术出版社.

费梁，叶昌媛. 1982. 湖北省小鲵属（蝾螈目，小鲵科）一新种——黄斑拟小鲵. 动物分类学报，17（2）：225~228.

冯祚建，郑昌琳. 1985. 中国鼠兔属的研究——分类与分布. 兽类学报，5（4）：269~289.

傅立国主编. 1991. 中国植物红皮书——稀有濒危植物（第1册），北京：科学出版社.

傅桐生，宋榆钧，高玮等. 1998. 中国动物志·鸟纲（第十四卷）·雀形目（文鸟科、雀科）. 北京：科学出版社.

高玮编著. 1993. 鸟类生态学. 长春：东北师范大学出版社.

高耀亭等. 1987. 中国动物志·兽纲·第八卷（食肉目）. 北京：科学出版社.

谷海燕，李策宏. 2006. 峨眉山常绿落叶阔叶混交林的生物多样性及植物区系初探. 植物研究，26（5）：618~623.

郭正刚，刘慧霞，孙学刚，程国栋. 2003. 白龙江上游地区森林植物群落物种多样性的研究. 植物生态学报，27（3）：388～95.

国家林业局野生动植物保护司编．2002．自然保护区巡护管理．北京：中国林业出版社．

韩宗先，胡锦矗．2002．重庆市兽类资源及其区系分析．四川师范学院学报（自然科学版），23（2）：141～148.

韩宗先，胡锦矗．2002．重庆市兽类资源及其区系分析．四川师范学院学报（自然科学版），2002，23（2）：141～148.

杭馥兰，常家传主编．1997．中国鸟类名称手册．北京：中国林业出版社．

何鹏举．陕西周至国家级自然保护区金丝猴分布及其种群数量变动的分析．动物学杂志，1996，31（5）：45～48.

和文龙．1997．历史上的麋鹿及其名实考录．古今农业，（1）：51～36.

胡光伟，邓其祥．1995．华蓥山、缙云山和金城山爬行动物调查．两栖爬行动物学研究，4（5）：145～151.

胡鸿兴，潘明清，卢卫民，戴小羊，唐兆子，肖化忠．2000．葛洲坝及长江上游江面水鸟考察报告．生态学杂志，19（6）：12～15.

胡锦矗，王酉之主编．1984．四川资源动物志（第二卷 兽类）．成都：四川科学技术出版社．

胡锦矗．1994．卧龙自然保护区华南豹的食性研究．四川师范学院学报（自然科学版），15（4）：320～324.

胡锦矗主编，1981．大熊猫、金丝猴、牛羚生态生物学研究．成都：四川人民出版社．

胡淑琴等．1966．秦岭及大巴山地区两栖爬行动物调查报告．动物学报，18（1）：59～92.

胡振林，朱兆泉，刘翠华．1992．神农架金丝猴的生态学观察．生态学杂志，11（4）：27～30.

湖北林业志编撰委员会编．1989．湖北林业志．武汉：武汉出版社．

湖北省林业厅，湖北省水产局，湖北省野生动物保护协会编著．1996．湖北省重点保护野生动物图鉴．武汉：湖北科学技术出版社．

黄强，张虹．1998．重庆市鸟类简况．四川动物，17（3）：122～124.

黄真理，傅伯杰，杨志峰主编．1998．21世纪长江大型水利工程中的生态与环境保护（见中国科协第十九次"青年科学家论坛"论文集）．北京：中国环境科学出版社．

黄真理．2001．三峡工程中的生物多样性保护．生物多样性，9（4）：472～481.

江明喜，邓红兵，唐涛，蔡庆华．2002．香溪河流域河岸带植物群落物种丰富度格局．生态学报，22（5）：629～635.

江耀明，赵尔宓．1992．四川爬行动物区系．两栖爬行动物论文集．成都：四川科学技术出版社．

蒋道松，陈德懋，周朴华．2000．神农架蕨类植物科的区系地理分析．湖南农业大学学报，26（3）：171～177.

蒋志刚主编．2002．天坑地缝风景名胜区生物多样性研究与保护．北京：中国林业出版社．

蒋志刚主编．2002．自然保护野外研究技术．北京：中国林业出版社．

景河明．罗氏鼢鼠生活习性的初步调查．四川林业科技，1983（2）56～61

孔宪需．1984．四川蕨类植物地理特点，兼论"耳蕨—鳞毛蕨类植物区系"．云南植物研究，（1）：27～38.

赖江山，张谧，谢宗强．2006．三峡库区世坪常绿阔叶林群落特征．生物多样性，14（5）：435～443.

李保国，刘安宏．1994．灵长类家域的研究．生态学杂志，13（2）：61～65.

李桂垣，郑宝赉，刘光佐．1982．中国动物志·鸟纲（第十三卷·雀形目，山雀科、绣眼鸟科）．北京：科学出版社．

李桂垣．1995．四川鸟类原色图鉴．北京：中国林业出版社．

李桂垣主编 . 1985 . 四川资源动物志（第三卷 鸟类）. 成都：四川科学技术出版社 .

李矿明，汤晓珍 . 2001 . 三峡库区硬叶常绿阔叶林的初步研究 . 林业资源管理，（1）：36～38 .

李明晶 . 1995 . 贵州黑叶猴生态研究（见：夏武平，张荣祖主编 . 灵长类研究与保护）. 北京：中国林业出版社 .

李树恒，刘文萍，邓合黎 . 2001 . 三峡库区蝶类的生态地理分布 . 西南农业大学学报，23（5）：474～477 .

李树深，费梁，叶昌媛 . 1992 . 巴山地区隆肛蛙的核型、C－带及 Ag－Nor 研究 . 两栖爬行动物学研究，（3）：95～98 .

李新，田玉强等 . 2002 . 后河自然保护区常绿落叶阔叶林混林群落特征研究 . 武汉植物学研究，20（5）：353～358 .

李义明，许龙，马勇，杨敬元，杨玉慧 . 2003 . 神农架自然保护区非飞行哺乳动物的物种丰富度：沿海拔梯度的分布格局 . 生物多样性，11（1）：1～9 .

李振宇，解焱主编 . 2002 . 中国外来入侵种 . 北京：中国林业出版社 .

李中秋 . 2001 . 生态旅游发展策略及有关问题探讨 . 中国环境管理干部学院学报，11（3、4）：53～55 .

李宗善，唐建维，郑征，李庆军，罗成昆 . 2004 . 西双版纳热带山地雨林的植物多样性研究 . 植物生态学报，2（6）：833～843 .

林业部，农业部 . 1997 . 《中国重点保护植物名录（第一批）》 .

林业局，农业部令 . 1999 . 《国家重点保护野生植物名录（第一批）》 .

刘承钊，胡淑琴，费梁 . 1979 . 中国锄足蟾科 5 个新种 . 动物分类学报，4（1）：83～92 .

刘承钊，胡淑琴，杨抚华 . 1960 . 四川巫山两栖类初步调查报告 . 动物学报，12（2）：278～292 .

刘承钊，胡淑琴 . 1961 . 中国无尾两栖类 . 北京：科学出版社 .

刘少英，冉江洪，林强，刘世昌，刘志君 . 2001 . 三峡工程重庆库区翼手类研究 . 兽类学报，21（1）：123～133 .

刘胜祥 . 2003 . 湖北星斗山自然保护区科学考察集 . 武汉：湖北科学技术出版社 .

刘诗峰，高云芳 . 1995 . 川金丝猴在秦岭中的分布现状及其数量变动原因的分析（见：灵长类研究与保护——第二届中国灵长类学术会议论文集）. 北京：中国林业出版社 .

刘文萍，陈晓暖，邓合黎 . 2003 . 重庆大巴山自然保护区鸟类资源调查 . 四川动物，22（2）：107～114 .

刘文萍，邓合黎，李树恒 . 2000 . 三峡库区蝶类调查报告 . 西南农业大学学报，22（6）：501～509 .

龙勇诚，钟泰，肖李 . 1996 . 滇金丝猴地理分布、种群数量与相关生态学的研究 . 动物学研究，17（4）：437～441 .

罗键，高红英，韦帆等 . 2003 . 重庆开县两栖爬行动物物种多样性及其保护 . 四川动物，22（3）：140～143 .

罗键，高红英 . 2002 . 重庆市翼手类调查及保护建议 . 四川动物，21（1）：45～46 .

罗泽珣，陈卫，高武 . 2000 . 中国动物志·兽纲（第六卷·啮齿目，仓鼠科）. 北京：科学出版社 .

罗泽珣，1988 . 中国野兔 . 北京：中国林业出版社 .

马丹炜 . 1999 . 九寨沟自然保护区次生林物种多样性分析 . 四川师范大学学报（自然科学版），22（1）：84～87 .

马杰，Jones Gareth，梁冰，沈钧贤，张树义 . 2003 . 食鱼蝙蝠大足鼠耳蝠初报 . 动物学杂志，38（3）：93～95 .

马杰，戴强，张树义，沈钧贤，梁冰 . 2003 . 大足鼠耳蝠的分布 . 四川动物，22（3）：156 .

马世来，王应祥 . 中国现代灵长类的分布、现状与保护 . 1988 . 兽类学报，8（4）：250～260 .

马泽忠，周爱霞，江晓波，周万村 . 2003 . 高程与坡度对巫山县土地利用/覆盖动态变化的影像 . 水土保持学报，17（2）：107～109.

潘振业．1983．神农架金丝猴．自然杂志，6（2）：146～147.

彭燕章．1994．中国金丝猴．生物学通报，23（6）：1～4.

钱燕文主编．1995．中国鸟类图鉴．郑州：河南科学技术出版社．

冉江洪，刘少英，林强，刘世昌，王跃招．2001．重庆三峡库区鸟类生物多样性研究．应用与环境生物学报，7（1）：45～50.

神农架及三峡地区作物种质资源考察队编．1990．川东地区野生花卉植物标本名录．

神农架及三峡地区作物种质资源考察队编．1990．川东三县（巫山、巫溪、奉节）种子植物名录．

沈泽昊，张新时，金义兴．2000．三峡大老岭森林物种多样性的空间格局分析及其地形解释．植物学报，42（6）：620～627.

盛和林等．1992．中国鹿类动物．上海：华东师范大学．

施白南，赵尔宓主编．1982．四川资源动物志（第一卷 总论）．成都：四川人民出版社．

史东仇，李贵辉，胡铁卿．1982．金丝猴生态初步研究．动物学研究，3（2）：105～110.

史军辉，黄忠良，周小勇等．2005．鼎湖山森林群落多样性垂直分布格局的研究．生态学杂志，24（10）：1143～1146.

寿振黄主编，1962．中国经济动物志·兽类．北京：科学出版社．

四川省生物研究所，上海自然博物馆编．1978．经济两栖爬行动物．上海：上海科学技术出版社．

四川省生物研究所两栖爬行动物研究室．1976．湖北西部两栖动物初步调查．两栖爬行动物研究资料，（3）：18～23，49～53.

四川省生物研究所两栖爬行动物研究室．1976．四川以西两栖动物区系．两栖爬行动物研究资料，（3）：1～7.

四川养麝研究所．1988．麝的保护与饲养．野生动物，1：10～11.

宋朝枢，刘胜祥．1999．湖北后河自然保护区科学考察集．北京：中国林业出版社．

宋朝枢，刘胜祥主编．1999．湖北后河自然保护区科学考察集．北京：中国林业出版社．

宋朝枢主编．1999．浙江清凉峰自然保护区科学考察集．北京：中国林业出版社，1997.

宋鸣涛，方荣盛．1982．秦岭大巴山地区的两栖动物调查．野生动物，（3）：19～21.

宋鸣涛，王琦．1991．秦岭北坡两栖爬行动物区系组成（见：钱燕文，赵尔宓，赵肯堂主编．动物科学研究——祝贺张孟闻教授九秩华诞纪念文集）．北京：中国林业出版社．

宋世英，邵孟明．1983．陕西省秦巴地区食虫类区系研究初报．动物学杂志，（2）：11～3.

宋永昌．1999．中国东部森林植被带划分之我见．植物学报，41（5）：541～552.

宋志明，罗志腾．1959．关于金丝猴 Rhinopithecus roxellanae Milne - Edwards 的地理分布及生活习性的补充．动物学杂志，3（12）：549～550.

苏化龙，林英华，张旭，于长青等．2001．三峡库区鸟类区系及类群多样性研究．动物学研究，22（3）：191～199.

苏化龙，刘焕金，孟小丽．2006．沙棘林与野生动物（见：沙棘研究．黄铨，于倬德主编）．北京：科学出版社．

苏化龙，陆军．2001．猎隼、阿尔泰隼和矛隼的研究与保护．动物学杂志，36（6）：62～67.

苏化龙，马强，林英华等．2004．湖北省巴东县小神农架地区川金丝猴的种群调查．兽类学报，24（1）：84～88.

苏化龙，马强，林英华．2007．三峡库区陆栖野生脊椎动物监测与研究．北京：中国水利水电出版社．

苏化龙，马强，肖文发等．2006．三峡库区兴山县节柴灶推广模式及社会生态效益分析．云南农业大学学报，21（3A）：83～90.

苏化龙，马强，肖文发等.2005.三峡库区猛禽分布特征及生境类型初步研究（见：中国鸟类学研究——第八届中国动物学会鸟类学分会全国代表大会暨第六届海峡两岸鸟类学研讨会论文集），65～77.（内部资料）

苏化龙，马强，肖文发等.2006.三峡库区人类居住区生境中的鸟类群落（见：2006 年昆明人鸟和谐国际论坛会议论文集），昆明：云南科学技术出版社.

孙儒泳编著.2001.动物生态学原理.北京：北京师范大学出版社.

谭邦杰编著.1992.哺乳动物分类名录.北京：中国医药科技出版社.

谭伟福主编.2005.广西岑王老山自然保护区生物多样性保护研究.北京：中国环境科学出版社.

谭耀匡.1985.中国的特产鸟类.野生动物，23（1）：18～21.

唐蟾珠主编.1996.横断山区鸟类.北京：科学出版社.

唐易全等.1985.两栖动物皮肤活性肽研究概述.两栖爬行动物学报，4（2）：88～92.

田婉淑，胡其雄.1983.川东南及鄂西部分地区两栖动物初步调查.两栖爬行动物学报，2（4）：77～78.

田婉淑，江耀明主编.1986.中国两栖爬行动物鉴定手册.北京：科学出版社.

《土壤动物研究方法手册》编写组编.1998.土壤动物研究方法手册.北京：中国林业出版社.

汪劲武.1985.种子植物分类学.北京：高等教育出版社.

汪松，王家骏，罗一宁编著.1994.世界兽类名称（拉汉英对照）.北京：科学出版社.

汪松，赵尔宓主编.1998.中国动物红皮书·两栖类和爬行类.北京：科学出版社.

汪松，郑昌琳.1985.中国翼手目区系的研究及与日本翼手类区系的比较.兽类学报，5（2）：119～129.

汪松，郑光美，王歧山主编.1998.中国动物红皮书·鸟类.北京：科学出版社.

汪松主编.1998.中国动物红皮书·兽类.北京：科学出版社.

王伯荪.1987.植物群落学.北京：高等教育出版社.

王荷生.1992.植物区系地理.北京：科学出版社.

王酉之，胡锦矗主编.1999.四川兽类原色图鉴.北京：中国林业出版社.

王廷正.1983.秦岭大巴山地啮齿类的生态分布.生态学杂志，（3）：45～47.

王应祥.2003.中国哺乳动物种和亚种分类名录与分布大全.北京：中国林业出版社.

吴邦灿，费龙编著.1999.现代环境监测技术.北京：中国环境科学出版社.

吴贯夫，赵尔宓.1995.四川省两栖动物区系与地理区划.四川动物（增刊），137～144.

吴毅.1988.四川省兽类新记录.四川动物，7（3）：39.

吴毅.1997.四川的翼手类及研究近况.四川动物，16（4）：171～174.

吴兆洪，秦仁昌.1991.中国蕨类植物科属志.北京：科学出版社.

吴征镒主编.1980.中国植被.北京：科学出版社.

吴征镒.1992.中国种子植物属的分布区类型.云南植物研究增刊.

夏武平.1984.中国姬鼠属的研究及与日本种类关系的讨论.兽类学报，4（2）：90～97.

肖文发，李建文，于长青等.2000.长江三峡库区陆生动植物生态.重庆：西南师范大学出版社.

许维枢编著.1995.中国猛禽——鹰隼类.北京：中国林业出版社.

严兴初，陈星球.1995.鄂西木林子自然保护区蕨类植物区系研究.华中师范大学学报（自然科学版），29（2）：225～230.

杨伟兵.1999.长江三峡地区野生动物的历史分布与变迁.四川师范大学学报（哲学社会科学版），26（1）：113～118.

杨业勤，雷孝平，杨传东等.2002.黔金丝猴的野外生态.贵阳：贵州科学技术出版社.

叶昌媛，费梁，胡淑琴编著.1993.中国珍稀及经济两栖动物.成都：四川科学技术出版社.

叶昌媛，费梁.1995.我国小型角蟾（*Megophrys*）的分类研究及其新种（新亚种）的（锄足蟾科，角蟾属）研究．两栖爬行动物学研究，（45）：72～81．

尹文英．1998．中国土壤动物检索图检．北京：科学出版社．

约翰·马敬能，卡伦·菲利普斯，何芬奇．2000．中国鸟类野外手册．长沙：湖南教育出版社．

张家驹，熊铁一等．1994．三峡库区鸟类区系及其演替预测（见：中国动物学会成立60周年——纪念陈桢教授诞辰100周年论文集）．北京：中国科学技术出版社．

张健，黄勇富，粟剑．2002．三峡库区草地资源特点与开发利用．中国草地，24（4）：64～67．

张俊范主编．1997．四川鸟类鉴定手册．北京：中国林业出版社．

张璐，林伟强，陈北光等．2003．广州帽峰山次生林群落结构特征．华南农业大学学报（自然科学版），24（3）：53～56．

张孟闻，宗愉，马积藩．1998．中国动物志·爬行纲（第一卷·总论，龟鳖目、鳄形目）．北京：科学出版社．

张谧，熊高明，谢宗强．2004．三峡库区常绿落叶阔叶混交林的监测研究．长江流域资源与环境，13（2）：168～173．

张铭，杨其仁，何定富等．1998．川金丝猴（*Rhinopithecus roxellanae*）在巴东县的活动调查．华中师范大学学报（自然科学版），32（4）：480～481．

张荣祖．1997．中国哺乳动物分布．北京：中国林业出版社．

张荣祖．1999．中国动物地理．北京：科学出版社．

张树义，任宝平，李保国等．1999．川金丝猴群移动时的成员空间分布模式．科学通报，44（8）：825～828．

张顺荣．1998．巫山渔业资源保护与开发前景．四川水利，19（3）：53～53．

张颖．2001．中国森林生物多样性价值核算研究．林业经济，（3）：37～42．

张贞华主编．1993．土壤动物．杭州：杭州大学出版社．

赵尔宓，陈壁辉．1993．蛇蛙研究丛书（四）．北京：中国林业出版社．

赵尔宓，胡其雄．1983．中国西部小鲵科的分类与演化，兼记一新属．两栖爬行动物学报，2（2）：29～35．

赵尔宓，黄美华，宗愉等．1998．中国动物志·爬行纲（第三卷·有鳞目、蛇亚目）．北京：科学出版社．

赵尔宓，赵蕙．1994．中国两栖爬行动物学文献目录及索引．成都：成都科技大学出版社．

赵尔宓，赵肯堂，周开亚等．1999．中国动物志·爬行纲（第二卷·有鳞目、蜥蜴亚目）．北京：科学出版社．

赵尔宓．1982．浅谈野生经济两栖爬行动物．野生动物，3：3～4．

赵尔宓．1994．中国两栖动物名录及地理分布．四川动物（增刊）：1～4．

赵正阶．2001．中国鸟类志（上卷，下卷）．长春：吉林科学技术出版社．

郑宝赉等．1985．中国动物志·鸟纲（第八卷·雀形目，阔嘴鸟科、和平鸟科）．北京：科学出版社．

郑光美主编．2005．中国鸟类分类与分布名录．北京：科学出版社．

郑作新，龙泽虞，卢汰春．1995．中国动物志·鸟纲（第十卷·雀形目，鹟科Ⅰ，鸫亚科）．北京：科学出版社．

郑作新，龙泽虞，郑宝赉．1987．中国动物志·鸟纲（第十一卷·雀形目，鹟科Ⅱ，画眉亚科）．北京：科学出版社．

郑作新，冼耀华，关贯勋．1991．中国动物志·鸟纲（第六卷·鸽形目，鹦形目，鹃形目，鸮形目）．北京：科学出版社．

郑作新．1962．秦岭大巴山地区鸟类区系调查研究．动物学报，14（3）：361～380．

郑作新 . 1976. 中国鸟类分布名录 . 北京：科学出版社 .

郑作新 . 1987. 中国鸟类区系纲要（英文版）. 北京：科学出版社 .

郑作新编著 . 1952. 脊椎动物分类学 . 北京：中国农业出版社 .

郑作新等 . 1973. 秦岭鸟类志 . 北京：科学出版社 .

郑作新等 . 1978. 中国动物志·鸟纲（第四卷，鸡形目）. 北京：科学出版社 .

郑作新等 . 1979. 中国动物志·鸟纲（第二卷，雁形目）. 北京：科学出版社 .

郑作新等 . 1987. 中国动物志·鸟纲（第一卷·第一部，中国鸟纲绪论；第二部，潜鸟目、鹳形目）. 北京：科学出版社 .

郑作新主编 . 1989. 世界鸟类名称（拉、英、汉对照）. 北京：科学出版社 .

郑作新主编 . 1993. 中国经济动物志（鸟类 第二版）. 北京：科学技术出版社 .

中国环境与发展国际合作委员会生物多样性工作组 . 2001. 开发建设中的的生物多样性原则 . 北京：中国林业出版社 .

中国科学院《中国自然地理》编辑委员会 . 1979. 中国自然地理·动物地理 . 北京：科学出版社 .

中国科学院环境评价部，长江水资源保护科学研究所 . 1996. 长江三峡水利枢纽环境影响报告书 . 北京：科学出版社 .

中国科学院武汉植物研究所 . 1980. 神农架植物 . 武汉：湖北人民出版社出版 .

中国科学院武汉植物研究所主编 . 2002. 湖北植物志 . 武汉：湖北科学技术出版社 .

中国科学院植物研究所主编 . 2001. 中国高等植物图鉴·补编第一册 . 北京：科学出版社 .

中国科学院中国植物志编辑委员会 . 2006. 中国植物志（中名和拉丁名总索引）. 北京：科学出版社 .

中国树木志编辑委员会 . 1983. 中国树木志 . 北京：中国林业出版社 .

中国药用动物志协作组编著 . 1979. 中国药用动物志（第一册），天津：天津科学技术出版社 .

中国植被编辑委员会 . 1980. 中国植被 . 北京：科学出版社 .

中华人民共和国濒危物种进出口管理办公室，中华人民共和国濒危物种科学委员会编印 . 1997. 濒危野生动植物种国际贸易公约（附录Ⅰ，附录Ⅱ，附录Ⅲ）（1997 年 9 月 18 日起生效）.

中华人民共和国林业部 . 1995. 全国陆生野生动物资源调查与监测技术规程（试用本）.（内部资料）.

中华人民共和国林业部 . 1992. 中华人民共和国陆生野生动物保护实施条例 . 北京：中国林业出版社 .

钟林生，石强，王宪礼 . 2000. 论生态旅游者的保护性旅游行为 . 中南林学院学报，20（2）：62～65.

朱建国，何远辉，季维智 . 1996. 我国自然保护区建设中几个问题的分析和探讨 . 生物多样性，4（3）：175～182.

朱兆泉，宋朝枢 . 1999. 神农架自然保护区科学考察集 . 北京：中国林业出版社 .

朱兆泉 . 2003. 神农架金丝猴生态学研究 . 湖北林业科技，（s1）：46～52.

J. A. 贝利著，范志勇，宋延龄译 . 1991. 野生动物管理学原理 . 北京：中国林业出版社 .

Richard Primack，季维智主编 . 2000. 保护生物学基础（A Primer of Conservation Biology）. 北京：中国林业出版社 .

Simon A. Levin 著，吴彤，田小飞，王娜等译 . 2006. 脆弱的领地——复杂性与公有域 . 上海：科技教育出版社 .

Sutherland，W. J. 等著，张金屯译 . 1999. 生态学调查方法手册 . 北京：科学技术文献出版社 .

Andrew J. Berger. 1961. Bird Study. New York·London, John Wiley & Sons, Inc. 267 – 275.

Gilyarov M S. 1977. Why so many sprcies and so many individuals can coexist in soil. Soil organisms as components of ecosystems. Ecol. Bull. 25：593 – 597.

Günther，A. 1989. Third Contribution to Our Knowledge of Reptiles and Fishes from the Upper Yangtze Kiang. Annals and Magazine of Natural History, 6（4）：222 – 223.

Hendix P E, Crossley D A, Blair J M, et al. 1990. Soil biomass components of sustainable agro – ecosystems. In Edwards C A eds. Sustainable Agricultural Systems. Ankeny: Soil Land Water Conservation. 37 – 654.

Hendix P E, Crossley D A, Blair J M, et al. 1990. Soil biomass components of sustainable agro – ecosystems. In Edwards C A eds. Sustainable Agricultural Systems. Ankeny: Soil Land Water Conservation. 37 – 654.

Reichle David E. ed. 1970. Analysis of temperate forest ecosystems. Berlin, New York : Springer – Verlag.

Reichle David E. ed. 1970. Analysis of temperate forest ecosystems. Berlin, New York: Springer – Verlag.

Rodolphe, M. D. Schauensee. 1984. The Birds of China. Washington, D. C: the Smithsonina Institution Press.

Swift M J, Heal O W, and Anderson J M. 1979. Decomposition in terrestrial ecosystems. Berkeley: Univ. Calif. Press.

Swift M J, Heal O W, and Anderson J M. 1979. Decomposition in terrestrial ecosystems. Berkeley: Univ. Calif. Press.

Wallwork J A. 1970. Ecology of soil animals. McGraw – Hill Book Company, London and New York.